電磁気学基礎論

―ベクトル解析で再構築する古典理論―

常定 芳基 著

共立出版

まえがき

本書は大学 1 年 ~3 年次の理工系学生を想定した古典電磁気学の解説書である．必要な予備知識は高校物理と線形代数である．独自の構成を採っており，既に電磁気学を勉強された大学院生や研究者にも役立つところがあると思う．

高校物理は充実した内容を誇っており，これを学習した人は電磁気現象のことはだいたい知っていると思ってよい．そして大学で教えられる電磁気学は，既に学んだ現象を微積分を使って再確認していくのが常である．いっぽう本書は電磁気学を「電場と磁場という 2 種類のベクトル場の物理」と規定し，その目標は電磁気現象の再確認よりも，むしろ電磁気学そのものの構成を理解することにおく．結果としてベクトル解析の準備を徹底的に行い，電磁気学の教科書でありながらなかなか電磁気現象が出てこない構成となったが，本書を読めば電磁気学がなぜ 4 つの方程式にまとめられるのかという根本的な問いに答えることができる．

本書ではまず第 1 ~ 5 章にかけてじっくりとベクトル解析と場の微積分，さらにデルタ関数，ポアソン方程式とグリーンの定理，そしてヘルムホルツの定理と学んで数学的基盤を確立させる．後の章で登場しない公式は扱わないし，方向性を見失わないように，電磁気学のどのような場面でこれらの知識が必要となるのかはそのつど述べるように心がけた．電磁気学が出てくるのは第 5 章の最後と極端に遅いが，理論武装してから一気に花開くような「形から入る電磁気学」を志向したものである．第 6 章では静電磁場を真空中の点電荷，電気双極子，ループ電流という単純かつ本質的に重要な系に絞って論じた．第 7 章で時間を導入し，第 8 章でマクスウェル方程式が完成する．また多くの読者にとって初学であろう電磁波の放射を第 9 章で展開した．電磁波の放射は計算の煩雑さで悪名高いが，道すじを丁寧に示すとともに，数式にとらわれて物理的意味を見失うことがないようにつとめた．

本書は目的をはっきりさせるため，初等的な電磁気学の教科書であればたいてい書かれてある様々な条件下での電磁場の計算，物質中の電磁場や回路の話題などは割愛した．第 8，9 章では特殊相対論の香りが漂うが，やはりその目的を堅持するため相対論そのものや量子論へは踏み込まなかった．ヘルムホルツの定理による幾何学的・公理的な静電磁場の理論，時間を導入したマクスウェル方程式における因果律，運動する電荷による電磁場の計算，座標系や成分計算を極力廃してほぼ全ての内容をベクトル解析の言葉で記述したことなどが本書の特徴である．各章末にはまとめと演習問題を配した．（解答例は共立出版のホームページから PDF でダウンロードできる．）本書は大阪公立大学理学部物理学科 2 回生を対象として行っている講義のメモが元になっており，分量としては大学における半期の講義をやや超過する程度と思う．

原稿を書き上げるにあたっては，大阪公立大学の有馬正樹教授，石原秀樹名誉教授，櫻井駿介博士，大学院生の赤松拳斗氏，古前壱朗氏，中原美紅氏から有益なコメントをいただいた．また出版にこぎつけることができたのは共立出版の石井徹也氏，中村一貴氏のおかげである．お礼申し上げたい．

2024 年 2 月　　常定芳基

目次

★演習問題略解は共立出版のホームページから PDF でダウンロードできます．

URL: https://www.kyoritsu-pub.co.jp/book/b10046368.html

第1章

ベクトル

1.1　ベクトル

高校数学で学ぶベクトル (vector) は複数の成分をもち，矢印の記号で図示される．本書におけるベクトル解析と，電磁気学に登場する電場や磁場などのベクトル量においてもその理解でよい．本書ではベクトルには $\boldsymbol{a}$ や $\boldsymbol{E}$ などの太字を用い，スカラー (scalar) には a や E を用いる．

ベクトルの和とスカラー倍

矢印で表すことのできるベクトル $\boldsymbol{a}, \boldsymbol{b}$ があるとき，両者の間には「和」$\boldsymbol{c} \equiv \boldsymbol{a} + \boldsymbol{b}$ というものが定義でき，$\boldsymbol{c}$ は再びベクトルになる（図 1.1 左）．またベクトル $\boldsymbol{a}$ と実数 α との間には $\boldsymbol{d} \equiv \alpha\boldsymbol{a}$ という「スカラー倍」が定義され，$\boldsymbol{d}$ もまたベクトルになる（図 1.1 右）．またベクトルを表す矢印の長さのことをベクトルの大きさと呼び，$|\boldsymbol{a}|$ で表す．

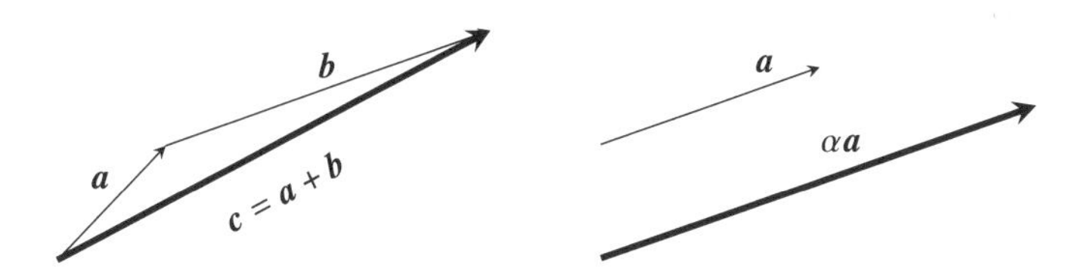

図 1.1　ベクトルの和 $\boldsymbol{c} \equiv \boldsymbol{a} + \boldsymbol{b}$ とスカラー倍 $\boldsymbol{d} \equiv \alpha\boldsymbol{a}$ はベクトルとなる．

線形独立の概念

2つのベクトル $\boldsymbol{a}, \boldsymbol{b}$ があり，それらが平行でない，すなわち $\boldsymbol{a} \neq \beta \boldsymbol{b}$ のとき，これらの2ベクトルは互いに**線形独立** (linearly independent) または**一次独立**であるという．他方が他方の定数倍で $\boldsymbol{a} = \beta \boldsymbol{b}$ となるようなゼロでない定数 β が存在するとき，これらの2ベクトルは**線形従属**または**一次従属**であるという．

同一点に線形独立な2つのベクトル $\boldsymbol{a}, \boldsymbol{b}$ があると，それらによって1つの平面が確定する．これを「2つのベクトル $\boldsymbol{a}, \boldsymbol{b}$ が平面を張る」という．

基底

平面内には無数のベクトルが横たわっている．その平面が2つのベクトル $\boldsymbol{a}, \boldsymbol{b}$ によって張られているとき，同じ平面内に存在する任意のベクトル $\boldsymbol{c}$ は

$$\boldsymbol{c} = \alpha \boldsymbol{a} + \beta \boldsymbol{b} = \begin{pmatrix} \boldsymbol{a} & \boldsymbol{b} \end{pmatrix} \begin{pmatrix} \alpha \\ \beta \end{pmatrix} \tag{1.1}$$

のように表すことができる．これは $\boldsymbol{a}, \boldsymbol{b}$ の**線形結合** (linear combination) または**一次結合**と呼ばれる．このとき $\boldsymbol{a}, \boldsymbol{b}$ はこの平面における**基底** (basis) と呼ばれる．さらに式 (1.1) の係数 α, β のとり方は基底 $\boldsymbol{a}, \boldsymbol{b}$ が線形独立である限り一意である．一般に N 次元空間では N 個の線形独立なベクトルがあれば任意のベクトルをそれらの線形結合で一意に表すことができる．

1.2　ベクトルの内積

2つのベクトル $\boldsymbol{a}, \boldsymbol{b}$ の間には複数種類の「積」が定義できる．そのうちの1つが**内積** (inner product) であり，$\boldsymbol{a}, \boldsymbol{b}$ それぞれの大きさを $|\boldsymbol{a}| = a$, $|\boldsymbol{b}| = b$，両者のなす角を θ とするとき

$$\boldsymbol{a} \cdot \boldsymbol{b} \equiv ab \cos \theta \tag{1.2}$$

と定義される（図1.2左）．内積は $\boldsymbol{a} \cdot \boldsymbol{b}$ のように表記されるため**ドット積** (dot product) とも呼ばれ，2つのベクトルから1つのスカラーを作るので**スカラー積** (scalar product) とも呼ばれる．

内積 $\boldsymbol{a}\cdot\boldsymbol{b}$ は $\boldsymbol{b}$ を $\boldsymbol{a}$ の向きに射影した長さ $b\cos\theta$ と $\boldsymbol{a}$ の長さ a との積と考えてもよいし，$\boldsymbol{a}$ を $\boldsymbol{b}$ の向きに射影した長さ $a\cos\theta$ と $\boldsymbol{b}$ の長さ b との積と考えてもよい．2 つのベクトルが垂直のときは $\cos\theta = 0$ であるから内積はゼロである．またベクトルの内積では交換則が成り立ち $\boldsymbol{b}\cdot\boldsymbol{a} = \boldsymbol{a}\cdot\boldsymbol{b}$ である．ベクトルを入れ替えるとその間の角度 θ の符号が変わるが，内積は $\cos\theta$ に比例するので $\cos\theta = \cos(-\theta)$ であって結果は変わらない．

正規直交基底

基底はゼロでない限りどのような大きさのベクトルを用いてもよく，また互いに直交している必要もない．それでも大きさ 1 で互いに直交するベクトルを基底に用いると便利なことは多く，そのような基底は**正規直交基底** (orthonormal basis) と呼ばれる．デカルト座標であれば xyz 軸それぞれの向きをもった単位ベクトルを正規直交基底として用いることができ，$\boldsymbol{e}_x, \boldsymbol{e}_y, \boldsymbol{e}_z$ などで表す．大きさが 1 であるので $\boldsymbol{e}_x\cdot\boldsymbol{e}_x = \boldsymbol{e}_y\cdot\boldsymbol{e}_y = \boldsymbol{e}_z\cdot\boldsymbol{e}_z = 1$ であり，また互いに直交するので $\boldsymbol{e}_x\cdot\boldsymbol{e}_y = \boldsymbol{e}_y\cdot\boldsymbol{e}_z = \boldsymbol{e}_z\cdot\boldsymbol{e}_x = 0$ である．

ベクトル $\boldsymbol{a}$ が正規直交基底 $\boldsymbol{e}_x, \boldsymbol{e}_y, \boldsymbol{e}_z$ を用いたとき成分 (a_x, a_y, a_z) をもつとは

$$\boldsymbol{a} = a_x\boldsymbol{e}_x + a_y\boldsymbol{e}_y + a_z\boldsymbol{e}_z \tag{1.3}$$

と表せることである．各基底の成分を取り出すには正規直交性から

$$a_x = \boldsymbol{a}\cdot\boldsymbol{e}_x,\quad a_y = \boldsymbol{a}\cdot\boldsymbol{e}_y,\quad a_z = \boldsymbol{a}\cdot\boldsymbol{e}_z$$

とすればよい．

内積の成分表示

基底ベクトル $\boldsymbol{e}_x, \boldsymbol{e}_y, \boldsymbol{e}_z$ が設定されており，2 つのベクトルがそれぞれ $\boldsymbol{a} = a_x\boldsymbol{e}_x + a_y\boldsymbol{e}_y + a_z\boldsymbol{e}_z$, $\boldsymbol{b} = b_x\boldsymbol{e}_x + b_y\boldsymbol{e}_y + b_z\boldsymbol{e}_z$ であるとき，基底ベクトルとして正規直交基底をとっているならば内積 $\boldsymbol{a}\cdot\boldsymbol{b}$ は

$$\begin{aligned}\boldsymbol{a}\cdot\boldsymbol{b} &= (a_x\boldsymbol{e}_x + a_y\boldsymbol{e}_y + a_z\boldsymbol{e}_z)\cdot(b_x\boldsymbol{e}_x + b_y\boldsymbol{e}_y + b_z\boldsymbol{e}_z)\\ &= a_xb_x + a_yb_y + a_zb_z \end{aligned} \tag{1.4}$$

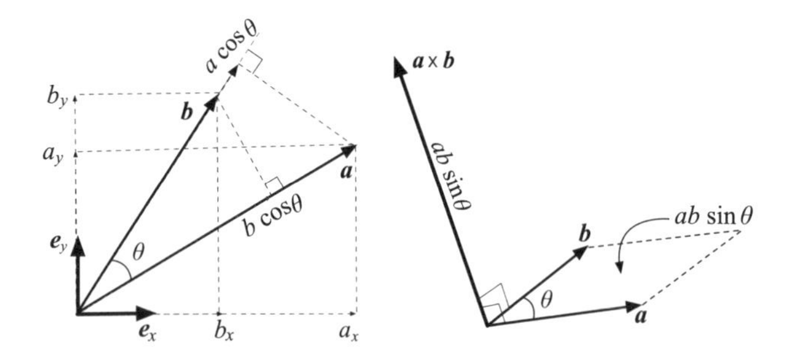

図 1.2　左：ベクトルの内積，右：ベクトルのクロス積．向きの関係は $\boldsymbol{a}$ を x 軸に，$\boldsymbol{b}$ を y 軸に見立てたとき，$\boldsymbol{a}\times\boldsymbol{b}$ は z 軸の向きとなる．

と計算できる．ここで正規直交性 $\boldsymbol{e}_x\cdot\boldsymbol{e}_x=1,\ \boldsymbol{e}_x\cdot\boldsymbol{e}_y=0$ などを使った．特に自分自身との内積は $\boldsymbol{a}\cdot\boldsymbol{a}=a_x^2+a_y^2+a_z^2$ である．これの平方根をとった

$$|\boldsymbol{a}|\equiv\sqrt{\boldsymbol{a}\cdot\boldsymbol{a}}=\sqrt{a_x^2+a_y^2+a_z^2} \tag{1.5}$$

がベクトル $\boldsymbol{a}$ の大きさである．任意のベクトルは，自分自身の大きさで割って $\boldsymbol{a}/|\boldsymbol{a}|=\boldsymbol{a}/a$ を作ると，向きが同じで大きさが1のベクトル，つまり自分自身の向きの単位ベクトルが得られる．

1.3　行列と行列式

2×2 の行列

$$A=\begin{pmatrix} a & b \\ c & d \end{pmatrix} \tag{1.6}$$

に対し，

$$|A|\equiv\det A\equiv\begin{vmatrix} a & b \\ c & d \end{vmatrix}\equiv ad-bc \tag{1.7}$$

という量を A の**行列式** (determinant) という．3×3 の行列

$$M=\begin{pmatrix} a_x & b_x & c_x \\ a_y & b_y & c_y \\ a_z & b_z & c_z \end{pmatrix}$$

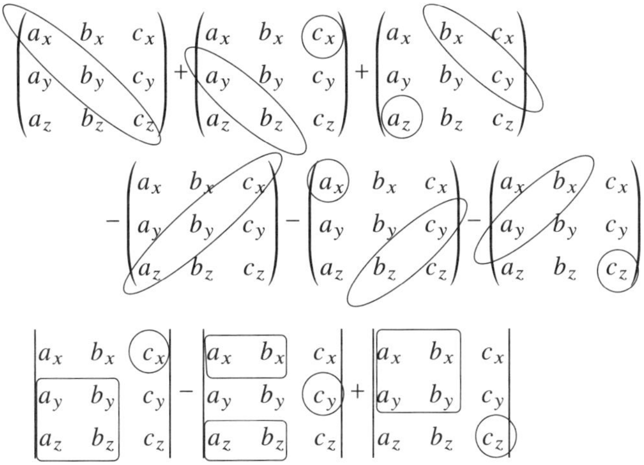

$$
\begin{pmatrix} a_x & b_x & c_x \\ a_y & b_y & c_y \\ a_z & b_z & c_z \end{pmatrix} + \begin{pmatrix} a_x & b_x & c_x \\ a_y & b_y & c_y \\ a_z & b_z & c_z \end{pmatrix} + \begin{pmatrix} a_x & b_x & c_x \\ a_y & b_y & c_y \\ a_z & b_z & c_z \end{pmatrix}
$$

$$
- \begin{pmatrix} a_x & b_x & c_x \\ a_y & b_y & c_y \\ a_z & b_z & c_z \end{pmatrix} - \begin{pmatrix} a_x & b_x & c_x \\ a_y & b_y & c_y \\ a_z & b_z & c_z \end{pmatrix} - \begin{pmatrix} a_x & b_x & c_x \\ a_y & b_y & c_y \\ a_z & b_z & c_z \end{pmatrix}
$$

$$
\begin{vmatrix} a_x & b_x & c_x \\ a_y & b_y & c_y \\ a_z & b_z & c_z \end{vmatrix} - \begin{vmatrix} a_x & b_x & c_x \\ a_y & b_y & c_y \\ a_z & b_z & c_z \end{vmatrix} + \begin{vmatrix} a_x & b_x & c_x \\ a_y & b_y & c_y \\ a_z & b_z & c_z \end{vmatrix}
$$

図 1.3　行列式計算の視覚的記憶法：上：式 (1.8) のスタイル，下：小行列式展開 (1.10) のスタイル．

に対しては

$$
\begin{aligned}
|M| \equiv \det M \equiv \begin{vmatrix} a_x & b_x & c_x \\ a_y & b_y & c_y \\ a_z & b_z & c_z \end{vmatrix} \\
= a_x b_y c_z + a_y b_z c_x + a_z b_x c_y - c_x b_y a_z - a_x b_z c_y - c_z a_y b_x
\end{aligned}
\tag{1.8}
$$

である．成分どうしの ↘ という向きの積の和と ↙ という向きの積の和との差からなると覚えておくとよい（図 1.3 上）．

行列はベクトルを並べて作られる．例えば上の行列 M は縦ベクトル $\boldsymbol{a}, \boldsymbol{b}, \boldsymbol{c}$ を横に並べて作ったと考えることができる．したがって M の行列式 $|M|$ は $|\boldsymbol{a}, \boldsymbol{b}, \boldsymbol{c}|$ と書いてもよい．

行列式は，行列の行や列を入れ替えても絶対値は変わらない．奇数回の入れ替え（奇置換）では符号が反転し，偶数回の入れ替え（偶置換）では符号も含めて一致する．したがって

$$
|\boldsymbol{b}, \boldsymbol{a}, \boldsymbol{c}| = -|\boldsymbol{a}, \boldsymbol{b}, \boldsymbol{c}|, \quad |\boldsymbol{b}, \boldsymbol{c}, \boldsymbol{a}| = |\boldsymbol{a}, \boldsymbol{b}, \boldsymbol{c}|
$$

などが成り立つ．また転置行列の行列式は元の行列と同じで

$$|M^T| = |M| \tag{1.9}$$

である．

行列式 (1.8) を $\boldsymbol{c}$ の成分でくくると

$$\begin{aligned}|M| &= (a_y b_z - a_z b_y)c_x + (a_z b_x - a_x b_z)c_y + (a_x b_y - a_y b_x)c_z \\ &= \begin{vmatrix} a_y & b_y \\ a_z & b_z \end{vmatrix} c_x - \begin{vmatrix} a_x & b_x \\ a_z & b_z \end{vmatrix} c_y + \begin{vmatrix} a_x & b_x \\ a_y & b_y \end{vmatrix} c_z\end{aligned} \tag{1.10}$$

と書ける（第2項の負号に注意せよ）．これを行列式の**小行列式展開**または**余因子展開**と呼び，視覚的には図1.3下のように覚えておけばよい．小行列式展開は

$$\begin{aligned}|M| &= \begin{vmatrix} b_y & c_y \\ b_z & c_z \end{vmatrix} a_x - \begin{vmatrix} b_x & c_x \\ b_z & c_z \end{vmatrix} a_y + \begin{vmatrix} b_x & c_x \\ b_y & c_y \end{vmatrix} a_z \\ &= -\begin{vmatrix} a_y & c_y \\ a_z & c_z \end{vmatrix} b_x + \begin{vmatrix} a_x & c_x \\ a_z & c_z \end{vmatrix} b_y - \begin{vmatrix} a_x & c_x \\ a_y & c_y \end{vmatrix} b_z\end{aligned} \tag{1.11}$$

と書くこともできる．

逆行列の行列式

式 (1.6) の行列 A の逆行列は

$$A^{-1} = \frac{1}{|A|}\begin{pmatrix} d & -b \\ -c & a \end{pmatrix} = \begin{pmatrix} d/|A| & -b/|A| \\ -c/|A| & a/|A| \end{pmatrix}$$

であり，その行列式は

$$|A^{-1}| = \frac{1}{|A|^2}(ad - bc) = \frac{1}{|A|} \tag{1.12}$$

となる．したがって逆行列 A^{-1} の行列式 $|A^{-1}|$ は，元の行列 A の行列式 $|A|$ の逆数である．これは 3×3 行列でも同様である．

1.4　ベクトルのクロス積

ベクトル $\boldsymbol{a}, \boldsymbol{b}$ から第3のベクトルを作り出す演算として**クロス積** (cross product, outer product) がある．これは**ベクトル積** (vector product)，または**外積**と

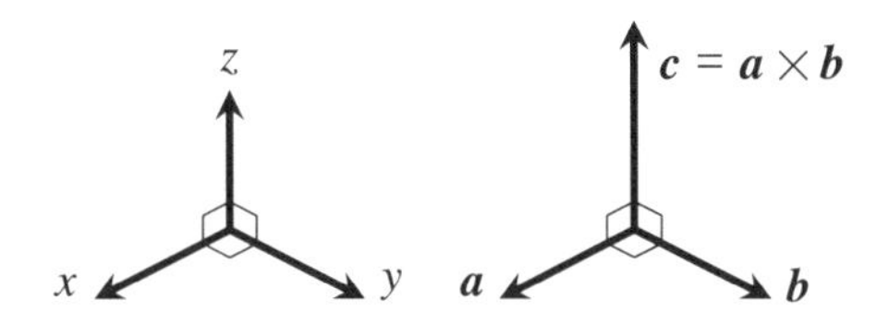

図 1.4　クロス積の向き

も呼ばれ，$\boldsymbol{a} \times \boldsymbol{b}$ と表記する*1．図 1.2 右のように，同じ位置にある 2 つのベクトル $\boldsymbol{a}, \boldsymbol{b}$ によってひとつの平行四辺形ができる．ベクトルのなす角が θ のとき，その平行四辺形の面積は $S = ab\sin\theta$ である．クロス積 $\boldsymbol{a} \times \boldsymbol{b}$ とは，$\boldsymbol{a}, \boldsymbol{b}$ の双方に垂直で，大きさが $ab\sin\theta$ であるようなベクトルである*2．ベクトル $\boldsymbol{a}$ を右手の人差し指，ベクトル $\boldsymbol{b}$ を中指の向きにとったとき，$\boldsymbol{a} \times \boldsymbol{b}$ は親指の向きである．これはデカルト座標において X 軸の向き（$\boldsymbol{e}_x$ の向き）に $\boldsymbol{a}$ を，Y 軸の向き ($\boldsymbol{e}_y$ の向き）に $\boldsymbol{b}$ をとったとき，$\boldsymbol{a} \times \boldsymbol{b}$ は Z 軸の向き（$\boldsymbol{e}_z$ の向き）に対応する（図 1.4)．右手系のデカルト座標系における基底ベクトルでは

$$\boldsymbol{e}_x \times \boldsymbol{e}_y = \boldsymbol{e}_z, \quad \boldsymbol{e}_y \times \boldsymbol{e}_z = \boldsymbol{e}_x, \quad \boldsymbol{e}_z \times \boldsymbol{e}_x = \boldsymbol{e}_y \tag{1.13}$$

という関係が成り立っている．

クロス積の著しい性質は交換で符号が反転すること，すなわち

$$\boldsymbol{a} \times \boldsymbol{b} = -\boldsymbol{b} \times \boldsymbol{a} \tag{1.14}$$

である．ベクトルを入れ替えると θ の符号つまり $\sin\theta$ の符号が変わるからと考えてもよい．また平行四辺形を表から見ているか裏から見ているかを区別していることでもある．これは同時に $\boldsymbol{a} \times \boldsymbol{a} = 0$ であることをも意味する．

---

*1 ウェッジ積という別の概念も外積 (exterior product) ということがある．

*2 座標軸を反転させたときに成分の符号が変わるかどうかの性質を**パリティ** (parity) と呼ぶ．位置 $\boldsymbol{x}$ や運動量 $\boldsymbol{p}$ は座標軸を反転させると符号が反転するパリティをもち，そのようなベクトルは極性ベクトル (polar vector) と呼ばれる．いっぽう角運動量ベクトル $\boldsymbol{x} \times \boldsymbol{p}$ は座標反転に対し $(-\boldsymbol{x}) \times (-\boldsymbol{p}) = \boldsymbol{x} \times \boldsymbol{p}$ で符号を変えず，このようなベクトルを**軸性ベクトル** (axial vector) または擬ベクトル (pseudo-vector) と呼んで $\boldsymbol{p}$ などとは区別することがある．2 つのベクトルのクロス積 $\boldsymbol{a} \times \boldsymbol{b}$ は座標軸を反転させても符号が変わらないので pseudo-vector に分類される．パリティについてはさしあたって気にしなくてもよいが，量子力学や素粒子物理学など，物理学の基本法則を考えるときは重要な尺度となる．

1.4.1　クロス積の成分

3次元では $\boldsymbol{a} = a_x\boldsymbol{e}_x + a_y\boldsymbol{e}_y + a_z\boldsymbol{e}_z$, $\boldsymbol{b} = b_x\boldsymbol{e}_x + b_y\boldsymbol{e}_y + b_z\boldsymbol{e}_z$ として

$$\begin{aligned}\boldsymbol{a}\times\boldsymbol{b} &= (a_x\boldsymbol{e}_x + a_y\boldsymbol{e}_y + a_z\boldsymbol{e}_z)\times(b_x\boldsymbol{e}_x + b_y\boldsymbol{e}_y + b_z\boldsymbol{e}_z)\\ &= (a_yb_z - a_zb_y)\boldsymbol{e}_x + (a_zb_x - a_xb_z)\boldsymbol{e}_y + (a_xb_y - a_yb_x)\boldsymbol{e}_z \qquad (1.15)\\ &= \begin{pmatrix} a_yb_z - a_zb_y \\ a_zb_x - a_xb_z \\ a_xb_y - a_yb_x \end{pmatrix} \qquad (1.16)\end{aligned}$$

と表される．ここで正規直交性から $\boldsymbol{e}_x\times\boldsymbol{e}_x = \boldsymbol{e}_y\times\boldsymbol{e}_y = \boldsymbol{e}_z\times\boldsymbol{e}_z = 0$ であること，$\boldsymbol{e}_x\times\boldsymbol{e}_y = -\boldsymbol{e}_y\times\boldsymbol{e}_x = \boldsymbol{e}_z$ であることなどを使った．式(1.16)は記憶しよう．クロス積の x 成分に x の文字は出てこないこと，全ての成分は輪環することを覚えておけばよい．

2次元ベクトルの場合

0次元と1次元を除くと，ベクトルのクロス積が定義できるのは3次元と7次元に限られることが知られており，2次元のベクトルの間にクロス積は定義されない（詳しくは[28]などを参照せよ）．いっぽう2次元ベクトル $\boldsymbol{a} = (a_x, a_y)$, $\boldsymbol{b} = (b_x, b_y)$ の張る平行四辺形の面積は，これによって作られる行列 $M = (\boldsymbol{a}, \boldsymbol{b}) = \begin{pmatrix} a_x & b_x \\ a_y & b_y \end{pmatrix}$ の行列式 $|\boldsymbol{a}, \boldsymbol{b}|$ で表されることは簡単に示すことができる．3次元のベクトルとして $\boldsymbol{A} = (a_x, a_y, 0)$, $\boldsymbol{B} = (b_x, b_y, 0)$ を用いると

$$\boldsymbol{A}\times\boldsymbol{B} = \begin{pmatrix} 0 \\ 0 \\ a_xb_y - a_yb_x \end{pmatrix} = \begin{pmatrix} 0 \\ 0 \\ |\boldsymbol{a}, \boldsymbol{b}| \end{pmatrix} \qquad (1.17)$$

である．3次元ベクトル $\boldsymbol{A}, \boldsymbol{B}$ のクロス積 $\boldsymbol{A}\times\boldsymbol{B}$ の大きさは $\boldsymbol{A}, \boldsymbol{B}$ によって張られる平行四辺形の面積であり，それが $|\boldsymbol{a}, \boldsymbol{b}|$ であることは式(1.17)から明らかである．よって2次元ベクトル $\boldsymbol{a}, \boldsymbol{b}$ の張る平行四辺形の面積は，$S = |\boldsymbol{a}\times\boldsymbol{b}|$ とは書けないが $S = |\boldsymbol{a}, \boldsymbol{b}|$ と書くことができる．$\boldsymbol{a}, \boldsymbol{b}$ のなす角を θ とすれば $a_xb_y - a_yb_x = ab\sin\theta$ であることを示すのも容易であろう．

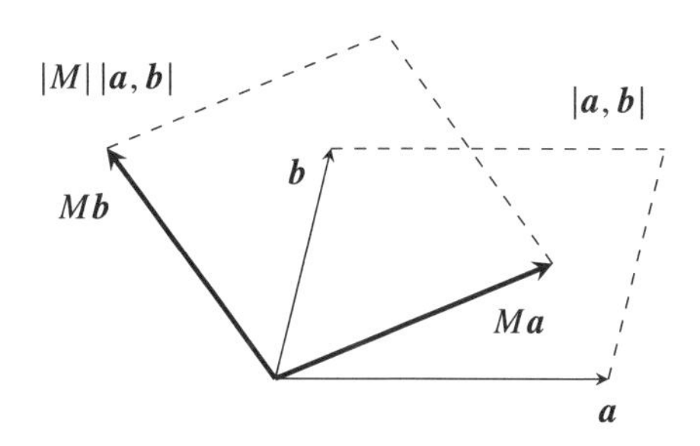

図 1.5　ベクトルの変換と面積の変換

1.4.2　ベクトルの変換と行列式

2 つの 2 次元ベクトル $\boldsymbol{a} = (a_1, a_2)$, $\boldsymbol{b} = (b_1, b_2)$ をある行列 $M = \begin{pmatrix} \alpha & \beta \\ \gamma & \delta \end{pmatrix}$ で 1 次変換すると

$$M\boldsymbol{a} = \begin{pmatrix} \alpha & \beta \\ \gamma & \delta \end{pmatrix} \begin{pmatrix} a_1 \\ a_2 \end{pmatrix} = \begin{pmatrix} \alpha a_1 + \beta a_2 \\ \gamma a_1 + \delta a_2 \end{pmatrix}, \quad M\boldsymbol{b} = \begin{pmatrix} \alpha b_1 + \beta b_2 \\ \gamma b_1 + \delta b_2 \end{pmatrix}$$

となる．変換によってベクトルの大きさやベクトルどうしのなす角は変化しうる．変換後の 2 つのベクトルの張る平行四辺形の面積は $|M\boldsymbol{a}, M\boldsymbol{b}|$ であるから

$$\begin{aligned} |M\boldsymbol{a}, M\boldsymbol{b}| &= \begin{vmatrix} \alpha a_1 + \beta a_2 & \alpha b_1 + \beta b_2 \\ \gamma a_1 + \delta a_2 & \gamma b_1 + \delta b_2 \end{vmatrix} \\ &= (\alpha a_1 + \beta a_2)(\gamma b_1 + \delta b_2) - (\alpha b_1 + \beta b_2)(\gamma a_1 + \delta a_2) \\ &= \cancel{\alpha\gamma a_1 b_1} + \alpha\delta a_1 b_2 + \beta\gamma a_2 b_1 + \cancel{\beta\delta a_2 b_2} \\ &\quad - \cancel{\alpha\gamma a_1 b_1} - \alpha\delta a_2 b_1 - \beta\gamma a_1 b_2 - \cancel{\beta\delta a_2 b_2} \\ &= \alpha\delta(a_1 b_2 - a_2 b_1) - \beta\gamma(a_1 b_2 - a_2 b_1) = (\alpha\delta - \beta\gamma)(a_1 b_2 - a_2 b_1) \\ &= |M|\,|\boldsymbol{a}, \boldsymbol{b}| \end{aligned} \tag{1.18}$$

であり，2 つのベクトルの張る平行四辺形は，行列 M による変換 M を受けると面積 $|\boldsymbol{a}, \boldsymbol{b}|$ はその行列式で $|M|$ 倍される（図 1.5）．式 (1.18) は 3 次元のベクトルに対しても成り立つ．

1.4.3 基底の変換と行列式

今度はベクトル $\boldsymbol{a}, \boldsymbol{b}$ そのものは動かさず，基底の方を変換してみる．ベクトルの成分が $\boldsymbol{a} = (a_1, a_2)$ であると言ったときは，通常は正規直交基底 $\boldsymbol{e}_1 = (1, 0), \boldsymbol{e}_2 = (0, 1)$ を採用すると暗黙のうちに了解し $\boldsymbol{a} = a_1\boldsymbol{e}_1 + a_2\boldsymbol{e}_2$ を意味している．基底の変換とは，同じベクトル $\boldsymbol{a}$ を別の基底 $\boldsymbol{e}'_1, \boldsymbol{e}'_2$ の線形結合によって $\boldsymbol{a} = a_1\boldsymbol{e}_1 + a_2\boldsymbol{e}_2 = a'_1\boldsymbol{e}'_1 + a'_2\boldsymbol{e}'_2$ のように表そうという意味である．基底の変換 $(\boldsymbol{e}_1, \boldsymbol{e}_2) \to (\boldsymbol{e}'_1, \boldsymbol{e}'_2)$ が行列 $M = \begin{pmatrix} \alpha & \beta \\ \gamma & \delta \end{pmatrix}$ によって $\boldsymbol{e}'_1 = M\boldsymbol{e}_1$ および $\boldsymbol{e}'_2 = M\boldsymbol{e}_2$ であるならば

$$
\boldsymbol{e}'_1 = M\boldsymbol{e}_1 = \begin{pmatrix} \alpha & \beta \\ \gamma & \delta \end{pmatrix}\begin{pmatrix} 1 \\ 0 \end{pmatrix} = \begin{pmatrix} \alpha \\ \gamma \end{pmatrix} \equiv \boldsymbol{\alpha},
$$
$$
\boldsymbol{e}'_2 = M\boldsymbol{e}_2 = \begin{pmatrix} \alpha & \beta \\ \gamma & \delta \end{pmatrix}\begin{pmatrix} 0 \\ 1 \end{pmatrix} = \begin{pmatrix} \beta \\ \delta \end{pmatrix} \equiv \boldsymbol{\beta}
$$

である．この新しい基底 $\boldsymbol{e}'_1 = \boldsymbol{\alpha}, \boldsymbol{e}'_2 = \boldsymbol{\beta}$ の線形結合によって $\boldsymbol{a}$ が新しい成分 a'_1, a'_2 で表されるとすると

$$
\boldsymbol{a} = a'_1\boldsymbol{\alpha} + a'_2\boldsymbol{\beta} = \begin{pmatrix} \boldsymbol{\alpha} & \boldsymbol{\beta} \end{pmatrix}\begin{pmatrix} a'_1 \\ a'_2 \end{pmatrix} = M\begin{pmatrix} a'_1 \\ a'_2 \end{pmatrix}
$$

であり，ベクトル $\boldsymbol{a}$ そのものは変更を受けていないのでこれは (a_1, a_2) に等しいはずである．したがって行列 $M = (\boldsymbol{\alpha}\,\boldsymbol{\beta})$ による基底の変換後の $\boldsymbol{a}$ の新しい成分 a'_1, a'_2 は

$$
\begin{pmatrix} a'_1 \\ a'_2 \end{pmatrix} = M^{-1}\begin{pmatrix} a_1 \\ a_2 \end{pmatrix} \tag{1.19}
$$

である．基底が行列 M で変換されると，これに対応してベクトルの成分の方は M^{-1} で変換される．ベクトル $\boldsymbol{a}$ を変化させているわけではないことに注意しよう[*3]．これは M として対角行列を考えればわかりやすいだろう．基底べ

[*3] 東京から大阪に行くとき，西に a_1 キロ南に a_2 キロという行き方もできるし，北西に a'_1 キロ南西に a'_2 キロという行き方もできる．これは「西向き」「南向き」という基底が行列 $\boldsymbol{M}$ を介して「北西向き」「南西向き」という異なる基底に変わっただけであり，これに対応して進むべき距離を表す成分 a_1, a_2 が M^{-1} によって a'_1, a'_2 のように変わるが，大阪という都市が移動したわけではない．

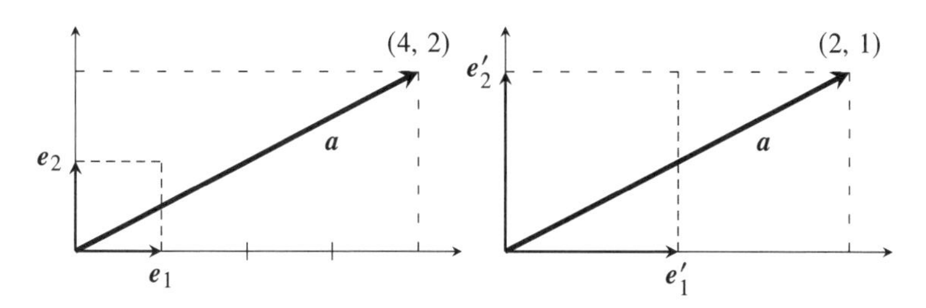

図 1.6　対角行列 $M = \begin{pmatrix} 2 & 0 \\ 0 & 2 \end{pmatrix}$ による基底の変換 $(\boldsymbol{e}_1, \boldsymbol{e}_2) \to (\boldsymbol{e}'_1, \boldsymbol{e}'_2)$（向きはそのままで長さを 2 倍に）を行うと，同じベクトル $\boldsymbol{a}$ を表すための成分は $M^{-1} = \frac{1}{|M|}\begin{pmatrix} 2 & 0 \\ 0 & 2 \end{pmatrix} = \begin{pmatrix} 1/2 & 0 \\ 0 & 1/2 \end{pmatrix}$ によって 1/2 倍される．基底の張る正方形の面積は $|M| = 4$ 倍されている．

クトルを向きはそのままで大きさを定数倍すれば，あるベクトルを表すための成分はその逆数倍しなければならない（図 1.6）．

この行列 $M = (\boldsymbol{\alpha}\ \boldsymbol{\beta})$ によって基底の変換を行うと，2 つのベクトル $\boldsymbol{a}, \boldsymbol{b}$ の成分は式 (1.19) および

$$\begin{pmatrix} b'_1 \\ b'_2 \end{pmatrix} = M^{-1}\begin{pmatrix} b_1 \\ b_2 \end{pmatrix} = \frac{1}{|M|}\begin{pmatrix} \delta b_1 - \beta b_2 \\ -\gamma b_1 + \alpha b_2 \end{pmatrix}$$

である．この 2 つのベクトルの張る平行四辺形の面積 $|\boldsymbol{a}, \boldsymbol{b}|$ は，ベクトル $\boldsymbol{a}, \boldsymbol{b}$ そのものは変更を受けていないので基底が変換されようとも不変である．ただしその面積を基底変換後の成分 a'_1, a'_2, b'_1, b'_2 で表そうとすると

$$\begin{aligned} a'_1 b'_2 - a'_2 b'_1 &= \frac{1}{|M|^2}\left((\delta a_1 - \beta a_2)(-\gamma b_1 + \alpha b_2) - (-\gamma a_1 + \alpha a_2)(\delta b_1 - \beta b_2)\right) \\ &= \frac{1}{|M|}|\boldsymbol{a}, \boldsymbol{b}| \end{aligned} \tag{1.20}$$

となる．これは新しい基底 $(\boldsymbol{\alpha}, \boldsymbol{\beta})$ の張る平行四辺形の面積が $|M|$ 倍されているからで，$\boldsymbol{a}, \boldsymbol{b}$ の張る平行四辺形の面積はやはり $|\boldsymbol{a}, \boldsymbol{b}|$ のままで不変である．式 (1.20) は 2.5 節で再び出会うことになる．

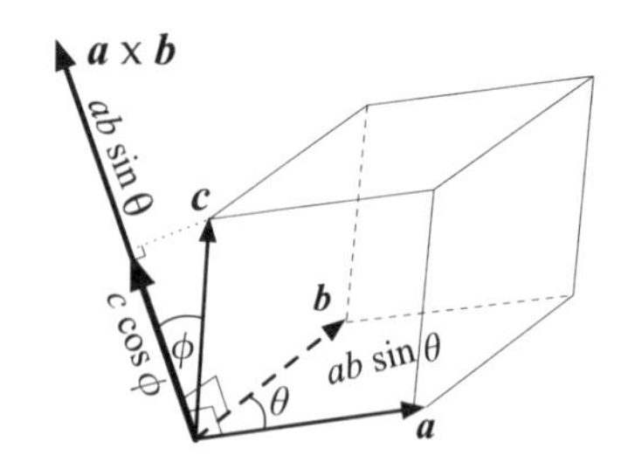

図 1.7　スカラー 3 重積 $(\boldsymbol{a} \times \boldsymbol{b}) \cdot \boldsymbol{c}$ は平行 6 面体の体積を表す.

1.5　3つのベクトルの積

1.5.1　スカラー3重積

3つのベクトル $\boldsymbol{a}, \boldsymbol{b}, \boldsymbol{c}$ に対して $(\boldsymbol{a}\times\boldsymbol{b})\cdot\boldsymbol{c}$ を**スカラー3重積** (scalar triple product) と呼ぶ. 3つのベクトル $\boldsymbol{a}, \boldsymbol{b}, \boldsymbol{c}$ によって平行六面体ができる（図 1.7）. ベクトル $\boldsymbol{a}, \boldsymbol{b}$ でできる平行四辺形を底面と見たとき, その面積は $|\boldsymbol{a}, \boldsymbol{b}| = ab \sin\theta$ である. またこの底面に垂直な向きはクロス積 $\boldsymbol{a} \times \boldsymbol{b}$ の向きである. ベクトル $\boldsymbol{a} \times \boldsymbol{b}$ とベクトル $\boldsymbol{c}$ のなす角を ϕ とすると, $c \cos\phi$ はこの平行六面体の高さであり, したがってこの平行六面体の体積は $ab \sin\theta \times c \cos\phi$ で与えられる. これは $(\boldsymbol{a} \times \boldsymbol{b}) \cdot \boldsymbol{c}$ にほかならず, このことから $(\boldsymbol{a} \times \boldsymbol{b}) \cdot \boldsymbol{c}$ を box product と呼ぶこともある.

この平行六面体を回転させれば底面を $\boldsymbol{c}, \boldsymbol{a}$ や $\boldsymbol{b}, \boldsymbol{c}$ にすることもでき, このときもちろん体積は変化しない. したがってスカラー 3 重積では $\boldsymbol{a}, \boldsymbol{b}, \boldsymbol{c}$ を輪環させてよく

$$(\boldsymbol{a} \times \boldsymbol{b}) \cdot \boldsymbol{c} = (\boldsymbol{b} \times \boldsymbol{c}) \cdot \boldsymbol{a} = (\boldsymbol{c} \times \boldsymbol{a}) \cdot \boldsymbol{b} \tag{1.21}$$

が成り立つ. これ以外の順序に入れ替えると符号は変わるが, 絶対値は変わらない. そこで $(\boldsymbol{a} \times \boldsymbol{b}) \cdot \boldsymbol{c}$ およびその偶置換を $[\boldsymbol{a}, \boldsymbol{b}, \boldsymbol{c}]$ や $[\boldsymbol{abc}]$ と表すことがある. これは**グラスマンの記号**と呼ばれる (H.G. Graßmann, 1809-1877). スカラー 3 重積の成分表示をみてみよう. まず $\boldsymbol{a} \times \boldsymbol{b}$ の成分表示は式 (1.16) に与えられ

ているので，さらに $\boldsymbol{c}$ との内積をとればただちに

$$(\boldsymbol{a}\times\boldsymbol{b})\cdot\boldsymbol{c} = (a_y b_z - a_z b_y)c_x + (a_z b_x - a_x b_z)c_y + (a_x b_y - a_y b_x)c_z \tag{1.22}$$

が得られる．これは行列式の小行列式展開 (1.10) を思い出せば

$$(\boldsymbol{a}\times\boldsymbol{b})\cdot\boldsymbol{c} = \begin{vmatrix} a_x & b_x & c_x \\ a_y & b_y & c_y \\ a_z & b_z & c_z \end{vmatrix} = |\boldsymbol{a},\ \boldsymbol{b},\ \boldsymbol{c}| \tag{1.23}$$

であることがわかる．スカラー 3 重積は縦ベクトルを 3 つ横に並べた行列の行列式の意味で $|\boldsymbol{a},\ \boldsymbol{b},\ \boldsymbol{c}|$ や $\det(\boldsymbol{a},\ \boldsymbol{b},\ \boldsymbol{c})$ とも書ける．

1.5.2　ベクトル 3 重積

3 つのベクトル $\boldsymbol{a},\boldsymbol{b},\boldsymbol{c}$ に対して $(\boldsymbol{a}\times\boldsymbol{b})\times\boldsymbol{c}$ を**ベクトル 3 重積** (vector triple product) という．成分を与えて計算してみよう．$\boldsymbol{a}\times\boldsymbol{b} = (a_y b_z - a_z b_y,\ a_z b_x - a_x b_z,\ a_x b_y - a_y b_x)$ より

$$\begin{aligned}(\boldsymbol{a}\times\boldsymbol{b})\times\boldsymbol{c} &= \begin{pmatrix} (a_z b_x - a_x b_z)c_z - (a_x b_y - a_y b_x)c_y \\ (a_x b_y - a_y b_x)c_x - (a_y b_z - a_z b_y)c_z \\ (a_y b_z - a_z b_y)c_y - (a_z b_x - a_x b_z)c_x \end{pmatrix} \\ &= \begin{pmatrix} (-b_z c_z - b_y c_y - b_x c_x)a_x + (c_z a_z + c_y a_y + c_x a_x)b_x \\ (-b_x c_x - b_z c_z - b_y c_y)a_y + (c_x a_x + c_z a_z + c_y a_y)b_y \\ (-b_y c_y - b_x c_x - b_z c_z)a_z + (c_x a_x + c_y a_y + c_z a_z)b_z \end{pmatrix} \\ &= -(\boldsymbol{b}\cdot\boldsymbol{c})\begin{pmatrix} a_x \\ a_y \\ a_z \end{pmatrix} + (\boldsymbol{c}\cdot\boldsymbol{a})\begin{pmatrix} b_x \\ b_y \\ b_z \end{pmatrix} = -(\boldsymbol{b}\cdot\boldsymbol{c})\boldsymbol{a} + (\boldsymbol{c}\cdot\boldsymbol{a})\boldsymbol{b}\end{aligned} \tag{1.24}$$

が得られる．また式 (1.24) の左辺でクロス積の順序を $-\boldsymbol{c}\times(\boldsymbol{a}\times\boldsymbol{b})$ と入れ替え，文字を輪環させることにより

$$\boldsymbol{a}\times(\boldsymbol{b}\times\boldsymbol{c}) = (\boldsymbol{a}\cdot\boldsymbol{c})\boldsymbol{b} - (\boldsymbol{a}\cdot\boldsymbol{b})\boldsymbol{c} \tag{1.25}$$

も得られる．式 (1.24) (1.25) は電磁気学を学ぶ上で記憶する価値のある公式である[*4]．

[*4] 実は筆者はいつまでたっても覚えられず，毎回以下のように手を動かしている：$(\boldsymbol{a}\times\boldsymbol{b})\times\boldsymbol{c}$ は最後に $\boldsymbol{c}$ とのクロス積をとっているので $\boldsymbol{c}$ に垂直であり，$\boldsymbol{a}$ と $\boldsymbol{b}$ との線形結合で表せる．2

式 (1.24) または式 (1.25) を循環させて 3 パターン作り，それらを足し上げたものはゼロとなる（演習問題 5）.

$$\boldsymbol{a} \times (\boldsymbol{b} \times \boldsymbol{c}) + \boldsymbol{b} \times (\boldsymbol{c} \times \boldsymbol{a}) + \boldsymbol{c} \times (\boldsymbol{a} \times \boldsymbol{b}) = 0 \tag{1.26}$$

これは**ヤコビの恒等式** (Jacobi identity) として知られる (C.G.J. Jacobi, 1804-1851).

第1章まとめ

- ベクトル $\boldsymbol{a}$ を自分の大きさ $a = |\boldsymbol{a}|$ で割ったもの $\boldsymbol{a}/a = \boldsymbol{a}/|\boldsymbol{a}|$ は必ず単位ベクトル.
- 2 つのベクトルのクロス積は $\boldsymbol{a}, \boldsymbol{b}$ の両方に垂直で大きさは $|\boldsymbol{a} \times \boldsymbol{b}| = ab \sin\theta$, 成分表示は (1.16) $\boldsymbol{a} \times \boldsymbol{b} = (a_y b_z - a_z b_y, a_z b_x - a_x b_z, a_x b_y - a_y b_x)$.
- スカラー 3 重積 $(\boldsymbol{a} \times \boldsymbol{b}) \cdot \boldsymbol{c}$ はベクトル $\boldsymbol{a}, \boldsymbol{b}, \boldsymbol{c}$ の張る平行六面体の体積で $(\boldsymbol{a} \times \boldsymbol{b}) \cdot \boldsymbol{c} = |\boldsymbol{a}, \boldsymbol{b}, \boldsymbol{c}|$.
- ベクトル 3 重積 $\boldsymbol{a} \times (\boldsymbol{b} \times \boldsymbol{c})$ はベクトル $\boldsymbol{a}$ に垂直で (1.25) $\boldsymbol{a} \times (\boldsymbol{b} \times \boldsymbol{c}) = (\boldsymbol{a} \cdot \boldsymbol{c})\boldsymbol{b} - (\boldsymbol{a} \cdot \boldsymbol{b})\boldsymbol{c}$.

演習問題

1. (a) 基底としてはじめ

$$\boldsymbol{e}_x = \begin{pmatrix} 1 \\ 0 \end{pmatrix}, \quad \boldsymbol{e}_y = \begin{pmatrix} 0 \\ 1 \end{pmatrix}$$

が設定されていたのを，別の基底

$$\boldsymbol{a} = \begin{pmatrix} 2 \\ 1 \end{pmatrix}, \quad \boldsymbol{b} = \begin{pmatrix} 1 \\ 2 \end{pmatrix}$$

つの係数の符号は異なること，どちらの項も $\boldsymbol{a}, \boldsymbol{b}, \boldsymbol{c}$ 1 つずつでできていることを覚えておけば右辺は $\pm(\boldsymbol{b} \cdot \boldsymbol{c})\boldsymbol{a} \mp (\boldsymbol{c} \cdot \boldsymbol{a})\boldsymbol{b}$ のどちらかである. $\boldsymbol{a} \to \boldsymbol{e}_x$, $\boldsymbol{b} \to \boldsymbol{e}_y$, $\boldsymbol{c} \to \boldsymbol{e}_x$ に対応させると $(\boldsymbol{e}_x \times \boldsymbol{e}_y) \times \boldsymbol{e}_x = \boldsymbol{e}_z \times \boldsymbol{e}_x = \boldsymbol{e}_y$ なので係数が正であるのは $\boldsymbol{b}$ とわかり式 (1.24) が得られる. $\boldsymbol{a} \times (\boldsymbol{b} \times \boldsymbol{c})$ も同じ考えで作ることができる.

に取り替えるとする．新旧の基底が

$$\begin{pmatrix} \boldsymbol{a} & \boldsymbol{b} \end{pmatrix} = \begin{pmatrix} \boldsymbol{e}_x & \boldsymbol{e}_y \end{pmatrix} R$$

という関係で表されるとき，変換行列 R を求めよ．

(b) はじめの基底 $\boldsymbol{e}_x, \boldsymbol{e}_y$ を用いたとき

$$\boldsymbol{x} = x\boldsymbol{e}_x + y\boldsymbol{e}_y = \begin{pmatrix} \boldsymbol{e}_x & \boldsymbol{e}_y \end{pmatrix} \begin{pmatrix} x \\ y \end{pmatrix} = \begin{pmatrix} 3 \\ 2 \end{pmatrix}$$

というベクトル $\boldsymbol{x}$ がある．基底 $\boldsymbol{a}, \boldsymbol{b}$ を採用したとき，同じベクトルを $\boldsymbol{x} = a\boldsymbol{a} + b\boldsymbol{b}$ と表したときの成分 a, b を求めよ．

2. ベクトル $\boldsymbol{a}, \boldsymbol{b}$ がある．$\boldsymbol{b}$ はゼロベクトルでないとするとき，$\boldsymbol{a}$ を $\boldsymbol{b}$ に平行な成分と垂直な成分に分解せよ．
3. 行列 M とその転置行列 M^T の行列式の関係 (1.9) を示せ．
4. クロス積の分配則 $\boldsymbol{a} \times (\boldsymbol{b} + \boldsymbol{c}) = \boldsymbol{a} \times \boldsymbol{b} + \boldsymbol{a} \times \boldsymbol{c}$ を示せ．
5. ヤコビの恒等式 (1.26) を証明せよ．
6. 以下の恒等式を示せ．

$$\begin{aligned}(\boldsymbol{A} \times \boldsymbol{B}) \cdot (\boldsymbol{C} \times \boldsymbol{D}) &= (\boldsymbol{D} \cdot \boldsymbol{B})(\boldsymbol{C} \cdot \boldsymbol{A}) - (\boldsymbol{B} \cdot \boldsymbol{C})(\boldsymbol{D} \cdot \boldsymbol{A}) \\ &= (\boldsymbol{A} \cdot \boldsymbol{C})(\boldsymbol{B} \cdot \boldsymbol{D}) - (\boldsymbol{A} \cdot \boldsymbol{D})(\boldsymbol{B} \cdot \boldsymbol{C})\end{aligned}$$

$$\begin{aligned}(\boldsymbol{A} \times \boldsymbol{B}) \times (\boldsymbol{C} \times \boldsymbol{D}) &= |\boldsymbol{A}, \boldsymbol{C}, \boldsymbol{D}|\boldsymbol{B} - |\boldsymbol{B}, \boldsymbol{C}, \boldsymbol{D}|\boldsymbol{A} \\ &= |\boldsymbol{A}, \boldsymbol{B}, \boldsymbol{D}|\boldsymbol{C} - |\boldsymbol{A}, \boldsymbol{B}, \boldsymbol{C}|\boldsymbol{D}\end{aligned}$$

$$\begin{aligned}(\boldsymbol{A} \times \boldsymbol{B}) \times (\boldsymbol{A} \times \boldsymbol{C}) + (\boldsymbol{B} \times \boldsymbol{C}) \times (\boldsymbol{B} \times \boldsymbol{A}) + (\boldsymbol{C} \times \boldsymbol{A}) \times (\boldsymbol{C} \times \boldsymbol{B}) \\ = |\boldsymbol{A}, \boldsymbol{B}, \boldsymbol{C}|(\boldsymbol{A} + \boldsymbol{B} + \boldsymbol{C})\end{aligned}$$

第2章

場と空間上の積分

2.1 場とは

場 (field) とは，位置 $\boldsymbol{x}$ を指定するとスカラーやベクトルが 1 つ指定されるようなもので，位置 $\boldsymbol{x}$ に対してスカラーが決まるのがスカラー場 (scalar field)，ベクトルが決まるのがベクトル場 (vector field) である[*1]．1 変数のスカラー場はいわゆる普通の 1 変数関数 $f(x)$ で，2 次元のスカラー場は xy 平面上の 1 点 $\boldsymbol{x} = (x, y)$ を指定すると高さ $z = f(x, y) = f(\boldsymbol{x})$ が決まるとして描くことができる．地図に等高線が引かれ，各等高線に標高が添えてあればそれはスカラー場である．「各地の気温」「各地の気圧」は，地図上の位置 $\boldsymbol{x}$ を指定すれば気温 $T(\boldsymbol{x})$ や気圧 $P(\boldsymbol{x})$ というスカラーが決まるという意味において 2 次元のスカラー場であり，「各地の風速」$\boldsymbol{V}(\boldsymbol{x})$ は場所 $\boldsymbol{x}$ を指定すればそこでの速度 $\boldsymbol{V}$ が決まるのでベクトル場である．このように我々は日常的にスカラー場やベクトル場を扱っているのであっておそれる必要はなく，そこから少しだけ踏み込んでみるのがベクトル解析 (vector calculus, vector analysis) である．

電磁気学や流体力学では，扱う量がポテンシャル，電場や流れの場といったスカラー場やベクトル場であり，それらが位置 $\boldsymbol{x}$ の関数であるため，スカラー場やベクトル場の微積分が必要となる．本書では第 5 章までこれにじっくりと

[*1] さらに上位の概念としてテンソル場 (tensor field) というものもあるが，本書ではスカラー場とベクトル場のみを扱う．古典電磁気学は電場と磁場をベクトル場として記述し，一般相対論は重力をテンソル場（成分表示すれば行列で表される）で記述する．

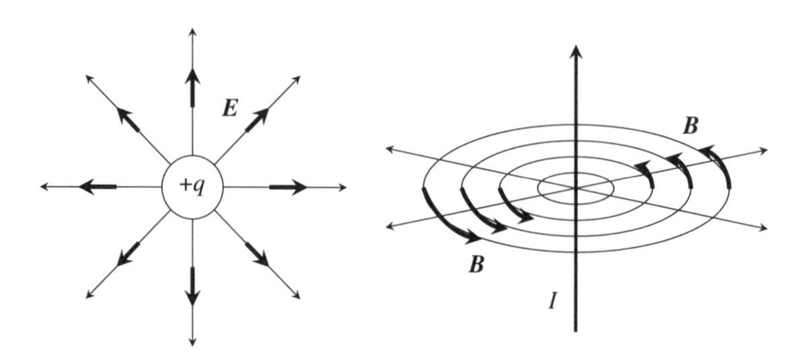

図2.1　左：点電荷の作る放射状の電場，右：直線電流の作る同心円状の磁場

取り組む.

場のイメージ

場をイメージするには上述したような天気予報における各地の気温や各地の風速が最もなじみやすいであろう．本書では第5章の最後である5.5節まで電磁気学が出てこないが，それまでベクトル場の微積分を耐え忍んで学んでいる間は図2.1のような点状電荷の作る電場と直線電流の作る磁場がイメージできれば十分である.

無限遠でゼロである場

物理で扱う場は無限遠 $|\boldsymbol{x}| \to \infty$ では $f(\boldsymbol{x}) \to 0$, $\boldsymbol{A}(\boldsymbol{x}) \to 0$ のように値がゼロに近づくものであることが多い．例えば熱源から感じる温度 T は場所 $\boldsymbol{x}$ の関数として $T(\boldsymbol{x})$ のように表せるが，熱源から離れるほど $T(\boldsymbol{x})$ は小さくなり，無限遠まで行かずともある程度の距離までいけばもはやほとんど熱は感じず $T(\boldsymbol{x}) \sim 0$ としてよいだろう．ある位置とその周りの限られた範囲に電荷が分布し，その周りにできている電場を論じるならば，ある程度の距離を離れればそれ以遠は実際問題として電場はゼロとしてよいとか，電流の周りにできた磁場を論じるとき十分遠方では磁場はほぼゼロとみなせるとかの条件設定は，物理ではきわめて自然な要請である．本書で扱うスカラー場やベクトル場もそのようなものであることを前提とする.

場と次元

次元 (dimension) という言葉は物理学では 2 つの意味で用いられる．1 つは空間・時間の座標の数のことであり，我々の住む宇宙は空間の 3 次元と時間の 1 次元を合わせた 4 次元である，のように使う．もう 1 つの意味は物理量のもつ固有のもので，長さ [L]，質量 [M]，時間 [T]，電荷 [Q] などが基本的な次元をもつ物理量で，これらが組み合わされて面積 [L^2]，体積 [L^3]，速度 [L/T]，さらにはエネルギーや運動量，圧力や電場，磁場といった次元をもつ物理量も作られる．

本書では次元という言葉をどちらの意味でも用いるが，ここで注意したいのは後者の意味である．数学的に場を考えるだけであれば式に現れている量に対して次元を意識することはないが，我々は常に物理への応用において場を考えるので，いつも場には何らかの物理量を仮定し，その次元をもたせて考えるとよい．例えばスカラー場 $f(\boldsymbol{x})$ を考えるときは f に温度や圧力などの次元をもたせるか，または抽象的に「f の次元 [f]」と宣言するだけでもよい．電場や磁場を考えるときも単に「電場の次元 [E]」と言えばよいだけである．

以後の節や章では場の微積分を扱う．場は位置 $\boldsymbol{x}$ の関数であり，通常 $\boldsymbol{x}$ には長さの次元をもたせるから，場 $f(\boldsymbol{x})$ や $\boldsymbol{E}(\boldsymbol{x})$ を積分すれば f や $\boldsymbol{E}$ そのものの次元 [f] や [E] に長さをかけた [f L] や [E L] という次元の量が作られ，面積分や体積分を行えば長さの 2 乗や長さの 3 乗がかかった量となる．場を微分すれば元の場の次元を長さで割った [f/L] という次元の量になる．自分が扱っている量がいかなる次元をもつ量であるのかを認識することは，物理的意味を理解する助けになるのみならず，式を記憶する，間違いを劇的に減らすなどの実用的な効果もある．

2.2　面積分

2.2.1　スカラー場の面積分

日本の国土はだいたい面積 $S = 38$ 万 km^2，総人口は $N = 1.2$ 億人である．したがって国全体としての平均の人口密度は $\langle\sigma\rangle = N/S = 320$ 人 /km^2 である．

しかし国内の人口分布は一様ではなく，一般に都市部では人口密度が高く，町村部では低い．全市区町村の人口密度 σ_i がわかっていれば，それぞれの市区町村の面積 ΔS_i を用いて，日本の総人口は

$$N = \sum_i \sigma_i \, \Delta S_i \tag{2.1}$$

で与えられる．しかし各市区町村の内部においてもなお人口分布は一様ではない．したがって面積をどんどん細かく分割し，ある位置 $\boldsymbol{x}$ での微小面積 ΔS の内部の人口密度を $\sigma(\boldsymbol{x})$ とすれば，国内の人口密度は一種のスカラー場であると思ってよい．$\sigma(\boldsymbol{x})$ を用いると，ある微小面積 ΔS 内の人数は $\Delta N = \sigma(\boldsymbol{x}) \, \Delta S$ であるから，日本の総人口は式 (2.1) を積分に置き換えて

$$N = \int_{\text{国内}} \sigma(\boldsymbol{x}) \, dS \tag{2.2}$$

と表される．この右辺を，場 $\sigma(\boldsymbol{x})$ に対する**面積分** (surface integral) と呼ぶ．積分の式を見たら，その意味はいつも以下のように解釈しよう：

1. まず積分領域を細かく分割する．ここでは日本国内を微小面積 dS の集まりとする．
2. 各地点 $\boldsymbol{x}$ における被積分関数の値 $\sigma(\boldsymbol{x})$ と微小面積 dS との積 $\sigma(\boldsymbol{x}) \, dS$ を計算し
3. 積分領域全体で和をとる．

これらの操作全てを1行で表したものが式 (2.2) である．積分を実行する領域は曲面上でもよく，細かく分割すれば曲面の一部であっても平面とみなせる．例えば地球上のいたるところでの人口密度 $\sigma(\boldsymbol{x})$ がわかっていれば，これを地球表面全体にわたって積分すれば地球上の全人口が原理的には計算でき，それは式 (2.2) の形で表される．

2.2.2 ベクトル場に対する面積分

ベクトル場 $\boldsymbol{A}(\boldsymbol{x})$ に対する面積分の場合も，ベクトル場中にある広さをもった面積 S について，まずこれを微小な面 $\Delta S(\boldsymbol{x}_i)$ に分割して考える．面 S は湾曲していてもよく，これを小さく分割することによって，分割された微小面

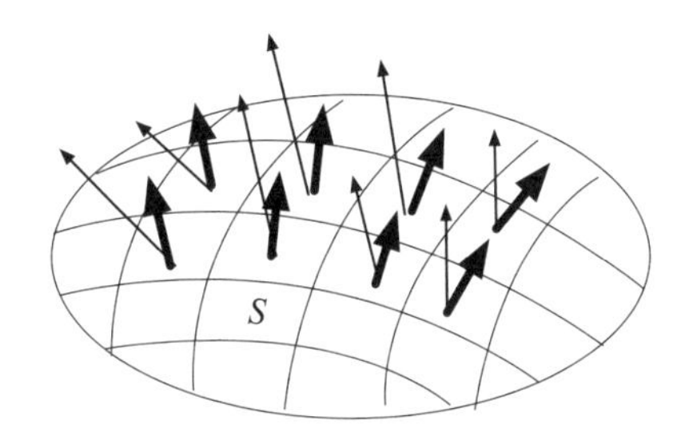

図 2.2　ベクトル場 $\boldsymbol{A}(\boldsymbol{x})$ の領域 S における面積分の考え方．領域 S を微小面 dS に分け，各微小面の法線ベクトルを太い矢印で表し，そこでのベクトル場 $\boldsymbol{A}(\boldsymbol{x})$ を細い矢印で表している．面積分とは，微小領域ごとの内積 $\boldsymbol{A}(\boldsymbol{x})\cdot\boldsymbol{n}(\boldsymbol{x})dS$ を領域 S 全体にわたって足し上げることである．

$\Delta S_i = \Delta S(\boldsymbol{x}_i)$ それぞれは平面とみなすことができる．ある位置 $\boldsymbol{x}_i$ における微小面 $\Delta S_i = \Delta S(\boldsymbol{x}_i)$，その法線ベクトル $\boldsymbol{n}_i = \boldsymbol{n}(\boldsymbol{x}_i)$，この微小面を貫くベクトル場の値 $\boldsymbol{A}(\boldsymbol{x}_i)$ について積 $\boldsymbol{A}(\boldsymbol{x}_i)\cdot\boldsymbol{n}(\boldsymbol{x}_i)\,\Delta S(\boldsymbol{x}_i)$ を計算し，これを全領域 S にわたって足し上げたもの（図 2.2）

$$\sum_i \boldsymbol{A}(\boldsymbol{x}_i)\cdot\boldsymbol{n}(\boldsymbol{x}_i)\,\Delta S(\boldsymbol{x}_i) \tag{2.3}$$

を得る．微小面 $\Delta S(\boldsymbol{x}_i)$ に対してそれを貫く場のベクトル $\boldsymbol{A}(\boldsymbol{x}_i)$ は一般には垂直ではないが，常に微小面の法線ベクトル $\boldsymbol{n}(\boldsymbol{x}_i)$ に射影した $\boldsymbol{A}(\boldsymbol{x}_i)\cdot\boldsymbol{n}(\boldsymbol{x}_i)$ と $\Delta S(\boldsymbol{x}_i)$ との積を使う．これを ΔS を無限小にまで小さくして極限をとったものがベクトル場の面積分である．

$$\mathcal{I} = \int_S \boldsymbol{A}(\boldsymbol{x})\cdot\boldsymbol{n}(\boldsymbol{x})\,dS \tag{2.4}$$

式 (2.3) は式 (2.1) に，式 (2.4) は式 (2.2) に対応する．

$\boldsymbol{n}dS$ を $d\boldsymbol{S}$ と書いて面ベクトルと呼ぶこともある．これは dS という大きさをもち，$\boldsymbol{n}$ の向きをもったベクトルである（図 2.3）．したがって式 (2.4) は $\mathcal{I} = \int_S \boldsymbol{A}(\boldsymbol{x})\cdot d\boldsymbol{S}$ と書いてもよい．dS は d^2x と表記することもある．また 2 次元での積分であることを強調するため，式 (2.2) (2.4) と同じ意味のことを積分

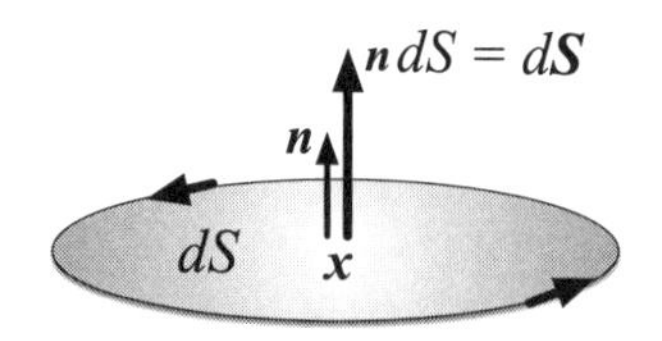

図 2.3 面積ベクトル

記号を 2 つ重ねて $I = \iint \boldsymbol{A}(\boldsymbol{x}) \cdot d\boldsymbol{S}$ と書くこともあるし，閉曲面上での積分であれば閉じているということを強調して $I = \oint_S \boldsymbol{A}(\boldsymbol{x}) \cdot d\boldsymbol{S}$ と書くこともある．また使用する座標系に応じ，dS には適切な面積要素を用いる．デカルト座標であれば $dS = dx\,dy$，2 次元極座標であれば $dS = \rho\,d\rho\,d\phi$ である．また半径 R の球面上の積分であれば，2.2.4 項で示すように $R^2\,d\Omega$ という立体角積分に直すことができる．

2.2.3 十分に大きな表面での積分

物理学で扱う場 $f(\boldsymbol{x})$ は，無限遠 $|\boldsymbol{x}| \to \infty$ では $f(\boldsymbol{x}) \to 0$ となるようなものが多いことを既に述べた．例えば点電荷 q の作るポテンシャルは $\phi = q/4\pi\epsilon r$ という $\propto 1/r$ の場であり，明らかにその条件を満たしている．一般に物理で扱う場は $r = |\boldsymbol{x}|$ とすれば $1/r^\gamma$ という形をもつ．スカラーポテンシャルであれば $\gamma = 1$，電場であれば $\gamma = 2$ である．また $f(\boldsymbol{x})$ が空間内の電荷分布を表す関数などであれば，$r = |\boldsymbol{x}|$ がある一定の距離以上であれば電荷は存在せず，あっという間に $f(\boldsymbol{x}) = 0$ ということもあるだろう．

場の面積分 $\int_S f(\boldsymbol{x})\,dS$ を閉曲面 S 上で行うケースを考えると，それはだいたい $f(\boldsymbol{x})$ と $S = 4\pi r^2$ の積の大きさと考えることができる．このとき積分領域 S が十分大きく，したがって r が十分大きければ場 $f(\boldsymbol{x})$ はかなり小さいと予想される．それでも $f(\boldsymbol{x})$ と $4\pi r^2$ の積が小さいかどうかは別問題であり，積分は発散することもあれば一定値になることもゼロになることもある．一般には $\gamma > 2$ であれば十分に大きな表面上での積分は $\propto r^2/r^\gamma = 1/\gamma^\delta$ $(\delta = \gamma - 2 > 0)$ で，値はゼロとなる．

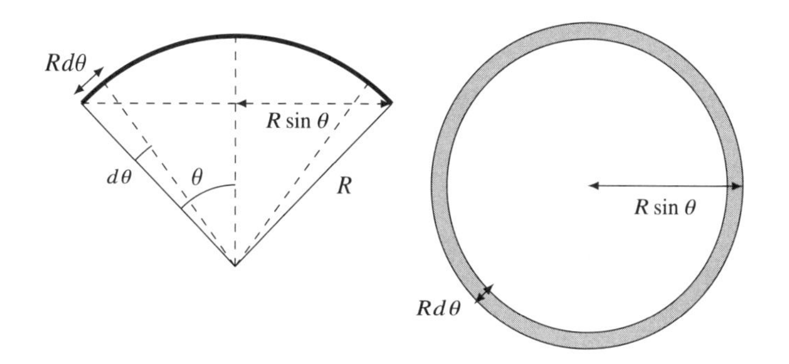

図 2.4　左：半径 R の球から角度 θ の円すいで切り取られた領域を「横」から見たもの（太線部分）．右：切り取られた領域を「上」から見たもの．特に角度幅 $d\theta$ のリング状領域には影をつけてある．円周の長さが $2\pi R\sin\theta$ であるからリング状領域の面積は $dS = 2\pi R^2 \sin\theta\, d\theta$ である．

2.2.4　立体角

半径 R の円の周の長さは $2\pi R$ である．円周の一部である弧の長さを $\ell = R\theta$ とおいたときの係数 θ $(0 \le \theta \le 2\pi)$ によって角度ラジアンが定義される．これの球面版を考えよう．半径 R の球の全面積は $4\pi R^2$ である．この球面からある一部分だけを切り出し，切り出された領域の面積を $S = \Omega R^2$ と書いたとき，係数 Ω $(0 \le \Omega \le 4\pi)$ を **立体角** (solid angle) と呼ぶ．立体角は面積の次元をもつ S と R^2 を結ぶ係数であるから無次元量であるが，**ステラジアン** (steradian) という単位を導入して記号 sr や str で表す．球面全体であれば $\Omega = 4\pi$ str である．

球面からの切り出しを円すいによって行うとき，切り出しに用いる円すいの開き角 θ と立体角 Ω の間には簡単な関係式がある．図 2.4 のように半径 R の球面から開き角 θ の円すいによって切り出したとする．切り出された領域のう

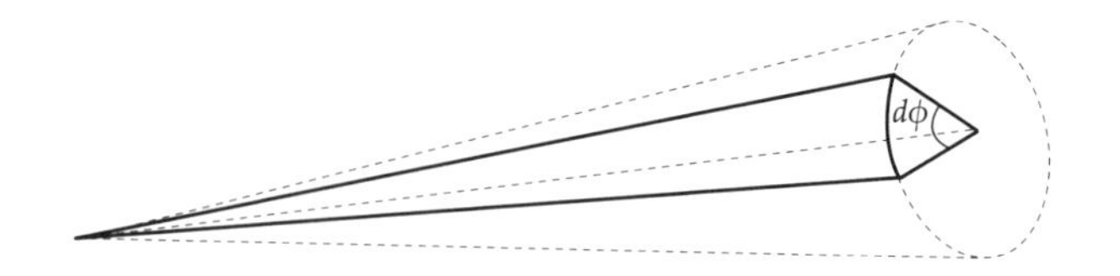

図 2.5　角度 $d\phi$ の部分円すいの立体角は $d\Omega = \sin\theta\, d\theta\, d\phi$

ち，角度幅 $d\theta$ のリング状領域の面積は $dS = 2\pi R \sin\theta \times R\, d\theta$ であるから

$$d\Omega = dS/R^2 = 2\pi \sin\theta\, d\theta, \tag{2.5}$$

$$\Omega = \int d\Omega = 2\pi \int_0^\theta \sin\theta\, d\theta = 2\pi(1 - \cos\theta) \tag{2.6}$$

となる．図 2.5 のような角度 $d\phi$ の部分円すいから切り出す場合に一般化して考えるならば式 (2.5) の代わりに

$$d\Omega = \sin\theta\, d\theta\, d\phi = -d(\cos\theta)\, d\phi \tag{2.7}$$

である．式 (2.7) を $\phi = 0 \sim 2\pi$ で積分すれば式 (2.5) に，さらに θ で積分したものが式 (2.6)，$\theta = \pi$ とすれば全方向をカバーし 4π となる．

実際には球面から切り出す領域の形状（切り出しに用いる錐(すい)体の断面の形状）はなんでもよく，半径 R の球から切り出された領域がどんなに複雑な形状であっても，その面積が S であるならば立体角は $\Omega = S/R^2$ である．また球面からの切り出しでなかったり，切り出した面 $\boldsymbol{S}$ が中心からの方向ベクトル $\boldsymbol{n}$ に対して角度をもっている場合は，面 $\boldsymbol{S}$ を $\boldsymbol{n}$ に垂直な面（半径 R の球面）に投影すれば $\Omega = \boldsymbol{S} \cdot \boldsymbol{n}/R^2$ である（図 2.6）．

スカラー場やベクトル場を面積分して $f\, dS$ や $\boldsymbol{F} \cdot d\boldsymbol{S} = \boldsymbol{F} \cdot \boldsymbol{n}\, dS$ を計算するとき，積分領域を球面またはその一部とみて dS に代えて立体角 $d\Omega$ による方向積分

$$dS = \boldsymbol{n} \cdot d\boldsymbol{S} = R^2\, d\Omega = R^2 \sin\theta\, d\theta\, d\phi = -R^2\, d(\cos\theta)\, d\phi \tag{2.8}$$

に置き換えることができ，その方が便利な場合がある．全方向について積分すれば $d\Omega \to \Omega = 4\pi$ となるから $S = 4\pi R^2$ が再現される．立体角の概念は物理のいたるところで出くわすが，本書では 9.4 節における電磁波の放射の計算において用いる．

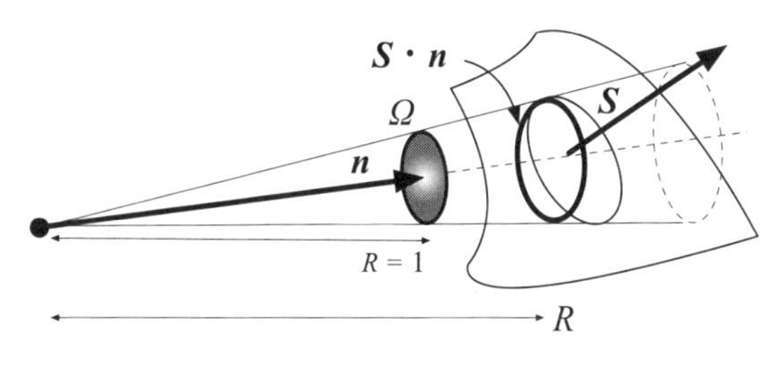

図 2.6　$\Omega = \boldsymbol{S}\cdot\boldsymbol{n}/R^2$

2.3 体積分

ある広がりをもった領域に電荷 Q が分布しているとする．その領域の体積を V とすれば，領域内の平均の電荷密度は $\langle\rho\rangle = Q/V$ である．しかし領域 V 内の電荷は*2，総量としては Q であるとしても内部の分布は一様とは限らない．したがって電荷密度は領域 V 内の位置 $\boldsymbol{x}$ の関数として $\rho(\boldsymbol{x})$ と表されるべきものだろう．領域 V 内の電荷総量を計算するには，領域を微小な体積 $\Delta V_i = \Delta V(\boldsymbol{x}_i)$ に分割し，その微小領域内では密度は一定とみなせるとする（一定とみなしてよいくらいに微小な領域に分割する）．分割された各微小領域での電荷密度 $\rho_i = \rho(\boldsymbol{x}_i)$ との積によってその微小領域内の電荷 $\Delta Q_i = \rho_i \Delta V_i = \rho(\boldsymbol{x}_i)\Delta V(\boldsymbol{x}_i)$ を計算し，これを全領域にわたって足し上げれば電荷総量 Q となる．

$$Q = \sum_i \Delta Q_i = \sum_i \rho_i\,\Delta V_i$$

これを無限小にまで分割して和をとったものを一般に

$$Q = \int_V \rho(\boldsymbol{x})\,dV \tag{2.9}$$

と書き，$\rho(\boldsymbol{x})$ の領域 V での**体積分** (volume integral) と呼ぶ．dV は d^3x と書かれることも多い．体積分 (2.9) には表記のバリエーションとして $\iiint \rho(\boldsymbol{x})\,dx\,dy\,dz$ などもある．また使用する座標系に応じ dV には適切な体積要素を用いる．デカ

*2 考えている領域の体積を V と言ったり，その領域そのものを指して V と言ったりすることもあるので，適宜読み替えのこと．

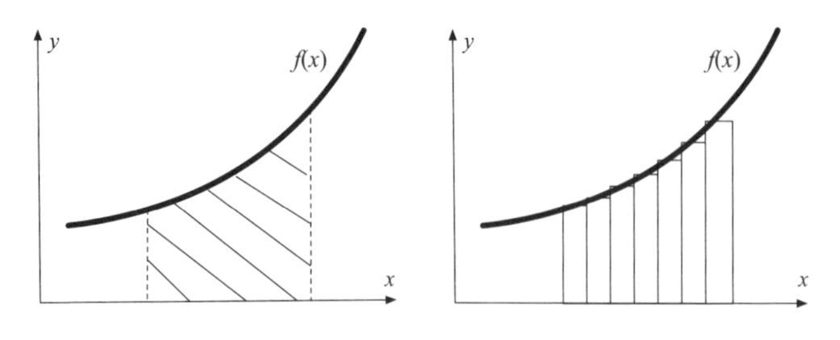

図 2.7　1 変数関数の積分

ルト座標であれば $dV = dx\,dy\,dz$，円筒座標であれば式 (A.16) の $dV = \rho\,d\rho\,d\phi\,dz$，球座標であれば式 (A.26) の $dV = r^2\,dr\,\sin\theta\,d\theta\,d\phi$ である．

2.4 線積分

2.4.1 スカラー場の線積分

1 変数関数 $y = f(x)$ の区間 $x = [a, b]$ における定積分は $I = \int_a^b f(x)\,dx$ のように表記され，幾何学的には $x = [a, b]$ と曲線 $f(x)$ で囲まれた部分の面積を表す（図 2.7 左）．区分求積の考え方では積分区間を細かく分割し，各 x での関数値 $f(x)$ と短冊の幅 Δx との積 $f(x)\Delta x$ を全ての短冊に対して足し上げる（図 2.7 右）．積分のやり方を指定するには x の範囲 $[a, b]$ を指定するだけである．

次に 2 変数のスカラー関数 $z = f(x, y)$ を考えよう．これはある地点 (x, y) を決めるとある値（高さに相当）が決まり，一般に図 2.8 のような曲面になる．線積分 (curve integral, curvilinear integral) とは，積分区間として曲線 s を指定し，これを微小線素 ds に分割し，線素ごとに $f(x, y)\,ds$ という短冊状領域の面積を計算し，全曲線 s にわたって足し上げて

$$I = \int_s f(x, y)ds \tag{2.10}$$

を得ることである．幾何学的には線積分は図 2.8 において曲線 s と曲面で上下を挟まれた屏風状領域の面積である．積分経路が閉曲線であるときは，積分記号に $\int$ の代わりに閉じていることを強調した記号 $\oint$ を用いて $I = \oint_s f(x, y)ds$ と記述することもある．

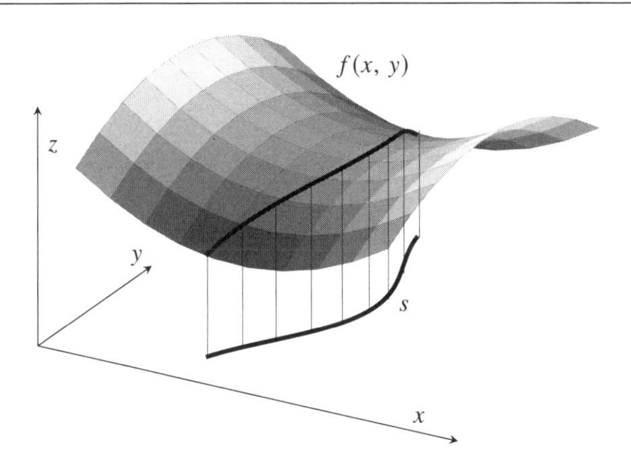

図 2.8　2 変数スカラー場の線積分

2.4.2　ベクトル場の線積分

ベクトル場 $\boldsymbol{A}(\boldsymbol{x})$ の線積分を得るには，積分経路 s をまず決め，やはりこれを微小な区間 $\Delta\boldsymbol{s}(\boldsymbol{x}_i)$ に分割する．積分経路 s は曲がっていてもよいが，分割した各微小区間は直線とみなせる．そして位置 $\boldsymbol{x}$ ごとに内積 $\boldsymbol{A}_i \cdot \Delta\boldsymbol{s}_i = \boldsymbol{A}(\boldsymbol{x}_i) \cdot \Delta\boldsymbol{s}(\boldsymbol{x}_i)$ を計算し，全経路 s にわたって足し上げる．すなわち

$$\sum_i \boldsymbol{A}_i \cdot \Delta\boldsymbol{s}_i = \sum_i \boldsymbol{A}(\boldsymbol{x}_i) \cdot \Delta\boldsymbol{s}(\boldsymbol{x}_i)$$

において $\Delta\boldsymbol{s}$ を無限小にした極限

$$\mathcal{I} = \int_s \boldsymbol{A}(\boldsymbol{x}) \cdot d\boldsymbol{s} \tag{2.11}$$

をベクトル場 $\boldsymbol{A}(\boldsymbol{x})$ の経路 s に沿った線積分と呼ぶ．積分経路が閉じているときは $\mathcal{I} = \oint_s \boldsymbol{A}(\boldsymbol{x}) \cdot d\boldsymbol{s}$ のように強調して記述することもある．

2.4.3　線積分とループの面積

ある平面上における閉じた経路（ループ）を考えよう．ループの形状は問わない．ループ内部に代表点 $\boldsymbol{x}_0$ をとる．これはループの中心や重心など特別な位置である必要はない．この代表点 $\boldsymbol{x}_0$，ループ上の 1 点 $\boldsymbol{x}$，そして $\boldsymbol{x}$ を起点

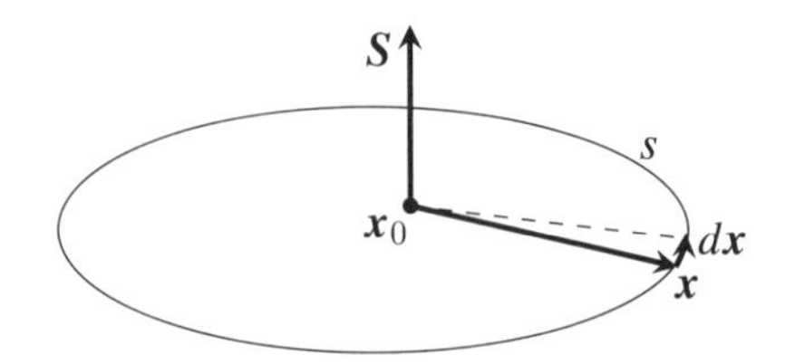

図2.9　ループ内にとった固定点 $\boldsymbol{x}_0$（中心である必要はない）とループ上の点 $\boldsymbol{x}$，ループ上の微小円弧 $d\boldsymbol{x}$ で囲まれる細長い三角形の面積は $(\boldsymbol{x}-\boldsymbol{x}_0)\times d\boldsymbol{x}/2$ であり，これをループ全体にわたって足し合わせたものがループの面積ベクトル $\boldsymbol{S}=\frac{1}{2}\oint_s(\boldsymbol{x}-\boldsymbol{x}_0)\times d\boldsymbol{x}$ である．

としループに沿う微小なベクトル $d\boldsymbol{x}$ によって作られる細長い三角形を考えると，この領域の面積 dS はベクトル $\boldsymbol{x}-\boldsymbol{x}_0$ と $d\boldsymbol{x}$ の張る細長い平行四辺形の面積 $|(\boldsymbol{x}-\boldsymbol{x}_0)\times d\boldsymbol{x}|$ の半分であるから（底辺 × 高さ/2 だと考えてもよい）

$$dS=\frac{1}{2}|(\boldsymbol{x}-\boldsymbol{x}_0)\times d\boldsymbol{x}|$$

である（図2.9）．よってループの全面積を大きさにもち，ループの右ねじの向きをもったベクトル $\boldsymbol{S}$ は

$$\boldsymbol{S}=\frac{1}{2}\oint_s(\boldsymbol{x}-\boldsymbol{x}_0)\times d\boldsymbol{x} \tag{2.12}$$

という線積分で与えられる（図2.9）．

2.5　積分変数の変換とヤコビアン

積分を実行するとき，変数変換して計算を行いやすくする置換積分の手法がある．例えば $\int 1/(1+x^2)\,dx$ の積分は $x=\tan\theta$ と置換するのが定石である．このとき，単に x を $\tan\theta$ に置き換えるだけではなく dx も適切に置換する必要があり，この場合は $dx\to d\theta/\cos^2\theta$ に置き換える．本節では2次元および3次元での積分変数の変換と，それにともなう面積要素または体積要素の変換を考える．

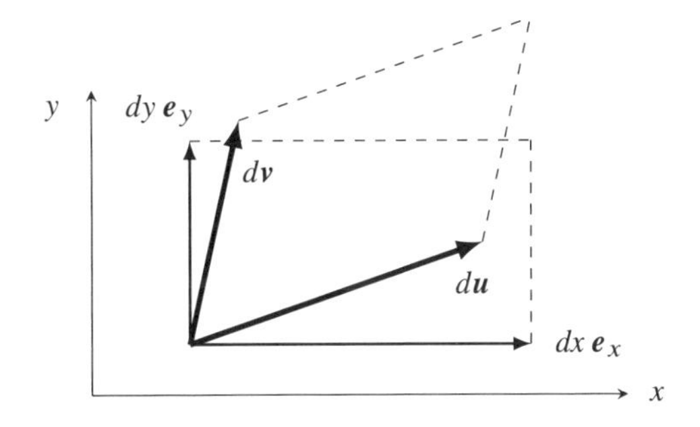

図 2.10　2 次元デカルト座標から座標 (u, v) への変換

xy のデカルト座標から同じ平面内で uv 座標に変換したとき，uv 座標系における面積要素を考える（図 2.10）．2 つの微小ベクトル $\boldsymbol{du}$, $\boldsymbol{dv}$ の張る平行四辺形の面積は式 (1.17) より $\boldsymbol{du}$, $\boldsymbol{dv}$ の成分を並べて作られる行列の行列式として $du\,dv \equiv |\boldsymbol{du}, \boldsymbol{dv}|$ である．これと $dx\,dy$ との関係を見出そう．ベクトル $\boldsymbol{du}$, $\boldsymbol{dv}$ は $\boldsymbol{e}_x$, $\boldsymbol{e}_y$ の線形結合で表せて

$$
\boldsymbol{du} = u_x \boldsymbol{e}_x + u_y \boldsymbol{e}_y = \frac{\partial u}{\partial x} dx\, \boldsymbol{e}_x + \frac{\partial u}{\partial y} dy\, \boldsymbol{e}_y = \begin{pmatrix} \dfrac{\partial u}{\partial x} dx \\ \dfrac{\partial u}{\partial y} dy \end{pmatrix},
$$

$$
\boldsymbol{dv} = v_x \boldsymbol{e}_x + v_y \boldsymbol{e}_y = \frac{\partial v}{\partial x} dx\, \boldsymbol{e}_x + \frac{\partial v}{\partial y} dy\, \boldsymbol{e}_y = \begin{pmatrix} \dfrac{\partial v}{\partial x} dx \\ \dfrac{\partial v}{\partial y} dy \end{pmatrix}
$$

とすれば面積要素は

$$
\begin{aligned}
du\,dv = |\boldsymbol{du}, \boldsymbol{dv}| &= \begin{vmatrix} \dfrac{\partial u}{\partial x} dx & \dfrac{\partial v}{\partial x} dx \\ \dfrac{\partial u}{\partial y} dy & \dfrac{\partial v}{\partial y} dy \end{vmatrix} = \begin{vmatrix} \dfrac{\partial u}{\partial x} & \dfrac{\partial v}{\partial x} \\ \dfrac{\partial u}{\partial y} & \dfrac{\partial v}{\partial y} \end{vmatrix} dx\,dy \\
&\equiv \frac{\partial(u, v)}{\partial(x, y)} dx\,dy \equiv \mathcal{J}\, dx\,dy
\end{aligned} \tag{2.13}
$$

となる．ここで

$$
\frac{\partial(u, v)}{\partial(x, y)} \equiv \mathcal{J} \equiv \begin{vmatrix} \dfrac{\partial u}{\partial x} & \dfrac{\partial v}{\partial x} \\ \dfrac{\partial u}{\partial y} & \dfrac{\partial v}{\partial y} \end{vmatrix} = \frac{\partial u}{\partial x}\frac{\partial v}{\partial y} - \frac{\partial v}{\partial x}\frac{\partial u}{\partial y} \tag{2.14}
$$

を $(x, y) \leftrightarrow (u, v)$ の変換の**ヤコビアン** (Jacobian) または**関数行列式**と呼ぶ．式 (2.13) はベクトルの変換による面積変化の式 (1.18) に対応する．一般に座標変換を行ったとき，面積要素 $dx\,dy$ は新しい座標での面積要素 $du\,dv$ とヤコビアンとの間に

$$d^2x = dx\,dy = \frac{1}{\mathcal{J}}\,du\,dv = \frac{1}{\dfrac{\partial(u,v)}{\partial(x,y)}}\,du\,dv \tag{2.15}$$

という関係がある．これは式 (1.20) に対応する．座標の変換によって基底間の角度変化と伸び縮みがあるため，変換前後で面積要素をそろえるには行列式による補正が必要になる．分子と分母で対応関係があるのが見えると思う．またヤコビアンの性質として

$$\frac{\partial(u,v)}{\partial(x,y)}\frac{\partial(x,y)}{\partial(u,v)} = 1 \tag{2.16}$$

がある．

同様に 3 次元の場合は $(x, y, z) \to (u, v, w)$ の変換によって体積要素 $dV = dx\,dy\,dz$ と $du\,dv\,dw$ の間の関係は

$$dV = d^3x = dx\,dy\,dz = \frac{1}{\mathcal{J}}\,du\,dv\,dw = \frac{1}{\dfrac{\partial(u,v,w)}{\partial(x,y,z)}}\,du\,dv\,dw \tag{2.17}$$

となる．本書ではヤコビアンは第 4 章のデルタ関数において再登場し，9.2 節における運動する点電荷の作るポテンシャルの計算において重要な役割を果たす．

例えば 2 次元デカルト座標から 2 次元極座標への変換では $u \to \rho$, $v \to \phi$ とすればよく，ヤコビアンは

$$\begin{aligned}\frac{\partial(x,y)}{\partial(\rho,\phi)} &= \begin{vmatrix} \dfrac{\partial x}{\partial \rho} & \dfrac{\partial x}{\partial \phi} \\ \dfrac{\partial y}{\partial \rho} & \dfrac{\partial y}{\partial \phi} \end{vmatrix} = \begin{vmatrix} \cos\phi & -\rho\sin\phi \\ \sin\phi & \rho\cos\phi \end{vmatrix} \\ &= \rho\cos^2\phi + \rho\sin^2\phi = \rho\end{aligned}$$

となる．したがって面積要素は式 (2.15) (2.16) を使って

$$dS = \frac{\partial(x,y)}{\partial(\rho,\phi)}\,d\rho\,d\phi = \rho\,d\rho\,d\phi$$

となる．ヤコビアンの「分子，分母」は逆にしてもよく，$\partial(\rho,\phi)/\partial(x,y) = 1/(\partial(x,y)/\partial(\rho,\phi))$ の関係があるので計算しやすい方を用いればよい．

2.6　定積分の公式

本書で場を積分するときに登場する公式をまとめておく．積分範囲が $0 \sim \pi$ であるものには積分変数 θ を，$0 \sim 2\pi$ であるものには ϕ を，それ以外の場合には x をあてた．

$$\int_0^{2\pi} \cos\phi\, d\phi = \int_0^{2\pi} \sin\phi\, d\phi = \int_0^{\pi} \cos\theta\, d\theta = 0 \tag{2.18}$$

$$\int_0^{\pi} \sin\theta\, d\theta = \int_{-1}^{1} x\, dx = 2 \tag{2.19}$$

$$\int_0^{2\pi} \cos^2\phi\, d\phi = \int_0^{2\pi} \frac{\cos 2\phi + 1}{2}\, d\phi = \frac{1}{2}\left[\frac{1}{2}\sin 2\phi + \phi\right]_0^{2\pi} = \pi \tag{2.20}$$

$$\int_0^{2\pi} \sin^2\phi\, d\phi = \int_0^{2\pi} \left(1 - \cos^2\phi\right) d\phi = 2\pi - \pi = \pi \tag{2.21}$$

$$\int_0^{\pi} \cos^2\theta\, d\theta = \int_0^{\pi} \frac{\cos 2\theta + 1}{2}\, d\theta = \frac{1}{2}\left[\frac{1}{2}\sin 2\theta + \theta\right]_0^{\pi} = \frac{\pi}{2} \tag{2.22}$$

$$\int_0^{\pi} \sin^2\theta\, d\theta = \int_0^{\pi} \left(1 - \cos^2\theta\right) d\theta = \pi - \frac{\pi}{2} = \frac{\pi}{2} \tag{2.23}$$

$$\int_0^{2\pi} \cos\phi\, \sin\phi\, d\phi = \int_0^{\pi} \cos\theta\, \sin\theta\, d\theta = \int_0^{2\pi} \cos^2\phi\, \sin\phi\, d\phi = 0 \tag{2.24}$$

$$\int_0^{\pi} \cos^2\theta\, \sin\theta\, d\theta = \int_{-1}^{1} x^2\, dx = \frac{2}{3} \tag{2.25}$$

$$\int_0^{2\pi} \cos\phi\, \sin^2\phi\, d\phi = \int_0^{\pi} \cos\theta\, \sin^2\theta\, d\theta = 0 \tag{2.26}$$

$$\int_0^{2\pi} \cos^3\phi\, d\phi = \int_0^{\pi} \cos^3\theta\, d\theta = \int_0^{2\pi} \sin^3\phi\, d\phi = 0 \tag{2.27}$$

$$\int_0^{\pi} \sin^3\theta\, d\theta = \int_0^{\pi} (1 - \cos^2\theta)\, \sin\theta\, d\theta = \int_{-1}^{1} (1 - x^2)\, dx = \frac{4}{3} \tag{2.28}$$

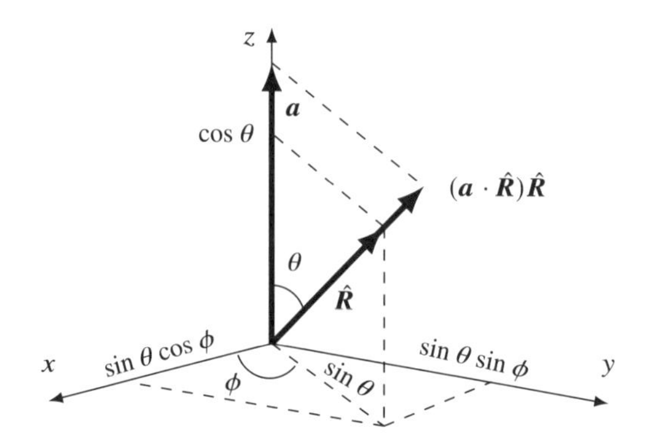

図 2.11　定数ベクトル $\boldsymbol{a}$ と方向ベクトル $\hat{\boldsymbol{R}}$ を含む積分

$$\int_\Omega d\Omega = \int_0^{2\pi}\int_0^{\pi} \sin\theta\, d\theta\, d\phi = 2\pi\times 2 = 4\pi \tag{2.29}$$

$$\int_\Omega \cos\theta\, d\Omega = \int_0^{2\pi}\int_0^{\pi} \cos\theta\, \sin\theta\, d\theta\, d\phi = 0 \tag{2.30}$$

方向ベクトル $\hat{\boldsymbol{R}} = (\sin\theta\cos\phi,\, \sin\theta\sin\phi,\, \cos\theta)$ と定数ベクトル $\boldsymbol{a} = (0, 0, a)$ とを含む角度積分が次章以降に現れる（図 2.11）．公式 (2.18) (2.25) (2.26) を用いて

$$\int_\Omega \boldsymbol{a}\cdot\hat{\boldsymbol{R}}\, d\Omega = \int_\Omega a\cos\theta\, d\Omega = 0, \tag{2.31}$$

$$\begin{aligned}\int_\Omega (\boldsymbol{a}\cdot\hat{\boldsymbol{R}})\hat{\boldsymbol{R}}\, d\Omega &= a\int_0^{2\pi}\int_0^{\pi} \cos\theta \begin{pmatrix}\sin\theta\, \cos\phi\\ \sin\theta\, \sin\phi\\ \cos\theta\end{pmatrix} \sin\theta\, d\theta\, d\phi\\ &= a\int_0^{2\pi}\int_0^{\pi} \begin{pmatrix}\cos\theta\sin^2\theta\, \cos\phi\\ \cos\theta\sin^2\theta\, \sin\phi\\ \cos^2\theta\sin\theta\end{pmatrix} d\theta\, d\phi = a\begin{pmatrix}0\\ 0\\ \frac{4\pi}{3}\end{pmatrix} = \frac{4\pi}{3}\boldsymbol{a}.\end{aligned} \tag{2.32}$$

定数ベクトル $\boldsymbol{a}$ はどの向きであっても結果は変わらない．

以下の積分は第 6 章で静磁場を考えるときに用いる．

$$\int_0^{\psi_0} \frac{1}{\cos\psi}\, d\psi = \ln\left(\frac{1}{\cos\psi_0} + \tan\psi_0\right) \tag{2.33}$$

$$\int_{-\infty}^{\infty} \frac{1}{(A+x^2)^{3/2}}\,dx = \int_{-\pi/2}^{\pi/2} \frac{1}{\left(A+(\sqrt{A}\tan\theta)^2\right)^{3/2}} \frac{\sqrt{A}\,d\theta}{\cos^2\theta}$$
$$= \frac{1}{A}\int_{-\pi/2}^{\pi/2} \cos\theta\,d\theta = \frac{2}{A} \quad (A>0) \tag{2.34}$$

$$\int_0^{2\pi} \frac{1}{\alpha+\beta\cos\phi}\,d\phi = \begin{cases} \dfrac{2\pi}{\sqrt{\alpha^2-\beta^2}} & \alpha > |\beta| \\ 0 & \alpha < |\beta| \end{cases} \tag{2.35}$$

このような積分を扱うときも次元の考え方は役に立つ．例えば式 (2.34) の被積分関数は $[1/x^3]$ という次元をもつから，これを積分した結果は $[1/x^2]$ という次元になる．A は x^2 と足し算できる量なので次元は $[x^2]$ であり，積分結果に A が分母に入ることは積分を実行せずともわかるべきものである．

第2章まとめ

- 積分 $\int_X f\,dX$ とは
  - 積分領域 X を細かく dX に分割し，
  - 被積分関数 f との積 $f\,dX$ を計算し，
  - 全領域 X にわたって足し上げること．
- 積分は 1 次元（線積分），2 次元（面積分），3 次元（体積分）が定義される．ベクトル場の線積分ではベクトル場と線素との内積を，ベクトル場の面積分ではベクトル場と面積要素の法線ベクトルとの内積をとってから足し上げる．
- 立体角 $d\Omega$ とは半径 R の球面から切り出した面積を $dS = R^2\,d\Omega$ とおいたときの係数．角度で表すと (2.7) $d\Omega = \sin\theta\,d\theta\,d\phi = d(\cos\theta)\,d\phi$.
- 変数を x, y, z から u, v, w に置き換えたとき，体積要素の変換は (2.17) $dx\,dy\,dz = du\,dv\,dw/\mathcal{J} = du\,dv\,dw/\dfrac{\partial(u,v,w)}{\partial(x,y,z)}$ で与えられる．

演習問題

1. 平面上に分布した電荷を考える．
   (a) 内径 ρ，外径 $\rho + d\rho$ で幅が微小量 $d\rho$ であるようなリング状領域の面積 dS を与える $d\rho$ の 1 次の近似式を求めよ．ここで ρ は動径座標であって電荷密度ではない．
   (b) 半径 R の円形領域内に電荷が分布している．電荷の面密度が円の中心からの距離 ρ だけの関数として $\sigma(\boldsymbol{x}) = \sigma(\rho) = \sigma_0 e^{-\rho/\rho_0}$ であるとき，円内の全電荷 Q を求めよ．
   (c) $\rho_0 \to +\infty$ の極限を考察せよ．
2. 球内に分布した電荷を考える．
   (a) 内径 r，外径 $r + dr$ で厚さが微小量 dr であるような球殻状領域の体積 dV を与える dr の 1 次の近似式を求めよ．
   (b) 半径 R の球状領域内に電荷が分布している．電荷の体積密度が球の中心からの距離 r だけの関数として $\rho(\boldsymbol{x}) = \rho(r) = \rho_0 e^{-r/r_0}$ であるとき，球内の全電荷 Q を求めよ．
   (c) $r_0 \to +\infty$ の極限を考察せよ．
3. (a) デカルト座標から円筒座標への変換のヤコビアンを計算し，円筒座標の体積要素 $dV = \rho\, d\rho\, d\phi\, dz$ を導出せよ．
   (b) デカルト座標から球座標への変換のヤコビアンを計算し，球座標の体積要素 $dV = r^2\, dr\, \sin\theta\, d\theta\, d\phi$ を導出せよ．
   (c) 球座標から円筒座標への変換のヤコビアンを計算し，円筒座標の体積要素 $dV = \rho\, d\rho\, d\phi\, dz$ を導出せよ．

第3章

場の微分

3.1 場と微分

場の概念は現代の物理学全体をおおう．重力場，電磁場にはじまり，素粒子とその相互作用も場の理論で記述される．場を考えるときは，空間そのものが何らかの性質を帯びていると考えるのみならず**近接作用** (principle of locality) の考えが基本である．ある距離を隔てた 2 つの質点の間にはたらく引力とか，2 つの電荷の間にはたらく斥力などは遠隔作用 (action at a distance) の考え方である．力は相手からではなく場から受けるというだけではまだ近接作用の考えには至っていない．ある 1 点の物理的状況は，その周り，すなわち無限小しか離れていない周りの点からの情報だけで決まっているというのが近接作用の考え方である．すると場の概念を考えるためには必然的に場の微分が必要になる．微分とは「ここと，すぐ近く」の違い，つまり周りとのつながり方を調べるものだからである．

3.1.1 偏微分

2 変数の関数 $f(x, y)$ を考える．$f(\boldsymbol{x})$ と書いてもよい．2 変数関数 $f(x, y)$ の x による偏微分 $\partial f/\partial x$ とは，y をある値に固定して x を微小量 δx だけ変化させ，そのときの関数値の変化率 $(f(x+\delta x, y) - f(x, y))/\delta x$ に対し $\delta x \to 0$ の極

限をとったものである．

$$\frac{\partial f}{\partial x} = \lim_{\delta x \to 0} \frac{f(x + \delta x,\, y) - f(x,\, y)}{\delta x}$$

$\boldsymbol{x} = (x, y)$ の表記を使うと，ある位置 $\boldsymbol{x}$ での関数値 $f(\boldsymbol{x})$ と，そこから $\boldsymbol{e}_x$ の向きに微小量 δx だけずらした位置 $\boldsymbol{x}' = \boldsymbol{x} + \delta x \boldsymbol{e}_x$ での関数値 $f(\boldsymbol{x}') = f(\boldsymbol{x} + \delta x\, \boldsymbol{e}_x)$ との差を評価したもので，同じ意味のことは

$$\frac{\partial f}{\partial x} = \lim_{\delta x \to 0} \frac{f(\boldsymbol{x} + \delta x\, \boldsymbol{e}_x) - f(\boldsymbol{x})}{\delta x} \tag{3.1}$$

とも書ける．y についての偏微分は，x を固定して y で微分したものである．偏微分は 3 変数以上の関数についても同様に定義される．

3.1.2　1 次の近似公式

1 変数の場合

なめらかな関数 $f(x)$ があり，ある位置 x における関数値 $f(x)$ がわかっているとする．このとき x から微小量 dx だけずれた位置 $x + dx$ における関数値 $f(x + dx)$ は

$$f(x + dx) = f(x) + \frac{df}{dx}dx + \frac{1}{2!}\frac{d^2 f}{dx^2}(dx)^2 + \frac{1}{3!}\frac{d^3 f}{dx^3}(dx)^3 + \cdots$$

と書くことができ，これが**テイラー展開** (Taylor expansion) である．そして dx をごく微小にとって $(dx)^2$, $(dx)^3$ 以上の項は無視できるとすれば（そうしてもよいくらいに dx を小さくとれば），$f(x + dx)$ と $f(x)$ との差は

$$df \equiv f(x + dx) - f(x) \simeq \frac{df}{dx}dx \tag{3.2}$$

と表せる*1（図 3.1）．これは関数 f を x の周りで傾き df/dx の直線と近似したことに対応する．

ここで 2 つのことを注意しておく．1 つめはなめらかな関数 $f(x)$ を確定させれば，その関数の微分 $f'(x) = df/dx$ も同時に確定しているということであ

---

*1 dx を十分に小さくとれば df は式 (3.2) と書けるというのが微分 df/dx の定義であると言ってもよく，2 次以上の項を無視しても大丈夫なのだろうかという心配は不要である．

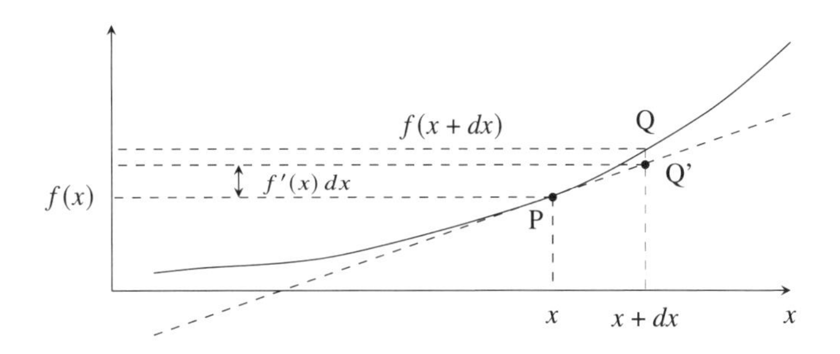

図 3.1　関数の 1 次近似．x における関数値 $f(x)$ がわかっているとき，$x + dx$ における関数値 $f(x + dx)$ は $f(x) + f'(x)dx$ で近似できる（Q, Q' は近い）．

る．人間が微分演算をして初めてこの世に出現するのではない．2 階や 3 階以上の微分も，微分不可能でない限りは関数を与えた時点で決まっていると考える．2 つめは，式 (3.2) の左辺 df の大きさは，当然ながら変化量 dx に依存するということである．もちろん x にも依存するから，df は本来は $df(x, dx)$ と表記すべきものである．

2 変数以上の場合

2 変数以上のなめらかな関数に対しても同様の公式が使える．関数 $f(x, y)$ に対し，y が一定で x が dx だけずれた位置での関数の値 $f(x + dx, y)$ は

$$f(x + dx, y) \simeq f(x, y) + \frac{\partial f}{\partial x} dx$$

のように近似できるので，関数の変化量 $df_x = f(x + dx, y) - f(x, y)$ は

$$df_x \simeq \frac{\partial f}{\partial x} dx$$

と近似できる．または x が同じで y が dy だけずれた位置での関数値 $f(x, y{+}dy)$ と変化量 $df_y = f(x, y + dy) - f(x, y)$ は $df_y \simeq (\partial f/\partial y)dy$ のように近似できる．

また x, y がともにずれた位置の場合を

$$f(x+dx,\, y+dy) \simeq f(x,\, y) + \frac{\partial f}{\partial x}dx + \frac{\partial f}{\partial y}dy,$$
$$df \equiv \frac{\partial f}{\partial x}dx + \frac{\partial f}{\partial y}dy = \begin{pmatrix} \frac{\partial f}{\partial x} & \frac{\partial f}{\partial y} \end{pmatrix} \begin{pmatrix} dx \\ dy \end{pmatrix} = \begin{pmatrix} \frac{\partial f}{\partial x} & \frac{\partial f}{\partial y} \end{pmatrix} d\boldsymbol{x} \tag{3.3}$$

と近似する．ここで $d\boldsymbol{x} = (dx,\, dy)$ で，こう近似できるくらいに dx, dy は微小にとる．df を $f(x, y)$ の**全微分** (total derivative) という．左辺 df の大きさは，当然ながら変化量 $d\boldsymbol{x} = (dx,\, dy)$ に依存し，これをあらわに書けば式 (3.3) の左辺は $df(d\boldsymbol{x})$ と表記してもよいだろう．そして $\partial f/\partial x, \partial f/\partial y$ はどこで微分するかによって変化するから，df は $\boldsymbol{x}$ にも依存するため $df(\boldsymbol{x},\, d\boldsymbol{x})$ と表記してもよいだろう．3 変数であれば $f(\boldsymbol{x}) = f(x,\, y,\, z)$ の全微分は

$$\begin{aligned} df &= f(\boldsymbol{x}+d\boldsymbol{x}) - f(\boldsymbol{x}) \\ &\equiv \frac{\partial f}{\partial x}dx + \frac{\partial f}{\partial y}dy + \frac{\partial f}{\partial z}dz = \begin{pmatrix} \frac{\partial f}{\partial x} & \frac{\partial f}{\partial y} & \frac{\partial f}{\partial z} \end{pmatrix} \begin{pmatrix} dx \\ dy \\ dz \end{pmatrix} \\ &= \begin{pmatrix} \frac{\partial f}{\partial x} & \frac{\partial f}{\partial y} & \frac{\partial f}{\partial z} \end{pmatrix} d\boldsymbol{x} \end{aligned} \tag{3.4}$$

と書ける．左辺の df はやはり $df(\boldsymbol{x},\, d\boldsymbol{x})$ と解釈してよい．

3.2　スカラー場の勾配 (gradient)

3.2.1　定義

スカラー場 f が与えられているとは，位置 $\boldsymbol{x}$ を指定すれば 1 つのスカラー値 $f(\boldsymbol{x})$ が確定するということである．ここで位置 $\boldsymbol{x}$ からわずかに $d\boldsymbol{x}$ だけずれた位置 $\boldsymbol{x}+d\boldsymbol{x}$ でのスカラー値 $f(\boldsymbol{x}+d\boldsymbol{x})$，およびスカラー値の変化 $df(\boldsymbol{x},\, d\boldsymbol{x}) = f(\boldsymbol{x}+d\boldsymbol{x}) - f(\boldsymbol{x})$ が

$$df(\boldsymbol{x},\, d\boldsymbol{x}) = f(\boldsymbol{x}+d\boldsymbol{x}) - f(\boldsymbol{x}) \equiv \mathrm{grad} f(\boldsymbol{x}) \cdot d\boldsymbol{x} \tag{3.5}$$

と書けるとする．ずれ $d\boldsymbol{x}$ を小さくとっている限り，関数値の変化 df は $d\boldsymbol{x}$ に（内積の意味で）比例すると考えてよいだろう．式 (3.5) に登場する $\mathrm{grad} f(\boldsymbol{x})$ をスカラー場の**勾配** (gradient) と定義する．この勾配の定義は，関数 $f(\boldsymbol{x})$ の 1 次

近似が

$$f(\boldsymbol{x} + d\boldsymbol{x}) = f(\boldsymbol{x}) + \mathrm{grad}f(\boldsymbol{x}) \cdot d\boldsymbol{x} \tag{3.6}$$

と書けるということでもある．

3.2.2　微分演算としての勾配：デカルト座標による表現

式 (3.4) を見ると，位置を $\boldsymbol{x}$ から $d\boldsymbol{x}$ だけずらしたことによるスカラー場の値の変化量 $df(\boldsymbol{x}, d\boldsymbol{x})$ はベクトル $d\boldsymbol{x}$ と $(\partial f/\partial x, \partial f/\partial y, \partial f/\partial z)$ なるベクトルとの内積になっている．よって式 (3.4) と式 (3.5) とを見比べれば，スカラー場の勾配 $\mathrm{grad}f(\boldsymbol{x})$ のデカルト座標表示は

$$\mathrm{grad}f(\boldsymbol{x}) = \begin{pmatrix} \frac{\partial f}{\partial x} & \frac{\partial f}{\partial y} & \frac{\partial f}{\partial z} \end{pmatrix} = \frac{\partial f}{\partial x}\boldsymbol{e}_x + \frac{\partial f}{\partial y}\boldsymbol{e}_y + \frac{\partial f}{\partial z}\boldsymbol{e}_z \equiv \boldsymbol{\nabla} f \tag{3.7}$$

$$\boldsymbol{\nabla} = \begin{pmatrix} \frac{\partial}{\partial x} & \frac{\partial}{\partial y} & \frac{\partial}{\partial z} \end{pmatrix} = \boldsymbol{e}_x \frac{\partial}{\partial x} + \boldsymbol{e}_y \frac{\partial}{\partial y} + \boldsymbol{e}_z \frac{\partial}{\partial z} \tag{3.8}$$

という微分演算が対応していることがわかる．ここで定義した記号 $\boldsymbol{\nabla}$ は**ナブラ**または**ハミルトンの演算子**と呼ばれる．$\mathrm{grad}f$ と $\boldsymbol{\nabla} f$ は同じ意味であるが，以後は主に $\boldsymbol{\nabla} f$ の表記を用いる．勾配 $\boldsymbol{\nabla} f$ は位置 $\boldsymbol{x}$ ごとに定義されるベクトル場であり位置を指定して $\boldsymbol{\nabla} f(\boldsymbol{x})$ と書くべきものであるが，$\boldsymbol{\nabla} f$ のように略記されることも多い．また異なる座標系を用いると $\boldsymbol{\nabla}$ の具体的成分表記も異なる．例えば球座標 (r, θ, ϕ) でのナブラは単なる $(\partial/\partial r, \partial/\partial\theta, \partial/\partial\phi)$ にはならない（円筒座標系と球座標系におけるナブラの表記は付録 A.2，A.3 節で扱う）．しかし勾配という概念そのものと $\boldsymbol{\nabla} f$ という表記は座標系によらない．

3.2.3　勾配の意味

式 (3.5) によれば，位置 $\boldsymbol{x}$ とそこから少し $d\boldsymbol{x}$ だけずれた位置での場の変化量 df は $d\boldsymbol{x}$ と $\boldsymbol{\nabla} f(\boldsymbol{x})$ との内積で与えられる．$d\boldsymbol{x}$ の大きさはある微小値に固定したとしよう．$df(\boldsymbol{x}, d\boldsymbol{x}) = \boldsymbol{\nabla} f(\boldsymbol{x}) \cdot d\boldsymbol{x}$ のうち，スカラー場 $f(\boldsymbol{x})$ の関数形が確定した時点で勾配 $\boldsymbol{\nabla} f$ も既に確定しており，位置 $\boldsymbol{x}$ を指定すれば 1 つのベクトル $\boldsymbol{\nabla} f(\boldsymbol{x})$ が定まるから df に対する残りの自由度は $d\boldsymbol{x}$ の向きだけになる．$d\boldsymbol{x}$ の向きを変えれば $df(\boldsymbol{x}, d\boldsymbol{x})$ の値は連続的に変化するが，内積 df が最大になるの

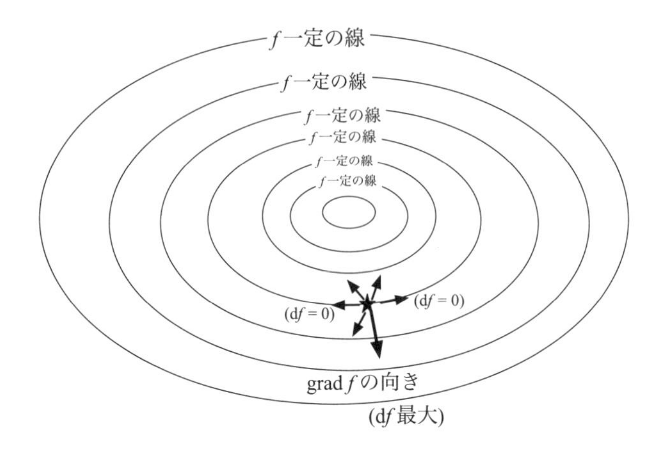

図 3.2 スカラー場 f と勾配：ある点を指定し（図中の ★），その点に対して色々な向き $d\boldsymbol{x}$ に動かしたときの f の変化 df を調べる．等高線に沿っては $df = 0$ であり，$\boldsymbol{\nabla} f$ は f の変化が最大の向きである．

は 2 つのベクトル $\boldsymbol{\nabla} f(\boldsymbol{x})$ と $d\boldsymbol{x}$ が平行になるときである．つまり $\boldsymbol{\nabla} f(\boldsymbol{x})$ は，位置 $\boldsymbol{x}$ における関数値 $f(\boldsymbol{x})$ の変化率が最大になる方向をもつベクトルで，その大きさは f の変化率そのものである．そして $\boldsymbol{\nabla} f$ の向きは f が大きくなろうとする向きである（増加関数の傾きが正で定義されることに対応）．したがって山の斜面に物体を置いたときに転がり始めるのは $-\boldsymbol{\nabla} f$ の向きである．

2 次元のスカラー場は等高線で表すことができる（図 3.2）．天気予報における気圧のマップは 2 次元スカラー場の典型例であり，重力場や静電場であれば等ポテンシャル線で表すことができる．このスカラー場 f の中である点を指定し，その点からいろいろな方向 $d\boldsymbol{x}$ に対して少し動かしたときの $df(d\boldsymbol{x}) = \boldsymbol{\nabla} f \cdot d\boldsymbol{x}$ の大きさ（気圧の変化やポテンシャルの変化）を考える．等高線（等ポテンシャル線）に沿って f は変化しないから，その向きに対しては $df = \boldsymbol{\nabla} f \cdot d\boldsymbol{x}$ はゼロである．一般に $\boldsymbol{\nabla} f$ は等高線に直交する．

関数 $f(x)$ を与えるとその微分 df/dx も同時に確定しているように，スカラー場 $f(\boldsymbol{x})$ が決まるとその勾配 $\boldsymbol{\nabla} f(\boldsymbol{x})$ も同時に確定する．人間が微分演算を行って初めて出現するのではないし，偏微分 $\partial f/\partial x, \partial f/\partial y$ が決まった後にこ

れらを使って ∇f が構成されるのでもない．地殻変動によって山ができれば，山の各点における標高だけでなく傾きの具合も決まっており，山のある一点に小球を置けばそれがどの向きにどういう勢いで転がるかは人間（x, y などの座標系を持ち込もうとする者）の存在とは関係なく確定しているのであって，人間が測量して初めて転がり始めるのではない．勾配 ∇f は式 (3.5) で定義され，その後に座標系が設定されて初めて $\partial f/\partial x$ などが導かれる．偏微分 $\partial f/\partial x, \partial f/\partial y, \partial f/\partial z$ などよりも勾配 ∇f の方が概念的に先立つのである．

3.2.4　方向微分

2 変数で考える．通常の意味での偏微分，例えば $\boldsymbol{e}_x$ の軸に沿った微分は式 (3.1) のように書ける．しかし 2 変数関数 $f(\boldsymbol{x}) = f(x, y)$ では，$\boldsymbol{x}$ は x 軸方向，y 軸方向だけでなく xy 平面内でいかようにも動かすことができる．山がそびえているところを想像しよう．山はあらゆる方向に斜面を成しているから，ある向き $\boldsymbol{e}_v$ に対し

$$\lim_{dv\to 0} \frac{f(\boldsymbol{x} + dv\boldsymbol{e}_v) - f(\boldsymbol{x})}{dv} \tag{3.9}$$

という微分を考えることができ，これを $\nabla_v f(\boldsymbol{x})$ とか $\partial f/\partial v$ などと書いて $\boldsymbol{e}_v$ 方向への**方向微分** (directional derivative) または方向微分係数と呼ぶ．$\boldsymbol{e}_v$ の成分表記が $\boldsymbol{e}_v = (v_x, v_y) = v_x\boldsymbol{e}_x + v_y\boldsymbol{e}_y$ であれば

$$\begin{aligned}
\frac{\partial f}{\partial v} &= \lim_{dv\to 0} \frac{f(x + v_x dv,\, y + v_y dv) - f(x, y)}{dv} \\
&= \lim_{dv\to 0} \frac{f(x, y) + (\partial f/\partial x)v_x dv + (\partial f/\partial y)v_y dv - f(x, y)}{dv} \\
&= \frac{\partial f}{\partial x}v_x + \frac{\partial f}{\partial y}v_y = \begin{pmatrix} \dfrac{\partial f}{\partial x} & \dfrac{\partial f}{\partial y} \end{pmatrix} \begin{pmatrix} v_x \\ v_y \end{pmatrix} = \nabla f \cdot \boldsymbol{e}_v
\end{aligned} \tag{3.10}$$

と表せる．式 (3.10) は 2 変数で示したが，3 変数の場合も全く同じである．

式 (3.10) の導出では偏微分 $\partial f/\partial x, \partial f/\partial y$ を使ってしまったが，概念的に先立つのは勾配 ∇f → 方向微分 $\nabla f \cdot \boldsymbol{e}_v$ → 偏微分 $\partial f/\partial x, \partial f/\partial y$ の順である．式 (3.10) は「方向微分 $\partial f/\partial v$ は勾配を使って $\nabla f \cdot \boldsymbol{e}_v$ と書ける」または「既に確定している勾配 ∇f の $\boldsymbol{e}_v$ 方向の成分を方向微分と呼ぶ」と読むのがよい．勾

配 $\nabla f(\boldsymbol{x})$ はあらゆる方向に対する微分係数を $\nabla f(\boldsymbol{x}) \cdot \boldsymbol{e}_v$ によって教えてくれる．我々が偏微分と呼んできたものは，既に確定している ∇f を使って，後から人間が勝手に設定したデカルト座標に対する $\boldsymbol{e}_x, \boldsymbol{e}_y, \boldsymbol{e}_z$ 成分として3つの方向微分

$$\frac{\partial f}{\partial x} = \nabla f \cdot \boldsymbol{e}_x, \quad \frac{\partial f}{\partial y} = \nabla f \cdot \boldsymbol{e}_y, \quad \frac{\partial f}{\partial z} = \nabla f \cdot \boldsymbol{e}_z$$

を取り出していたにすぎない．

3.3 ベクトル場の発散 (divergence)

ベクトル場 $\boldsymbol{A}$ のある点 $\boldsymbol{x}$ における性質を知るには，その点における1つのスカラーと1つのベクトルさえわかれば十分であることが知られている．このスカラーとベクトルはともに $\boldsymbol{A}$ の微分から作られる量で，スカラーの方はベクトル場 $\boldsymbol{A}$ の**発散**，ベクトルの方は**回転**と呼ばれる．

3.3.1 定義

ベクトル場 $\boldsymbol{A}(\boldsymbol{x})$ がある流れを表すとしよう．質量の流れでも電荷の流れでもよい．図3.3左のように空間内の位置 $\boldsymbol{x}$ にある微小面積 dS（法線ベクトル $\boldsymbol{n}$）を考えると，これを貫くのは $\boldsymbol{A}(\boldsymbol{x}) \cdot \boldsymbol{n}\, dS$ である．またこの「貫き」の計算は図3.3右のような閉曲面 S（体積は dV とする）に対して行うこともできる．曲面を微小な面積 dS に分割すれば，個々の微小面ごとの計算は左の場合と同じであり，これらを閉曲面 S 全体にわたって足し合わせればよい．この足し合わせが2.2節で扱ったベクトル場の面積分であり，

$$\text{足し合わせ} = \oint_S \boldsymbol{A}(\boldsymbol{x}) \cdot \boldsymbol{n}(\boldsymbol{x})\, dS = \oint_S \boldsymbol{A}(\boldsymbol{x}) \cdot d\boldsymbol{S}$$

と書き表す．$\int$ でなく $\oint$ を用いたのは積分を行う面が閉曲面であることを強調したものである．そしてこれを領域の微小体積 dV との積で

$$\oint_S \boldsymbol{A}(\boldsymbol{x}) \cdot \boldsymbol{n}(\boldsymbol{x})\, dS = \oint_S \boldsymbol{A}(\boldsymbol{x}) \cdot d\boldsymbol{S} \equiv \operatorname{div} \boldsymbol{A}(\boldsymbol{x})\, dV \tag{3.11}$$

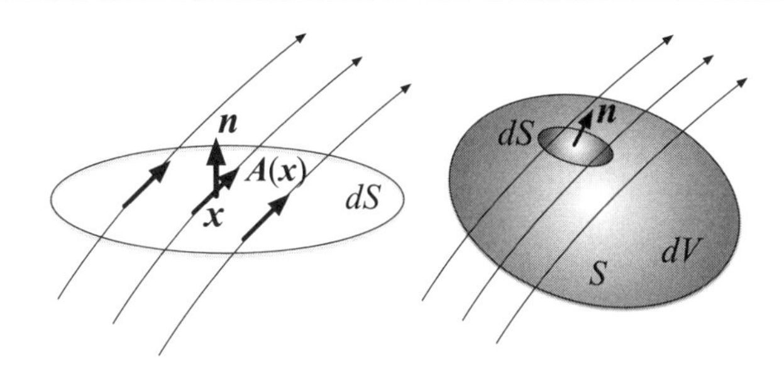

図 3.3　ベクトル場の面積分．左：微小平面 dS を貫くベクトル場 $\boldsymbol{A}(\boldsymbol{x})$ の積分は $\boldsymbol{A}(\boldsymbol{x}) \cdot \boldsymbol{n}\, dS$．右：体積 dV の微小閉曲面 S を貫くベクトル場．

と書いたとき，$\mathrm{div}\boldsymbol{A}(\boldsymbol{x})$ をベクトル場 $\boldsymbol{A}(\boldsymbol{x})$ の位置 $\boldsymbol{x}$ における**発散密度**または単に**発散** (divergence) と呼ぶ[*2]．

3.3.2　微分演算としての発散：デカルト座標での表現

式 (3.11) は座標系によらない発散の定義であるが，デカルト座標の場合の表記を見出そう．図 3.4 のように，ベクトル場 $\boldsymbol{A}(\boldsymbol{x})$ の中のある位置 $\boldsymbol{x} = (x, y, z)$ に体積が $dV = d^3x = dx\, dy\, dz$ であるような微小な直方体を考え，この直方体の面を通っての $\boldsymbol{A}$ の出入りを計算しよう．

いま x 軸の正の向きにこの直方体を貫く流れの出入りを考えると，$x - dx/2$ の位置にある面（面積 $dS = dy\, dz$）を通って直方体の外から中に入るのは $\boldsymbol{A}(x - dx/2, y, z) \cdot \boldsymbol{n}\, dS = A_x(x - dx/2, y, z)\, dy\, dz$ である．いっぽう $x + dx/2$ の位置にある面を通って直方体の中から外に出るのは $\boldsymbol{A}(x + dx/2, y, z) \cdot \boldsymbol{n}\, dS = A_x(x + dx/2, y, z)\, dy\, dz$ である．したがって位置 $x - dx/2 \sim x + dx/2$ の間での正

[*2] $\boldsymbol{\nabla} \cdot \boldsymbol{A}$ を発散密度，積分 $\oint_S \boldsymbol{A} \cdot d\boldsymbol{S}$ を発散と呼んで使い分けることもあるが，本書では全て発散密度の意味で発散という言葉を用いる．

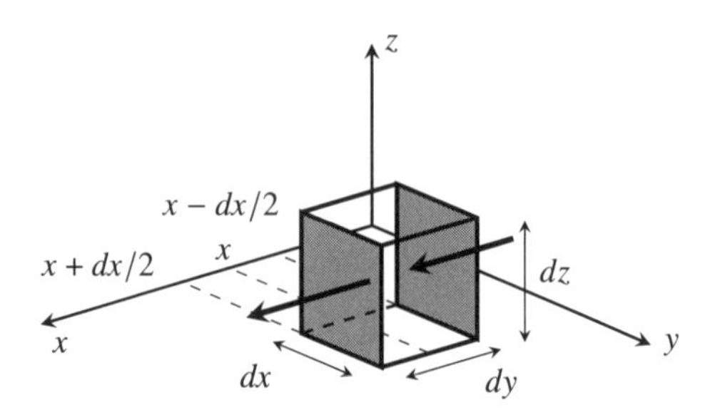

図 3.4 ベクトル場の発散の考え方：体積 $dV = dx\,dy\,dz$ の微小領域への流れの出入りは発散の定義によって $\mathrm{div}\boldsymbol{A}\,dV$ であるが，これは微分演算 $\nabla \cdot \boldsymbol{A}$ と dV との積に等しい．ここでは x 軸に垂直な面を通っての出入りのみを描いている．

味の出入りは 1 次近似により

$$
\begin{aligned}
&(A_x(x + dx/2) - A_x(x - dx/2))\,dy\,dz \\
&= \left(A_x(x) + \frac{\partial A_x}{\partial x}\frac{dx}{2} - A_x(x) + \frac{\partial A_x}{\partial x}\frac{dx}{2}\right) dy\,dz \\
&= \frac{\partial A_x}{\partial x}\,dx\,dy\,dz = \frac{\partial A_x}{\partial x}\,dV
\end{aligned}
$$

となる.「内 → 外」へ抜ける分をプラスとカウントするのでこの符号となる. y, z 軸方向の出入りも同様に計算されてそれぞれ $\partial A_y/\partial y\,dV$, $\partial A_z/\partial z\,dV$ となるので，この微小直方体の表面全体を通っての流れの出入りは

$$
\text{出入り} = \mathrm{div}\boldsymbol{A}\,dV = \frac{\partial A_x}{\partial x}dV + \frac{\partial A_y}{\partial y}dV + \frac{\partial A_z}{\partial z}dV
$$

であり，これを dV で割ったものが定義 (3.11) からベクトル場 $\boldsymbol{A}$ の発散 $\mathrm{div}\boldsymbol{A}$ で

$$
\mathrm{div}\boldsymbol{A}(\boldsymbol{x}) = \frac{\partial A_x}{\partial x} + \frac{\partial A_y}{\partial y} + \frac{\partial A_z}{\partial z} \tag{3.12}
$$

となる．発散は**湧き出し**という言葉で表されることもある．符号を変えれば吸い込みも表しうるが，呼称として湧き出しなのは既に述べたようにプラスにカウントするのが「内 → 外」だからである．式 (3.12) の右辺とデカル

ト座標における $\boldsymbol{\nabla}$ の表式 (3.8) とを見比べると，ベクトル場 $\boldsymbol{A}(\boldsymbol{x}) = (A_x(\boldsymbol{x}), A_y(\boldsymbol{x}), A_z(\boldsymbol{x}))$ の発散 $\mathrm{div}\boldsymbol{A}(\boldsymbol{x})$ は $\boldsymbol{A}(\boldsymbol{x})$ と $\boldsymbol{\nabla}$ との内積であり，デカルト座標では $\boldsymbol{\nabla} = (\partial/\partial x, \partial/\partial y, \partial/\partial z)$ なので

$$\mathrm{div}\boldsymbol{A}(\boldsymbol{x}) = \begin{pmatrix} \dfrac{\partial}{\partial x} & \dfrac{\partial}{\partial y} & \dfrac{\partial}{\partial z} \end{pmatrix} \begin{pmatrix} A_x \\ A_y \\ A_z \end{pmatrix} = \boldsymbol{\nabla} \cdot \boldsymbol{A}(\boldsymbol{x}) \tag{3.13}$$

と表せる．つまり概念としての「発散，湧き出し」$\mathrm{div}\,\boldsymbol{A}$ は式 (3.11) として定義され，それは微分演算 $\boldsymbol{\nabla} \cdot \boldsymbol{A}(\boldsymbol{x})$ として計算すればよい．

既に注意したように，ベクトル場 $\boldsymbol{A}(\boldsymbol{x})$ の発散 $\boldsymbol{\nabla} \cdot \boldsymbol{A}(\boldsymbol{x})$ は位置 $\boldsymbol{x}$ ごとに決まるのでスカラー場である．したがって $\boldsymbol{\nabla} \cdot \boldsymbol{A}$ と書いたときも，これは $\boldsymbol{\nabla} \cdot \boldsymbol{A}(\boldsymbol{x})$ の略記であり，$\boldsymbol{\nabla}$ を用いた式は全て位置ごとの局所的なものである．なお発散 $\boldsymbol{\nabla} \cdot \boldsymbol{A}$ が式 (3.12) で計算できるのはデカルト座標を用いているときだけであり，他の座標系を用いると異なる成分表記となる（付録 A.2, A.3 節）．

発散の考え方と実例

流しそうめん場 $\boldsymbol{そ}(\boldsymbol{x})$（図 3.5）：位置 $\boldsymbol{x}_1$ にはそうめんを投入する人がおり，上流から $\boldsymbol{x}_1$ に流れ込む量よりも $\boldsymbol{x}_1$ から下流へ流れ出す量の方が多いので $\boldsymbol{\nabla} \cdot \boldsymbol{そ}(\boldsymbol{x}_1) > 0$ である．位置 $\boldsymbol{x}_2$ には食べる人がおり，$\boldsymbol{x}_2$ に流れ込む量よりも流れ出す量の方が小さいので $\boldsymbol{\nabla} \cdot \boldsymbol{そ}(\boldsymbol{x}_2) < 0$ である．位置 $\boldsymbol{x}_3, \boldsymbol{x}_5$ には何もないので流れ込む量と流れ出す量は等しく $\boldsymbol{\nabla} \cdot \boldsymbol{そ}(\boldsymbol{x}_3) = \boldsymbol{\nabla} \cdot \boldsymbol{そ}(\boldsymbol{x}_5) = 0$. 位置 $\boldsymbol{x}_4$ には位置 $\boldsymbol{x}_1$ の人よりも素早い動作でそうめんを投入する人がおり，$\boldsymbol{\nabla} \cdot \boldsymbol{そ}(\boldsymbol{x}_4) > \boldsymbol{\nabla} \cdot \boldsymbol{そ}(\boldsymbol{x}_1) > 0$ である．位置 $\boldsymbol{x}_6$ には位置 $\boldsymbol{x}_2$ の人よりも早くそうめんを食べる人がおり，$\boldsymbol{\nabla} \cdot \boldsymbol{そ}(\boldsymbol{x}_6) < \boldsymbol{\nabla} \cdot \boldsymbol{そ}(\boldsymbol{x}_2) < 0$ である．

3.4　ベクトル場の回転 (rotation)

3.4.1　定義

ある閉曲線 s に沿ったベクトル場 $\boldsymbol{A}(\boldsymbol{x})$ の線積分 $\oint_s \boldsymbol{A}(\boldsymbol{x}) \cdot d\boldsymbol{s}$ を循環 (circulation) と呼ぶ．閉曲線 s は面積 dS をもっていたとする．閉曲線 s はうんと小さ

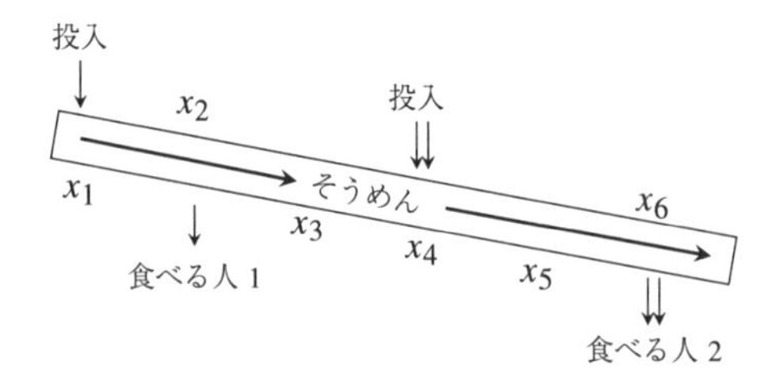

図 3.5　ベクトル場の発散の考え方：流しそうめん場

くとって面積 dS も十分小さいときにこの積分値が dS に比例するとして

$$\oint_s \boldsymbol{A}(\boldsymbol{x}) \cdot d\boldsymbol{s} \equiv \mathrm{rot}\boldsymbol{A}(\boldsymbol{x}) \cdot d\boldsymbol{S}(\boldsymbol{x}) = \mathrm{rot}\boldsymbol{A}(\boldsymbol{x}) \cdot \boldsymbol{n}(\boldsymbol{x})\, dS \tag{3.14}$$

と書いたとき，$\mathrm{rot}\boldsymbol{A}(\boldsymbol{x})$ をベクトル場 $\boldsymbol{A}(\boldsymbol{x})$ の $\boldsymbol{x}$ における回転密度，または単に**回転** (rotation) と呼ぶ（ベクトル場の発散に対する式 (3.11) と見比べよ）．$\mathrm{curl}\boldsymbol{A}$ という表記が用いられることもある．ここで $d\boldsymbol{S} = \boldsymbol{n}\, dS$ は面積ベクトルで，大きさは dS，向きは積分路の右ねじの向きである（図 2.3）．次元も確認しておこう．$\boldsymbol{A}$ の次元を [A] とすると，s の次元が長さであれば左辺の次元は [AL] である．右辺の dS は面積で次元は長さの 2 乗であるから，$\mathrm{rot}\boldsymbol{A}$ の次元は [A/L] でなければならない．したがって発散 $\mathrm{div}\boldsymbol{A} = \boldsymbol{\nabla} \cdot \boldsymbol{A}$ と同じく $\mathrm{rot}\boldsymbol{A}$ も $\boldsymbol{A}$ の微分と関連する量であると予想される．

3.4.2　微分演算としての回転：デカルト座標による表現

図 3.6 左のように閉曲線として x 軸を法線とする微小な長方形 s_1 をとり，これに沿ったベクトル場の線積分を考える．辺の長さはそれぞれ dy, dz で，4 隅の座標は $(x, y, z), (x, y + dy, z), (x, y + dy, z + dz), (x, y, z + dz)$ である．まず $+y$ の向きの線積分では，ベクトル場の y 成分の値は微小な積分区間の中点である $(x, y + dy/2, z)$ での値で代表させて $A_y(x, y + dy/2, z)$ とすれば，この線分に沿っての積分の値は $A_y(x, y + dy/2, z)dy$ である（図 3.6 右）．次に $+z$ の向きの線積分は，積分経路の中点でのベクトル場の値で代表させれば $A_z(x, y + dy, z + dz/2)dy$ である．次の $-y$ の向きの線積分はベクトル場の y 成

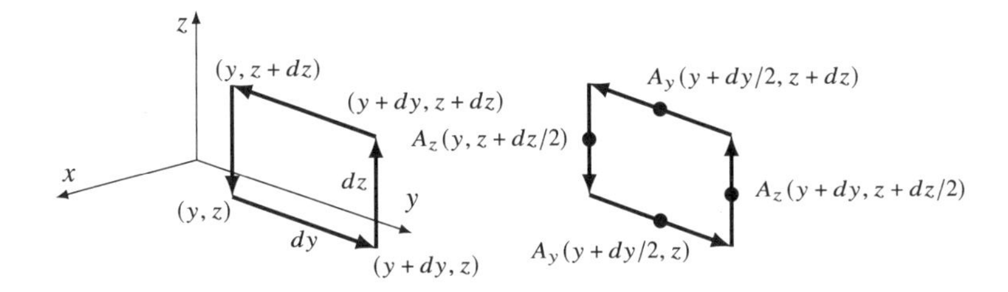

図 3.6　ベクトル場の回転（x 成分）．左図：積分経路につけられた実線の矢印は線積分の向きを表す．4 隅の成分では x 座標は省略している．右図：各経路でのベクトル場の成分の値 A_y, A_z は各中点の値で代表させる．

分の代表値 $A_y(x,\ y+dy/2,\ z+dz)$ と dy の積に負号をつけたもの，最後の $-z$ の向きの線積分は $A_z(x,\ y,\ z+dz/2)$ と dz との積に負号をつけたものである．よってこの閉曲線に沿った $\boldsymbol{A}(\boldsymbol{x})$ の線積分は 1 次近似により

$$
\begin{aligned}
\oint_{s_1} \boldsymbol{A}(\boldsymbol{x}) \cdot d\boldsymbol{s} &= A_y(x,\ y+dy/2,\ z)dy + A_z(x,\ y+dy,\ z+dz/2)dz \\
&\quad - A_y(x,\ y+dy/2,\ z+dz)dy - A_z(x,\ y,\ z+dz/2)dz \\
&= \left(A_y + \frac{\partial A_y}{\partial y}\frac{dy}{2}\right)dy + \left(A_z + \frac{\partial A_z}{\partial y}dy + \frac{\partial A_z}{\partial z}\frac{dz}{2}\right)dz \\
&\quad - \left(A_y + \frac{\partial A_y}{\partial y}\frac{dy}{2} + \frac{\partial A_y}{\partial z}dz\right)dy - \left(A_z + \frac{\partial A_z}{\partial z}\frac{dz}{2}\right)dz \\
&= \left(\frac{\partial A_z}{\partial y} - \frac{\partial A_y}{\partial z}\right)dy\,dz
\end{aligned}
$$

となる．同様に y 軸, z 軸をそれぞれ法線とする閉曲線 s_2, s_3 に沿った線積分はそれぞれ $\oint_{s_2} \boldsymbol{A}(\boldsymbol{x}) \cdot d\boldsymbol{s} = (\partial A_x/\partial z - \partial A_z/\partial x)\,dz\,dx$ および $\oint_{s_3} \boldsymbol{A}(\boldsymbol{x}) \cdot d\boldsymbol{s} = (\partial A_y/\partial x - \partial A_x/\partial y)\,dx\,dy$ である．したがってベクトル場 $\boldsymbol{A}(\boldsymbol{x})$ のある点 $\boldsymbol{x}$ における回転，つまり定義 (3.14) から微小な閉曲線に沿った線積分の単位面積あたりの値 $\mathrm{rot}\boldsymbol{A}(\boldsymbol{x})$ は

$$
\mathrm{rot}\boldsymbol{A} = \left(\frac{\partial A_z}{\partial y} - \frac{\partial A_y}{\partial z}\right)\boldsymbol{e}_x + \left(\frac{\partial A_x}{\partial z} - \frac{\partial A_z}{\partial x}\right)\boldsymbol{e}_y + \left(\frac{\partial A_y}{\partial x} - \frac{\partial A_x}{\partial y}\right)\boldsymbol{e}_z \tag{3.15}
$$

$$
= \boldsymbol{\nabla} \times \boldsymbol{A} \tag{3.16}
$$

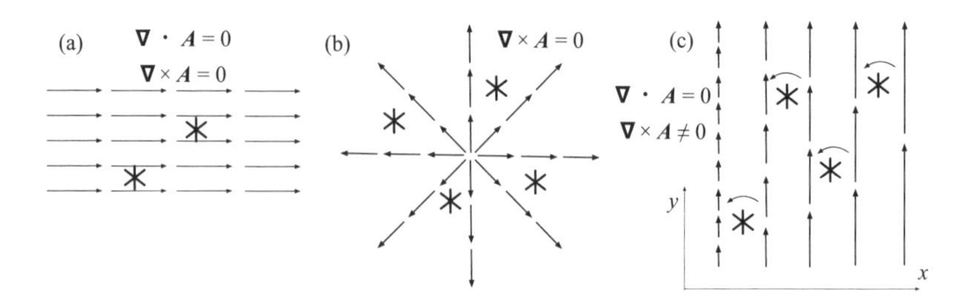

図 3.7　(a) 一様な流れの一部を取り出すと，いたるところ $\nabla \cdot \boldsymbol{A} = 0$, $\nabla \times \boldsymbol{A} = 0$. (b) 放射状の場に羽車を入れても回転しないから $\nabla \times \boldsymbol{A} = 0$. なおこの図では中心のみ $\nabla \cdot \boldsymbol{A} > 0$ でそれ以外の点では $\nabla \cdot \boldsymbol{A} = 0$. (c) は湧き出しなしだが $\nabla \times \boldsymbol{A} \neq 0$.

というベクトルである．ベクトル場 $\boldsymbol{A}(\boldsymbol{x})$ の回転 rot$\boldsymbol{A}$ とは，微小閉曲線に沿った線積分を面積あたりの量にした 3 成分のベクトルで，具体的には ∇ と $\boldsymbol{A}$ とのクロス積で計算できることがわかった．以後は rot$\boldsymbol{A}$ の意味で主に $\nabla \times \boldsymbol{A}$ の表記を使う．$\nabla \times \boldsymbol{A}$ の式の覚え方としては x 成分には y, z の文字しか出てこないことと輪環するのは分母の方であることの 2 つを押さえておけばよい．

3.4.3　回転の物理的意味

水の流れや風の流れの中に置かれた羽車を考えるとわかりやすい．図 3.7 (a) のような xy 平面内の一様な流れを考えると，このベクトル場の中に z 軸に平行な軸をもつ羽車か水車を置いたとすると，どこに置いてもこれらが回転することはない．どの羽にも同じ強さで風や水が当たるからである．流れが一様である限りは，流れの向きを変えても事情は変わらない．一様な流れの向きを変えることは，観測者が見る角度を変えることと同じであって，ある観測者が羽車を眺めていてそれが回転していないならば，観測者が首を傾げると急に羽車が回り出すなどということはない．図 3.7 (b) のような放射状のベクトル場の場合も同じで，場は一様ではないにもかかわらず，羽車をどこに置いても回転することはない．

羽車が回転するのは，流れが一様でなく，かつ羽車の「左右」で強さが異なる図 3.7 (c) のような場合である．この例では x が大きくなるほど流れの y 成分が大きくなっている．流れの成分が $\boldsymbol{A} = (0, A_y = ax, 0)$ であるとすると，$a > 0$ であれば $\partial A_y/\partial x = a > 0$ であるからこのベクトル場 $\boldsymbol{A}(\boldsymbol{x})$ の回転 $\nabla \times \boldsymbol{A}$ の z 成分は式 (3.15) より

$$(\nabla \times \boldsymbol{A})_z = \frac{\partial A_y}{\partial x} - \frac{\partial A_x}{\partial y} = a > 0$$

のみがゼロでなく $\nabla \times \boldsymbol{A} = (0, 0, a)$ となる．つまり $\boldsymbol{A}$ の回転 $\nabla \times \boldsymbol{A}$ は $+z$ の向きをもったベクトルであり，これは $+z$ の向きに対して右ねじの向きに羽車が回転することを表す．

3.5　ナブラの連続技

3.5.1　ラプラシアン

スカラー場とラプラシアン

スカラー場 f に対し，まず勾配 ∇f をとり，続いてその発散をとって $\nabla \cdot (\nabla f)$ を作ることがある．これは

$$\nabla \cdot (\nabla f) = \begin{pmatrix} \frac{\partial}{\partial x} & \frac{\partial}{\partial y} & \frac{\partial}{\partial z} \end{pmatrix} \begin{pmatrix} \frac{\partial f}{\partial x} \\ \frac{\partial f}{\partial y} \\ \frac{\partial f}{\partial z} \end{pmatrix} = \left(\frac{\partial^2}{\partial x^2} + \frac{\partial^2}{\partial y^2} + \frac{\partial^2}{\partial z^2} \right) f \tag{3.17}$$

のように計算される．そこではじめから $\nabla^2 \equiv \nabla \cdot \nabla$ なる記号を作っておき，これを**ラプラシアン**と呼ぶ (P-S. Laplace 1749-1827)．ラプラシアンは $\triangle$ と書かれることもある．デカルト座標では

$$\nabla^2 = \frac{\partial^2}{\partial x^2} + \frac{\partial^2}{\partial y^2} + \frac{\partial^2}{\partial z^2} \tag{3.18}$$

である．単に 2 乗の和を作っただけにも見えるが，円筒座標や球座標での表記はだいぶ異なるので注意が必要である（付録 A.2, A.3 節）．

ベクトル場に対するラプラシアンの作用

ベクトル場 $\boldsymbol{A}(\boldsymbol{x}) = A_x(\boldsymbol{x})\boldsymbol{e}_x + A_y(\boldsymbol{x})\boldsymbol{e}_y + A_z(\boldsymbol{x})\boldsymbol{e}_z$ に ∇^2 が作用すると

$$\begin{aligned}\nabla^2 \boldsymbol{A} &= \left(\frac{\partial^2}{\partial x^2} + \frac{\partial^2}{\partial y^2} + \frac{\partial^2}{\partial z^2}\right)(A_x\boldsymbol{e}_x + A_y\boldsymbol{e}_y + A_z\boldsymbol{e}_z) \\ &= \boldsymbol{e}_x\left(\frac{\partial^2 A_x}{\partial x^2} + \frac{\partial^2 A_x}{\partial y^2} + \frac{\partial^2 A_x}{\partial z^2}\right) + \boldsymbol{e}_y\left(\frac{\partial^2 A_y}{\partial x^2} + \frac{\partial^2 A_y}{\partial y^2} + \frac{\partial^2 A_y}{\partial z^2}\right) \\ &\quad + \boldsymbol{e}_z\left(\frac{\partial^2 A_z}{\partial x^2} + \frac{\partial^2 A_z}{\partial y^2} + \frac{\partial^2 A_z}{\partial z^2}\right) = \begin{pmatrix}\nabla^2 A_x \\ \nabla^2 A_y \\ \nabla^2 A_z\end{pmatrix}\end{aligned} \tag{3.19}$$

となる．式 (3.19) だけを見ると単に ∇^2 が各成分 A_x, A_y, A_z にかかっただけのようだが，デカルト座標ではない他の座標系では基底の微分がゼロでないこともあるため $\nabla^2\boldsymbol{A}$ の表現は一般にもっと複雑になる．またスカラー場に作用するラプラシアンとベクトル場に作用するラプラシアンでは

$$\nabla^2 f(\boldsymbol{x}) = \boldsymbol{\nabla}\cdot(\boldsymbol{\nabla} f(\boldsymbol{x})), \tag{3.20}$$

$$\nabla^2 \boldsymbol{A}(\boldsymbol{x}) = \boldsymbol{\nabla}(\boldsymbol{\nabla}\cdot\boldsymbol{A}) - \boldsymbol{\nabla}\times(\boldsymbol{\nabla}\times\boldsymbol{A}) \tag{3.21}$$

のような演算上の違いがある（3.5.2 項）．$\boldsymbol{\nabla}(\boldsymbol{\nabla}\cdot\boldsymbol{A})$ はそのまま $\nabla^2\boldsymbol{A}$ とはならないことに注意しよう．ラプラシアンはスカラー演算子であり，$\nabla^2 f$ はスカラー場，$\nabla^2\boldsymbol{A}$ はベクトル場である．

3.5.2 記憶すべき 3 つの恒等式

勾配の回転はゼロ

スカラー場 f の勾配 $\boldsymbol{\nabla} f$ の回転 $\boldsymbol{\nabla}\times(\boldsymbol{\nabla} f)$ は，f がどのようなスカラー場であっても恒等的にゼロとなる．実際に成分を計算してみると式 (3.8) (3.15) より x 成分は

$$(\boldsymbol{\nabla}\times(\boldsymbol{\nabla} f))_x = \frac{\partial}{\partial y}\left(\frac{\partial f}{\partial z}\right) - \frac{\partial}{\partial z}\left(\frac{\partial f}{\partial y}\right) = 0$$

である．ここで微分は順序が交換可能であることを使った．y, z 成分も同様にゼロであるから任意のスカラー場 f に対して

$$\boldsymbol{\nabla}\times(\boldsymbol{\nabla} f) = 0 \tag{3.22}$$

が成り立つ．スカラー場 f は任意であるから式 (3.22) は

$$\nabla \times \nabla = 0 \tag{3.23}$$

と書いてもよい．

この定理には逆が存在し，ベクトル場 $\boldsymbol{A}(\boldsymbol{x})$ が $\nabla \times \boldsymbol{A}(\boldsymbol{x}) = 0$ であれば，$\boldsymbol{A}(\boldsymbol{x})$ はあるスカラー場 $f(\boldsymbol{x})$ を用いて $\boldsymbol{A}(\boldsymbol{x}) = \nabla f(\boldsymbol{x})$ と表すことができる（**ポアンカレの補助定理**）．回転がゼロであるようなベクトル場 $\boldsymbol{A}(\boldsymbol{x})$ を勾配によって導くスカラー場 $f(\boldsymbol{x})$ を**スカラーポテンシャル**という．詳しくは 5.1.2 項で議論する．

回転の発散はゼロ

ベクトル場 $\boldsymbol{A}$ の回転 $\nabla \times \boldsymbol{A}$ をとり，さらにその発散をとると $\boldsymbol{A}$ がいかなるベクトル場であっても恒等的にゼロで $\nabla \cdot (\nabla \times \boldsymbol{A}) = 0$ である．成分を調べてみると確かに

$$\begin{aligned}\nabla \cdot (\nabla \times \boldsymbol{A}) &= \frac{\partial}{\partial x}\left(\frac{\partial A_z}{\partial y} - \frac{\partial A_y}{\partial z}\right) + \frac{\partial}{\partial y}\left(\frac{\partial A_x}{\partial z} - \frac{\partial A_z}{\partial x}\right) \\ &\quad + \frac{\partial}{\partial z}\left(\frac{\partial A_y}{\partial x} - \frac{\partial A_x}{\partial y}\right) \\ &= \frac{\partial^2 A_z}{\partial x \partial y} - \frac{\partial^2 A_y}{\partial x \partial z} + \frac{\partial^2 A_x}{\partial y \partial z} - \frac{\partial^2 A_z}{\partial y \partial x} + \frac{\partial^2 A_y}{\partial z \partial x} - \frac{\partial^2 A_x}{\partial z \partial y} = 0\end{aligned} \tag{3.24}$$

となる．

この定理にも逆があり，ベクトル場 $\boldsymbol{A}(\boldsymbol{x})$ が $\nabla \cdot \boldsymbol{A}(\boldsymbol{x}) = 0$ であれば，$\boldsymbol{A}(\boldsymbol{x})$ はある別のベクトル場 $\boldsymbol{C}(\boldsymbol{x})$ を用いて $\boldsymbol{A}(\boldsymbol{x}) = \nabla \times \boldsymbol{C}(\boldsymbol{x})$ と表すことができる．発散がゼロであるようなベクトル場 $\boldsymbol{A}(\boldsymbol{x})$ を回転によって導くベクトル場 $\boldsymbol{C}(\boldsymbol{x})$ のことを**ベクトルポテンシャル**という．これは 5.2.2 項で再び議論する．

回転の回転

デカルト座標における $\boldsymbol{\nabla}\times\boldsymbol{A}$ の成分は既に式 (3.15) に与えてあり，さらにこれの回転 $\boldsymbol{\nabla}\times(\boldsymbol{\nabla}\times\boldsymbol{A})$ を計算する．x 成分だけを計算すると

$$\begin{aligned}
(\boldsymbol{\nabla}\times(\boldsymbol{\nabla}\times\boldsymbol{A}))_x &= \frac{\partial}{\partial y}(\boldsymbol{\nabla}\times\boldsymbol{A})_z - \frac{\partial}{\partial z}(\boldsymbol{\nabla}\times\boldsymbol{A})_y \\
&= \frac{\partial}{\partial y}\left(\frac{\partial A_y}{\partial x} - \frac{\partial A_x}{\partial y}\right) - \frac{\partial}{\partial z}\left(\frac{\partial A_x}{\partial z} - \frac{\partial A_z}{\partial x}\right) \\
&= \frac{\partial}{\partial x}\left(\frac{\partial A_y}{\partial y} + \frac{\partial A_z}{\partial z}\right) - \left(\frac{\partial^2}{\partial y^2} + \frac{\partial^2}{\partial z^2}\right)A_x \\
&= \frac{\partial}{\partial x}\left(\underline{\frac{\partial A_x}{\partial x}} + \frac{\partial A_y}{\partial y} + \frac{\partial A_z}{\partial z}\right) - \left(\underline{\frac{\partial^2}{\partial x^2}} + \frac{\partial^2}{\partial y^2} + \frac{\partial^2}{\partial z^2}\right)A_x \\
&= \frac{\partial}{\partial x}(\boldsymbol{\nabla}\cdot\boldsymbol{A}) - \nabla^2 A_x = \Big(\boldsymbol{\nabla}(\boldsymbol{\nabla}\cdot\boldsymbol{A}) - \nabla^2\boldsymbol{A}\Big)_x
\end{aligned}$$

であり，y, z 成分も同様なので

$$\boldsymbol{\nabla}\times(\boldsymbol{\nabla}\times\boldsymbol{A}) = \boldsymbol{\nabla}(\boldsymbol{\nabla}\cdot\boldsymbol{A}) - \nabla^2\boldsymbol{A} \tag{3.25}$$

が証明される．ベクトル 3 重積の公式 (1.25) $\boldsymbol{a}\times(\boldsymbol{b}\times\boldsymbol{c}) = \boldsymbol{b}(\boldsymbol{a}\cdot\boldsymbol{c}) - (\boldsymbol{a}\cdot\boldsymbol{b})\boldsymbol{c}$ から類推してもいいだろう．左辺を $\nabla^2\boldsymbol{A}$ にした

$$\nabla^2\boldsymbol{A} = \boldsymbol{\nabla}(\boldsymbol{\nabla}\cdot\boldsymbol{A}) - \boldsymbol{\nabla}\times(\boldsymbol{\nabla}\times\boldsymbol{A}) \tag{3.26}$$

の形でもよく使われる．

3.6 場の積に対する公式

f, g はスカラー場，$\boldsymbol{A}, \boldsymbol{B}$ はベクトル場であるが全て $(\boldsymbol{x})$ を省略して記す．以下の 3 つは今後よく用いられるので記憶しよう．

$$\boldsymbol{\nabla}(fg) = (\boldsymbol{\nabla}f)g + f\boldsymbol{\nabla}g \tag{3.27}$$

$$\boldsymbol{\nabla}\cdot(f\boldsymbol{A}) = \boldsymbol{\nabla}f\cdot\boldsymbol{A} + f\boldsymbol{\nabla}\cdot\boldsymbol{A} \tag{3.28}$$

$$\boldsymbol{\nabla}\times(f\boldsymbol{A}) = \boldsymbol{\nabla}f\times\boldsymbol{A} + f\boldsymbol{\nabla}\times\boldsymbol{A} \tag{3.29}$$

いずれも微分を前から順に実行しており，形としては 1 変数関数の積の微分公式によく似ている．勾配 (3.27) と回転 (3.29) はベクトル場，発散 (3.28) はスカ

ラー場となる．場の計算では $f = 1/r$ としたものがよく現れる．式 (3.27) (3.28) の証明だけ与えておく．

$$\nabla(fg) = \begin{pmatrix} \dfrac{\partial(fg)}{\partial x} \\ \dfrac{\partial(fg)}{\partial y} \\ \dfrac{\partial(fg)}{\partial z} \end{pmatrix} = \begin{pmatrix} \dfrac{\partial f}{\partial x}g + f\dfrac{\partial g}{\partial x} \\ \dfrac{\partial f}{\partial y}g + f\dfrac{\partial g}{\partial y} \\ \dfrac{\partial f}{\partial z}g + f\dfrac{\partial g}{\partial z} \end{pmatrix} = \begin{pmatrix} \dfrac{\partial f}{\partial x} \\ \dfrac{\partial f}{\partial y} \\ \dfrac{\partial f}{\partial z} \end{pmatrix} g + f \begin{pmatrix} \dfrac{\partial g}{\partial x} \\ \dfrac{\partial g}{\partial y} \\ \dfrac{\partial g}{\partial z} \end{pmatrix} = (\nabla f)g + f\nabla g$$

$$\begin{aligned} \nabla\cdot(f\boldsymbol{A}) &= \begin{pmatrix} \dfrac{\partial}{\partial x} & \dfrac{\partial}{\partial y} & \dfrac{\partial}{\partial z} \end{pmatrix} \begin{pmatrix} fA_x \\ fA_y \\ fA_z \end{pmatrix} = \frac{\partial(fA_x)}{\partial x} + \frac{\partial(fA_y)}{\partial y} + \frac{\partial(fA_z)}{\partial z} \\ &= \frac{\partial f}{\partial x}A_x + f\frac{\partial A_x}{\partial x} + \frac{\partial f}{\partial y}A_y + f\frac{\partial A_y}{\partial y} + \frac{\partial f}{\partial z}A_z + f\frac{\partial A_z}{\partial z} \\ &= \begin{pmatrix} \dfrac{\partial f}{\partial x} & \dfrac{\partial f}{\partial y} & \dfrac{\partial f}{\partial z} \end{pmatrix} \begin{pmatrix} A_x \\ A_y \\ A_z \end{pmatrix} + f\left(\frac{\partial A_x}{\partial x} + \frac{\partial A_y}{\partial y} + \frac{\partial A_z}{\partial z}\right) \\ &= \nabla f\cdot\boldsymbol{A} + f\,\nabla\cdot\boldsymbol{A} \end{aligned}$$

式 (3.29) の証明は演習問題としよう．

さらにベクトル場の積に対しては

$$\nabla(\boldsymbol{A}\cdot\boldsymbol{B}) = (\boldsymbol{A}\cdot\nabla)\boldsymbol{B} + (\boldsymbol{B}\cdot\nabla)\boldsymbol{A} + \boldsymbol{A}\times(\nabla\times\boldsymbol{B}) + \boldsymbol{B}\times(\nabla\times\boldsymbol{A}) \tag{3.30}$$

$$\nabla\cdot(\boldsymbol{A}\times\boldsymbol{B}) = (\nabla\times\boldsymbol{A})\cdot\boldsymbol{B} - \boldsymbol{A}\cdot(\nabla\times\boldsymbol{B}) \tag{3.31}$$

$$\nabla\times(\boldsymbol{A}\times\boldsymbol{B}) = (\nabla\cdot\boldsymbol{B})\boldsymbol{A} - (\nabla\cdot\boldsymbol{A})\boldsymbol{B} + (\boldsymbol{B}\cdot\nabla)\boldsymbol{A} - (\boldsymbol{A}\cdot\nabla)\boldsymbol{B} \tag{3.32}$$

が成り立つ．これらは記憶しておく必要はなく，必要なときに参照すればよい．式 (3.31) は 9.4.1 項で電磁場のエネルギーを考えるときに現れる．

特に $\boldsymbol{A}(\boldsymbol{x}) = \boldsymbol{a} = (a_x, a_y, a_z) = \text{const.}$ という定数ベクトルの場合は $\nabla\cdot\boldsymbol{A} \to 0$, $\nabla\times\boldsymbol{A} \to 0$ とすればよい．

$$\nabla\cdot(f\boldsymbol{a}) = \nabla f\cdot\boldsymbol{a} \tag{3.33}$$

$$\nabla\times(f\boldsymbol{a}) = \nabla f\times\boldsymbol{a} = -\boldsymbol{a}\times\nabla f \tag{3.34}$$

$$\nabla(\boldsymbol{a}\cdot\boldsymbol{B}) = (\boldsymbol{a}\cdot\nabla)\boldsymbol{B} + \boldsymbol{a}\times(\nabla\times\boldsymbol{B}) \tag{3.35}$$

$$\nabla\cdot(\boldsymbol{a}\times\boldsymbol{B}) = -\boldsymbol{a}\cdot(\nabla\times\boldsymbol{B}) \tag{3.36}$$

$$\nabla\times(\boldsymbol{a}\times\boldsymbol{B}) = (\nabla\cdot\boldsymbol{B})\boldsymbol{a} - (\boldsymbol{a}\cdot\nabla)\boldsymbol{B} \tag{3.37}$$

クロス積が入っているときの符号には注意しよう．これは「点状だが向きをもった電場源・磁場源」である電気双極子・磁気モーメントを考えるときなどに使われる（6.3，6.7節）.

3.7　ナブラの位置ベクトルへの作用

$\boldsymbol{x}$ の大きさ $r=|\boldsymbol{x}|$ に対し，$f(\boldsymbol{x})=r$ も場所を指定すればスカラー値 r が決まる関数であり一種のスカラー場とみることができる．したがって $\boldsymbol{x}, r, x, y, z$ にも $\boldsymbol{\nabla}$ が作用することもあるのでまとめておく．まず頻出する $\boldsymbol{\nabla} r$ は，そのまま計算すると

$$\begin{aligned}\boldsymbol{\nabla} r &= \boldsymbol{\nabla}\left(x^2+y^2+z^2\right)^{1/2} = \left(\frac{2x}{2\sqrt{x^2+y^2+z^2}}, \frac{2y}{2r}, \frac{2z}{2r}\right)\\ &= \left(\frac{x}{r}, \frac{y}{r}, \frac{z}{r}\right) = \frac{\boldsymbol{x}}{r} = \frac{\boldsymbol{x}}{|\boldsymbol{x}|} \equiv \hat{\boldsymbol{x}}\end{aligned} \tag{3.38}$$

となる．つまり $\boldsymbol{\nabla} r$ は向きが $\boldsymbol{x}$ の単位ベクトルである．$\boldsymbol{\nabla} r=\hat{\boldsymbol{x}}$ の各成分は

$$\frac{\partial r}{\partial x}=\frac{x}{r}, \quad \frac{\partial r}{\partial y}=\frac{y}{r}, \quad \frac{\partial r}{\partial z}=\frac{z}{r}$$

のように r, x, y, z がひっくり返るように見えるので注意しよう．スカラー場が r にしか依存せず $f(\boldsymbol{x})=f(r)$ であるときは

$$\boldsymbol{\nabla} f(r) = \frac{\partial f}{\partial r}\boldsymbol{\nabla} r = \frac{\partial f}{\partial r}\hat{\boldsymbol{x}} \tag{3.39}$$

である．$\boldsymbol{\nabla}(1/r)$ も頻出である．$1/r$ も r だけの関数であるから向きは $\hat{\boldsymbol{x}}$ と予想され，$1/r$ は [1/長さ] の次元であるから微分すれば [1/ 長さ^2] になるはずで

$$\boldsymbol{\nabla}\frac{1}{r} = -\frac{1}{r^2}\boldsymbol{\nabla} r = -\frac{1}{r^2}\hat{\boldsymbol{x}} \tag{3.40}$$

である．

3.7.1　定数ベクトルとの積を含む場合

$\boldsymbol{a}=(a_x, a_y, a_z)$ は $\boldsymbol{x}$ に依存しない定数ベクトルとするとき

$$\boldsymbol{\nabla}(\boldsymbol{a}\cdot\boldsymbol{x}) = \boldsymbol{\nabla}\left(a_x x + a_y y + a_z z\right) = (a_x, a_y, a_z) = \boldsymbol{a} \tag{3.41}$$

$$\boldsymbol{\nabla}\cdot(\boldsymbol{a}\times\boldsymbol{x}) = 0 \tag{3.42}$$

$$\boldsymbol{\nabla}\times(\boldsymbol{a}\times\boldsymbol{x}) = 2\boldsymbol{a} \tag{3.43}$$

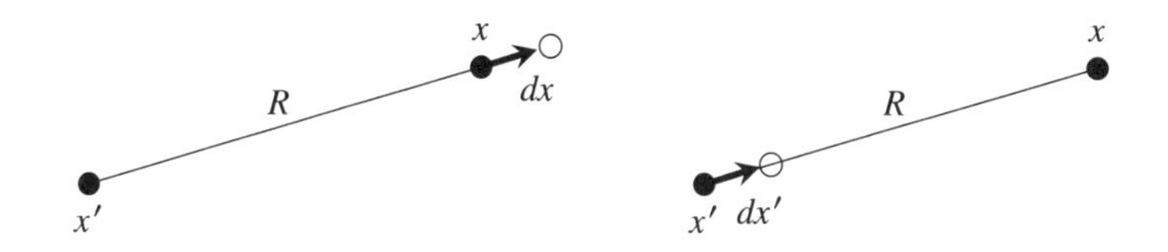

図 3.8 ∇, ∇' の考え方．位置 $\boldsymbol{x}$ を動かすときは ∇ を，$\boldsymbol{x}'$ を動かすときは ∇' を用いる．

である．次元の考えを忘れなければ，$\boldsymbol{a}$ と $\boldsymbol{x}$ から作られる量を ∇ で微分したものの次元が $[\boldsymbol{a}]$ でなければならないことは明らかである．

3.7.2 プライム x' への作用

$\boldsymbol{x}$ とは異なる別の位置を $\boldsymbol{x}'$ で表し，両者を結ぶベクトルを $\boldsymbol{R} = \boldsymbol{x} - \boldsymbol{x}'$, その大きさを $R = |\boldsymbol{x} - \boldsymbol{x}'| = \sqrt{(x - x')^2 + (y - y')^2 + (z - z')^2}$ とする．また，$\boldsymbol{x}'$ による微分の記号として

$$\nabla' \equiv \begin{pmatrix} \dfrac{\partial}{\partial x'} & \dfrac{\partial}{\partial y'} & \dfrac{\partial}{\partial z'} \end{pmatrix} \tag{3.44}$$

を定義する．

∇' の意味はたき火の例でイメージしてもらおう．ある位置 $\boldsymbol{x}'$ でたき火が燃えており，位置 $\boldsymbol{x}$ にいる人が感じる温度が $T(\boldsymbol{x}; \boldsymbol{x}')$ で与えられるとき，温度 T は距離 $R = |\boldsymbol{R}| = |\boldsymbol{x} - \boldsymbol{x}'|$ の関数である．人のいる位置 $\boldsymbol{x}$ を $d\boldsymbol{x}$ だけ変えたときに感じる温度変化が勾配の定義 (3.5) より $\nabla T(\boldsymbol{x}; \boldsymbol{x}') \cdot d\boldsymbol{x}$ であるのに対し，たき火の位置 $\boldsymbol{x}'$ の方を $d\boldsymbol{x}'$ だけ変えたときに $\boldsymbol{x}$ にいる人が感じる温度変化は $\nabla' T(\boldsymbol{x}; \boldsymbol{x}') \cdot d\boldsymbol{x}'$ である（図 3.8）．人がたき火から遠ざかる向きに動けば温度は下がり，たき火の方がこれと同じ向きに動いて人の位置はそのままであれば，火は人に近づいているので温度は上がる．したがって $\nabla T(\boldsymbol{x}; \boldsymbol{x}')$ と $\nabla' T(\boldsymbol{x}; \boldsymbol{x}')$ では大きさが同じで符号が変わる．たき火は電荷に，温度は電場やスカラーポテンシャルに置き換えてよい．本書では第 5 章以降で電場や磁場を議論するとき，電場源・磁場源となる電荷や電流の位置をもっぱら $\boldsymbol{x}'$ で，観測者の位置（電場や磁場を求めたい位置）を $\boldsymbol{x}$ で表す．そして電場源や磁場源の位置を変

えたときの変化を調べるには ∇' を，観測者の位置を変えるときは ∇ を用いる．その際はもっぱら1次近似(3.6)および

$$f(\boldsymbol{x}' + d\boldsymbol{x}') = f(\boldsymbol{x}') + \nabla' f(\boldsymbol{x}') \cdot d\boldsymbol{x}' \tag{3.45}$$

を用いるであろう．

∇, ∇' が $R = |\boldsymbol{x} - \boldsymbol{x}'|$ にかかる公式

$X \equiv x - x'$, $Y \equiv y - y'$, $Z \equiv z - z'$ として

$$\begin{aligned}
\nabla R &= \nabla\sqrt{(x-x')^2 + (y-y')^2 + (z-z')^2} \equiv \nabla\sqrt{X^2+Y^2+Z^2} \\
&= \left(\frac{2X}{2\sqrt{X^2+Y^2+Z^2}},\quad \frac{2Y}{2R},\quad \frac{2Z}{2R}\right) \\
&= \frac{\boldsymbol{R}}{R} \equiv \hat{\boldsymbol{R}}
\end{aligned} \tag{3.46}$$

$$\nabla' R = \left(\frac{-2X}{2R}, \frac{-2Y}{2R}, \frac{-2Z}{2R}\right) = -\hat{\boldsymbol{R}} \tag{3.47}$$

$$\nabla\frac{1}{R} = -\frac{1}{R^2}\nabla R = -\frac{1}{R^2}\hat{\boldsymbol{R}} \tag{3.48}$$

$$\nabla'\frac{1}{R} = -\frac{1}{R^2}\nabla' R = \frac{1}{R^2}\hat{\boldsymbol{R}} = -\nabla\frac{1}{R} \tag{3.49}$$

[長さ] を長さで微分した式(3.46) (3.47) が無次元量，[1/長さ] を長さで微分している式(3.48) (3.49) が [1/長さ^2] という次元であることを確認せよ．

∇, ∇' が $\boldsymbol{R} = \boldsymbol{x} - \boldsymbol{x}'$ にかかる公式

$$\nabla \cdot \boldsymbol{R} = \frac{\partial}{\partial x}X + \frac{\partial}{\partial y}Y + \frac{\partial}{\partial z}Z = 3 \tag{3.50}$$

$$\nabla' \cdot \boldsymbol{x}' = \frac{\partial x'}{\partial x'} + \frac{\partial y'}{\partial y'} + \frac{\partial z'}{\partial z'} = 3 \tag{3.51}$$

$$\nabla' \cdot \boldsymbol{R} = \frac{\partial}{\partial x'}X + \frac{\partial}{\partial y'}Y + \frac{\partial}{\partial z'}Z = -3 \tag{3.52}$$

$$\nabla \times \boldsymbol{R} = 0, \quad \nabla' \times \boldsymbol{R} = 0 \tag{3.53}$$

また $\boldsymbol{x}$ の関数 $f(\boldsymbol{x})$, $\boldsymbol{S}(\boldsymbol{x})$ は $\boldsymbol{x}'$ の関数ではなく，$\boldsymbol{x}'$ の関数 $g(\boldsymbol{x}')$, $\boldsymbol{T}(\boldsymbol{x}')$ は $\boldsymbol{x}$ の

関数ではないから

$$\nabla' f(\boldsymbol{x}) = 0, \quad \nabla' \cdot \boldsymbol{S}(\boldsymbol{x}) = 0, \quad \nabla' \times \boldsymbol{S}(\boldsymbol{x}) = 0 \tag{3.54}$$

$$\nabla g(\boldsymbol{x}') = 0, \quad \nabla \cdot \boldsymbol{T}(\boldsymbol{x}') = 0, \quad \nabla \times \boldsymbol{T}(\boldsymbol{x}') = 0 \tag{3.55}$$

である．

単位ベクトル $\hat{\boldsymbol{R}}$ への作用

本書では電場や磁場の計算を行うとき，その大きさの計算と向きを分離するために $\hat{\boldsymbol{R}} = \boldsymbol{R}/|\boldsymbol{R}| = \boldsymbol{R}/R$ を多用するため，それへの微分演算の公式も用意しておく．まず基本となる微分として $\nabla \cdot \hat{\boldsymbol{R}}$ は公式 (3.28) (3.50) (3.53) (3.29) より

$$\nabla \cdot \hat{\boldsymbol{R}} = \nabla \cdot \left(\frac{1}{R}\boldsymbol{R}\right) = \nabla \frac{1}{R} \cdot \boldsymbol{R} + \frac{1}{R}\nabla \cdot \boldsymbol{R} = -\frac{1}{R^2}\hat{\boldsymbol{R}} \cdot \boldsymbol{R} + \frac{3}{R} = \frac{2}{R} \tag{3.56}$$

$$\nabla \times \hat{\boldsymbol{R}} = \nabla \times \left(\frac{1}{R}\boldsymbol{R}\right) = \nabla \frac{1}{R} \times \boldsymbol{R} + \frac{1}{R}\nabla \times \boldsymbol{R} = -\frac{1}{R^2}\hat{\boldsymbol{R}} \times \boldsymbol{R} = 0 \tag{3.57}$$

である．$\hat{\boldsymbol{R}}$ は無次元のベクトルであるから，これで長さで微分すれば [1/長さ] という次元の量になる．

また以下の公式は電磁場の計算において重要である．定数ベクトル $\boldsymbol{a}$ には電磁場の源である電気双極子モーメントや磁気モーメントが入る．

$$\begin{aligned}
\nabla\left(\boldsymbol{a} \cdot \hat{\boldsymbol{R}}\right) &= \begin{pmatrix} \dfrac{\partial}{\partial x}\left(a_x \dfrac{X}{R} + a_y \dfrac{Y}{R} + a_z \dfrac{Z}{R}\right) \\ \dfrac{\partial}{\partial y}\left(a_x \dfrac{X}{R} + a_y \dfrac{Y}{R} + a_z \dfrac{Z}{R}\right) \\ \dfrac{\partial}{\partial z}\left(a_x \dfrac{X}{R} + a_y \dfrac{Y}{R} + a_z \dfrac{Z}{R}\right) \end{pmatrix} \\
&= \begin{pmatrix} a_x \dfrac{R - X^2/R}{R^2} - a_y \dfrac{XY/R}{R^2} - a_z \dfrac{ZX/R}{R^2} \\ -a_x \dfrac{XY/R}{R^2} + a_y \dfrac{R - Y^2/R}{R^2} - a_z \dfrac{YZ/R}{R^2} \\ -a_x \dfrac{ZX/R}{R^2} - a_y \dfrac{YZ/R}{R^2} + a_z \dfrac{R - Z^2/R}{R^2} \end{pmatrix} \\
&= \frac{1}{R}\begin{pmatrix} a_x \\ a_y \\ a_z \end{pmatrix} - \frac{1}{R^3}\begin{pmatrix} (a_x X + a_y Y + a_z Z)X \\ (a_x X + a_y Y + a_z Z)Y \\ (a_x X + a_y Y + a_z Z)Z \end{pmatrix} = \frac{\boldsymbol{a} - (\boldsymbol{a} \cdot \hat{\boldsymbol{R}})\,\hat{\boldsymbol{R}}}{R}
\end{aligned} \tag{3.58}$$

$$(\boldsymbol{a} \cdot \nabla)\hat{\boldsymbol{R}} = \nabla\left(\boldsymbol{a} \cdot \hat{\boldsymbol{R}}\right) - \boldsymbol{a} \times (\nabla \times \hat{\boldsymbol{R}}) = \nabla\left(\boldsymbol{a} \cdot \hat{\boldsymbol{R}}\right) \quad (\because (3.35)(3.57)) \tag{3.59}$$

$$\nabla \frac{\boldsymbol{a} \cdot \hat{\boldsymbol{R}}}{R^2} = \frac{\nabla\left(\boldsymbol{a} \cdot \hat{\boldsymbol{R}}\right)}{R^2} + (\boldsymbol{a} \cdot \hat{\boldsymbol{R}}) \nabla \frac{1}{R^2}$$
$$= \frac{\boldsymbol{a} - (\boldsymbol{a} \cdot \hat{\boldsymbol{R}})\hat{\boldsymbol{R}}}{R^3} + (\boldsymbol{a} \cdot \hat{\boldsymbol{R}}) \frac{-2}{R^3} \hat{\boldsymbol{R}} = -\frac{3(\boldsymbol{a} \cdot \hat{\boldsymbol{R}})\hat{\boldsymbol{R}} - \boldsymbol{a}}{R^3} \tag{3.60}$$

$$\nabla \cdot \left(\nabla \frac{\boldsymbol{a} \cdot \hat{\boldsymbol{R}}}{R^2} \right) = -3 \left(\nabla \left(\frac{\boldsymbol{a} \cdot \hat{\boldsymbol{R}}}{R^3} \right) \cdot \hat{\boldsymbol{R}} + \frac{\boldsymbol{a} \cdot \hat{\boldsymbol{R}}}{R^3} \nabla \cdot \hat{\boldsymbol{R}} \right) + \nabla \frac{1}{R^3} \cdot \boldsymbol{a} = 0 \tag{3.61}$$

式 (3.60) (3.61) には $R \neq 0$ の条件が必要で，$R = 0$ を含む場合への拡張は次章の 4.1.7 項で行う．また式 (3.58) (3.60) に類似した回転バージョンとして

$$\nabla \times (\boldsymbol{a} \times \hat{\boldsymbol{R}}) = \frac{\boldsymbol{a} + (\boldsymbol{a} \cdot \hat{\boldsymbol{R}})\,\hat{\boldsymbol{R}}}{R}, \tag{3.62}$$

$$\nabla \times \frac{\boldsymbol{a} \times \hat{\boldsymbol{R}}}{R^2} = \frac{3(\boldsymbol{a} \cdot \hat{\boldsymbol{R}})\,\hat{\boldsymbol{R}} - \boldsymbol{a}}{R^3} = -\nabla \frac{\boldsymbol{a} \cdot \hat{\boldsymbol{R}}}{R^2} \tag{3.63}$$

があり，これらの導出は演習問題としよう．公式 (3.58) (3.60) は 6.3.3 項で，式 (3.63) は 6.7.3 項などで用いる．

3.8 積分定理

3.8.1 ガウスの定理

式 (3.11) に与えた，微小領域 dV に対する湧き出しとして定義したベクトル場の発散 $\nabla \cdot \boldsymbol{A}(\boldsymbol{x})$ を少しずつ体積を継ぎ足していき，有限の広がりをもった領域 V に対して拡張した

$$\int_V \nabla \cdot \boldsymbol{A}(\boldsymbol{x})\, dV = \oint_S \boldsymbol{A}(\boldsymbol{x}) \cdot \boldsymbol{n}\, dS \tag{3.64}$$

を**ガウスの定理**または**発散定理** (divergence theorem) と呼ぶ (J.C.F. Gauß 1777-1855)．ベクトル場 $\boldsymbol{A}$ に対し，領域 V の表面 S で表面積分したものと，発散 $\nabla \cdot \boldsymbol{A}$ をとってから同じ領域 V で体積分したものは等しい．$\boldsymbol{n}\, dS = d\boldsymbol{S}$ として $\int_V \nabla \cdot \boldsymbol{A}(\boldsymbol{x})\, dV = \oint_S \boldsymbol{A}(\boldsymbol{x}) \cdot d\boldsymbol{S}$ という表記もよく使われ，式 (3.64) と全く同じ意味である．

ガウスの定理は体積分と面積分の変換公式と考えてもよい．一般に場 $f(\boldsymbol{x})$ を体積分するには，考えている領域内部の 3 次元的な全点での場の値を知らねばならないが，ベクトル場の発散として与えられるスカラー場 $\nabla \cdot \boldsymbol{A}(\boldsymbol{x})$ を領

域 V で体積分するときは（左辺），ガウスの定理によって面積分に変換すればその領域 V の一番外側の表面 S 上における場の値だけがわかっていればよい（右辺）．

式 (3.64) の両辺の次元にも注目せよ．右辺は $\boldsymbol{A}$ に面積をかけた次元である．左辺は $\boldsymbol{A}$ を一度微分してから体積をかけることになるので，左右の次元は合っている．このことは式を記憶するための助けにもなるだろう．

ガウスの定理からの派生定理

スカラー場 $f(\boldsymbol{x})$ を考え，これにゼロでない定数ベクトル $\boldsymbol{a}$ をかけて一時的に $\boldsymbol{A}(\boldsymbol{x}) = \boldsymbol{a} f(\boldsymbol{x})$ というベクトル場にすると，これに式 (3.64) を適用して

$$\int_V \boldsymbol{\nabla} \cdot (\boldsymbol{a} f)\, dV = \oint_S \boldsymbol{a} f \cdot \boldsymbol{n}\, dS.$$

左辺に微分公式 (3.33) $\boldsymbol{\nabla} \cdot (f\boldsymbol{a}) = \boldsymbol{\nabla} f \cdot \boldsymbol{a}$ を使うと

$$\boldsymbol{a} \cdot \int_V \boldsymbol{\nabla} f\, dV = \boldsymbol{a} \cdot \oint_S f \boldsymbol{n}\, dS$$

となるから

$$\boldsymbol{a} \cdot \left(\int_V \boldsymbol{\nabla} f\, dV - \oint_S f \boldsymbol{n}\, dS \right) = 0.$$

これがゼロでない任意の定数ベクトル $\boldsymbol{a}$ について成り立つから

$$\int_V \boldsymbol{\nabla} f(\boldsymbol{x})\, dV = \oint_S f(\boldsymbol{x})\, \boldsymbol{n}\, dS \tag{3.65}$$

が得られる．

ガウスの定理においてベクトル場 $\boldsymbol{A}$ があるゼロでない定数ベクトル $\boldsymbol{a}$ と別のベクトル場 $\boldsymbol{B}$ とのクロス積で $\boldsymbol{A}(\boldsymbol{x}) = \boldsymbol{a} \times \boldsymbol{B}(\boldsymbol{x})$ と書けるときは微分公式 (3.36) を用いて

$$\int_V \boldsymbol{\nabla} \cdot (\boldsymbol{a} \times \boldsymbol{B}(\boldsymbol{x}))\, dV = \oint_S (\boldsymbol{a} \times \boldsymbol{B}(\boldsymbol{x})) \cdot \boldsymbol{n}\, dS,$$

$$-\boldsymbol{a} \cdot \int_V \boldsymbol{\nabla} \times \boldsymbol{B}(\boldsymbol{x})\, dV = \boldsymbol{a} \cdot \oint_S \boldsymbol{B}(\boldsymbol{x}) \times \boldsymbol{n}\, dS.$$

右辺にはスカラー3重積の公式 (1.21) $(\boldsymbol{a}\times\boldsymbol{B})\cdot\boldsymbol{n}=(\boldsymbol{B}\times\boldsymbol{n})\cdot\boldsymbol{a}$ を用い，内積の順序を入れ替えて $(\boldsymbol{B}\times\boldsymbol{n})\cdot\boldsymbol{a}=\boldsymbol{a}\cdot(\boldsymbol{B}\times\boldsymbol{n})$ としてから定数ベクトル $\boldsymbol{a}$ を積分の外に出した．$\boldsymbol{a}$ はゼロでないから

$$\int_V \nabla\times\boldsymbol{B}(\boldsymbol{x})\,dV=-\oint_S \boldsymbol{B}(\boldsymbol{x})\times\boldsymbol{n}\,dS \tag{3.66}$$

が得られる．

3.8.2 ストークスの定理

式 (3.14) に与えたベクトル場の回転 $\nabla\times\boldsymbol{A}(\boldsymbol{x})$ を微小閉曲線に沿う積分からある広がりをもった閉曲線に拡張した

$$\int_S \nabla\times\boldsymbol{A}(\boldsymbol{x})\cdot d\boldsymbol{S}(\boldsymbol{x})=\int_S \nabla\times\boldsymbol{A}(\boldsymbol{x})\cdot\boldsymbol{n}\,dS=\oint_s \boldsymbol{A}(\boldsymbol{x})\cdot d\boldsymbol{s} \tag{3.67}$$

のことを**ストークスの定理**または回転定理 (the curl theorem) と呼ぶ (G.G. Stokes 1819-1903)[*3]．ベクトル場 $\boldsymbol{A}$ に対し，領域 S の外周 s で線積分したものと，回転 $\nabla\times\boldsymbol{A}$ をとって同じ領域 S で面積分したものは等しい．

ストークスの定理は面積分と線積分との変換公式と考えてもよい．一般にスカラー場やベクトル場をある領域 S で面積分するには S 内の全点での場の値を知らねばならないが，ベクトル場の回転 $\nabla\times\boldsymbol{A}$ を面積分するときは，ストークスの定理によって線積分に変換すれば，領域 S の一番外側の周上 s における値だけがわかればよい．

ストークスの定理からの派生定理

スカラー場 $f(\boldsymbol{x})$ を考え，これにゼロでない定数ベクトル $\boldsymbol{a}$ をかけて一時的にベクトル場 $\boldsymbol{A}(\boldsymbol{x})=\boldsymbol{a}f(\boldsymbol{x})$ を作り，これにストークスの定理 (3.67) を適用すれば

$$\oint_s f(\boldsymbol{x})\,d\boldsymbol{s}=-\int_S \nabla f(\boldsymbol{x})\times\boldsymbol{n}\,dS \tag{3.68}$$

[*3] ガウスの定理もストークスの定理も，初めの発見者は別の人物とされる．科学史において，その後の名づけが最初の発見者の名になっていない例は残念ながら大変多い．このことは経済学者スティグラー (S.M. Stigler 1941-) にちなんで**スティグラーの法則** (Stigler's law) と呼ばれる．スティグラーの法則の発見者はもちろんスティグラーではない．

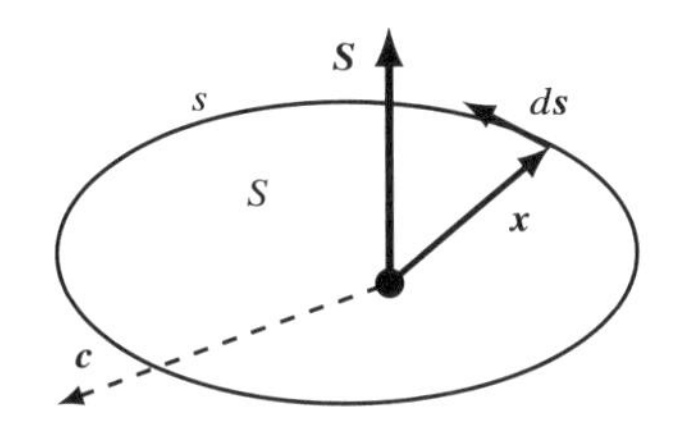

図 3.9　面積 S をもつ閉じた経路 s を考え，面ベクトルを $\boldsymbol{S} = \int_S \boldsymbol{n} dS = \int_S d\boldsymbol{S}$ と書く．領域内に原点をとり，そこから経路上の 1 点へ向かうベクトルを $\boldsymbol{x}$，その点における経路の微小な接ベクトルを $d\boldsymbol{s}$ とする．ある定数ベクトル $\boldsymbol{c}$ と $\boldsymbol{x}$ との内積をとりながら経路 s に沿って積分したもの $\oint_s \boldsymbol{c} \cdot \boldsymbol{x}\, d\boldsymbol{s}$ は $\boldsymbol{S} \times \boldsymbol{c}$ に等しい．

が得られる．導出は演習問題としよう．

本書ではガウスの定理とストークスの定理，およびそこからの派生定理 (3.64) ~ (3.68) をまとめて**積分定理** (integral theorems) と呼ぶことにする．

式 (3.68) の特別な場合として，f がある閉じた経路 s 上の位置 $\boldsymbol{x}$ と，ある定数ベクトル $\boldsymbol{c}$ との内積で $f(\boldsymbol{x}) = \boldsymbol{c} \cdot \boldsymbol{x}$ というケースを考える（図 3.9）．閉経路内に原点をとり，そこから経路上の 1 点へ向かうベクトルが $\boldsymbol{x}$ である．このとき式 (3.41) より $\boldsymbol{\nabla} f = \boldsymbol{\nabla}(\boldsymbol{c} \cdot \boldsymbol{x}) = \boldsymbol{c}$ であるから，この f を閉経路 s に沿って積分したものは式 (3.68) より

$$\oint_s \boldsymbol{c} \cdot \boldsymbol{x}\, d\boldsymbol{s} = -\int_S \boldsymbol{c} \times \boldsymbol{n}\, dS = \boldsymbol{S} \times \boldsymbol{c} \tag{3.69}$$

となる．ここで $\boldsymbol{S} = \int_S \boldsymbol{n} dS = \int_S d\boldsymbol{S}$ は向きが領域 S の法線の向きで大きさが領域の面積 S である面ベクトルで，式 (3.69) は閉経路の形状によらない．式 (3.69) は 6.7 節でループ電流の作る磁場を考えるときに用いる．

関数の全微分の積分

ある関数 f の全微分 df の周回積分 $I = \oint_s df$ を考える．$df = \boldsymbol{\nabla} f \cdot d\boldsymbol{x}$ であることとストークスの定理 (3.67)，およびベクトル公式 (3.22) $\boldsymbol{\nabla} \times (\boldsymbol{\nabla} f) = 0$ を使

えば，任意の閉経路 s に対して

$$I = \oint_s df = \oint_s \nabla f \cdot d\boldsymbol{x} = \int_S \nabla \times (\nabla f) \cdot \boldsymbol{n} dS = 0 \tag{3.70}$$

である．関数 f を周回積分しても一般にゼロにはならないが，閉じた経路に沿っての変化量 df を周回積分すればゼロになる．スカラー場としてある位置における標高や気温，気圧などを考え，そこから移動したときの標高差，温度差，気圧差を計測して足し上げつつ閉じた経路に沿って進み元の位置に戻ってくれば，時間的な変化がないならば標高，気温，気圧は元の値に戻っており，累積の変化量はゼロということである．これはベクトル場についても言えて

$$\oint_s d\boldsymbol{F} = 0 \tag{3.71}$$

である．

3.8.3 遠方では十分早くゼロに近づく場と積分定理

物理で扱う場は無限遠ではゼロに近づくものが多い．空間的に局在している電荷によって電場 $\boldsymbol{E}$ が作られればそれは距離 R とともに $\boldsymbol{E} \propto 1/R^2$ で小さくなっていく．したがって例えば $\boldsymbol{E}/R$ という量であれば $\propto 1/R^3$ の距離依存性をもち，遠方ではすみやかにゼロに近づく．このような関数を十分に大きな領域 V（その表面を S とする）に対して積分定理 (3.64) を適用したとしよう：

$$\int_V \nabla \cdot \frac{\boldsymbol{E}(\boldsymbol{x})}{R} dV = \oint_S \frac{\boldsymbol{E}(\boldsymbol{x})}{R} \cdot \boldsymbol{n}\, dS. \tag{3.72}$$

このとき左辺の体積分は空間 V 内における全ての点 $\boldsymbol{x}$ における場の値 $\boldsymbol{E}(\boldsymbol{x})/R$ を知っていなければ計算は実行できないが，右辺の面積分は領域 V の表面 S 上における値だけを知っておけば計算できる．そして $\boldsymbol{E}/R$ であれば $dS \propto R^2$ をかけてなお $(\boldsymbol{E}/R) \cdot d\boldsymbol{S} \propto 1/R$ で $R \to \infty$ とすればゼロに近づくので右辺はゼロであることがわかり，したがって左辺の体積分もゼロであったことがわかる．場の勾配や発散，回転を体積分している式に出会ったら，考えている場が無限遠ではどのようなスピードでゼロに近づく関数であるかを吟味すれば，積分定理を適用して面積分に変換すればその積分はゼロであるとわかることがある．物理で登場する場におけるこの考え方は次節を含め本書で何度も登場する．

3.9　ナブラの変換公式

電磁気学においては $\boldsymbol{x}'$ の関数である $f(\boldsymbol{x}')/R,\ \boldsymbol{F}(\boldsymbol{x}')/R$ に対して $\boldsymbol{\nabla},\ \boldsymbol{\nabla}'$ による演算を行うことが多い．$f(\boldsymbol{x}')$ には $\boldsymbol{\nabla}$ が作用しないことと積の微分公式 (3.27) および (3.49) $\boldsymbol{\nabla}'(1/R) = -\boldsymbol{\nabla}(1/R)$ を用いれば，$f(\boldsymbol{x}')/R$ に $\boldsymbol{\nabla},\ \boldsymbol{\nabla}'$ をそれぞれ作用させたものは

$$\boldsymbol{\nabla}\frac{f(\boldsymbol{x}')}{R} = f(\boldsymbol{x}')\boldsymbol{\nabla}\frac{1}{R},$$
$$\boldsymbol{\nabla}'\frac{f(\boldsymbol{x}')}{R} = \frac{\boldsymbol{\nabla}' f(\boldsymbol{x}')}{R} + f(\boldsymbol{x}')\boldsymbol{\nabla}'\frac{1}{R} = \frac{\boldsymbol{\nabla}' f(\boldsymbol{x}')}{R} - f(\boldsymbol{x}')\boldsymbol{\nabla}\frac{1}{R}$$

であり，両辺の和をとれば

$$\boldsymbol{\nabla}\frac{f(\boldsymbol{x}')}{R} + \boldsymbol{\nabla}'\frac{f(\boldsymbol{x}')}{R} = \frac{\boldsymbol{\nabla}' f(\boldsymbol{x}')}{R} \tag{3.73}$$

という恒等式が得られる．同様に $\boldsymbol{F}(\boldsymbol{x}')/R$ に対して $\boldsymbol{\nabla},\ \boldsymbol{\nabla}'$ による発散と回転を計算し，微分公式 (3.28) (3.29) を用いれば

$$\boldsymbol{\nabla}\cdot\frac{\boldsymbol{F}(\boldsymbol{x}')}{R} + \boldsymbol{\nabla}'\cdot\frac{\boldsymbol{F}(\boldsymbol{x}')}{R} = \frac{\boldsymbol{\nabla}'\cdot\boldsymbol{F}(\boldsymbol{x}')}{R}, \tag{3.74}$$
$$\boldsymbol{\nabla}\times\frac{\boldsymbol{F}(\boldsymbol{x}')}{R} + \boldsymbol{\nabla}'\times\frac{\boldsymbol{F}(\boldsymbol{x}')}{R} = \frac{\boldsymbol{\nabla}'\times\boldsymbol{F}(\boldsymbol{x}')}{R} \tag{3.75}$$

も得られる．

恒等式 (3.73) ~ (3.75) の両辺を十分に大きい領域 V' で体積分し，左辺第 2 項には積分定理 (3.65) (3.64) (3.66) を使って V' の表面 S' 上における面積分に直せば[*4]

$$\int_{V'}\boldsymbol{\nabla}\frac{f(\boldsymbol{x}')}{R}dV' + \oint_{S'}\frac{f(\boldsymbol{x}')}{R}\boldsymbol{n}\,dS' = \int_{V'}\frac{\boldsymbol{\nabla}' f(\boldsymbol{x}')}{R}dV',$$
$$\int_{V'}\boldsymbol{\nabla}\cdot\frac{\boldsymbol{F}(\boldsymbol{x}')}{R}dV' + \oint_{S'}\frac{\boldsymbol{F}(\boldsymbol{x}')}{R}\cdot\boldsymbol{n}\,dS' = \int_{V'}\frac{\boldsymbol{\nabla}'\cdot\boldsymbol{F}(\boldsymbol{x}')}{R}dV',$$
$$\int_{V'}\boldsymbol{\nabla}\times\frac{\boldsymbol{F}(\boldsymbol{x}')}{R}dV' - \oint_{S'}\frac{\boldsymbol{F}(\boldsymbol{x}')}{R}\times\boldsymbol{n}\,dS' = \int_{V'}\frac{\boldsymbol{\nabla}'\times\boldsymbol{F}(\boldsymbol{x}')}{R}dV'$$

[*4] 積分定理が適用できるのは V と $\boldsymbol{\nabla}$，V' と $\boldsymbol{\nabla}'$ がきちんと対応した $\int_V \boldsymbol{\nabla}\cdot(\boldsymbol{F}/R)\,dV$ や $\int_{V'}\boldsymbol{\nabla}'\cdot(\boldsymbol{F}/R)\,dV'$ に対してである．

である．面積分は領域 V' の表面 S' 上における値だけがわかっていれば実行できる．そして面積分はオーダーが $f/R \times 4\pi R^2 \propto fR$ の量である．もし $f(\boldsymbol{x}')$ がゼロでない領域はある限られた範囲のみであってある距離以遠ではゼロと考えてよいとか，または $\propto 1/R$ よりも早く $f \to 0$ となるなら，$|\boldsymbol{x}'| \to \infty$ で $fR \to 0$ とみなすことができて左辺第2項は 3.8.3 項で議論したようにゼロと考えてよい．これが適用できるのは例えば以下のようなケースが考えられる．

1. $f, \boldsymbol{F}$ が空間的に限られた領域にのみ存在する電荷や電流である場合．領域 V' は十分広くとるが，V' 内で十分に大きい $\boldsymbol{x}'$ より向こうではもはや電荷も電流も存在しておらず $f(\boldsymbol{x}') = 0, \boldsymbol{F}(\boldsymbol{x}') = 0$ ならば $f(\boldsymbol{x}')/R, \boldsymbol{F}(\boldsymbol{x}')/R$ も十分大きい球面 S' 上でゼロ．
2. $\boldsymbol{F}$ がそのような電荷や電流によって作られた電場や磁場で $\boldsymbol{F} \propto 1/R^2$ またはそれよりも早く遠方ではゼロに近づく関数であれば $\boldsymbol{F}/R \propto 1/R^3$ またはそれよりも早くゼロに近づくので，無限に大きい球面上で積分してもゼロ．

そのような場合にははじめから左辺第2項を落として

$$\int_{V'} \boldsymbol{\nabla} \frac{f(\boldsymbol{x}')}{R} dV' = \int_{V'} \frac{\boldsymbol{\nabla}' f(\boldsymbol{x}')}{R} dV', \tag{3.76}$$

$$\int_{V'} \boldsymbol{\nabla} \cdot \frac{\boldsymbol{F}(\boldsymbol{x}')}{R} dV' = \int_{V'} \frac{\boldsymbol{\nabla}' \cdot \boldsymbol{F}(\boldsymbol{x}')}{R} dV,' \tag{3.77}$$

$$\int_{V'} \boldsymbol{\nabla} \times \frac{\boldsymbol{F}(\boldsymbol{x}')}{R} dV' = \int_{V'} \frac{\boldsymbol{\nabla}' \times \boldsymbol{F}(\boldsymbol{x}')}{R} dV' \tag{3.78}$$

と考えることができる．左辺の $\boldsymbol{\nabla}$ は V' での積分には出入り自由なので積分記号の外に書いてもよい．式 (3.73) (3.74) (3.75) は空間の各点において局所的に成り立っているのに対し，式 (3.76) (3.77) (3.78) は空間の積分に対して成り立つ．$\boldsymbol{\nabla}$ は全体にかかっているが，$\boldsymbol{\nabla}'$ は分子にしかかかっていないことに注意しよう．

ラプラシアン $\nabla^2 \leftrightarrow \nabla'^2$ の公式

式 (3.76) の $\boldsymbol{\nabla}\cdot$ による発散をとり，右辺には公式 (3.77) を使えば

$$\begin{aligned}\int_{V'} \nabla^2 \frac{f(\boldsymbol{x}')}{R} dV' &= \int_{V'} \boldsymbol{\nabla} \cdot \frac{\boldsymbol{\nabla}' f(\boldsymbol{x}')}{R} dV' = \int_{V'} \frac{\boldsymbol{\nabla}' \cdot \boldsymbol{\nabla}' f(\boldsymbol{x}')}{R} dV' \\ &= \int_{V'} \frac{\nabla'^2 f(\boldsymbol{x}')}{R} dV' \end{aligned} \tag{3.79}$$

が得られる．

ベクトル場 $\boldsymbol{F}(\boldsymbol{x}')/R$ に対しても同様の公式が得られる．式 (3.78) の $\boldsymbol{\nabla}\times$ による回転をとると，左辺は 式 (3.25) で $\boldsymbol{\nabla} \times \boldsymbol{\nabla} = \boldsymbol{\nabla}(\boldsymbol{\nabla}\cdot) - \nabla^2$ に変換したあと式 (3.77) (3.76) と順番に使えば

$$\begin{aligned}\int_{V'} \boldsymbol{\nabla} \times \left(\boldsymbol{\nabla} \times \frac{\boldsymbol{F}(\boldsymbol{x}')}{R}\right) dV' &= \int_{V'} \left(\boldsymbol{\nabla}\left(\boldsymbol{\nabla} \cdot \frac{\boldsymbol{F}(\boldsymbol{x}')}{R}\right) - \nabla^2 \frac{\boldsymbol{F}(\boldsymbol{x}')}{R}\right) dV' \\ &= \int_{V'} \left(\frac{\boldsymbol{\nabla}'(\boldsymbol{\nabla}' \cdot \boldsymbol{F}(\boldsymbol{x}'))}{R} - \nabla^2 \frac{\boldsymbol{F}(\boldsymbol{x}')}{R}\right) dV'\end{aligned}$$

となる．右辺には公式 (3.78) を用いてから式 (3.25) を使えば

$$\begin{aligned}\int_{V'} \boldsymbol{\nabla} \times \frac{\boldsymbol{\nabla}' \times \boldsymbol{F}(\boldsymbol{x}')}{R} dV' &= \int_{V'} \frac{\boldsymbol{\nabla}' \times (\boldsymbol{\nabla}' \times \boldsymbol{F}(\boldsymbol{x}'))}{R} dV' \\ &= \int_{V'} \frac{\boldsymbol{\nabla}'(\boldsymbol{\nabla}' \cdot \boldsymbol{F}(\boldsymbol{x}')) - \nabla'^2 \boldsymbol{F}(\boldsymbol{x}')}{R} dV'\end{aligned}$$

であり，両者は等しいので

$$\int_{V'} \nabla^2 \frac{\boldsymbol{F}(\boldsymbol{x}')}{R} dV' = \int_{V'} \frac{\nabla'^2 \boldsymbol{F}(\boldsymbol{x}')}{R} dV' \tag{3.80}$$

が得られる．公式 (3.79) (3.80) は遠方ですみやかにゼロに近づくスカラー場・ベクトル場に対して成り立つ恒等式で，4.2 節でポアソン方程式の解を与える際に用いる．

第3章まとめ

- スカラー場 $f(\boldsymbol{x})$，ベクトル場 $\boldsymbol{A}(\boldsymbol{x}) = (A_x(\boldsymbol{x}), A_y(\boldsymbol{x}), A_z(\boldsymbol{x}))$ の勾配と発散，回転のデカルト座標表示は

$$\boldsymbol{\nabla} f = \begin{pmatrix} \dfrac{\partial f}{\partial x} & \dfrac{\partial f}{\partial y} & \dfrac{\partial f}{\partial z} \end{pmatrix}, \tag{3.7}$$

$$\boldsymbol{\nabla} \cdot \boldsymbol{A} = \begin{pmatrix} \dfrac{\partial}{\partial x} & \dfrac{\partial}{\partial y} & \dfrac{\partial}{\partial x} \end{pmatrix} \begin{pmatrix} A_x \\ A_y \\ A_z \end{pmatrix} = \frac{\partial A_x}{\partial x} + \frac{\partial A_y}{\partial y} + \frac{\partial A_z}{\partial z}, \tag{3.13}$$

$$\boldsymbol{\nabla} \times \boldsymbol{A} = \begin{pmatrix} \dfrac{\partial A_z}{\partial y} - \dfrac{\partial A_y}{\partial z} \\ \dfrac{\partial A_x}{\partial z} - \dfrac{\partial A_z}{\partial x} \\ \dfrac{\partial A_y}{\partial x} - \dfrac{\partial A_x}{\partial y} \end{pmatrix}. \tag{3.16}$$

回転の成分表記は記憶すべき．

- 記憶必須の 3 恒等式

$$\boldsymbol{\nabla} \times (\boldsymbol{\nabla} f) = 0 \tag{3.22}$$

$$\boldsymbol{\nabla} \cdot (\boldsymbol{\nabla} \times \boldsymbol{A}) = 0 \tag{3.24}$$

$$\boldsymbol{\nabla} \times (\boldsymbol{\nabla} \times \boldsymbol{A}) = \boldsymbol{\nabla}(\boldsymbol{\nabla} \cdot \boldsymbol{A}) - \nabla^2 \boldsymbol{A} \tag{3.25}$$

- さらに記憶すべき積の微分公式

$$\boldsymbol{\nabla}(fg) = (\boldsymbol{\nabla} f)g + f\boldsymbol{\nabla} g \tag{3.27}$$

$$\boldsymbol{\nabla} \cdot (f\boldsymbol{A}) = \boldsymbol{\nabla} f \cdot \boldsymbol{A} + f\boldsymbol{\nabla} \cdot \boldsymbol{A} \tag{3.28}$$

$$\boldsymbol{\nabla} \times (f\boldsymbol{A}) = \boldsymbol{\nabla} f \times \boldsymbol{A} + f\boldsymbol{\nabla} \times \boldsymbol{A} \tag{3.29}$$

- ガウスの定理とストークスの定理

$$\int_V \boldsymbol{\nabla} \cdot \boldsymbol{A}\, dV = \oint_S \boldsymbol{A} \cdot \boldsymbol{n}\, dS \tag{3.64}$$

$$\int_S \boldsymbol{\nabla} \times \boldsymbol{A} \cdot \boldsymbol{n}\, dS = \oint_s \boldsymbol{A} \cdot d\boldsymbol{s} \tag{3.67}$$

- 場の計算で頻出の $R = |\boldsymbol{x} - \boldsymbol{x}'|$ に関する公式

$$\nabla R = \frac{\boldsymbol{R}}{R} = \hat{\boldsymbol{R}} = -\nabla' R \tag{3.46}$$

$$\nabla \frac{1}{R} = -\frac{1}{R^2}\hat{\boldsymbol{R}} = -\nabla' \frac{1}{R} \tag{3.48}$$

- 他の公式は記憶していなくてもよいが，いつでも探し出せるようにしておくこと．

演習問題

1. デカルト座標 $\boldsymbol{x} = (x, y, z)$ を用いたとき，成分が $\boldsymbol{A}(\boldsymbol{x}) = (-y, x, 0)$ であるようなベクトル場について
   (a) $\nabla \cdot \boldsymbol{A}$ を求めよ．
   (b) $\nabla \times \boldsymbol{A}$ を求めよ．
   (c) ベクトル場 $\boldsymbol{A}(\boldsymbol{x})$ を xy 平面内でなんらかの方法で図示せよ．
2. 全微分が

$$df = yz\,dx + zx\,dy + xy\,dz$$

   であるようなスカラー場 $f = f(x, y, z)$ を求めよ．
3. 公式 (3.29) (3.31) を証明せよ．
4. $\nabla \times (f \nabla f) = 0$ を示せ．
5. 次の恒等式を示せ．

$$\nabla\left(\nabla^2 f\right) = \nabla^2(\nabla f)$$
$$\nabla \cdot (\nabla^2 \boldsymbol{A}) = \nabla^2(\nabla \cdot \boldsymbol{A})$$
$$\nabla \times (\nabla^2 \boldsymbol{A}) = \nabla^2(\nabla \times \boldsymbol{A})$$

6. 公式 (3.62) (3.63) を導出せよ．成分計算ではなく既出の公式を用いること．
7. 微分公式 (3.60) (3.63) の左辺を $\boldsymbol{R} = 0$ を含む任意の半径の球で体積分するとそれぞれ $4\pi\boldsymbol{a}/3$, $8\pi\boldsymbol{a}/3$ となることを示せ．また右辺を $\boldsymbol{R} = 0$ のみを避

けて有限の半径の球で積分すればゼロであることを示せ．式 (3.60) (3.63) の修正は第 4 章の 4.1.7 項で議論する．

8. 積分定理 (3.68) を導出せよ．
9. 恒等式 (3.74) (3.75) を導出せよ．
10. ベクトル場の全微分，すなわち位置 $\boldsymbol{x}$ を $\boldsymbol{x}+d\boldsymbol{x}$ にずらしたときの場の値の変化 $d\boldsymbol{A} = \boldsymbol{A}(\boldsymbol{x}+d\boldsymbol{x}) - \boldsymbol{A}(\boldsymbol{x})$ が $d\boldsymbol{A}(\boldsymbol{x}, d\boldsymbol{x}) = d\boldsymbol{x}\cdot\boldsymbol{\nabla A}(\boldsymbol{x})$ と書けるとしてベクトル場の勾配 $\boldsymbol{\nabla A}(\boldsymbol{x})$ を定義すると，そのデカルト座標表現は

$$\boldsymbol{\nabla A}(\boldsymbol{x}) \equiv \begin{pmatrix} \dfrac{\partial A_x}{\partial x} & \dfrac{\partial A_y}{\partial x} & \dfrac{\partial A_z}{\partial x} \\ \dfrac{\partial A_x}{\partial y} & \dfrac{\partial A_y}{\partial y} & \dfrac{\partial A_z}{\partial y} \\ \dfrac{\partial A_x}{\partial z} & \dfrac{\partial A_y}{\partial z} & \dfrac{\partial A_z}{\partial z} \end{pmatrix} \tag{3.81}$$

となることを示せ．

第4章

デルタ関数，ポアソン方程式，グリーンの定理

4.1 デルタ関数

4.1.1 1次元のデルタ関数

図 4.1 左 は面積 1 の正方形状の関数である．面積を 1 に保ったまま幅をどんどん狭くする極限をとると，図 4.1 右のような $x=0$ で無限の高さをもった関数になるであろう．このような関数を**ディラックのデルタ関数** (Dirac's delta function) と呼び，$\delta(x)$ で表す (P.A.M. Dirac 1902-1984)[*1]．ガウス関数 $e^{-x^2/2\sigma^2}$ のような山状の関数の幅をゼロにした極限と考えてもよく，物理的状況をイメージするときはその方が理解しやすいこともある．デルタ関数は

$$\delta(x) = 0 \quad (x \neq 0) \tag{4.1}$$

$$\int_{-\infty}^{\infty} \delta(x)\, dx = 1 \tag{4.2}$$

[*1] デルタ関数は量子力学の定式化にディラックが導入してからその名で知られるようになったが，少なくともその前から使われてはいたらしい．例えばヘヴィサイド (O. Heaviside 1850-1925) の著書 *"Electromagnetic Theory Vol.II"* (1899) [6] の p.55 には ··· *That is to say, $p1$ means a function of t which is wholly concentrated at the moment $t = 0$, of total amount* 1. *It is an impulsive function, so to speak.* ··· とあり，幅がゼロで面積が 1 という時間の関数としてのデルタ関数の概念がはっきりと述べられている．

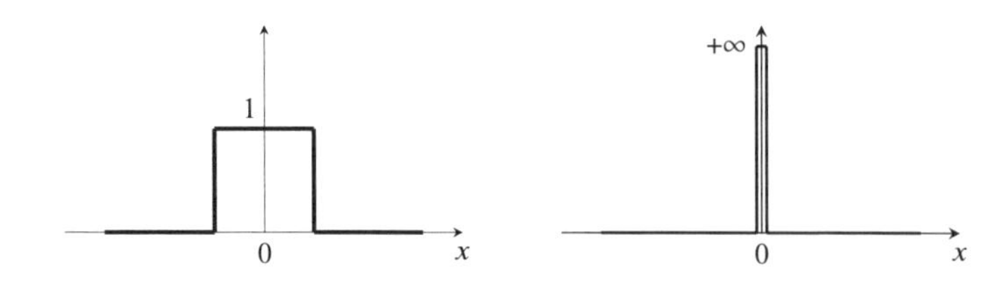

図 4.1 左：面積1の台状関数，右：デルタ関数 $\delta(x)$ のイメージ．幅が無限に狭く，$x=0$ で無限に高いピークをもち，しかし積分値は有限で $\int_{-\infty}^{\infty}\delta(x)\,dx=1$ であるような関数．

という性質をもつ[*2]．積分区間は $x=0$ を含んでさえいれば $(-\infty,+\infty)$ である必要はなく，任意の $\epsilon>0$ に対して $(-\epsilon,+\epsilon)$ の積分区間でよい．$x=0$ において $\delta(x)$ の値は無限大であるが，しかし積分値は有限にとどまるという「性質のよい無限大」である．例えば $1/|x|$ などは $x=0$ で発散する上に $x=0$ を含む区間での積分値も発散してしまうという「タチの悪い無限大」である．デルタ関数の積分値は，重要なのは1という値ではなく有限値ということである．

デルタ関数のピーク位置は $x=0$ には限定されない．$x=x_0$ にピークがあるデルタ関数は $\delta(x)$ を右に x_0 だけシフトしたものであるから $\delta(x-x_0)$ と書ける（図 4.2）．

次の式はデルタ関数の重要な性質である．$f(x)$ が無限遠 $x\to\pm\infty$ では $f(x)\to 0$ になるような関数[*3]のとき

$$\int_{-\infty}^{\infty}\delta(x-x_0)f(x)\,dx=f(x_0) \tag{4.3}$$

となる．ある関数 $f(x)$ があり，これにデルタ関数をかけたもの $\delta(x-x_0)f(x)$ を考えると，$\delta(x-x_0)$ がかかっているために $x\neq x_0$ では全ての x で $\delta(x-x_0)f(x)=0$

[*2] 実はデルタ関数は通常の意味での関数とは言えず，数学的には超関数 (distribution) というものに分類される．ただし物理や工学への応用ではこのあたりの立ち入ったことを気にする必要はほとんどなく，通常の関数と同じように扱ってさしつかえない．

[*3] この仮定は物理ではよく出てくるもので，虫のいいお願いではなくきわめて自然な要請である．例えば点電荷またはある領域に局在している電荷の作る静電ポテンシャルは $\propto 1/r$ であり，無限遠ではゼロである．

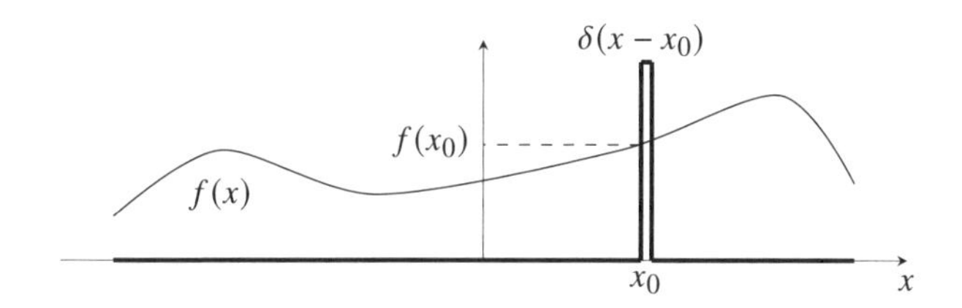

図 4.2　デルタ関数 $\delta(x-x_0)$ と関数 $f(x)$ の積の積分は $\int_{-\infty}^{\infty} f(x)\,\delta(x-x_0)\,dx = f(x_0)$ となる．

である．$x = x_0$ でのみゼロでない値をもちうるが，**積分するとデルタ関数のピーク位置** $x = x_0$ **での** f **の値が取り出される**（図 4.2）．物理で使うときは式 (4.3) をデルタ関数の性質ではなくむしろこちらを定義だと考えてもよい．$f(x)\,\delta(x-x_0)$ はいずれ積分されるが，このままでも「$f(x)$ に $x = x_0$ を代入する，$f(x)$ は必ず $x = x_0$ で評価する」と解釈してよい．またデルタ関数は図 4.1 からも推察されるように偶関数のように振る舞うので

$$\delta(-x) = \delta(x) \tag{4.4}$$

である．

デルタ関数の「次元」

x が長さの次元 [L] をもつとすれば，積分して $\int \delta(x)\,dx$ が式 (4.2) のように 1 という無次元量になるのならば $\delta(x)$ は [1/L] という次元をもっていなければならない．一般に次元 [X] をもつ変数 X についてのデルタ関数 $\delta(X)$ は [1/X] という次元をもつ．つまりデルタ関数は密度量の性質をもっている．

4.1.2　ステップ関数との関係

図 4.3 左のように

$$\theta(x) = \begin{cases} 0 & (x < 0) \\ 1 & (x \geq 0) \end{cases} \tag{4.5}$$

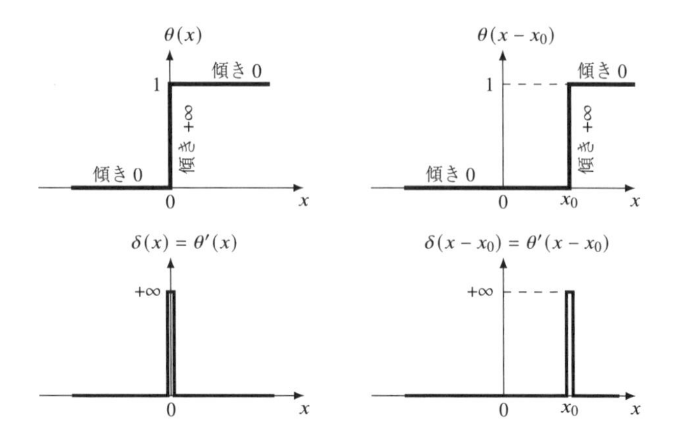

図 4.3　ステップ関数 $\theta(x)$（左）と $\theta(x-x_0)$（右）

であるような階段状の関数を**階段関数**や**ステップ関数**と呼ぶ．図 4.3 右はステップの発生している位置を $x=0$ から $x=x_0$ へずらしたもので，$\theta(x-x_0)$ や $\theta(x;x_0)$ と表す．ステップ関数 $\theta(x)$ は $x<0$ や $x>0$ の領域では一定なので傾きは $\theta'(x)=0$ であるが，$x=0$ においてのみステップ的変化をしているので傾きは無限大である．$x\neq 0$ ではゼロ，$x=0$ では無限大になるというのはデルタ関数の性質であり

$$\theta'(x) = \delta(x), \tag{4.6}$$

$$\theta'(x-x_0) = \delta(x-x_0) \tag{4.7}$$

と考えることができる[*4]．

ステップ関数とデルタ関数を結ぶ式 (4.6) (4.7) を使うと，式 (4.3) を形式的に

[*4]「ステップ関数の微分をデルタ関数とみなす」というのは数学的には注意がいるらしいのだが，実際にはうまくいく．

部分積分によって示すことができる．

$$\begin{aligned}\int_{-\infty}^{\infty} \delta(x-x_0) f(x)\,dx &= \int_{-\infty}^{\infty} \theta'(x-x_0) f(x)\,dx \\ &= [\theta(x-x_0) f(x)]_{-\infty}^{\infty} - \int_{-\infty}^{\infty} \theta(x-x_0) f'(x)\,dx \\ &= -\int_{x_0}^{\infty} f'(x)\,dx = -f(\infty) + f(x_0) = f(x_0)\end{aligned}$$

ここで $f(x)$ は $x \to \pm\infty$ ではゼロになる関数であるという仮定を用いた．

4.1.3 3次元のデルタ関数

2 次元のデルタ関数 $\delta^2(x, y)$ は，xy 平面内に無限小の底面積をもち，z 軸方向には無限大の高さであり，ただし体積は 1 であるような細くて高いビルを思い浮かべればよい．これは $\delta^2(x, y) = \delta(x)\delta(y)$ で表される．ビルの位置を原点 (0, 0) でなく (x', y') とするならば $\delta^2(x, y; x', y') = \delta(x-x')\delta(y-y')$ である．

これを 3 次元に拡張したデルタ関数のデカルト座標での表現は

$$\delta^3(\boldsymbol{x}-\boldsymbol{x}') = \delta(x-x')\,\delta(y-y')\,\delta(z-z') \tag{4.8}$$

である．もはやビルの高さのようなもので想像することはできないが，3 次元デルタ関数は $\boldsymbol{x} \neq \boldsymbol{x}'$ ではいたるところでゼロであり，空間内でただ 1 点 $\boldsymbol{x} = \boldsymbol{x}'$ でのみ密度が無限大に発散しているが，しかし $\boldsymbol{x}'$ を含む領域で体積分すると 1 になるようなものである．

$$\int_V \delta^3(\boldsymbol{x}-\boldsymbol{x}')\,dV = 1 \tag{4.9}$$

上のことから，3 変数デルタ関数 $\delta^3(\boldsymbol{x})$ は $\boldsymbol{x}$ に長さの次元をもたせるならば [1/長さ^3] の次元をもつ．偶関数的振る舞いも変わらず

$$\delta^3(\boldsymbol{x}-\boldsymbol{x}') = \delta^3(\boldsymbol{x}'-\boldsymbol{x}) \tag{4.10}$$

である．また関数 $f(\boldsymbol{x})$ との積によって

$$\int_V f(\boldsymbol{x})\delta^3(\boldsymbol{x}-\boldsymbol{x}')\,dV = f(\boldsymbol{x}') \tag{4.11}$$

のようにピーク位置 $\boldsymbol{x} = \boldsymbol{x}'$ における関数値 $f(\boldsymbol{x}')$ を取り出すことができる．これはスカラー関数に限らずベクトル関数に対しても同様である．$\boldsymbol{x} \leftrightarrow \boldsymbol{x}'$ の入れ替えを行ったバージョンを作ると

$$\int_{V'} f(\boldsymbol{x}')\delta^3(\boldsymbol{x} - \boldsymbol{x}')\,dV' = f(\boldsymbol{x}) \tag{4.12}$$

である．

密度量としてのデルタ関数

ある体積 V に電荷 Q が分布しているとき，平均の電荷密度は Q/V である．もし電荷が点とみなしてもよいほど小さいならば，V が小さいので電荷密度はどんどん大きくなる．そして本当に点であるならば，$V \to 0$ であるから Q/V は無限大になってしまう．点電荷 Q がある位置 $\boldsymbol{x}'$ に置かれているとは，位置 $\boldsymbol{x} \neq \boldsymbol{x}'$ では電荷がないので電荷密度 $\rho(\boldsymbol{x})$ はゼロであり，$\boldsymbol{x} = \boldsymbol{x}'$ では発散してしまっているが，そこにある電荷量はあくまでも有限の値 Q であり，つまり $\int_V \rho(\boldsymbol{x};\boldsymbol{x}')\,dV = Q$ である．これはまさにデルタ関数であり，位置 $\boldsymbol{x}'$ に点電荷 Q があるとき，空間の電荷の体積密度 $\rho(\boldsymbol{x};\boldsymbol{x}')$ は式 (4.8) の 3 次元のデルタ関数を用いて

$$\rho(\boldsymbol{x};\boldsymbol{x}') = Q\delta^3(\boldsymbol{x} - \boldsymbol{x}') \tag{4.13}$$

と表すことができる．式 (4.13) は「真空中で点 $\boldsymbol{x} = \boldsymbol{x}'$ に点電荷 Q がある，それ以外の場所には何もない」と言っている．

4.1.4 スケーリング

ゼロでない定数 a があってデルタ関数が $\delta(ax)$ という形をもつ場合を考えると，$a > 0$ であれば $\delta(ax) = \delta(|a|x)$ であり，$t = |a|x$ とおけば

$$\int_x \delta(|a|x)\,dx = \frac{1}{|a|}\int_t \delta(t)\,dt = \frac{1}{|a|}.$$

$a < 0$ の場合も，デルタ関数は式 (4.4) のように偶関数的で $\delta(ax) = \delta(-|a|x)$ であるから同じく $t = |a|x$ とおけば

$$\int_x \delta(-|a|x)\,dx = \int_x \delta(|a|x)\,dx = \frac{1}{|a|}\int_t \delta(t)\,dt = \frac{1}{|a|}$$

であるから結局同じことになり

$$\delta(ax) = \frac{1}{|a|}\delta(x) \tag{4.14}$$

である. $x \to ax$ とすることで横軸の「目の粗さ」を a 倍にすると積分値は $1/|a|$ 倍される. 次元の考え方はここでも有用である. a の次元を $[A]$ とすれば, デルタ関数 $\delta(ax)$ は $[1/AX]$ という次元をもつから, $\delta(ax)$ を $[1/X]$ という次元である $\delta(x)$ との積で表すならば a は分母に入るしかない.

4.1.5 中身が複雑なデルタ関数

デルタ関数の中身が例えば $\delta(ax^2+bx+c)$ のように複雑な形をしている場合は, その中身を $g(x)$ とおいて $\delta(g(x))$ と書くことにしよう. これは代数方程式 $g(x)=0$ となる x でピークをもつデルタ関数で, もし $g(x)=0$ が解をもたないならば全ての x に対して $\delta(g(x))=0$ である. まず $g(x)=0$ の解が 1 つだけ存在する場合を考え, これを $x=x_0$ とする. $\delta(g(x))$ は $g(x)=0$ が実現される $x=x_0$ にピークをもつデルタ関数であるから, $\delta(x-x_0)$ の定数倍で

$$\delta(g(x)) = A\delta(x-x_0)$$

のはずである. 両辺を x で積分すれば右辺は A なので

$$\int_x \delta(g(x))\,dx = A$$

であり, 左辺で $g(x)=t, g'(x)\,dx=dt$ として積分を計算すると, $t=0$ となるのは $x=x_0$ のときであるから

$$A = \int_x \delta(g(x))\,dx = \int_t \delta(t)\frac{1}{g'(x)}\,dt = \frac{1}{g'(x_0)}$$

となる. 実際には偶関数性 $\delta(-g(x))=\delta(g(x))$ より絶対値記号が必要で

$$\delta(g(x)) = \frac{1}{|g'(x_0)|}\delta(x-x_0) \tag{4.15}$$

となる. デルタ関数のスケーリング (4.14) はデルタ関数の中身が 1 次関数 $g(x)=ax$ であるケースに相当する. この性質は本書では 9.2 節で用いられる.

$g(x)$ が何度もゼロを横切るのであれば，そのたびにデルタ関数のピークが生まれるので，$g(x) = 0$ の i 番目の解を x_i として

$$\delta(g(x)) = \sum_i \frac{1}{|g'(x_i)|}\delta(x - x_i) \tag{4.16}$$

となる．

3次元への拡張

3次元のデルタ関数の引数が複雑な形をしているとき，その中身を $\boldsymbol{X}(\boldsymbol{x})$ とおいて $\delta^3(\boldsymbol{X}(\boldsymbol{x}))$ と書こう．代数方程式 $\boldsymbol{X}(\boldsymbol{x}) = 0$ の解を $\boldsymbol{x}_0$ とすると，$\delta^3(\boldsymbol{X}(\boldsymbol{x}))$ は $\boldsymbol{x} = \boldsymbol{x}_0$ でピークをもつから $\delta^3(\boldsymbol{X}(\boldsymbol{x})) = A\delta^3(\boldsymbol{x} - \boldsymbol{x}_0)$ という形をもつはずである．ただしこれは $dV = d^3\boldsymbol{x} = dx\,dy\,dz$ で積分して1になるのではなく

$$\int_x \delta^3(\boldsymbol{X}(\boldsymbol{x}))\,d^3\boldsymbol{x} = A, \quad \int_X \delta^3(\boldsymbol{X}(\boldsymbol{x}))\,d^3\boldsymbol{X} = 1$$

というデルタ関数である．ところで変数を $\boldsymbol{x} \to \boldsymbol{X}(\boldsymbol{x})$ と変換したとき，式(2.17)より体積要素 $d^3\boldsymbol{x}$ と $d^3\boldsymbol{X}$ との間の関係はヤコビアン $\mathcal{J}$ を用いて

$$d^3\boldsymbol{x} = \frac{1}{\mathcal{J}}d^3\boldsymbol{X}$$

$$\mathcal{J} \equiv \frac{\partial(X_x, X_y, X_z)}{\partial(x, y, z)} = \begin{vmatrix} \dfrac{\partial X_x}{\partial x} & \dfrac{\partial X_x}{\partial y} & \dfrac{\partial X_x}{\partial z} \\ \dfrac{\partial X_y}{\partial x} & \dfrac{\partial X_y}{\partial y} & \dfrac{\partial X_y}{\partial z} \\ \dfrac{\partial X_z}{\partial x} & \dfrac{\partial X_z}{\partial y} & \dfrac{\partial X_z}{\partial z} \end{vmatrix} \tag{4.17}$$

であるから $A = 1/\mathcal{J}$ であり

$$\delta^3(\boldsymbol{X}(\boldsymbol{x})) = \frac{1}{|\mathcal{J}|}\delta^3(\boldsymbol{x} - \boldsymbol{x}_0) \tag{4.18}$$

となる．絶対値記号が必要なのはやはり偶関数性による．ヤコビアンは変数変換による体積要素の変化率を与えるので，これさえ考慮すれば複雑なデルタ関数 $\delta^3(\boldsymbol{X}(\boldsymbol{x}))$ も単純な $\delta^3(\boldsymbol{x} - \boldsymbol{x}_0)$ のスカラー倍に変換できる．本書で式(4.18)は9.2節の運動する点電荷の作るポテンシャル（リエナール-ヴィーヘルトポテンシャル）の計算で使われる．

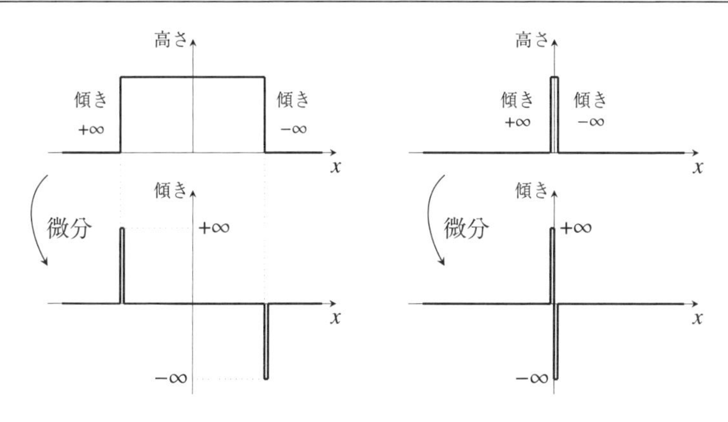

図 4.4 台状関数の微分（左）とデルタ関数の「微分」のイメージ

4.1.6 デルタ関数の微分

デルタ関数を扱うときは，デルタ関数そのものを単独でさわるのではなく，何か別の関数との積を積分したもので考えるのがコツである．デルタ関数の微分 $\delta'(x-x_0)$ が定義できたとしよう．これと関数 $f(x)$ との積を $[-\infty,+\infty]$ で積分すると，部分積分により

$$\begin{aligned}\int_{-\infty}^{+\infty} f(x)\delta'(x-x_0)\,dx &= [f(x)\delta(x-x_0)]_{-\infty}^{\infty} - \int_{-\infty}^{+\infty} f'(x)\delta(x-x_0)\,dx \\ &= -f'(x_0)\end{aligned} \tag{4.19}$$

となる．ここでいつものように $x\to\pm\infty$ で $f(x)\to 0$ を仮定した．このようにデルタ関数の微分 $\delta'(x-x_0)$ はピーク位置 $x=x_0$ における関数の微分係数 $f'(x_0)$ を取り出す機能をもつ（符号に注意）．中身が複雑なデルタ関数の微分 $\delta'(g(x))$ は演習問題としよう．

一般に偶関数の微分は奇関数であり，奇関数の微分は偶関数である[*5]．したがってデルタ関数が $\delta(-x)=\delta(x)$ と偶関数のように振る舞うのに対し，デルタ

[*5] 偶関数は偶数次 x^{2n} のべきだけで展開でき，奇関数は奇数次 x^{2n+1} のべきだけで展開できる．これを微分すれば偶関数性・奇関数性は入れ換わる．

関数の微分は奇関数のように振る舞う．すなわち

$$\int_{-\infty}^{+\infty} f(-x)\delta'(x-x_0)\,dx = -\int_{-\infty}^{+\infty} f'(-x)(-1)\delta(x-x_0)\,dx = f'(-x_0)$$

のように符号が反転する．奇関数性は図 4.4 右からイメージできるだろう．台状関数は立ち上がりと立ち下がり部では傾きが $\pm\infty$ でそれ以外の部分の傾きは 0 であるから，台状関数の微分は立ち上がりと立ち下がりの部分に正と負のデルタ関数が立ち，それ以外ではゼロである．デルタ関数は台状関数の幅をゼロにしたものと考えることができるので，デルタ関数の微分は正負のデルタ関数が隣接して立ち並んだようなものになる．

3 次元への拡張

式 (4.19) を 3 次元に拡張した $\int_V f(\boldsymbol{x})\nabla\delta^3(\boldsymbol{x}-\boldsymbol{x}_0)\,dV$ がどうなるかを考えよう．まず $\nabla(f(\boldsymbol{x})\delta^3(\boldsymbol{x}-\boldsymbol{x}_0))$ という量を考えると

$$\nabla\Big(f(\boldsymbol{x})\delta^3(\boldsymbol{x}-\boldsymbol{x}_0)\Big) = \nabla f(\boldsymbol{x})\delta^3(\boldsymbol{x}-\boldsymbol{x}_0) + f(\boldsymbol{x})\nabla\delta^3(\boldsymbol{x}-\boldsymbol{x}_0)$$

である．両辺を体積分すると，左辺はガウスの定理によって面積分になおすことができ，$f(\boldsymbol{x})\delta^3(\boldsymbol{x}-\boldsymbol{x}_0)$ はあっという間にゼロになる関数であるからその表面積分はゼロであり

$$\int_V f(\boldsymbol{x})\nabla\delta^3(\boldsymbol{x}-\boldsymbol{x}_0)\,dV = -\int_V \nabla f(\boldsymbol{x})\delta^3(\boldsymbol{x}-\boldsymbol{x}_0)\,dV = -\nabla f(\boldsymbol{x}_0) \tag{4.20}$$

が得られる．式 (4.20) は第 6 章などで使われる．

$\nabla\delta^3(\boldsymbol{x}-\boldsymbol{x}_0)$ の向き

デルタ関数 $\delta^3(\boldsymbol{x}-\boldsymbol{x}_0)$ は $\boldsymbol{x} \neq \boldsymbol{x}_0$ では常にゼロであるから，その勾配 $\nabla\delta^3(\boldsymbol{x}-\boldsymbol{x}_0)$ も $\boldsymbol{x} = \boldsymbol{x}_0$ を除けば全てゼロベクトルである．ただしこれによって記述される物理的状況を考えるときは感覚的な $\nabla\delta^3(\boldsymbol{x}-\boldsymbol{x}_0)$ の向きを考えることは可能で，それにはデルタ関数に幅ゼロから少し幅をもたせて $\boldsymbol{x}_0$ にピークをもつ山をその麓(ふもと) $\boldsymbol{x}$ から眺めているところを想像すればよい．一般に関数 $f(\boldsymbol{x})$ の勾配 ∇f は f が大きくなろうとする向きであるから，$\nabla\delta^3(\boldsymbol{x}-\boldsymbol{x}_0)$ の向きも感覚的には麓から頂を望む $\boldsymbol{x} \to \boldsymbol{x}_0$ という視線の向きだと思ってよい．

デルタ関数の 1 次近似

デルタ関数の微分を使えばデルタ関数の 1 次近似式も定義できる．ピーク位置（密度無限大の位置）が $\boldsymbol{x}_0$ からわずかに外れた $\boldsymbol{x}_0 + d\boldsymbol{x}$ であるようなデルタ関数 $\delta^3(\boldsymbol{x} - (\boldsymbol{x}_0 + d\boldsymbol{x}))$ に 1 次近似を適用すると

$$\begin{aligned}\delta^3(\boldsymbol{x} - (\boldsymbol{x}_0 + d\boldsymbol{x})) &= \delta^3((\boldsymbol{x} - \boldsymbol{x}_0) - d\boldsymbol{x}) \\ &= \delta^3(\boldsymbol{x} - \boldsymbol{x}_0) + \boldsymbol{\nabla}\delta^3(\boldsymbol{x} - \boldsymbol{x}_0) \cdot (-d\boldsymbol{x}) \qquad (4.21)\end{aligned}$$

が得られる．位置 $\boldsymbol{x} = \boldsymbol{x}_0$ に点電荷 q が置かれているときの電荷密度関数は $\rho(\boldsymbol{x}; \boldsymbol{x}_0) = q\delta^3(\boldsymbol{x} - \boldsymbol{x}_0)$ であるが，ここから少しだけずれた $\boldsymbol{x}_0 + d\boldsymbol{x}$ に置かれているときの電荷密度関数は

$$\begin{aligned}\rho(\boldsymbol{x}; \boldsymbol{x}_0 + d\boldsymbol{x}) = q\delta^3(\boldsymbol{x} - (\boldsymbol{x}_0 + d\boldsymbol{x})) &= q\delta^3((\boldsymbol{x} - \boldsymbol{x}_0) - d\boldsymbol{x}) \\ &= q\delta^3(\boldsymbol{x} - \boldsymbol{x}_0) - q\boldsymbol{\nabla}\delta^3(\boldsymbol{x} - \boldsymbol{x}_0) \cdot d\boldsymbol{x} \qquad (4.22)\end{aligned}$$

で与えられる．

4.1.7 デルタ関数と場の特異点

$\nabla^2 \dfrac{1}{|\boldsymbol{x}|} = -4\pi\delta^3(\boldsymbol{x})$ は今後何度も出会うことになる重要な恒等式である．まず $\boldsymbol{x} \neq 0$ の場合は式 (3.40) の $\boldsymbol{\nabla}(1/r) = -\boldsymbol{x}/r^3$ および積に対する発散の公式 (3.28) を使って

$$\begin{aligned}\nabla^2 \frac{1}{|\boldsymbol{x}|} &= \boldsymbol{\nabla} \cdot \left(\boldsymbol{\nabla}\frac{1}{r}\right) = -\boldsymbol{\nabla} \cdot \left(\frac{\boldsymbol{x}}{r^3}\right) = -\frac{1}{r^3}\boldsymbol{\nabla} \cdot \boldsymbol{x} - \boldsymbol{x} \cdot \boldsymbol{\nabla}\frac{1}{r^3} \\ &= -\frac{3}{r^3} - \boldsymbol{x} \cdot \left(\frac{-3}{r^4}\boldsymbol{\nabla} r\right) = -\frac{3}{r^3} + \frac{3}{r^4}\boldsymbol{x} \cdot \frac{\boldsymbol{x}}{r} = -\frac{3}{r^3} + \frac{3}{r^4}\frac{r^2}{r} = 0\end{aligned}$$

である．$\boldsymbol{x} = 0$ では発散しているが，$\boldsymbol{x} = 0$ を中心とする球で体積分してみると解決が見える．ガウスの定理 (3.64) を使って体積分を面積分に変換し，球面の法線ベクトルが $\boldsymbol{n} = \boldsymbol{x}/|\boldsymbol{x}| = \boldsymbol{x}/r$ であることを使えば式 (3.40) も使って

$$\begin{aligned}\int_V \nabla^2 \frac{1}{r}\, dV &= \int_V \boldsymbol{\nabla} \cdot \left(\boldsymbol{\nabla}\frac{1}{r}\right) dV = \int_S \boldsymbol{\nabla}\frac{1}{r} \cdot \boldsymbol{n}\, dS = -\int_S \frac{\boldsymbol{x}}{r^3} \cdot \frac{\boldsymbol{x}}{r}\, dS \\ &= -\int_S \frac{r^2}{r^4}\, dS = -\frac{1}{r^2} \cdot 4\pi r^2 = -4\pi\end{aligned}$$

となる．$\boldsymbol{x} \neq 0$ ではいたるところゼロ，$\boldsymbol{x} = 0$ では無限大，しかし積分値は有限で -4π になる関数といえば $-4\pi\delta^3(\boldsymbol{x})$ であるから $\nabla^2(1/|\boldsymbol{x}|)$ の正体は

$$\nabla^2 \frac{1}{|\boldsymbol{x}|} = -4\pi\delta^3(\boldsymbol{x}) \tag{4.23}$$

である．原点を $\boldsymbol{x}'$ へずらせば $\boldsymbol{R} = \boldsymbol{x} - \boldsymbol{x}'$, $R = |\boldsymbol{R}| = |\boldsymbol{x} - \boldsymbol{x}'|$ を使って

$$\nabla^2 \frac{1}{R} = -4\pi\delta^3(\boldsymbol{R}) \tag{4.24}$$

となる．式 (4.24) は，係数 -4π は忘れてしまってもよいので $\nabla^2(1/R)$ とデルタ関数が関連付けられることは記憶しよう．3 次元デルタ関数の次元 [1/ 長さ^3] が覚え方のヒントになる．

この恒等式は，物理的には点電荷によるポテンシャルが $\phi \propto 1/r$ であることを表す．電場は $\boldsymbol{E} = -\boldsymbol{\nabla}\phi \propto \boldsymbol{\nabla}(1/r)$ であり，さらにその発散をとれば電荷のないところではゼロ，電荷のあるところでは「点電荷の電荷密度」なので無限大，よって 3 次元のデルタ関数が出てくる（6.2 節）．

公式 (3.60) (3.63) の修正 *

前章 3.7.2 項で導いた微分公式

$$\boldsymbol{\nabla} \frac{\boldsymbol{a} \cdot \hat{\boldsymbol{R}}}{R^2} = -\frac{3(\boldsymbol{a} \cdot \hat{\boldsymbol{R}})\hat{\boldsymbol{R}} - \boldsymbol{a}}{R^3} \tag{3.60}$$

を $\boldsymbol{R} = 0$ も含むように拡張しよう．第 3 章演習問題 7 で示したように，式 (3.60) の左辺を $\boldsymbol{R} = 0$ を含む任意の半径の球で体積分すると $4\pi\boldsymbol{a}/3$ であり，右辺は $\boldsymbol{R} = 0$ だけを避けて球で積分したもの（原点を中心とするある半径の球から，中心を含む半径 ϵ の微小球をくり抜いて積分したもの）はゼロである．したがって右辺に $4\pi\boldsymbol{a}\delta^3(\boldsymbol{R})/3$ を追加して

$$\boldsymbol{\nabla} \frac{\boldsymbol{a} \cdot \hat{\boldsymbol{R}}}{R^2} = -\frac{3(\boldsymbol{a} \cdot \hat{\boldsymbol{R}})\hat{\boldsymbol{R}} - \boldsymbol{a}}{R^3} + \frac{4\pi}{3}\boldsymbol{a}\delta^3(\boldsymbol{R}) \tag{3.60'}$$

とすれば，$\boldsymbol{R} \neq 0$ で有効な右辺第 1，2 項で表される場にはなんら影響を及ぼさずに $\boldsymbol{R} = 0$ における特異性を入れて積分値も再現できるようになる[*6]．式

[*6] 公式 (3.61) の拡張は，やや難しいが

$$\boldsymbol{\nabla} \cdot \left(\boldsymbol{\nabla} \frac{\boldsymbol{a} \cdot \hat{\boldsymbol{R}}}{R^2} \right) = -\frac{8\pi}{3}\boldsymbol{a} \cdot \boldsymbol{\nabla}\delta^3(\boldsymbol{R}) \tag{3.61'}$$

(3.60') は 6.3.3 項における電気双極子の作る電場を記述する．

同様に公式 (3.63) の左辺の積分は $8\pi\boldsymbol{a}/3$ であるので，その修正は

$$\nabla \times \frac{\boldsymbol{a} \times \hat{\boldsymbol{R}}}{R^2} = \frac{3(\boldsymbol{a} \cdot \hat{\boldsymbol{R}})\hat{\boldsymbol{R}} - \boldsymbol{a}}{R^3} + \frac{8\pi}{3}\boldsymbol{a}\delta^3(\boldsymbol{R}) \tag{3.63'}$$

となる．式 (3.63') は 6.7.3 項における微小ループ電流の作る磁場の計算に使われる．

4.2　ポアソン方程式

物理学の各所で登場する**ポアソン方程式** (Poisson's equation)

$$\nabla^2 f(\boldsymbol{x}) = -h(\boldsymbol{x}) \tag{4.25}$$

の解法を示す (S.D. Poisson 1781-1840)．電磁気学で登場するのは与えられた電荷の作るスカラーポテンシャル，および与えられた電流の作るベクトルポテンシャルに対してであり，左辺が求めようとするポテンシャルの微分，右辺がポテンシャルの源（ソース）となる電荷や電流に相当する．その解 $f(\boldsymbol{x})$ は遠方ではすみやかにゼロに近づく関数となることを前提とする．

3.9 節の最後に与えた恒等式

$$\int_{V'} \nabla^2 \frac{f(\boldsymbol{x}')}{R} dV' = \int_{V'} \frac{\nabla'^2 f(\boldsymbol{x}')}{R} dV' \tag{3.79}$$

から出発しよう．左辺の微分と積分を計算すると，$\boldsymbol{x}$ による微分である ∇^2 は $f(\boldsymbol{x}')$ には作用せず，$\nabla^2(1/R)$ は式 (4.24) よりデルタ関数となり，式 (4.12) も使えば

$$\begin{aligned}\int_{V'} \nabla^2 \frac{f(\boldsymbol{x}')}{R} dV' &= \int_{V'} f(\boldsymbol{x}')\nabla^2 \frac{1}{R} dV' = -4\pi \int_{V'} f(\boldsymbol{x}')\delta^3(\boldsymbol{x}' - \boldsymbol{x}) \, dV' \\ &= -4\pi f(\boldsymbol{x})\end{aligned}$$

である [17].

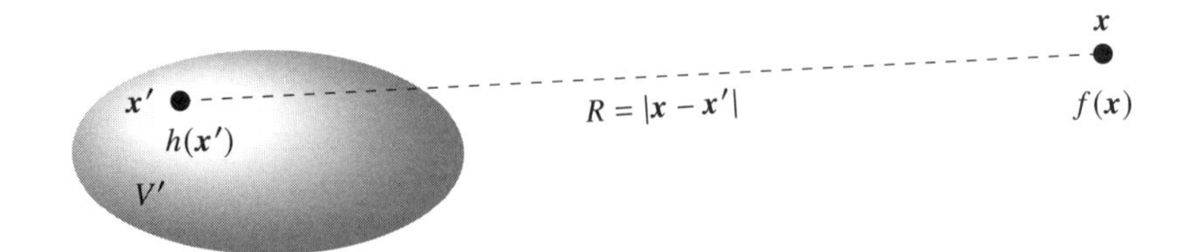

図 4.5　領域 V' にわたる積分：観測者は位置 $\boldsymbol{x}$ にいて遠くから領域 V' を眺めている．場の源は領域 V' にのみ存在しており，その中の各点 $\boldsymbol{x}'$ が観測者の位置 $\boldsymbol{x}$ へ及ぼす影響を全て足し上げる．

である．したがって遠方ではすみやかにゼロに近づく関数 $f(\boldsymbol{x})$ に対する恒等式 (3.79) は

$$f(\boldsymbol{x}) = -\frac{1}{4\pi}\int_{V'} \frac{\nabla'^2 f(\boldsymbol{x}')}{R}\, dV' \tag{4.26}$$

と同値である*7．場を求めようとしている位置 $\boldsymbol{x}$ は右辺の $R = |\boldsymbol{x} - \boldsymbol{x}'|$ の中にいる．これを使えば無限遠でゼロになるポアソン方程式 (4.25) の解は $\nabla'^2 f(\boldsymbol{x}') = -h(\boldsymbol{x}')$ からただちに

$$f(\boldsymbol{x}) = \frac{1}{4\pi}\int_{V'} \frac{h(\boldsymbol{x}')}{R}\, dV' \tag{4.27}$$

となる*8．

領域 V' にわたる積分とは図 4.5 のようなもので，領域 V' 内の点 $\boldsymbol{x}'$ における h の値 $h(\boldsymbol{x}')$ の位置 $\boldsymbol{x}$ への影響を V' 全体にわたって足し合わせるということである．左辺が観測者の位置 $\boldsymbol{x}$ における場を表す関数，右辺が場の源となる量 $h(\boldsymbol{x}')$ の領域 V' にわたる積分という式は繰り返し出てくるので，そのたびに図 4.5 をイメージしよう．

---

*7 右辺は f を長さで 2 回微分して長さ R で割り，最後に体積分しているから次元は元に戻る．常にこのような確認を怠らなければ間違いも減る．

*8 ポアソン方程式 (4.25) を見れば h が $[\mathrm{f\,L^{-2}}]$ という次元の量であることはあきらかである．したがって h を長さ R で割って体積分したものは f と同じ次元をもつ．

グリーンの恒等式

2つのスカラー関数 $f(\boldsymbol{x}), g(\boldsymbol{x})$ からベクトル関数 $f(\boldsymbol{x})\boldsymbol{\nabla} g(\boldsymbol{x})$ を作ったとする．この関数の発散 $\boldsymbol{\nabla}\cdot(f\boldsymbol{\nabla} g)$ に対して発散定理 (3.64) を適用すると，微分公式 (3.28) より $\boldsymbol{\nabla}\cdot(f\boldsymbol{\nabla} g) = \boldsymbol{\nabla} f\cdot\boldsymbol{\nabla} g + f\nabla^2 g$ であるから

$$\int_V \left(\boldsymbol{\nabla} f\cdot\boldsymbol{\nabla} g + f\nabla^2 g\right) dV = \int_S f\boldsymbol{\nabla} g\cdot\boldsymbol{n}\, dS \tag{4.28}$$

が得られる．これを**グリーンの第1恒等式** (Green's first identity) と呼ぶ．また同じ f, g から別のベクトル関数 $g\boldsymbol{\nabla} f$ の発散 $\boldsymbol{\nabla}\cdot(g\boldsymbol{\nabla} f)$ を作って発散定理を適用し，式どうしの引き算をすると $\boldsymbol{\nabla} f\cdot\boldsymbol{\nabla} g$ の項が消えて

$$\int_V \left(f\nabla^2 g - g\nabla^2 f\right) dV = \int_S (f\boldsymbol{\nabla} g - g\boldsymbol{\nabla} f)\cdot\boldsymbol{n}\, dS \tag{4.29}$$

が得られる．これを**グリーンの第2恒等式** (Green's second identity) と呼ぶ．さらに式 (4.29) で $g = 1/R$ とおけば左辺は式 (4.24) より

$$\begin{aligned}\int_V \left(f\nabla^2\frac{1}{R} - \frac{\nabla^2 f}{R}\right) dV &= \int_V \left(-4\pi f(\boldsymbol{x})\delta^3(\boldsymbol{R}) - \frac{\nabla^2 f}{R}\right) dV \\ &= -4\pi f(\boldsymbol{x}') - \int_V \frac{\nabla^2 f}{R}\, dV\end{aligned}$$

となるので

$$f(\boldsymbol{x}') = -\frac{1}{4\pi}\int_V \frac{\nabla^2 f(\boldsymbol{x})}{R}\, dV + \frac{1}{4\pi}\int_S \left(\frac{\boldsymbol{\nabla} f(\boldsymbol{x})}{R} - f(\boldsymbol{x})\boldsymbol{\nabla}\frac{1}{R}\right)\cdot\boldsymbol{n}\, dS \tag{4.30}$$

が得られる．これを**グリーンの第3恒等式** (Green's third identity) と呼ぶ．f が $1/R$ またはそれよりも早くゼロに近づく関数であれば右辺第2項の面積分はゼロであり

$$f(\boldsymbol{x}') = -\frac{1}{4\pi}\int_V \frac{\nabla^2 f(\boldsymbol{x})}{R}\, dV \tag{4.31}$$

が得られ，$\boldsymbol{x} \leftrightarrow \boldsymbol{x}'$ と入れ換えれば式 (4.26) に一致する．

ラプラス方程式とリウヴィルの定理

ポアソン方程式において右辺をゼロとした斉次微分方程式

$$\nabla^2 g(\boldsymbol{x}) = 0 \tag{4.32}$$

を**ラプラス方程式** (Laplace equation) と呼ぶ．微分方程式の一般論として，その一般解は指定された右辺について解いた特解と，右辺をゼロとして解いた斉次方程式の解との和で表されるから，ポアソン方程式の特解である式 (4.27) にはラプラス方程式の解 g を付け加えることができる．ただし f は無限遠でゼロという条件のもとでは，f に付け加えることのできる自由度はないことが示される．

関数 $g(\boldsymbol{x})$ がラプラス方程式 $\nabla^2 g(\boldsymbol{x}) = 0$ の解であり，かつ $1/r$ またはそれよりも早くゼロに近づくか有界であるような関数としよう．グリーンの恒等式 (4.28) において $f = g$ とすれば

$$\int_V (\boldsymbol{\nabla} g)^2 \, dV = \int_S g \boldsymbol{\nabla} g \cdot \boldsymbol{n} \, dS$$

十分に大きな領域 V の表面 S で積分すれば，右辺の $g\boldsymbol{\nabla} g$ は $1/r^3$ またはそれよりも早くゼロに近づく関数の表面積分なのでゼロ，よって左辺もゼロ，すなわち $\boldsymbol{\nabla} g(\boldsymbol{x}) = 0$ とわかる．そして大域的に $\boldsymbol{\nabla} g(\boldsymbol{x}) = 0$ であるような関数は大域的な定数しかないため（第5章の演習問題1）$g(\boldsymbol{x})$ は定数関数である．これを**リウヴィルの定理**と呼ぶ (Liouville's theorem, J. Liouville 1809-1882)*9．特に無限遠でゼロであるラプラス方程式の解は $g(\boldsymbol{x}) = 0$ に限られる．よって無限遠でゼロであるようなポアソン方程式の解に付け加えることができるのは定数，それもゼロしかなく，式 (4.27) は唯一解である．

調和関数

ラプラス方程式 $\nabla^2 g(\boldsymbol{x}) = 0$ の解である関数 $g(\boldsymbol{x})$ を一般に**調和関数** (harmonic function) と呼ぶ．2次元における $f(x, y) = x^3 - 3xy^2$ や $f(x, y) = e^{-x}(x \sin y -$

*9 同名異義の定理が他にも複数ある．

$y\cos y$), 3 次元における $f(r) = r$ などは調和関数の例であるが，いずれも $r \to \infty$ で有界ではない．無限遠で有界な調和関数は定数関数に限るというのがリウヴィルの定理であり，特に無限遠でゼロであるような調和関数は大域的な $g(\boldsymbol{x}) = 0$ しかない．

ベクトル場に対するポアソン方程式の解

ポアソン方程式

$$\nabla^2 \boldsymbol{F}(\boldsymbol{x}) = -\boldsymbol{h}(\boldsymbol{x}) \tag{4.33}$$

の解を得るには公式

$$\int_{V'} \nabla^2 \frac{\boldsymbol{F}(\boldsymbol{x}')}{R}\, dV' = \int_{V'} \frac{\nabla'^2 \boldsymbol{F}(\boldsymbol{x}')}{R}\, dV' \tag{3.80}$$

からスタートすればよい．デルタ関数の知識があれば左辺は $-4\pi\boldsymbol{F}(\boldsymbol{x})$ とわかるので式 (3.80) は

$$\boldsymbol{F}(\boldsymbol{x}) = -\frac{1}{4\pi}\int_{V'} \frac{\nabla'^2 \boldsymbol{F}(\boldsymbol{x}')}{R}\, dV' \tag{4.34}$$

と同値であり，式 (4.33) の解は式 (4.27) と全く同じ形で

$$\boldsymbol{F}(\boldsymbol{x}) = \frac{1}{4\pi}\int_{V'} \frac{\boldsymbol{h}(\boldsymbol{x}')}{R}\, dV' \tag{4.35}$$

となる．無限遠でゼロとなるベクトル場に対して式 (4.35) は唯一解である．

4.3　グリーンの定理

我々はデルタ関数における公式 (4.24) を既に知っている．これは一種のポアソン方程式であり，右辺がデルタ関数であるポアソン方程式 $\nabla^2\phi(\boldsymbol{R}) = -\delta^3(\boldsymbol{R})$ の解は $1/4\pi R$ であると主張している．そして右辺が $-h(\boldsymbol{x})$ であるポアソン方程式の解は式 (4.27) である．このことを形式的にとらえると，ポアソン方程式 $\nabla^2 f(\boldsymbol{x}) = -h(\boldsymbol{x})$ を解く処方箋は，

1. まず右辺の $-h(\boldsymbol{x})$ をデルタ関数 $-\delta^3(\boldsymbol{R})$ で置き換えた方程式

$$\nabla^2 G(\boldsymbol{R}) = -\delta^3(\boldsymbol{R}) \tag{4.36}$$

の解をなんとかして得ておく．この場合は $G(\boldsymbol{R}) = 1/4\pi R$ である．

2. 求めたいポアソン方程式 $\nabla^2 f(\boldsymbol{x}) = -h(\boldsymbol{x})$ の解は，既に知っている右辺がデルタ関数の場合の解 $G(\boldsymbol{R})$ を用いて

$$f(\boldsymbol{x}) = \int_{V'} G(\boldsymbol{R}) h(\boldsymbol{x}')\, dV' \tag{4.37}$$

$$= \frac{1}{4\pi} \int_{V'} \frac{h(\boldsymbol{x}')}{R} dV' \tag{4.27}$$

で得られる．

この処方箋はポアソン方程式に限らず他の種類の微分方程式，例えば拡散方程式・熱伝導方程式[*10]や波動方程式（7.2 節）にも使える手法である．式 (4.37) のように右辺がデルタ関数のときの解 G がわかっていれば，任意の右辺 h のときの解は G との積の積分（**たたみ込み**，convolution）によって得られることを**グリーンの定理**と呼ぶ[*11]．ポアソン方程式の解 (4.27) はグリーンの定理の実例になっている．ポアソン方程式は原因と結果型の微分方程式で，右辺に何かを生み出す原因，または源（みなもと，ソース，source）である $h(\boldsymbol{x}')$ があり，それによってポテンシャル的なもの $f(\boldsymbol{x})$ が生み出される，と解釈する．そして上の 2 ステップでの処方箋は，その源を無限に細かい点に分割し，そのような点状の源が生み出す結果をまずは得て，それを重ね合わせれば全体の結果が得られる，ということを利用している．この考え方を**重ね合わせの原理** (superposition principle) という．

ポアソン方程式や拡散方程式，波動方程式などの微分方程式において，右辺のソース項をデルタ関数とおいたときの解 G を**グリーン関数**という．ポアソン方程式 $\nabla^2 f(\boldsymbol{x}) = -h(\boldsymbol{x})$ のグリーン関数は $h(\boldsymbol{x}) \to \delta^3(\boldsymbol{R})$ とおいた $\nabla^2 G(\boldsymbol{x}) = -\delta^3(\boldsymbol{R})$ の解で，恒等式 (4.24) より

$$G(\boldsymbol{R}) = \frac{1}{4\pi R} \tag{4.38}$$

[*10] 拡散 (diffusion) とは，ランダムウォークする粒子群があるとき，粒子数密度に勾配があれば全体として密度の高い方から低い方への流れが生じる現象であり，熱伝導 (thermal conduction) は温度に勾配があるとき温度の高い方から低い方へ熱の流れが生じる現象である．両者は同じ形の微分方程式 $\partial f/\partial t = D\nabla^2 f$ で記述される．

[*11] これも同名異義のものが他にもいくつかある．

である．グリーン関数が求まっていれば，グリーンの定理 (4.37) によって右辺のソース項をたたみ込みによって重ね合わせていけば求めたい微分方程式の解が得られる．点状のソースが $\boldsymbol{x}'$ にあるときに位置 $\boldsymbol{x}$ に与える影響は $\boldsymbol{R} = \boldsymbol{x} - \boldsymbol{x}'$ にのみ依存するのでグリーン関数は $G(\boldsymbol{R})$ という形をもつが，ソースの位置と観測者の位置を強調して $G(\boldsymbol{x}; \boldsymbol{x}')$ と書くこともある．グリーン関数を得る手法の例は付録 B.2 節に与える．

第 4 章まとめ

- デルタ関数
  - 1 点で発散しているが積分は有限値にとどまる関数．位置 $\boldsymbol{x}_0$ にある点電荷 q の電荷分布関数は $\rho(\boldsymbol{x}; \boldsymbol{x}_0) = q\delta^3(\boldsymbol{x} - \boldsymbol{x}_0)$ と表される．
  - 関数 $f(\boldsymbol{x})$ からデルタ関数のピーク位置 $\boldsymbol{x}_0$ における関数値 $f(\boldsymbol{x}_0)$ を取り出せる：(4.11) $\int_V f(\boldsymbol{x})\delta^3(\boldsymbol{x} - \boldsymbol{x}_0)\, dV = f(\boldsymbol{x}_0)$.
  - 関数 $f(\boldsymbol{x})$ とデルタ関数の微分 $\boldsymbol{\nabla}\delta^3(\boldsymbol{x} - \boldsymbol{x}_0)$ との積により，関数の微分の $\boldsymbol{x} = \boldsymbol{x}_0$ における値 $\boldsymbol{\nabla} f(\boldsymbol{x}_0)$ が取り出せる：(4.20) $\int_V f(\boldsymbol{x})\boldsymbol{\nabla}\delta^3(\boldsymbol{x} - \boldsymbol{x}_0)\, dV = -\boldsymbol{\nabla} f(\boldsymbol{x}_0)$（符号に注意）．
  - デルタ関数 $\delta^3(\cdots)$ の内部が複雑な形であるときは $\cdots = X(\boldsymbol{x})$ とおき，$X(\boldsymbol{x}) = 0$ の解 $\boldsymbol{x}_0$ と変換のヤコビアン (4.17) $\mathcal{J}$ を用いて (4.18) $\delta^3(\boldsymbol{X}(\boldsymbol{x})) = \delta^3(\boldsymbol{x} - \boldsymbol{x}_0)/|\mathcal{J}|$.
  - 記憶すべき恒等式 (4.24)： $\nabla^2 \dfrac{1}{R} = -4\pi\delta^3(\boldsymbol{R})$.
- ポアソン方程式 $\nabla^2 f(\boldsymbol{x}) = -h(\boldsymbol{x})$ の解は

$$f(\boldsymbol{x}) = \frac{1}{4\pi} \int_{V'} \frac{h(\boldsymbol{x}')}{R}\, dV'. \tag{4.27}$$

- グリーンの定理：ポアソン方程式などの微分方程式は，右辺がデルタ関数であるときの解すなわちグリーン関数を事前に得ておけば，任意の右辺関数についての解はたたみ込み (4.37) によって得られる．ポアソン方程式のグリーン関数は (4.38) $G(\boldsymbol{R}) = 1/4\pi R$.

演習問題

1. 以下の等式を示せ.

$$\delta(x^2 - a^2) = \frac{1}{2|a|}\left(\delta(x-a) + \delta(x+a)\right)$$

2. 以下の恒等式を示せ.

$$\int f(x)\delta'(g(x))\,dx = -\frac{f'(x_0)}{|dg/dx|_{x_0}} \tag{4.39}$$

ここで x_0 は $g(x)=0$ の解である.

3. 関数 $f(x)$ の n 階微分を $f^{(n)}(x)$ と表記する．$f(x)$ を性質のよい関数とするとき

$$\int_{-\infty}^{+\infty} f(x)\,\delta^{(n)}(x-x_0)\,dx = (-1)^n f^{(n)}(x_0) \tag{4.40}$$

であることを示せ.

4. デルタ関数の円筒座標表示

$$\delta^3(\boldsymbol{x}-\boldsymbol{x}_0) = \frac{\delta(\rho-\rho_0)\delta(\phi-\phi_0)\delta(z-z_0)}{\rho} \tag{4.41}$$

を導出せよ.

5. デルタ関数の球座標表示

$$\delta^3(\boldsymbol{x}-\boldsymbol{x}_0) = \frac{\delta(r-r_0)\delta(\theta-\theta_0)\delta(\phi-\phi_0)}{r^2\sin\theta} \tag{4.42}$$

を導出せよ.

第5章

ヘルムホルツの定理

ベクトル場 $\boldsymbol{A}(\boldsymbol{x})$ の性質を表すために，発散 $\nabla \cdot \boldsymbol{A}(\boldsymbol{x})$ や回転 $\nabla \times \boldsymbol{A}(\boldsymbol{x})$ があることをみた．ベクトル場 $\boldsymbol{A}(\boldsymbol{x})$ には 3 つの成分 $A_x(\boldsymbol{x}), A_y(\boldsymbol{x}), A_z(\boldsymbol{x})$ がありそれぞれが x, y, z の 3 変数の関数であるから，ベクトル場の微分には $\partial A_x/\partial x, \partial A_x/\partial y, \partial A_y/\partial z$ など 9 通りがありうるが，ベクトル場が一意に決定されるために必要な微分方程式は何本であろうか？ これに答えてくれるのがヘルムホルツの定理で，ベクトル場 $\boldsymbol{A}(\boldsymbol{x})$ はその発散 $\nabla \cdot \boldsymbol{A}(\boldsymbol{x})$ と回転 $\nabla \times \boldsymbol{A}(\boldsymbol{x})$ が与えられると一意に決まることが示される．

5.1 縦型の場とスカラーポテンシャル

ベクトル場 $\boldsymbol{E}(\boldsymbol{x})$ がある点 $\boldsymbol{x}$ において $\nabla \times \boldsymbol{E}(\boldsymbol{x}) = 0$ であるとき，$\boldsymbol{E}$ は点 $\boldsymbol{x}$ において縦型であるという．またある領域内で $\nabla \times \boldsymbol{E}(\boldsymbol{x}) = 0$ であるようなベクトル場 $\boldsymbol{E}(\boldsymbol{x})$ を**縦型の場** (longitudinal field) と呼ぶ．縦型の場には**渦なし** (irrotational, curl-less)，非回転的，層状 (lamellar) の場，という言い方もあり，全て同じ意味である．

縦型の場は視覚的には図 5.1 のような場である．点電荷 q の作る電場と平行平板コンデンサーの電場として描いたが，静止した電荷の作る電場（静電場）であれば必ず縦型である．

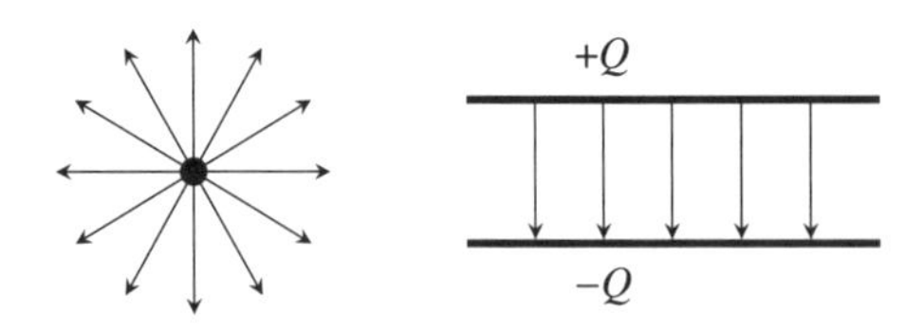

図 5.1　縦型の場：左は正の点電荷の作る電場，右は平行平板コンデンサの電場．静止した電荷の作る電場は必ず縦型で $\nabla \times \boldsymbol{E}(\boldsymbol{x}) = 0$ である．また左図では中心でのみ $\nabla \cdot \boldsymbol{E} > 0$ で，それ以外の点では全て $\nabla \cdot \boldsymbol{E} = 0$ である．右図では極板上でのみ $\nabla \cdot \boldsymbol{E} \neq 0$ で，コンデンサ内外の点では全て $\nabla \cdot \boldsymbol{E} = 0$ である．

5.1.1 縦型の場の線積分

ストークスの定理 (3.67) $\int_S \nabla \times \boldsymbol{E} \cdot \boldsymbol{n}\, dS = \oint_s \boldsymbol{E} \cdot d\boldsymbol{s}$ を思い出そう．もし考えている領域全体（微小領域でもよい）にわたって渦なしで $\nabla \times \boldsymbol{E}(\boldsymbol{x}) = 0$ であるようなベクトル場 $\boldsymbol{E}$ であれば，領域 S 内の任意の閉曲線 s に沿って $\boldsymbol{E}$ を線積分したものはストークスの定理によってゼロになる．

$$\oint_s \boldsymbol{E} \cdot d\boldsymbol{s} = 0 \tag{5.1}$$

式 (5.1) の意味を考えよう．図 5.2 左のような 2 点 P, Q を結ぶ経路をとる．経路 s_1, s_2, s_3, s_4 はいずれも向きをもった積分経路とする．例えば s_1 と s_3 で閉曲線ができるので，任意の $\boldsymbol{x}$ で $\nabla \times \boldsymbol{E}(\boldsymbol{x}) = 0$ であるようなベクトル場 $\boldsymbol{E}(\boldsymbol{x})$ をこの閉曲線 $s_{13} = s_1 + s_3$ に沿って積分したものは式 (5.1) によってゼロである．

$$\oint_{s_{13}} \boldsymbol{E} \cdot d\boldsymbol{s} = \int_{s_1} \boldsymbol{E} \cdot d\boldsymbol{s} + \int_{s_3} \boldsymbol{E} \cdot d\boldsymbol{s} = a_1 + a_3 = 0$$

各経路 s_1, s_3 に沿った積分値 a_1, a_3 そのものは一般にゼロではないが，その和はゼロなので a_1, a_3 は絶対値が同じで符号だけが異なり $a_3 = -a_1$ である．

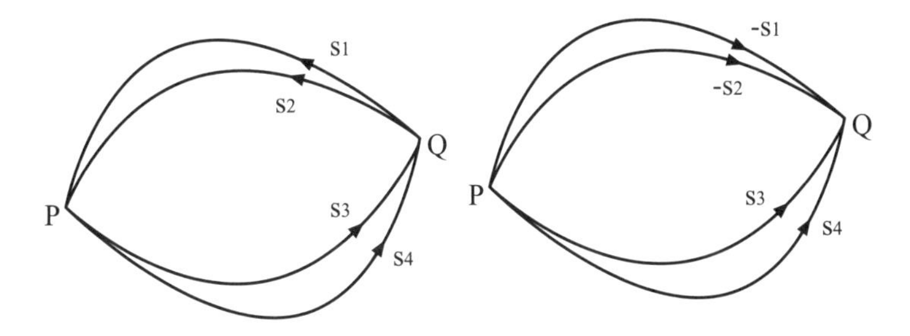

図 5.2　2 点 P, Q を結ぶ 4 種類の経路．左：$s_1+s_3, s_1+s_4, s_2+s_3, s_2+s_4$ はそのまま閉曲線を作る．s_1-s_2, s_3-s_4 も閉曲線を作る．どこでも $\nabla\times\boldsymbol{E}(\boldsymbol{x})=0$ であるようなベクトル場 $\boldsymbol{E}(\boldsymbol{x})$ では，いかなる閉曲線に沿った線積分もゼロである．

同じことは経路 $s_{14}=s_1+s_4,\ s_{23}=s_2+s_3,\ s_{24}=s_2+s_4$ についても

$$\oint_{s_{14}}\boldsymbol{E}\cdot d\boldsymbol{s}=\int_{s_1}\boldsymbol{E}\cdot d\boldsymbol{s}+\int_{s_4}\boldsymbol{E}\cdot d\boldsymbol{s}=a_1+a_4=0,$$
$$\oint_{s_{23}}\boldsymbol{E}\cdot d\boldsymbol{s}=\int_{s_2}\boldsymbol{E}\cdot d\boldsymbol{s}+\int_{s_3}\boldsymbol{E}\cdot d\boldsymbol{s}=a_2+a_3=0,$$
$$\oint_{s_{24}}\boldsymbol{E}\cdot d\boldsymbol{s}=\int_{s_2}\boldsymbol{E}\cdot d\boldsymbol{s}+\int_{s_4}\boldsymbol{E}\cdot d\boldsymbol{s}=a_2+a_4=0$$

である．ここから言えることは $a_1=a_2,\ a_3=a_4,\ a_1=-a_3$ であり，$\nabla\times\boldsymbol{E}(\boldsymbol{x})=0$ であるような場に対しては，Q から P へ向かう線積分（例えば s_1, s_2 に沿った線積分）は，端点が同じである限りどのような経路をとろうとも全て値が等しく，P から Q へ向かう線積分も経路によらない．そして Q → P，P → Q の線積分の値は，どんな経路をとろうとも，絶対値が同じで符号だけが異なる．したがって 図 5.2 右のように s_3, s_4 に沿った積分経路，s_1, s_2 を逆向きに積分した経路は，どれも P → Q に向かう線積分であり同じ値となる．任意の閉曲線に沿った積分がゼロであることと，決まった 2 点を結ぶ積分が経路によらないことは同値であり，$\nabla\times\boldsymbol{E}(\boldsymbol{x})=0$ であるベクトル場の特徴である．どこでも $\nabla\times\boldsymbol{E}(\boldsymbol{x})=0$ であるようなベクトル場は「**保存場**である」という言い方をすることもある．

5.1.2　スカラーポテンシャル

3.5.2 項の式 (3.22) において $\nabla \times (\nabla f(\boldsymbol{x})) = 0$ を証明した．したがってスカラー場の勾配で作られたベクトル場 $\nabla f(\boldsymbol{x})$ は必然的に縦型・渦なしである．あるベクトル場 $\boldsymbol{E}(\boldsymbol{x})$ が，あるスカラー場 $f(\boldsymbol{x})$ の勾配によって $\boldsymbol{E}(\boldsymbol{x}) = \nabla f(\boldsymbol{x})$ とできるとき，スカラー場 $f(\boldsymbol{x})$ をベクトル場 $\boldsymbol{E}(\boldsymbol{x})$ の**スカラーポテンシャル**と呼ぶ[*1]．**ベクトル場 $\boldsymbol{E}(\boldsymbol{x})$ がスカラーポテンシャルの勾配だけで記述できるための必要十分条件は $\nabla \times \boldsymbol{E} = 0$ である**（ポアンカレの補助定理 1 (Poincaré lemma), H. Poincaré 1854-1912）．必要条件はベクトル公式 $\nabla \times (\nabla f) = 0$ である．十分条件でもあることを示すのは演習問題とするが，$\nabla \times \boldsymbol{E} = 0$ という条件を使えれば $\boldsymbol{E}(\boldsymbol{x}) = \nabla f(\boldsymbol{x})$ となるようなスカラー場 $f(\boldsymbol{x})$ が必ず存在する[*2]．ベクトル場 $\boldsymbol{E}(\boldsymbol{x})$ について，以下の 4 つは同値である：

1. 大域的に，または考えている領域内の全体について $\nabla \times \boldsymbol{E}(\boldsymbol{x}) = 0$.
2. 領域内の任意の閉曲線 s において $\oint_s \boldsymbol{E} \cdot d\boldsymbol{s} = 0$（上とストークスの定理より）.
3. 領域内においてベクトル場 $\boldsymbol{E}$ の 2 点間を結ぶ線積分 $\int_s \boldsymbol{E}(\boldsymbol{x}) \cdot d\boldsymbol{s}$ が経路によらない.
4. $\boldsymbol{E}(\boldsymbol{x}) = \nabla f(\boldsymbol{x})$ であるようなスカラー場 $f(\boldsymbol{x})$ が存在する.

なおベクトル場 $\boldsymbol{E}(\boldsymbol{x})$ に対し，$\boldsymbol{E}(\boldsymbol{x}) = \nabla f(\boldsymbol{x})$ となるようなスカラーポテンシャルが見つかったとしても，そのようなスカラーポテンシャルは唯一のものではない．もし $f(\boldsymbol{x})$ に，$\nabla g(\boldsymbol{x}) = 0$ であるようなスカラー場を加えて $f'(\boldsymbol{x}) = f(\boldsymbol{x}) + g(\boldsymbol{x})$ を定義してみても，

$$\nabla f'(\boldsymbol{x}) = \nabla f(\boldsymbol{x}) + \nabla g(\boldsymbol{x}) = \boldsymbol{E}(\boldsymbol{x}) + 0$$

となって同じベクトル場 $\boldsymbol{E}(\boldsymbol{x})$ が導かれる．ただし $\nabla g(\boldsymbol{x}) = 0$ であるようなスカラー場は実は大域的なスカラー（定数）だけなので（演習問題 1），スカラー

[*1] 負号をつけて $\boldsymbol{E}(\boldsymbol{x}) = -\nabla f(\boldsymbol{x})$ でスカラーポテンシャルを定義することも多い．

[*2] 大域的に全ての $\boldsymbol{x}$ において単一の f によって $\boldsymbol{E}(\boldsymbol{x}) = -\nabla f(\boldsymbol{x})$ と表せるかどうかはわからないが，少なくとも 1 点 $\boldsymbol{x}$ を含む微小領域についてはそれが保証される．

ポテンシャルの自由度は定数を付け加えるだけのものである．これはポテンシャルの基準点の任意性に対応する．

5.2 横型の場とベクトルポテンシャル

ベクトル場 $\boldsymbol{B}(\boldsymbol{x})$ がある点 $\boldsymbol{x}$ において $\nabla \cdot \boldsymbol{B}(\boldsymbol{x}) = 0$ であるとき，$\boldsymbol{B}$ は点 $\boldsymbol{x}$ において横型であるという．またある領域内で $\nabla \cdot \boldsymbol{B}(\boldsymbol{x}) = 0$ であるようなベクトル場 $\boldsymbol{B}(\boldsymbol{x})$ を**横型の場** (transverse field) と呼ぶ．回転的な場 (rotational)，**湧き出しなしの場** (divergence-less)，ソレノイダル（管状，solenoidal）な場，という言い方もある．場を表す線（流線，力線）が渦を巻いており，どこかで始まったり終わったりしている点が存在しないような場が横型の場で，典型的には直線電流のまわりにできる同心円状の磁場を思い浮かべればよい．縦型の場と横型の場の対比を図 5.3 に示す．電荷の作る電場，電流の作る磁場はともに源である電荷・電流から離れるほど弱くなる．図 5.3 左は電荷の作る縦型の電場で，電場の変化する向き（図の細い矢印）と電場の向き（太い矢印）は一致する．いっぽう右図の電流が作る横型の磁場では，磁場の変化する向き（電流から遠ざかるまたは近づく向き）と磁場の向きは常に直交している．

5.2.1 横型の場の面積分

ガウスの定理 (3.64) $\int_V \nabla \cdot \boldsymbol{B}\, dV = \oint_S \boldsymbol{B} \cdot \boldsymbol{n}\, dS$ を思い出せば，領域 V にわたって $\nabla \cdot \boldsymbol{B}(\boldsymbol{x}) = 0$ であるようなベクトル場を V 内の任意の閉曲面 S で面積分したものは，どのような閉曲面をとろうとも必ずゼロである．

$$\oint_S \boldsymbol{B} \cdot \boldsymbol{n}\, dS = 0 \tag{5.2}$$

発散がゼロということは，どのような閉領域を考えても「入」と「出」が等量であることを意味している（出入りがないことも含む）．その領域の表面を貫かないわけではないが，入る方向に貫いてあいた穴の数と，出る方向に貫かれてあいた穴の数は等しく正味の出入りはゼロである．

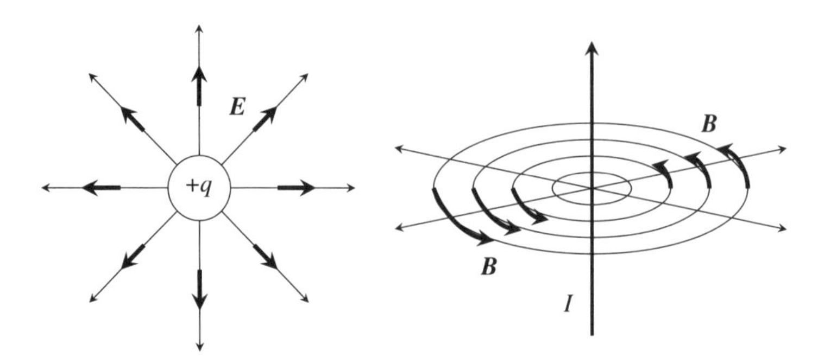

図 5.3　縦型の場と横型の場の対比（図 2.1 再掲）．細い矢印は場が最も変化する（弱くなる）向き，太い矢印は場の向き．左：点電荷の作る縦型の電場．電場が弱くなるまたは強くなる向きと電場の向きは一致する．右：直線電流の作る横型の磁場．磁場は電流から離れるほど弱く，近づくほど強くなるが，その向きと磁場の向きは直交する．

5.2.2　ベクトルポテンシャル

3.5.2 項の式 (3.24) において，ベクトル場 $\boldsymbol{A}(\boldsymbol{x})$ の回転で作られたベクトル場 $\nabla \times \boldsymbol{A}(\boldsymbol{x})$ の発散 $\nabla \cdot (\nabla \times \boldsymbol{A}(\boldsymbol{x}))$ は必ずゼロであることを証明した．あるベクトル場 $\boldsymbol{B}(\boldsymbol{x})$ が，ある別のベクトル場 $\boldsymbol{A}(\boldsymbol{x})$ の回転によって $\boldsymbol{B}(\boldsymbol{x}) = \nabla \times \boldsymbol{A}(\boldsymbol{x})$ とできるとき，ベクトル場 $\boldsymbol{A}(\boldsymbol{x})$ をベクトル場 $\boldsymbol{B}(\boldsymbol{x})$ の**ベクトルポテンシャル**と呼ぶ．**ベクトル場 $\boldsymbol{B}(\boldsymbol{x})$ がベクトルポテンシャルだけで記述できるための必要十分条件は $\nabla \cdot \boldsymbol{B} = 0$ である**（ポアンカレの補助定理 2）．必要条件はベクトル公式 $\nabla \cdot (\nabla \times \boldsymbol{A}) = 0$ である．十分条件は演習問題とするが，$\nabla \cdot \boldsymbol{B}(\boldsymbol{x}) = 0$ という条件が使えるならば $\boldsymbol{B} = \nabla \times \boldsymbol{A}$ となるようなベクトル場 $\boldsymbol{A}$ が必ず存在する．横型のベクトル場 $\boldsymbol{B}(\boldsymbol{x})$ について，次の 4 つは同値である：

1. 考えている領域内で $\nabla \cdot \boldsymbol{B}(\boldsymbol{x}) = 0$.
2. その領域内の任意の閉曲面 S について $\oint_S \boldsymbol{B} \cdot \boldsymbol{n}\, dS = 0$（上とガウスの定理より）．

3. 領域内にある閉曲線 s をとったとき，これを境界線とする全ての曲面 S（閉曲面とは限らない）について $\int_S \boldsymbol{B} \cdot \boldsymbol{n}\, dS$ は一定.
4. $\boldsymbol{B}(\boldsymbol{x}) = \boldsymbol{\nabla} \times \boldsymbol{A}(\boldsymbol{x})$ となるようなベクトル場 $\boldsymbol{A}(\boldsymbol{x})$ が存在する.

ベクトルポテンシャルの自由度については 5.4 節で議論する.

5.3　ヘルムホルツの定理

ベクトル場 $\boldsymbol{F}(\boldsymbol{x})$ は，$|\boldsymbol{x}| \to \infty$ で十分速くゼロになる場であるならば[*3]，または適切に境界条件が与えられるならば，発散 $\boldsymbol{\nabla} \cdot \boldsymbol{F}(\boldsymbol{x})$ と回転 $\boldsymbol{\nabla} \times \boldsymbol{F}(\boldsymbol{x})$ が与えられると $\boldsymbol{F}(\boldsymbol{x})$ は一意に決まる．これが**ヘルムホルツの定理** (Helmholtz theorem) で，以下のような同値な言い表し方がある (H.L.F. von Helmholtz 1821-1894).

1. ベクトル場 $\boldsymbol{F}(\boldsymbol{x})$ は，スカラーポテンシャル $\phi(\boldsymbol{x})$ の勾配とベクトルポテンシャル $\boldsymbol{A}(\boldsymbol{x})$ の回転によって $\boldsymbol{F}(\boldsymbol{x}) = -\boldsymbol{\nabla}\phi(\boldsymbol{x}) + \boldsymbol{\nabla} \times \boldsymbol{A}(\boldsymbol{x})$ のように表せる.
2. ベクトル場 $\boldsymbol{F}(\boldsymbol{x})$ は，$\boldsymbol{\nabla} \times \boldsymbol{F}_L(\boldsymbol{x}) = 0$, $\boldsymbol{\nabla} \cdot \boldsymbol{F}_T(\boldsymbol{x}) = 0$ であるような縦成分 $\boldsymbol{F}_L(\boldsymbol{x})$ と横成分 $\boldsymbol{F}_T(\boldsymbol{x})$ との和 $\boldsymbol{F}(\boldsymbol{x}) = \boldsymbol{F}_L(\boldsymbol{x}) + \boldsymbol{F}_T(\boldsymbol{x})$ に分解できる.
3. ベクトル場は，その発散 $\boldsymbol{\nabla} \cdot \boldsymbol{F}(x)$ と回転 $\boldsymbol{\nabla} \times \boldsymbol{F}(\boldsymbol{x})$ が与えられれば境界条件のもとに一意に決まる.

これを証明するために 4.2 節の恒等式

$$\boldsymbol{F}(\boldsymbol{x}) = -\frac{1}{4\pi} \int_{V'} \frac{\nabla'^2 \boldsymbol{F}(\boldsymbol{x}')}{R}\, dV' \tag{4.34}$$

から出発する．ベクトル場に対するラプラシアンの公式 (3.26) を用い，さらに無限遠でゼロになる関数に対して成り立つ公式 (3.76) (3.78) を用いれば

$$\begin{aligned} \boldsymbol{F}(\boldsymbol{x}) &= -\frac{1}{4\pi} \int_{V'} \frac{\boldsymbol{\nabla}'(\boldsymbol{\nabla}' \cdot \boldsymbol{F}(\boldsymbol{x}')) - \boldsymbol{\nabla}' \times (\boldsymbol{\nabla}' \times \boldsymbol{F}(\boldsymbol{x}'))}{R}\, dV' \\ &= -\frac{1}{4\pi} \boldsymbol{\nabla} \int_{V'} \frac{\boldsymbol{\nabla}' \cdot \boldsymbol{F}(\boldsymbol{x}')}{R}\, dV' + \frac{1}{4\pi} \boldsymbol{\nabla} \times \int_{V'} \frac{\boldsymbol{\nabla}' \times \boldsymbol{F}(\boldsymbol{x}')}{R}\, dV' \end{aligned} \tag{5.3}$$

[*3] 電荷から遠く離れた場所での電場，電流から遠く離れた場所での磁場はゼロであり，物理的に自然かつ妥当な状況設定である.

となるから，スカラーポテンシャル $\phi(\boldsymbol{x})$ とベクトルポテンシャル $\boldsymbol{A}(\boldsymbol{x})$ は与えられた発散と回転によって

$$\phi(\boldsymbol{x}) \equiv \frac{1}{4\pi}\int_{V'} \frac{\boldsymbol{\nabla}' \cdot \boldsymbol{F}(\boldsymbol{x}')}{R}\, dV', \tag{5.4}$$

$$\boldsymbol{A}(\boldsymbol{x}) \equiv \frac{1}{4\pi}\int_{V'} \frac{\boldsymbol{\nabla}' \times \boldsymbol{F}(\boldsymbol{x}')}{R}\, dV' \tag{5.5}$$

と定義すれば $\boldsymbol{F} = -\boldsymbol{\nabla}\phi + \boldsymbol{\nabla} \times \boldsymbol{A}$ とできる．5.1.2 項で扱ったように，スカラーポテンシャルの勾配で与えられるベクトル場 $-\boldsymbol{\nabla}\phi(\boldsymbol{x})$ は縦型であり，5.2.2 項でみたようにベクトルポテンシャルの回転 $\boldsymbol{\nabla} \times \boldsymbol{A}(\boldsymbol{x})$ で与えられるベクトル場は横型である．これはベクトル公式 (3.22) $\boldsymbol{\nabla} \times (\boldsymbol{\nabla}\phi) = 0$ および (3.24) $\boldsymbol{\nabla} \cdot (\boldsymbol{\nabla} \times \boldsymbol{A}) = 0$ によって保証されている．

一意性

発散と回転が指定されたときに式 (5.3) のように決まるベクトル場が一意であることを確認しよう．2 つのベクトル場 $\boldsymbol{F}_1, \boldsymbol{F}_2$ が同じ発散 h と回転 $\boldsymbol{C}$ をもつと仮定する：

$$\boldsymbol{\nabla} \cdot \boldsymbol{F}_1 = h, \quad \boldsymbol{\nabla} \cdot \boldsymbol{F}_2 = h,$$
$$\boldsymbol{\nabla} \times \boldsymbol{F}_1 = \boldsymbol{C}, \quad \boldsymbol{\nabla} \times \boldsymbol{F}_2 = \boldsymbol{C}.$$

ここで $\boldsymbol{V} \equiv \boldsymbol{F}_2 - \boldsymbol{F}_1$ を定義すると，ベクトル場 $\boldsymbol{V}$ は発散も回転もゼロである．

$$\boldsymbol{\nabla} \cdot \boldsymbol{V} = \boldsymbol{\nabla} \cdot (\boldsymbol{F}_2 - \boldsymbol{F}_1) = h - h = 0$$
$$\boldsymbol{\nabla} \times \boldsymbol{V} = \boldsymbol{\nabla} \times (\boldsymbol{F}_2 - \boldsymbol{F}_1) = \boldsymbol{C} - \boldsymbol{C} = 0$$

$\boldsymbol{\nabla} \times \boldsymbol{V} = 0$ より $\boldsymbol{V}$ はあるスカラー関数を用いて $\boldsymbol{V} = \boldsymbol{\nabla}\psi$ と書くことができ，かつ $\boldsymbol{\nabla} \cdot \boldsymbol{V} = 0$ から $\nabla^2\psi = 0$ であり ψ は調和関数である．84 ページで示したリウヴィルの定理によれば無限遠で有界である調和関数は定数しかないから $\psi = \text{const.}$, $\boldsymbol{V} = 0$ となり，$\boldsymbol{F}_1 = \boldsymbol{F}_2$，つまりベクトル場は一意であることが結論される．以上によってヘルムホルツの定理の主張は全て示された．

ベクトル場を決定するために必要な条件の数

ベクトル場は 3 成分である．いっぽうヘルムホルツの定理によってベクトル場 $\boldsymbol{F}$ を決定するために要求された条件は，スカラー式である発散 $\boldsymbol{\nabla} \cdot \boldsymbol{F} = h$ （1

成分）とベクトル式である回転 $\nabla\times\boldsymbol{F}=\boldsymbol{C}$（3成分）の4本のように見える．ただしこの両辺に $\nabla\cdot$ を作用させると $\nabla\cdot(\nabla\times\boldsymbol{F})=\nabla\cdot\boldsymbol{C}=0$ となるから，$\boldsymbol{C}$ には発散がゼロであることが要求されており勝手なものを与えるわけにはいかず，$\nabla\times\boldsymbol{F}=\boldsymbol{C}$ で独立な式は2本である．

5.4 ポテンシャルの自由度

スカラーポテンシャルには定数スカラーを足せる自由度があることは既に見た通りであるが，ベクトルポテンシャルにも自由度がある．ベクトルポテンシャル $\boldsymbol{A}(\boldsymbol{x})$ に，例えば場所に依存しない定数ベクトル $\boldsymbol{\beta}$ を付け加えた $\boldsymbol{A}'(\boldsymbol{x})=\boldsymbol{A}(\boldsymbol{x})+\boldsymbol{\beta}$ は，$\nabla\times\boldsymbol{A}'(\boldsymbol{x})=\nabla\times(\boldsymbol{A}(\boldsymbol{x})+\boldsymbol{\beta})=\nabla\times\boldsymbol{A}(\boldsymbol{x})$ であるから $\boldsymbol{A}$ と $\boldsymbol{A}'$ はどちらも同じベクトル場を与える．定数ベクトルではなく別のベクトル場であってもよく，$\nabla\times\boldsymbol{C}(\boldsymbol{x})=0$ であるようなベクトル場 $\boldsymbol{C}(\boldsymbol{x})$ を加えて $\boldsymbol{A}'(\boldsymbol{x})=\boldsymbol{A}(\boldsymbol{x})+\boldsymbol{C}(\boldsymbol{x})$ を作っても

$$\nabla\times\boldsymbol{A}'=\nabla\times(\boldsymbol{A}+\boldsymbol{C})=\nabla\times\boldsymbol{A}+\nabla\times\boldsymbol{C}=\nabla\times\boldsymbol{A}$$

となってやはり同じベクトル場を与える．ところで3.5.2項で扱ったように任意のスカラー場 $g(\boldsymbol{x})$ に対し，これの勾配をとって得られるベクトル場 $\boldsymbol{C}=\nabla g$ はその回転をとると恒等的にゼロ，すなわち $\nabla\times\boldsymbol{C}=\nabla\times(\nabla g)=0$ である．よってベクトルポテンシャル $\boldsymbol{A}$ に $\boldsymbol{C}=\nabla g$ を加えた $\boldsymbol{A}'=\boldsymbol{A}+\nabla g$ は同じ場を与える．

$$\begin{aligned}\nabla\times\boldsymbol{A}'(\boldsymbol{x})&=\nabla\times(\boldsymbol{A}(\boldsymbol{x})+\nabla g(\boldsymbol{x}))\\&=\nabla\times\boldsymbol{A}(\boldsymbol{x})+\nabla\times\nabla g(\boldsymbol{x})=\nabla\times\boldsymbol{A}(\boldsymbol{x})\end{aligned}$$

このように，あるベクトルポテンシャル $\boldsymbol{A}$ から，同じ場 $\boldsymbol{B}=\nabla\times\boldsymbol{A}'$ を導く別のベクトルポテンシャル $\boldsymbol{A}'$ に乗り換えることを**ゲージ変換**と呼ぶ．

ベクトルポテンシャルとヘルムホルツの定理

ベクトル場 $\boldsymbol{F}(\boldsymbol{x})$ を決定するにはその発散 $\nabla\cdot\boldsymbol{F}$ と回転 $\nabla\times\boldsymbol{F}$ が与えられる必要があった．ベクトルポテンシャル $\boldsymbol{F}(\boldsymbol{x})=\boldsymbol{A}(\boldsymbol{x})$ についてこれを考えると，$\boldsymbol{A}$ はその回転によってより興味のある別の特定のベクトル場 $\boldsymbol{B}=\nabla\times\boldsymbol{A}$ を導く

ことができねばならないが，$\boldsymbol{A}$ はそのような使われ方しかしないベクトル場なのであれば発散 $\nabla\cdot\boldsymbol{A}(\boldsymbol{x})$ の方はこちらの都合で設定してしまってよい．

目的となるあるベクトル場 $\boldsymbol{B}$ に対し，$\boldsymbol{B}=\nabla\times\boldsymbol{A}$ となるようなベクトルポテンシャル $\boldsymbol{A}$ がひとつ見つかっているとする．であればその発散 $\nabla\cdot\boldsymbol{A}=h$ も確定している．次に何か別のスカラー場 g を用いてゲージ変換 $\boldsymbol{A}'=\boldsymbol{A}+\nabla g$ を行うと，$\boldsymbol{A}$ と $\boldsymbol{A}'$ とは同等であってともに同じベクトル場 $\nabla\times\boldsymbol{A}'=\nabla\times\boldsymbol{A}=\boldsymbol{B}$ を与える．この $\boldsymbol{A}'$ の発散が $\nabla\cdot\boldsymbol{A}'=h'$ であったとすると $h'=\nabla\cdot\boldsymbol{A}+\nabla^2 g=h+\nabla^2 g$ であり，これは g に対するポアソン方程式 $\nabla^2 g(\boldsymbol{x})=-h(\boldsymbol{x})+h'(\boldsymbol{x})$ であってその解は式 (4.27) より

$$g(\boldsymbol{x})=\frac{1}{4\pi}\int\frac{h(\boldsymbol{x}')-h'(\boldsymbol{x}')}{R}dV'$$

となる．h は既知であるから，こうなるような g を選んでゲージ変換 $\boldsymbol{A}'=\boldsymbol{A}+\nabla g$ を行えば，**ベクトルポテンシャルは狙った発散 $\nabla\cdot\boldsymbol{A}'=h'(\boldsymbol{x})$ をもたせることが必ずできる**．そうやって作った $\boldsymbol{A}'$ をあらためて $\boldsymbol{A}$ と再定義すればよい．これを利用し，特に $\nabla\cdot\boldsymbol{A}=0$ に選ぶことを**クーロンゲージ** (Coulomb gauge) をとるという．

5.5 静電磁場のマクスウェル方程式

ようやく電磁気学が登場する．本節では**静電場**と**静磁場** (static fields)，つまり時間的に変動しない電場 $\boldsymbol{E}(\boldsymbol{x})$ と磁場 $\boldsymbol{B}(\boldsymbol{x})$ を考える．時間依存性をもつ電磁場 $\boldsymbol{E}(\boldsymbol{x},t)$, $\boldsymbol{B}(\boldsymbol{x},t)$ は第7章での準備の後に第8章で扱う．

5.5.1 電場・磁場と電磁気学

空間がなんらかの理由によって特異な性質をもっていて，電荷 (electric charge) q があるとその運動状態によらずある向きの力

$$\boldsymbol{F}(\boldsymbol{x})=q\boldsymbol{E}(\boldsymbol{x}) \tag{5.6}$$

がはたらくとき，そこには $\boldsymbol{E}(\boldsymbol{x})$ なるベクトル場が存在していると考え，これを**電場** (electric field) と呼ぶ[*4]．また電荷 q が運動しているとき，その速度 $\boldsymbol{v}$ に垂直な向きの力

$$\boldsymbol{F}(\boldsymbol{x}) = q\boldsymbol{v} \times \boldsymbol{B}(\boldsymbol{x}) \tag{5.7}$$

がはたらくことがある．このときはそこに $\boldsymbol{B}(\boldsymbol{x})$ なる別のベクトル場が存在していると考え，これを**磁場** (magnetic field) と呼ぶ[*5]．電荷が運動することは電流が流れることと同等であるので，磁場は電流に対して力を及ぼすものと考えてもよい．式 (5.7) または式 (5.6) との和で記述される力は**ローレンツ力**と呼ばれる (Hendrik A. Lorentz 1858 - 1928)．電磁気学 (electromagnetism, electrodynamics) とは，電荷や電流によって生み出され，さらに別の電荷や電流に力を及ぼす電場と磁場という 2 種類のベクトル場を扱う物理学の 1 領域である．

5.5.2 ヘルムホルツの定理から予想されること

ヘルムホルツの定理によれば，ベクトル場 $\boldsymbol{F}$ を決定するにはその発散 $\nabla \cdot \boldsymbol{F}$ と回転 $\nabla \times \boldsymbol{F}$ が与えられればよい．したがって電場と磁場という 2 種類のベクトル場 $\boldsymbol{E}(\boldsymbol{x}), \boldsymbol{B}(\boldsymbol{x})$ を扱う電磁気学の基礎方程式は

$$\begin{aligned}
\nabla \cdot \boldsymbol{E}(\boldsymbol{x}) &= \text{何か} \\
\nabla \times \boldsymbol{E}(\boldsymbol{x}) &= \text{何か} \\
\nabla \cdot \boldsymbol{B}(\boldsymbol{x}) &= \text{何か} \\
\nabla \times \boldsymbol{B}(\boldsymbol{x}) &= \text{何か}
\end{aligned}$$

という形をもつしかない．発散はスカラー式，回転はベクトル式であるから電磁気学の基礎方程式は電場と磁場それぞれで 4 本ずつの式のように見えるが，

---

*4 読者は電場の源は電荷であることを知っていようが，ここでは何らかの理由によって既に作られている電場 $\boldsymbol{E}$ の中に外部から別の電荷 q を持ち込んできたときにはたらく力 $\boldsymbol{F} = q\boldsymbol{E}$ を考えている．既に存在している電場 $\boldsymbol{E}$ があるところへ外部から電荷 q を持ち込めば，そこに存在する電場は $\boldsymbol{E}$ と q の作る電場との和になるが，静電場中で電荷 q にはたらく力を論じるときは，q 自身が作り出した電場のことを考える必要はない（次章の演習問題）．

*5 電場と磁場は**電磁場テンソル**と呼ばれる物理量の異なる側面であることが明らかになるが，当面は 2 種類のベクトル場があると考えておいてよい．

5.3 節で既に指摘したように，ベクトル式である回転 $\boldsymbol{\nabla} \times \boldsymbol{F} = \boldsymbol{C}$ は独立な式は 2 本であるから，実際には電場と磁場それぞれの 3 成分を決定するためにそれぞれ 3 本の式を与えていることになる．

基礎方程式の右辺は自然界を観察することによって決定される．そしてクーロン (C-A. de Coulomb 1736-1806)，アンペール (A-M. Ampère 1775-1836)，ビオ (J-B. Biot 1774-1862)，サバール (F. Savart 1794-1841)，ファラデー (M. Faraday 1791-1867)，ヘルツ (H.R. Hertz 1857-1894) ら多くの実験家の成果を，マクスウェル (J.C. Maxwell 1831-1879)，ヘヴィサイド (O. Heaviside 1850-1925) ら理論家がまとめたのが，こんにち知られている**マクスウェル方程式** (Maxwell's equations) である．

5.5.3 マクスウェル方程式の右辺

静電場の式

高校物理では電荷 Q によって真空中にできる静電場の式としてクーロンの法則 $E = (1/4\pi\epsilon_0)Q/r^2$ を学ぶ．定数 ϵ_0 は真空の**誘電率** (permittivity) である．係数 $1/4\pi\epsilon_0$ を除けば電場は [電荷/長さ^2] という次元をもっている．いっぽう静電場の基礎方程式 $\boldsymbol{\nabla} \cdot \boldsymbol{E} =$, $\boldsymbol{\nabla} \times \boldsymbol{E} =$ はどちらも電場を長さで微分したものであるから次元は [電場/長さ] という式である．したがって静電場の式の左辺と右辺の次元は

$$\left[\frac{\text{電場}}{\text{長さ}}\right] = \left[\frac{\text{電荷/長さ}^2}{\text{長さ}}\right] = \left[\frac{\text{電荷}}{\text{長さ}^3}\right]$$

でなければならない．[電荷/長さ^3] とは電荷の体積密度のことであるから，位置 $\boldsymbol{x}$ における電荷の密度 $\rho(\boldsymbol{x})$ のような量が静電場の式の右辺に入る．さらにクーロンの法則を見れば，電荷が分子にあるのに対して ϵ_0 は分母にあるので，$\boldsymbol{\nabla} \cdot \boldsymbol{E} =$ または $\boldsymbol{\nabla} \times \boldsymbol{E} =$ の右辺には $\rho(\boldsymbol{x})/\epsilon_0$ のような量が入るはずである．そしてそれは $\boldsymbol{\nabla} \cdot \boldsymbol{E} =$ に対してそのまま正解で，それ以外の係数は入らず（そうなるように電荷の単位を定義する*6)，静電場の基礎方程式の 1 つめはクーロン

*6 本書では長さにメートル m，質量にキログラム kg，時間に秒 s，電流にアンペア A を用いる MKSA 単位系と呼ばれる体系を用いたときの電磁気学の表記を採用している．MKSA とは異

の法則の微分形

$$\nabla \cdot \boldsymbol{E}(\boldsymbol{x}) = \frac{\rho(\boldsymbol{x})}{\epsilon_0} \tag{5.8}$$

である．歴史的には 18 世紀のロビソン (J. Robison 1739-1805)，キャベンディッシュ (H. Cavendish 1731-1810)，クーロンらによる電荷間の力の逆 2 乗則，19 世紀のガウスの法則 (J.C.F. Gauß 1777-1855) などを経て式 (5.8) に到達した．式 (5.8) の両辺を体積分し，$Q = \int_V \rho(\boldsymbol{x})\, dV$ とおき，左辺にはガウスの定理 (3.64) を適用すれば

$$\epsilon_0 \int_S \boldsymbol{E} \cdot \boldsymbol{n}\, dS = Q \tag{5.9}$$

である．この式はガウスの法則 (Gauss's law) と呼ばれることがあり，対称性のよい電荷分布の作る電場の大きさを求めるときに有効である．積分表面を半径 R の球面とすれば $S = 4\pi R^2$ で，また電荷が点状または球状であれば電場は等方的でいつも球面の法線ベクトルと同じ向きだから $\boldsymbol{E} \cdot \boldsymbol{n} = E$ とできてクーロンの法則 $E = Q/4\pi\epsilon_0 R^2$ が再現される．そして $\nabla \times \boldsymbol{E} =$ の右辺は時間的に変動しない電磁場の場合は

$$\nabla \times \boldsymbol{E}(\boldsymbol{x}) = 0 \tag{5.10}$$

が自然界を観察し続けた結論で，静電場は必ず渦なしで縦成分しかもたない*7.

静磁場の式

高校物理で扱う静磁場には，無限に長い直線状定常電流 I の作る磁場や，半径 a のコイルを流れ続ける定常電流 I がコイル中心に作る磁場などがある．前者の場合は，直線電流から距離 r の地点に作る磁場の大きさは*8$B(r) = \mu_0 I/2\pi r$，半径 a の円形コイルを流れる電流 I が中心に作る磁場の大きさは $B = \mu_0 I/2a$

なる単位系もあり，それらを用いた場合はマクスウェル方程式の表記は異なる．

*7 時間的に変動する場合は $\nabla \times \boldsymbol{E} \neq 0$ である．それを与えるのがファラデーの誘導法則（8.1.2 項）であるが，この章では静電場のみを扱っている．

*8 ここでの距離 r は円筒座標的な「ある決まった直線からの距離」であるので ρ と書きたいところであるが，電荷密度との混同を避けるために r とした．球座標的な意味での「ある決まった点からの距離」ではないので注意のこと．

である．定数 μ_0 は真空の**透磁率** (permeability) で，これを除くと $\boldsymbol{B}$ の次元は [電流/長さ] である．いっぽう静磁場の基礎方程式 $\nabla \cdot \boldsymbol{B} =$, $\nabla \times \boldsymbol{B} =$ の左辺はどちらも磁場を長さで微分した量であり [磁場/長さ] という次元の式である．したがって静磁場の式の左右の次元は

$$\left[\frac{\text{磁場}}{\text{長さ}}\right] = \left[\frac{\text{電流/長さ}}{\text{長さ}}\right] = \left[\frac{\text{電流}}{\text{長さ}^2}\right]$$

となり，$\nabla \cdot \boldsymbol{B} =$ または $\nabla \times \boldsymbol{B} =$ の右辺には電流の面積密度と μ_0 が（分子に）入るべきであることが予想される．電流の面積密度（以下は電流密度と略す）とは，例えば電流 I が断面積 S の導線を流れているならば $J = I/S$ で定義される．電流は流れている向きが定義されるから，電流密度もベクトル量 $\boldsymbol{J}$ で定義し，大きさは流れている電流と流れている領域の断面積の比，向きはそのまま電流の流れる向きと定義する．したがって $\mu_0 \boldsymbol{J}$ のような量が入りそうであるが，$\nabla \cdot \boldsymbol{B} =$ はスカラー式，$\nabla \times \boldsymbol{B} =$ はベクトル式であるから，$\mu_0 \boldsymbol{J}$ が入るのは $\nabla \times \boldsymbol{B} =$ の方であり

$$\nabla \times \boldsymbol{B}(\boldsymbol{x}) = \mu_0 \boldsymbol{J}(\boldsymbol{x}) \tag{5.11}$$

である．これは**アンペールの法則**の微分形と言える．すなわち式 (5.11) を $\boldsymbol{J}$ に垂直な半径 R の円で表面積分し，左辺にストークスの定理 (3.67) を使えば

$$\int_s \boldsymbol{B} \cdot d\boldsymbol{s} = \mu_0 \int_S \boldsymbol{J} \cdot \boldsymbol{n} dS = \mu_0 I$$

である．周回積分は半径 R の円なので大きさだけ取り出せば $B = \mu_0 I/2\pi R$ というアンペールの法則が再現される．

最後に $\nabla \cdot \boldsymbol{B} =$ の右辺は，これまでの人類による自然観察によれば

$$\nabla \cdot \boldsymbol{B}(\boldsymbol{x}) = 0 \tag{5.12}$$

が結論である．静磁場は必ず横型（湧き出しなし）であり*9，電流による横型の場しか存在しない．

---

*9 時間的に変動する電磁場においても磁場は横型のみである．

式 (5.12) は，電場を作る源である電荷に対応する「磁荷」(magnetic charge) が自然界にはいくら探しても見つからない，ということを表している．磁荷は自然界に存在しえない，存在してはいけないと言っているわけではない．この宇宙に本当に磁荷（磁気単極子，**モノポール**）が存在しないのかどうかはわかっておらず，探査は行われているが，いまだ見つかっていない．

時間と遅延

マクスウェル方程式には**近接作用**の考えが取り入れられているが，静電磁場の式には空間的な意味での近接作用しか入っていない．すなわちここまでは時間的に変化しない電荷と電流とを源として作られる静的な場 $\boldsymbol{E}(\boldsymbol{x}), \boldsymbol{B}(\boldsymbol{x})$ のみを考えてきており，時間の概念はまだいっさい登場していない．しかし本当に近接作用の考えを貫くならば「時間的な近接」をも考える必要がある．位置 $\boldsymbol{x}'$ にある電荷や電流の影響によって，そこからある距離だけ離れた場所 $\boldsymbol{x}$ に電場や磁場が作られるならば，その影響が $\boldsymbol{x}$ に現れるまでにはある有限の時間[*10]が経った後であるはずだが，静電磁場には時間の概念がなく，$\boldsymbol{x}'$ にある源の影響は瞬時に $\boldsymbol{x}$ に伝わる，$\boldsymbol{x}'$ と $\boldsymbol{x}$ でのできごとは同時に起こる，ということが暗黙のうちに仮定されてしまっている．これは物理的には起こりえないことが今ではわかっている（情報の伝達速度は光速 c を超えない）ため，マクスウェル方程式には時間を考慮に入れた $\boldsymbol{E}(\boldsymbol{x}, t), \boldsymbol{B}(\boldsymbol{x}, t)$ を扱うための修正が必要となる．これは第 7 章での準備の後に第 8 章で扱う．

ただし光速は $c = 299792458 \simeq 3 \times 10^8$ m/s という値をもち，短い距離を伝わるために必要な時間はほぼゼロとみなせるので静電磁場の式がそのまま使えるケースは多い．これが次章のテーマである．

---

*10 物理学において「有限」(finite) という言葉は「無限大ではない」または「ゼロではない」という異なる 2 種類の意味で使われるので，文脈に応じて正しく読み取る必要がある．ここでは後者の意味である．

5.6　ポテンシャルによる静電磁場の記述

マクスウェル方程式 (5.10) $\nabla \times \boldsymbol{E}(\boldsymbol{x}) = 0$ より静電場は縦型であり，スカラーポテンシャルだけによって

$$\boldsymbol{E} = -\nabla \phi(\boldsymbol{x}) \tag{5.13}$$

と表すことができる．これを式 (5.8) に代入すれば

$$\nabla^2 \phi(\boldsymbol{x}) = -\frac{\rho(\boldsymbol{x})}{\epsilon_0} \tag{5.14}$$

というポアソン方程式となる．電場 $\boldsymbol{E}$ は 3 成分，スカラーポテンシャル ϕ は 1 成分だけであるから，スカラーポテンシャルを決定するだけで後は勾配をとれば電場の 3 成分が得られるならばスカラーポテンシャルの方が本質的な量であると考えられる．

また式 (5.12) $\nabla \cdot \boldsymbol{B} = 0$ より磁場 $\boldsymbol{B}(\boldsymbol{x})$ は横型であり，ベクトルポテンシャルのみによって

$$\boldsymbol{B}(\boldsymbol{x}) = \nabla \times \boldsymbol{A}(\boldsymbol{x}) \tag{5.15}$$

と表すことができる．これを式 (5.11) に代入し，$\nabla \times (\nabla \times \boldsymbol{A})$ の公式 (3.25) を使えば

$$\nabla(\nabla \cdot \boldsymbol{A}(\boldsymbol{x})) - \nabla^2 \boldsymbol{A}(\boldsymbol{x}) = \mu_0 \boldsymbol{J}(\boldsymbol{x}) \tag{5.16}$$

が得られる．5.4 節で議論したようにベクトルポテンシャルには発散をどうとってもよいという自由度があるので，$\nabla \cdot \boldsymbol{A} = 0$ ととれば（**クーロン条件**）ベクトルポテンシャルもポアソン方程式にしたがうようにできる．

$$\nabla^2 \boldsymbol{A}(\boldsymbol{x}) = -\mu_0 \boldsymbol{J}(\boldsymbol{x}) \tag{5.17}$$

ポテンシャル $\phi, \boldsymbol{A}$ またはそれらの間に課す条件のことを**ゲージ条件**と呼び，$\nabla \cdot \boldsymbol{A} = 0$ というクーロン条件をゲージ条件とすることを**クーロンゲージ** (Coulomb gauge) をとるという．ゲージ条件 $\nabla \cdot \boldsymbol{A} = 0$ のもとでの 2 本のポアソン方程式 (5.14) (5.17) は，静電磁場の 4 つのマクスウェル方程式の全ての情報

をもっている．磁場は3成分でベクトルポテンシャルも3成分であるから，電場のときのように成分の数では得しているわけではない．しかしスカラーポテンシャルとベクトルポテンシャルを合わせても4成分であり，そこから電場 $\boldsymbol{E}$ と磁場 $\boldsymbol{B}$ の6成分が得られるなら，ポテンシャルを得ることには意味があるだろう．なお量子力学をベースとする現代の物理学では，電場と磁場よりもポテンシャルの方がより本質的な量と考えられている*11.

5.6.1 ポテンシャルから電磁場を求める

電荷分布 $\rho(\boldsymbol{x})$ が作るポテンシャルはポアソン方程式 (5.14) $\nabla^2\phi(\boldsymbol{x}) = -\rho(\boldsymbol{x})/\epsilon_0$ の解であり，式 (4.27) において $g(\boldsymbol{x}') = \rho(\boldsymbol{x}')/\epsilon_0$ とすれば，電場源となる電荷 $\rho(\boldsymbol{x}')$ は領域 V' 内に全て含まれているならば

$$\phi(\boldsymbol{x}) = \frac{1}{4\pi\epsilon_0}\int_{V'}\frac{\rho(\boldsymbol{x}')}{R}\,dV' = \frac{1}{4\pi\epsilon_0}\int_{V'}\frac{\rho(\boldsymbol{x}')}{|\boldsymbol{x}-\boldsymbol{x}'|}\,dV' \tag{5.18}$$

である．積分とは積分領域をまず細かく分割し，被積分関数とのかけ算をして最後に足し上げることであるから，式 (5.18) の心を読み上げると

- 領域 V' 内に電荷が分布しており，
- これを細かく分割して微小体積 dV' のほぼ点電荷の集まりとみなし，
- 位置 $\boldsymbol{x}'$ の微小体積における電荷密度は $\rho(\boldsymbol{x}')$ で，
- その微小体積内の電荷は $dq = \rho(\boldsymbol{x}')\,dV'$ で，
- この電荷 dq は点電荷とみなせるので位置 $\boldsymbol{x}$ に作るポテンシャルは $(1/4\pi\epsilon_0)dq/R = (1/4\pi\epsilon_0)\rho(\boldsymbol{x}')\,dV'/|\boldsymbol{x}-\boldsymbol{x}'|$ で（クーロンの法則），
- これを領域 V' 全体で足し合わせれば全電荷によって位置 $\boldsymbol{x}$ に作られるポテンシャル $\phi(\boldsymbol{x})$ が得られる

*11 R. ファインマン (R.P. Feynman 1918-1988) の言葉をここに引用しておく [3]. “··· *In the general theory of quantum electrodynamics, one takes the vector and scalar potentials as the fundamental quantities in a set of equations that replace the Maxwell equations:* $\boldsymbol{E}$ *and* $\boldsymbol{B}$ *are slowly disappearing from the modern expression of physical laws; they are being replaced by* $\boldsymbol{A}$ *and* ϕ.” ただし理論構成としてはそうであるが，現実の電磁気現象において電荷の運動や放射として観測にかかり知覚・認識されるのは $\boldsymbol{E}, \boldsymbol{B}$ である．第9章で扱う電磁波の放射の議論にはポテンシャルではなくもっぱら $\boldsymbol{E}$ を用いる．

となる．ポテンシャルを求めたい位置 $\boldsymbol{x}$ は右辺の $R = |\boldsymbol{x} - \boldsymbol{x}'|$ の中にいる．

電場はスカラーポテンシャル ϕ (5.18) の勾配に負号をつけたもので

$$
\begin{aligned}
\boldsymbol{E}(\boldsymbol{x}) &= -\boldsymbol{\nabla}\phi(\boldsymbol{x}) = -\frac{1}{4\pi\epsilon_0}\boldsymbol{\nabla}\int_{V'}\frac{\rho(\boldsymbol{x}')}{R}\,dV' = -\frac{1}{4\pi\epsilon_0}\int_{V'}\boldsymbol{\nabla}\frac{\rho(\boldsymbol{x}')}{R}\,dV' \\
&= -\frac{1}{4\pi\epsilon_0}\int_{V'}\left(\frac{\boldsymbol{\nabla}\rho(\boldsymbol{x}')}{R} + \rho(\boldsymbol{x}')\boldsymbol{\nabla}\frac{1}{R}\right)dV' = \frac{1}{4\pi\epsilon_0}\int_{V'}\frac{\rho(\boldsymbol{x}')}{R^2}\hat{\boldsymbol{R}}\,dV' \qquad (5.19)
\end{aligned}
$$

となる．$\rho(\boldsymbol{x}')$ は $\boldsymbol{x}$ の関数ではないから $\boldsymbol{\nabla}\rho(\boldsymbol{x}') = 0$ であることを使った．これを声を出して読み上げれば

- 領域 V' 内の電荷を細かくほぼ点電荷とみなせる $\rho(\boldsymbol{x}')\,dV'$ の集まりに分割し
- 個々の点電荷が位置 $\boldsymbol{x}$ に作る電場は大きさが $(1/4\pi\epsilon_0)\rho(\boldsymbol{x}')\,dV'/R^2 = (1/4\pi\epsilon_0)\rho(\boldsymbol{x}')\,dV'/|\boldsymbol{x} - \boldsymbol{x}'|^2$，向きは $\boldsymbol{x}' \to \boldsymbol{x}$ で（クーロンの法則）
- それを領域 V' 内の全電荷について足し上げる

となる．

電流の作るベクトルポテンシャルがしたがう方程式は式 (5.16) であるが，クーロンゲージ $\boldsymbol{\nabla}\cdot\boldsymbol{A} = 0$ とすればポアソン方程式 (5.17) となる．電流 $\boldsymbol{J}(\boldsymbol{x})$ が局在していて V' 内に全て含まれそれ以外の磁場源が存在しないならばその解は式 (4.35) よりただちに

$$
\boldsymbol{A}(\boldsymbol{x}) = \frac{\mu_0}{4\pi}\int_{V'}\frac{\boldsymbol{J}(\boldsymbol{x}')}{R}\,dV' \qquad (5.20)
$$

が得られ，そこから導かれる磁場は

$$
\begin{aligned}
\boldsymbol{B}(\boldsymbol{x}) &= \boldsymbol{\nabla}\times\boldsymbol{A}(\boldsymbol{x}) = \frac{\mu_0}{4\pi}\boldsymbol{\nabla}\times\int_{V'}\frac{\boldsymbol{J}(\boldsymbol{x}')}{R}\,dV' = \frac{\mu_0}{4\pi}\int_{V'}\boldsymbol{\nabla}\times\frac{\boldsymbol{J}(\boldsymbol{x}')}{R}\,dV' \\
&= \frac{\mu_0}{4\pi}\int_{V'}\left(\frac{\boldsymbol{\nabla}\times\boldsymbol{J}(\boldsymbol{x}')}{R} + \boldsymbol{\nabla}\frac{1}{R}\times\boldsymbol{J}(\boldsymbol{x}')\right)dV' \\
&= \frac{\mu_0}{4\pi}\int_{V'}\frac{-\hat{\boldsymbol{R}}}{R^2}\times\boldsymbol{J}(\boldsymbol{x}')\,dV' = \frac{\mu_0}{4\pi}\int_{V'}\frac{\boldsymbol{J}(\boldsymbol{x}')}{R^2}\times\hat{\boldsymbol{R}}\,dV' \qquad (5.21)
\end{aligned}
$$

となる．ここでベクトル公式 (3.29) と $\boldsymbol{\nabla}\times\boldsymbol{J}(\boldsymbol{x}') = 0$ を用いた．静電場の式 (5.19) と見比べよう．

第5章まとめ

- $\nabla \times \boldsymbol{E} = 0$ である場を縦型・渦なしの場，$\nabla \cdot \boldsymbol{B} = 0$ である場を横型・湧き出しなしの場という．
- 縦型の場 $\boldsymbol{E}(\boldsymbol{x})$ はスカラーポテンシャル $\phi(\boldsymbol{x})$ だけによって $\boldsymbol{E}(\boldsymbol{x}) = -\nabla\phi(\boldsymbol{x})$ と表せる．横型の場 $\boldsymbol{B}(\boldsymbol{x})$ はベクトルポテンシャル $\boldsymbol{A}(\boldsymbol{x})$ だけによって $\boldsymbol{B}(\boldsymbol{x}) = \nabla \times \boldsymbol{A}(\boldsymbol{x})$ と表せる．
- ヘルムホルツの定理：一般のベクトル場 $\boldsymbol{F}(\boldsymbol{x})$ はスカラーポテンシャルとベクトルポテンシャルによって $\boldsymbol{F}(\boldsymbol{x}) = -\nabla\phi(\boldsymbol{x}) + \nabla \times \boldsymbol{A}(\boldsymbol{x})$ と表せる．発散 $\nabla \cdot \boldsymbol{F}(x)$ が与えられればスカラーポテンシャル $\phi(\boldsymbol{x})$ が決まり，回転 $\nabla \times \boldsymbol{F}(\boldsymbol{x})$ が与えられればベクトルポテンシャル $\boldsymbol{A}(\boldsymbol{x})$ が決まる．
- 静電磁場の基礎方程式

$$\nabla \cdot \boldsymbol{E}(\boldsymbol{x}) = \frac{\rho(\boldsymbol{x})}{\epsilon_0} \quad \text{（クーロンの法則）} \tag{5.8}$$

$$\nabla \times \boldsymbol{E}(\boldsymbol{x}) = 0 \tag{5.10}$$

$$\nabla \cdot \boldsymbol{B}(\boldsymbol{x}) = 0 \quad \text{（磁荷は存在しない）} \tag{5.12}$$

$$\nabla \times \boldsymbol{B}(\boldsymbol{x}) = \mu_0 \boldsymbol{J}(\boldsymbol{x}) \quad \text{（アンペールの法則）} \tag{5.11}$$

演習問題

1. 大域的に勾配がゼロであるようなスカラー場は大域的な定数しかありえないことを証明せよ．
2. 縦型のベクトル場 $\boldsymbol{E}(\boldsymbol{x})$ があるとき，スカラー場 $f(\boldsymbol{x}) = f(x, y, z)$ を

$$\frac{\partial h}{\partial x} = E_x(x, b, c), \quad h(x, y) = \int_a^x E_x(x, b, c)dx,$$

$$f(x, y, z) = \int_a^x E_x(x, b, c)dx + \int_b^y E_y(x, y, c)dy + \int_c^z E_z(x, y, z)dz \tag{5.22}$$

のようにとれば $f(\boldsymbol{x})$ は $\boldsymbol{E}(\boldsymbol{x})$ を導くスカラーポテンシャルになることを示せ．

3. 横型のベクトル場 $\boldsymbol{B}(\boldsymbol{x})$ があるとき，別のベクトル場 $\boldsymbol{A}(\boldsymbol{x}) = \boldsymbol{A}(x, y, z)$ として

$$
\begin{aligned}
A_x(\boldsymbol{x}) &= 0, \\
A_y(\boldsymbol{x}) &= \int_a^x B_z(x', y, z)dx' + \int_c^z B_x(a, y, z')dz', \\
A_z(\boldsymbol{x}) &= -\int_a^x B_y(x', y, z)dx'
\end{aligned}
$$

を定義すれば $\boldsymbol{A}$ は $\boldsymbol{B}$ を導くベクトルポテンシャルになることを示せ．

4. 公式 (3.26) (4.12) (4.24) (3.64) (3.66) (3.74) (3.75) (3.77) (3.78) について復習し，ヘルムホルツの定理の証明を追え．
5. 105 ページのファインマンの言葉を日本語に訳せ．

第6章

静電磁場

6.1　電気力線のイメージ

6.1.1　電気力線

力線 (line of force, flux lines) とは，その接線がベクトル場 $\boldsymbol{A}(\boldsymbol{x})$ の向きを与えるような曲線である．電場の場合は**電気力線**，磁場の場合は**磁力線**と呼ぶ．力線は物理的実体をもっているわけではないが，ベクトル場をイメージするためには便利である．

力線が理由なく発せられたり途切れたりすることはなく，そういうことが起こっているように見えるならば必ず理由が存在する．ある 1 点から電気力線が発せられているように見えるならば，そこには必ず正電荷が存在しており，ある 1 点で電気力線が終わっているように見えるならば，そこには必ず負電荷が存在している．電気力線は 2 本が交わってそれぞれそのままのびていくようなことは起こらない．もし電気力線が交わってしまうと，その交わった点ではそれぞれの電気力線の接線で与えられる 2 つのベクトルによって場が 2 価関数であるような奇妙なことになってしまうが，そのような事例は知られていない．

6.1.2 静電場の縦成分と発散

一般論として，ベクトル場の発散 $\nabla \cdot \boldsymbol{E}(\boldsymbol{x})$ に出会ったら，ガウスの定理 (3.64) によって

$$\nabla \cdot \boldsymbol{E}(\boldsymbol{x}) \longrightarrow \nabla \cdot \boldsymbol{E}(\boldsymbol{x})\, dV \longrightarrow \boldsymbol{E}(\boldsymbol{x}) \cdot d\boldsymbol{S} \tag{6.1}$$

という変換を頭の中で素早く行い，その一点 $\boldsymbol{x}$ を微小領域 $d\boldsymbol{S}$ で囲み，これを貫く電気力線をイメージするとよい．その領域内に電荷が存在しなければ $\boldsymbol{E}(\boldsymbol{x}) \cdot d\boldsymbol{S} = 0$ である．$\boldsymbol{E}(\boldsymbol{x}) \cdot d\boldsymbol{S}$ がゼロでないなら，その値はその領域内に存在している電荷量（を ϵ_0 で割ったもの）に等しい．図 6.1 左のような状況を考えよう．電気力線の走っている空間にいくつか閉曲面を考える．閉曲面 $d\boldsymbol{S}$ に対し，$\boldsymbol{E}(\boldsymbol{x}) \cdot d\boldsymbol{S}$ がゼロでないのは図中の A, B, C, D, E, F についてのみであり，それ以外では全てゼロである．これは閉曲面を電気力線が貫いていないか，または貫いていても「出」と「入り」が同じ数だからである．

電荷はウニのようなものだと思えばよい．電荷量はウニのとげの本数で，本数の面積密度が電場 $\boldsymbol{E}$ である．発散 $\nabla \cdot \boldsymbol{E}$ を見たら，ウニをある面積 $d\boldsymbol{S}$，体積 dV の微小な球で包んでみよう．球にあいた穴は，内から外に抜けたか外から内に抜けたかがわかるようになっているとする．内 → 外の穴の数と外 → 内の穴の数を数え，その差を体積 dV で割ったものが $\nabla \cdot \boldsymbol{E}$ である．ウニ本体はおらずとげだけを包めば必ず内 → 外と外 → 内にあく穴の数は等しく，発散はゼロである．

微小領域 A については $\boldsymbol{E}(\boldsymbol{x}) \cdot d\boldsymbol{S} > 0$ である．これは $\nabla \cdot \boldsymbol{E}$ が「出」に対して正と定義されるからである．A の領域内には正の電荷が存在しており，その電荷量に比例した本数の電気力線が発せられている．そこから出た電気力線は，微小領域 B および微小領域 F 内の 1 点で終わっている．ここにはどちらにも負の電荷が存在していなければならない．微小領域 B と微小領域 F はどちらも電気力線が「入り」であり，$\boldsymbol{E}(\boldsymbol{x}) \cdot d\boldsymbol{S} < 0$ である．同様のことは微小領域 C, D, E にも言えて，微小領域 C では $\boldsymbol{E}(\boldsymbol{x}) \cdot d\boldsymbol{S} > 0$，微小領域 D, E では $\boldsymbol{E}(\boldsymbol{x}) \cdot d\boldsymbol{S} < 0$ である．もちろん $\boldsymbol{E}(\boldsymbol{x}) \cdot d\boldsymbol{S}$ の値は単にゼロ，正，負の 3 種類に分類するだけのものではなく，その値は電荷量という意味をもつ．

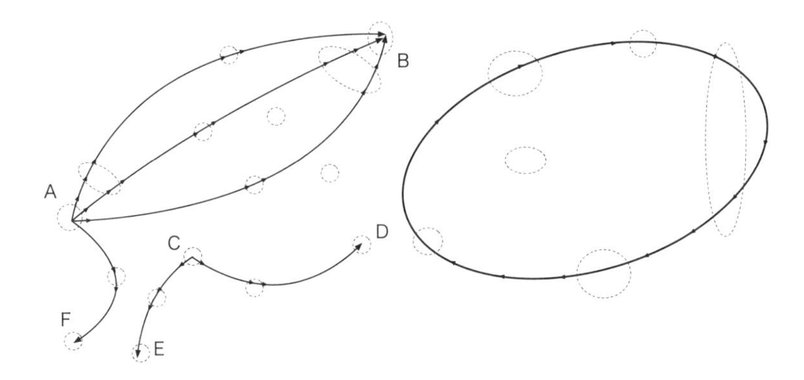

図 6.1 静電場の電気力線と $\nabla \cdot \boldsymbol{E}(\boldsymbol{x}) = \nabla \cdot \boldsymbol{E}(\boldsymbol{x})$. 電気力線の走っている空間にいくつか閉曲面を考える（図では 2 次元的な閉じた円か楕円に見えるが，立体的な球状・楕円体状領域と考えてほしい）. 左：閉曲面 $d\boldsymbol{S}$ に対し，$\boldsymbol{E}(\boldsymbol{x}) \cdot d\boldsymbol{S}$ がゼロでないのは図中の A, B, C, D, E, F についてのみであり，それ以外では全てゼロである．右：静電場においてはループ状の電気力線は $\nabla \times \boldsymbol{E}(\boldsymbol{x}) = 0$ によって禁止される．もし閉じてしまうと，ストークスの定理により，ある閉曲線に沿って $\oint \boldsymbol{E} \cdot d\boldsymbol{s}$ がゼロでない値をもってしまう．ただし時間的に変動する電磁場の場合はその限りではない．

6.1.3 静電場の横成分はゼロ

図 6.1 右のようなループ状の電気力線はどうか？ 電気力線はどこでも切れていないので電荷は存在していない．そしてどのように閉曲線をとっても $\nabla \cdot \boldsymbol{E}(\boldsymbol{x}) = 0$ となるので，電荷が存在していないならば $\nabla \cdot \boldsymbol{E}(\boldsymbol{x}) = 0$ は自然なことであり，したがって (5.8) $\nabla \cdot \boldsymbol{E} = \rho/\epsilon_0$ はループ状の電気力線，つまり横型の電場を禁止してはいない．しかしそれは (5.10) $\nabla \times \boldsymbol{E} = 0$ によって禁止されるのである．静電場ではいつでも横成分 $\boldsymbol{E}_T(\boldsymbol{x})$ はゼロで，静止した電荷によって作られる縦成分 $\boldsymbol{E}_L(\boldsymbol{x})$ だけが存在する．

6.2　点電荷の作る電場

位置 $\boldsymbol{x}' = \boldsymbol{x}'_0$ に置かれた点電荷 $+q$ を表す電荷密度関数は式 (4.13) より

$$\rho(\boldsymbol{x}'; \boldsymbol{x}'_0) = q\delta^3(\boldsymbol{x}' - \boldsymbol{x}'_0)$$

である．ポテンシャルはポアソン方程式 (5.14) $\nabla^2\phi(\boldsymbol{x}) = -\rho(\boldsymbol{x})/\epsilon_0$ の解であり，式 (4.27) において $g(\boldsymbol{x}') = \rho(\boldsymbol{x}')/\epsilon_0 = q\delta^3(\boldsymbol{x}' - \boldsymbol{x}'_0)/\epsilon_0$ を代入すれば

$$\begin{aligned}\phi_q(\boldsymbol{x}; \boldsymbol{x}'_0) &= \frac{1}{4\pi\epsilon_0}\int_{V'}\frac{q\delta^3(\boldsymbol{x}' - \boldsymbol{x}'_0)}{R}\,dV' = \frac{q}{4\pi\epsilon_0}\int_{V'}\frac{\delta^3(\boldsymbol{x}' - \boldsymbol{x}'_0)}{|\boldsymbol{x} - \boldsymbol{x}'|}\,dV' \\ &= \frac{q}{4\pi\epsilon_0}\frac{1}{|\boldsymbol{x} - \boldsymbol{x}'_0|}\end{aligned}$$

である．デルタ関数の積分が終わったこのタイミングで，見やすくするために点電荷の位置を $\boldsymbol{x}'_0 \to \boldsymbol{x}'$ に替えておこう．

$$\phi_q(\boldsymbol{x}; \boldsymbol{x}') = \frac{q}{4\pi\epsilon_0}\frac{1}{|\boldsymbol{x} - \boldsymbol{x}'|} = \frac{q}{4\pi\epsilon_0}\frac{1}{R} \tag{6.2}$$

電場は $\boldsymbol{E} = -\boldsymbol{\nabla}\phi_q$ だから式 (3.48) を使えば

$$\boldsymbol{E}(\boldsymbol{x}; \boldsymbol{x}') = -\frac{q}{4\pi\epsilon_0}\boldsymbol{\nabla}\frac{1}{R} = \frac{q}{4\pi\epsilon_0}\frac{1}{R^2}\hat{\boldsymbol{R}} \tag{6.3}$$

となってクーロンの法則が得られる．式 (6.3) の発散 $\boldsymbol{\nabla}\cdot\boldsymbol{E}$ をとればマクスウェル方程式 (5.8) に戻ることは式 (4.24) (4.13) を使えば示すことができる．

また電荷密度関数 (4.13) を式 (5.19) に代入することによってポテンシャルをバイパスして

$$\begin{aligned}\boldsymbol{E}(\boldsymbol{x}) &= \frac{q}{4\pi\epsilon_0}\int_{V'}\frac{\delta(\boldsymbol{x}' - \boldsymbol{x}'_0)}{R^2}\hat{\boldsymbol{R}}\,dV' = \frac{q}{4\pi\epsilon_0}\int_{V'}\frac{\delta^3(\boldsymbol{x}' - \boldsymbol{x}'_0)}{|\boldsymbol{x} - \boldsymbol{x}'|^2}\frac{\boldsymbol{x} - \boldsymbol{x}'}{|\boldsymbol{x} - \boldsymbol{x}'|}\,dV' \\ &= \frac{q}{4\pi\epsilon_0}\frac{1}{|\boldsymbol{x} - \boldsymbol{x}'_0|^2}\frac{\boldsymbol{x} - \boldsymbol{x}'_0}{|\boldsymbol{x} - \boldsymbol{x}'_0|}\end{aligned}$$

と得ることもできる．$\boldsymbol{x}'_0 \to \boldsymbol{x}'$ と書き換えれば式 (6.3) と一致する．

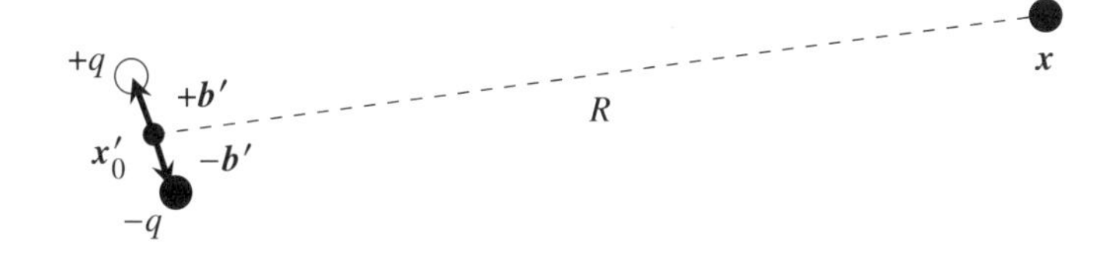

図 6.2　電気双極子：位置 $\boldsymbol{x}'_0$ を中心にしてわずかに離れた位置 $\boldsymbol{x}'_0 \pm \boldsymbol{b}'$ に正負の点電荷 $\pm q$ がある．観測者の位置 $\boldsymbol{x}$ は双極子の位置 $\boldsymbol{x}'_0$ から十分離れており，$|\boldsymbol{b}'|$ は十分小さく $R = |\boldsymbol{x} - \boldsymbol{x}'_0| \gg |\boldsymbol{b}'|$ と考える．電気双極子は遠くから見れば点状でありながら向き $-q \to +q$ をもった電場源と考えることができる．

6.3　電気双極子

電気双極子 (electric dipole) とは正負等量の点電荷 $\pm q$ を微小距離だけ離して置いたものを全体として 1 つの点状の電場源とみなしたものである（図 6.2）．これは点電荷に次ぐ単純な系であり，電磁気現象の理解にとって非常に大切な問題である．異符号の電荷であれば引き合ってくっついてしまいそうだが，何らかの方法によって両点電荷はくっつかずにいられているとし，かつこの距離は $\to 0$ の極限をとったものとして考える．もし正負の点電荷が同じ場所に置かれていれば，互いの作る場はキャンセルし合って電場は発生しないが，正負の電荷の位置をわずかにずらしておくと，総電荷量はゼロでもキャンセルし合わずに残る電場がある．

6.3.1　電気双極子の電荷密度

電気双極子の正負の点電荷 $\pm q$ の位置を $\boldsymbol{x}'_0 \pm \boldsymbol{b}'$ とすると，周りの空間 $\boldsymbol{x}'$ の関数としての電荷密度は

$$\rho_d(\boldsymbol{x}'; \boldsymbol{x}'_0) = +q\delta^3(\boldsymbol{x}' - (\boldsymbol{x}'_0 + \boldsymbol{b}')) - q\delta^3(\boldsymbol{x}' - (\boldsymbol{x}'_0 - \boldsymbol{b}'))$$

である．$\boldsymbol{b}'$ が微小であることからデルタ関数の 1 次近似 (4.21) (4.22) を用いると

$$\begin{aligned}\rho_d(\boldsymbol{x}';\boldsymbol{x}_0') &= +q\delta^3((\boldsymbol{x}'-\boldsymbol{x}_0')-\boldsymbol{b}')) - q\delta^3((\boldsymbol{x}'-\boldsymbol{x}_0')+\boldsymbol{b}')) \\ &= +q\left(\delta^3(\boldsymbol{x}'-\boldsymbol{x}_0') - \boldsymbol{\nabla}'\delta^3(\boldsymbol{x}'-\boldsymbol{x}_0')\cdot\boldsymbol{b}'\right) \\ &\quad - q\left(\delta^3(\boldsymbol{x}'-\boldsymbol{x}_0') + \boldsymbol{\nabla}'\delta^3(\boldsymbol{x}'-\boldsymbol{x}_0')\cdot\boldsymbol{b}'\right) \\ &= -2q\boldsymbol{b}'\cdot\boldsymbol{\nabla}'\delta^3(\boldsymbol{x}'-\boldsymbol{x}_0') \equiv -\boldsymbol{p}\cdot\boldsymbol{\nabla}'\delta^3(\boldsymbol{x}'-\boldsymbol{x}_0')\end{aligned} \tag{6.4}$$

と表せる．ここで定義した $\boldsymbol{p} \equiv 2q\boldsymbol{b}'$ は $-q \to +q$ の向きのベクトルで**電気双極子モーメント** (electric dipole moment) と呼ばれる[*1]．中心位置 $\boldsymbol{x}_0'$ 付近にいる正負の点電荷を表す項 $\pm q\delta^3(\boldsymbol{x}'-\boldsymbol{x}_0')$ はキャンセルし合い，微小な補正項 $-q\boldsymbol{\nabla}'\delta^3(\boldsymbol{x}'-\boldsymbol{x}_0')\cdot\boldsymbol{b}'$ の方は足し合わされた．これは全電荷がゼロであることと，正の点電荷を $\boldsymbol{b}'$ だけずらすことと負の点電荷を $-\boldsymbol{b}'$ だけずらすことは観測者にとって同じ効果をもたらすこととを意味する．

電気双極子の電荷密度関数が式 (6.4) のようにデルタ関数の微分で表せることは図 4.4 右下からイメージしよう．また式 (6.4) は，電気双極子が点状でありながら向きをもつ電場源であるということをよく表している．もともとデルタ関数で表される正負の点電荷 $\pm q$ がきわめて微小な距離 $\boldsymbol{b}'$ だけ隔てて置かれていることで，電気双極子自体もやはりデルタ関数を使って表すことができる．また位置 $\boldsymbol{x}_0'$ にある電気双極子を自分がどういう位置 $\boldsymbol{x}'$ から見るかによってどのような電荷分布に見えるかが変わることが内積 $\boldsymbol{p}\cdot\boldsymbol{\nabla}'\delta^3(\boldsymbol{x}'-\boldsymbol{x}_0')$ によって表されている．4.1.6 項で述べたように，デルタ関数の勾配であるベクトル $\boldsymbol{\nabla}'\delta^3(\boldsymbol{x}'-\boldsymbol{x}_0')$ は山の麓 $\boldsymbol{x}'$ から山の頂き $\boldsymbol{x}_0'$ を望む $\boldsymbol{x}'\to\boldsymbol{x}_0'$ という視線の向きと考えてよい．$\boldsymbol{p}$ は電荷の配置で向きが決まり，$\boldsymbol{\nabla}'\delta^3(\boldsymbol{x}'-\boldsymbol{x}_0')$ はこれをどの方向から眺めるかを表す．

[*1] $\boldsymbol{p} = 2q\boldsymbol{b}'$ の係数 2 は電荷 q にかかっているのではなく 2 つの電荷間の距離 $2|\boldsymbol{b}'|$ を表している．

6.3.2 電気双極子の作るポテンシャル $\phi \propto 1/R^2$

電気双極子の電荷密度 ρ_d (6.4) をポテンシャルを決める式 (5.18) に代入すれば双極子の作るスカラーポテンシャル ϕ_d が得られる．デルタ関数の微分は被積分関数の微分の値を取り出すという公式 (4.20) を使えば

$$\begin{aligned}\phi_d(\boldsymbol{x};\boldsymbol{x}_0') &= \frac{1}{4\pi\epsilon_0}\int_{V'}\frac{\rho}{R}\,dV' = \frac{1}{4\pi\epsilon_0}\int_{V'}\frac{-\boldsymbol{p}\cdot\boldsymbol{\nabla}'\delta^3(\boldsymbol{x}'-\boldsymbol{x}_0')}{|\boldsymbol{x}-\boldsymbol{x}'|}\,dV' \\ &= \frac{1}{4\pi\epsilon_0}\boldsymbol{p}\cdot\boldsymbol{\nabla}'\frac{1}{|\boldsymbol{x}-\boldsymbol{x}'|}\bigg|_{\boldsymbol{x}'=\boldsymbol{x}_0'} = \frac{1}{4\pi\epsilon_0}\frac{\boldsymbol{p}\cdot\hat{\boldsymbol{R}}_0}{R_0^2} \\ \boldsymbol{R}_0 &\equiv |\boldsymbol{x}-\boldsymbol{x}_0'|, \quad \hat{\boldsymbol{R}}_0 \equiv \frac{\boldsymbol{x}-\boldsymbol{x}_0}{|\boldsymbol{x}-\boldsymbol{x}_0|}\end{aligned}$$

となる．右辺は $1/|\boldsymbol{x}-\boldsymbol{x}'|$ を $\boldsymbol{x}'$ で微分してから $\boldsymbol{x}'=\boldsymbol{x}_0'$ を代入する意味である．デルタ関数はもう用済みなので見やすいようにここで $\boldsymbol{x}_0' \to \boldsymbol{x}'$，$R_0 \to R$，$\hat{\boldsymbol{R}}_0 \to \hat{\boldsymbol{R}}$ に変えておこう．位置 $\boldsymbol{x}'$ にある電気双極子 $\boldsymbol{p}$ が位置 $\boldsymbol{x}$ に作るポテンシャルは

$$\phi_d(\boldsymbol{x};\boldsymbol{x}') = \frac{1}{4\pi\epsilon_0}\boldsymbol{p}\cdot\boldsymbol{\nabla}'\frac{1}{|\boldsymbol{x}-\boldsymbol{x}'|} = \frac{1}{4\pi\epsilon_0}\boldsymbol{p}\cdot\boldsymbol{\nabla}'\frac{1}{R} = \frac{1}{4\pi\epsilon_0}\frac{\boldsymbol{p}\cdot\hat{\boldsymbol{R}}}{R^2}. \tag{6.5}$$

クーロンの法則を思い出すと，点はどの方向から見ても同じように見えるから，点電荷 q の作るポテンシャル (6.2) は（係数 $1/4\pi\epsilon_0$ を除けば）電場源の性質である q （スカラー）と観測者との距離 R によってのみ決まる．電気双極子 $\boldsymbol{p}$ も同じく点状の電場源ではあるが向きをもち，同じ距離であってもどの方向から見るかによってポテンシャルは異なる．したがって電気双極子の作るポテンシャル (6.5) には電場源の性質である $\boldsymbol{p}$ （ベクトル）と観測者との距離 R，これに加えてどの方向から見ているかの情報 $\hat{\boldsymbol{R}}$ が入る（図 6.3）．電気双極子モーメント $\boldsymbol{p}$ はベクトルであり，観測者がどの方向から見ているかによる変化は $\boldsymbol{p}\cdot\hat{\boldsymbol{R}} = p\cos\theta$ によってのみ決まり，$\boldsymbol{p}$ の向きを軸とする円周上からはどの位置からも同じに見える 360° の対称性がある．

点電荷の作るスカラーポテンシャルは係数 $1/4\pi\epsilon_0$ を除けば [電荷/距離] の次元であり，これはいかなる電荷・電場源が作るポテンシャルであっても同じである．電気双極子の作るポテンシャルも同じ次元をもつはずであるが，電気双

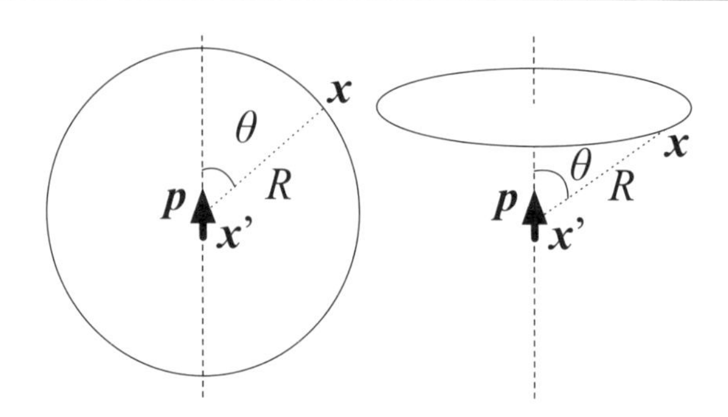

図 6.3　左：観測者との距離 R が同じでも双極子 $\boldsymbol{p}$ を見る角度 θ によって $\boldsymbol{p}\cdot\hat{\boldsymbol{R}} = p\cos\theta$ が変わる．右：θ が同じであれば見え方は同じ．

極子モーメントが [電荷 · 距離] の次元をもつためポテンシャルの式 (6.5) は必然的に [電荷 · 距離/距離^2] という形となり，$\phi \propto 1/R^2$ という距離依存性をもつポテンシャルになる．

式 (6.5) の別導出

電気双極子によるポテンシャル (6.5) の導出法はいくつか考えることができ，一例として既に知っている点電荷の作るポテンシャルに対して 1 次近似を用いる方法もありうる．位置 $\boldsymbol{x}'$ に正電荷 $+q$ があるとき，これが位置 $\boldsymbol{x}$ に作るポテンシャルを $\phi_+(\boldsymbol{x};\boldsymbol{x}')$ と書こう．これが $\phi_+(\boldsymbol{x};\boldsymbol{x}') = \phi_q = q/4\pi\epsilon_0 R$ であることはひとまずおいておく．正電荷の位置を $\boldsymbol{x}'$ から $\boldsymbol{x}'+\boldsymbol{b}'$ にわずかに動かすと，位置 $\boldsymbol{x}$ で観測されるポテンシャルは 1 次近似により $\phi_+(\boldsymbol{x};\boldsymbol{x}'+\boldsymbol{b}') = \phi_+(\boldsymbol{x};\boldsymbol{x}') + \nabla'\phi_+(\boldsymbol{x};\boldsymbol{x}')\cdot\boldsymbol{b}'$ である．負電荷 $-q$ を位置 $\boldsymbol{x}'-\boldsymbol{b}'$ に置いたときのポテンシャルはやはり 1 次近似 (3.45) により

$$\begin{aligned}\phi_-(\boldsymbol{x};\boldsymbol{x}'-\boldsymbol{b}') &= -\phi_+(\boldsymbol{x};\boldsymbol{x}') + \nabla'\left(-\phi_+(\boldsymbol{x};\boldsymbol{x}')\right)\cdot(-\boldsymbol{b}') \\ &= -\phi_+(\boldsymbol{x};\boldsymbol{x}') + \nabla'\phi_+(\boldsymbol{x};\boldsymbol{x}')\cdot\boldsymbol{b}'\end{aligned}$$

であり，両者を重ね合わせれば再び点電荷成分 $\pm\phi_+(\boldsymbol{x};\boldsymbol{x}')$ のキャンセリングと微小補正項 $\nabla'\phi_+(\boldsymbol{x};\boldsymbol{x}')\cdot\boldsymbol{b}'$ の足し合わせが起こり，このタイミングで

$\phi_+(\boldsymbol{x};\boldsymbol{x}') = q/4\pi\epsilon_0 R$ を代入すれば

$$\phi_d(\boldsymbol{x};\boldsymbol{x}') = 2\boldsymbol{\nabla}'\phi_+(\boldsymbol{x};\boldsymbol{x}')\cdot\boldsymbol{b}' = \frac{2q\boldsymbol{b}'}{4\pi\epsilon_0}\cdot\boldsymbol{\nabla}'\frac{1}{R} = \frac{1}{4\pi\epsilon_0}\frac{\boldsymbol{p}\cdot\hat{\boldsymbol{R}}}{R^2}$$

となって式 (6.5) が再現される.

6.3.3 電気双極子による電場 $E \propto 1/R^3$

電気双極子による電場を計算するにはポテンシャルの勾配 $-\boldsymbol{\nabla}\phi_d(\boldsymbol{x})$ を計算すればよく，微分公式 (3.60) およびその修正版である 4.1.7 項の式 (3.60') を使えば

$$\boldsymbol{E}(\boldsymbol{x}) = -\frac{1}{4\pi\epsilon_0}\boldsymbol{\nabla}\frac{\boldsymbol{p}\cdot\hat{\boldsymbol{R}}}{R^2} = \frac{1}{4\pi\epsilon_0}\frac{3(\boldsymbol{p}\cdot\hat{\boldsymbol{R}})\hat{\boldsymbol{R}}-\boldsymbol{p}}{R^3} - \frac{\boldsymbol{p}}{3\epsilon_0}\delta^3(\boldsymbol{R}) \tag{6.6}$$

となる[*2]. 右辺第 2 項のデルタ関数は電気双極子の位置 $\boldsymbol{R}=0$ さえ除けば空間内の全ての点でゼロであり，周辺の電場は右辺第 1 項だけで表される.

極座標であれば勾配は式 (A.33) で与えられ，$x = r\boldsymbol{e}_r$，$\boldsymbol{p}\cdot\boldsymbol{x} = pr\cos\theta$，それと $\boldsymbol{p}\cdot\boldsymbol{e}_r = p\cos\theta$, $\boldsymbol{p}\cdot\boldsymbol{e}_\theta = p\sin\theta$, $\boldsymbol{p}\cdot\boldsymbol{e}_\phi = 0$ を用いて

$$E_r(\boldsymbol{x}) = -\frac{\partial\phi}{\partial r} = \frac{1}{4\pi\epsilon_0}\frac{2p\cos\theta}{r^3} \tag{6.7}$$

$$E_\theta(\boldsymbol{x}) = -\frac{1}{r}\frac{\partial\phi}{\partial\theta} = \frac{1}{4\pi\epsilon_0}\frac{p\sin\theta}{r^3} \tag{6.8}$$

$$E_\phi(\boldsymbol{x}) = -\frac{1}{r\sin\theta}\frac{\partial\phi}{\partial\phi} = 0 \tag{6.9}$$

となる. 点電荷であれば E_r 成分しかないからずいぶんと違っている.

$+q$ の電荷からは電気力線が等方的に出て行って無限遠へ向かい，$-q$ の電荷は電気力線を等方的に吸い込むが，両者を重ね合わせたものが電気双極子による電気力線である（図 6.4）. $\boldsymbol{p}$ は $-q \to +q$ で紙面内で右向きで，電荷間では電場は左向きであるが，それが式 (6.6) の右辺第 2 項で表されている.

また距離 R が遠くなるごとに電気力線がお互いに離れていくさまが点電荷の場合よりも早い. 電場の強さとはある面を垂直に貫く電気力線の面積密度で

[*2] 80 ページの脚注に記した式 (3.61') を用いれば $\boldsymbol{\nabla}\cdot\boldsymbol{E} = -\boldsymbol{p}\cdot\boldsymbol{\nabla}\delta^3(\boldsymbol{R})/\epsilon_0 = \rho/\epsilon_0$ であってマクスウェル方程式は満たされている.

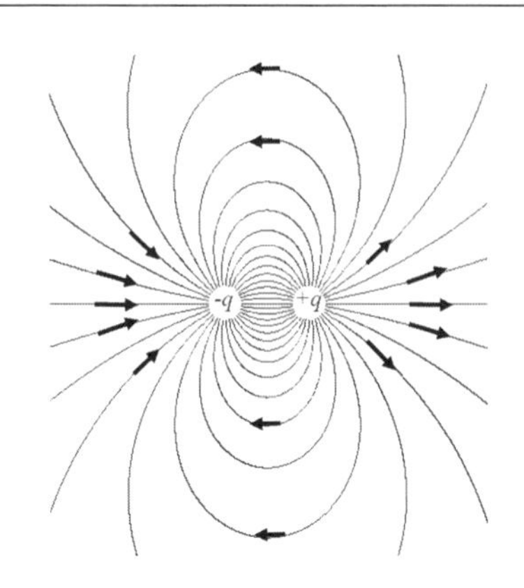

図 6.4 $\pm q$ の点電荷の寄与を重ね合わせた電気力線．電気双極子はここから $\pm q$ の点電荷間の距離を $|\boldsymbol{b}'| \to 0$ としたもので，ギリギリくっついてはおらず点状でかつ向きをもった電場源と考える．電気双極子モーメント $\boldsymbol{p}$ は $-q \to +q$ の向き（図で右向き）と定義される．

あり，点電荷の場合は電気力線が放射状に出ていきこれがそのまま距離依存性として $E \propto 1/R^2$ の形で表れている．いっぽう電気双極子の作る電場の場合は，次元はもちろん [電荷/距離^2] = [電気力線の本数/面積] であるが，これが [電気双極子モーメント/距離^3] = [電荷・長さ/距離^3] と書き換えられた形である．同じ面積を貫く電気力線の本数は R とともに $1/R^2$ よりも早い $E \propto 1/R^3$ で減っていく．電気双極子は全電荷はゼロであるからそれが作る電場は元々弱い上に，距離依存性も大きいので少し離れただけで急激に小さくなる．逆に言えば近づいたときの強くなり方も大きい．

双極型の電場が実現されるのはここで説明した正負の点電荷の場合に限らない．図 6.5 のように正負の球状電荷，または総量では電荷ゼロであるがある領域に正負の電荷が偏って分布している場合も，周りにできる電場はごく近傍を除けば式 (6.6) で記述され，電気力線はやはり図 6.4 のようになる．例えば水分子 H_2O や塩化水素の分子 HCl などは電気的には中性ながら電気双極子モーメントをもち，分子間に電気的な相互作用が生じて特有の性質を示す．

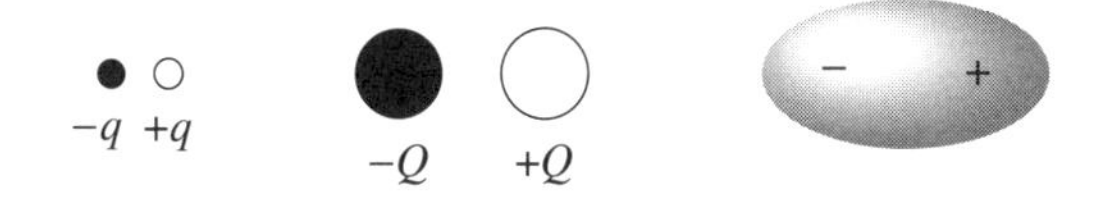

図 6.5 双極型の電場が実現される例：正負の点電荷（本節で説明したもの），正負の球状電荷，総電荷量ゼロだが正負が偏った電荷分布

6.3.4 電場の中の電気双極子

外場の中の電気双極子

電気双極子 $\boldsymbol{p}$ を電場 $\boldsymbol{E}$ の中に持ち込んだとしよう（図 6.6）．ここで電場 $\boldsymbol{E}$ は $\boldsymbol{p}$ とは別の理由で既に発生している電場とする．このような電場を，自分が作り出したものではないという意味で特に外場 (external field) や外部電場と呼ぶことがある．外部電場 $\boldsymbol{E}$ が一様でどの位置でも強さと向きが同じ場合，双極子の正負の電荷に作用する力の合力はゼロであり，双極子に並進運動を生じさせる意味での力ははたらかない（図 6.6 左）*3．いっぽう電場が一様でなく場所ごとに異なる場合には正負電荷にはたらく力の合力がゼロでないことがあり，双極子に加速度を生じさせるような力がはたらく（図 6.6 右）．正電荷 $+q$ が位置 $\boldsymbol{x}'+\boldsymbol{b}'$ にあるとすると，その位置における電場 $\boldsymbol{E}(\boldsymbol{x}'+\boldsymbol{b}')$ は

$$\boldsymbol{E}(\boldsymbol{x}'+\boldsymbol{b}') = \begin{pmatrix} E_x(\boldsymbol{x}+\boldsymbol{b}') \\ E_y(\boldsymbol{x}+\boldsymbol{b}') \\ E_z(\boldsymbol{x}+\boldsymbol{b}') \end{pmatrix} = \begin{pmatrix} E_x(\boldsymbol{x}')+\boldsymbol{b}'\cdot\boldsymbol{\nabla}'E_x \\ E_y(\boldsymbol{x}')+\boldsymbol{b}'\cdot\boldsymbol{\nabla}'E_y \\ E_z(\boldsymbol{x}')+\boldsymbol{b}'\cdot\boldsymbol{\nabla}'E_z \end{pmatrix}$$
$$= \boldsymbol{E}(\boldsymbol{x}') + (\boldsymbol{b}'\cdot\boldsymbol{\nabla}')\boldsymbol{E} = \boldsymbol{E}(\boldsymbol{x}') + \boldsymbol{\nabla}'(\boldsymbol{b}'\cdot\boldsymbol{E})$$

となる．最後の等式では公式 (3.35) $\boldsymbol{\nabla}'(\boldsymbol{p}\cdot\boldsymbol{E}) = (\boldsymbol{p}\cdot\boldsymbol{\nabla}')\boldsymbol{E} + \boldsymbol{p}\times(\boldsymbol{\nabla}'\times\boldsymbol{E})$ と $\boldsymbol{\nabla}'\times\boldsymbol{E}=0$ を使った．同様に $\boldsymbol{E}(\boldsymbol{x}-\boldsymbol{b}') = \boldsymbol{E}(\boldsymbol{x}') - \boldsymbol{\nabla}'(\boldsymbol{b}'\cdot\boldsymbol{E})$ である．よって位置 $\boldsymbol{x}'$ にある電気双極子（正負の電荷 $\pm q$ が $\boldsymbol{x}'\pm\boldsymbol{b}'$ にある）が非一様な電場 $\boldsymbol{E}$

*3 電気双極子を構成する正負の電荷は微小距離を保ったまま固く結びついており，電場によってそれぞれに逆方向の力がはたらいても引き離されたりはしないものと考える．

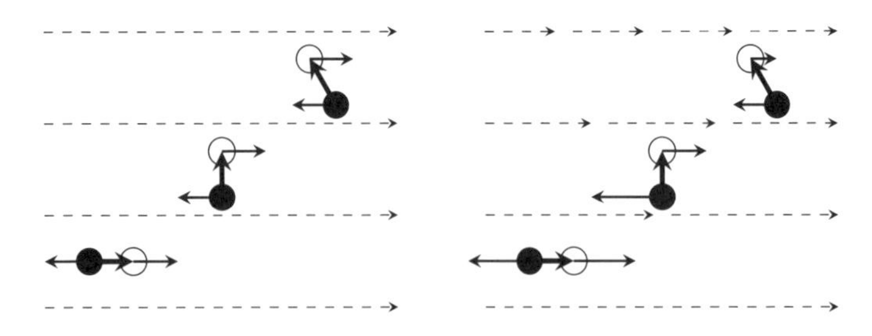

図 6.6　外場 $\boldsymbol{E}$ の中の電気双極子．∘ は正電荷，• は負電荷を表す．左：一様な電場内の双極子．右：非一様な電場中の双極子で，図の上にいくほど場が弱くなる場合．

から受ける力は

$$\begin{aligned}\boldsymbol{F} &= +q\left(\boldsymbol{E}(\boldsymbol{x}') + \boldsymbol{\nabla}'(\boldsymbol{b}' \cdot \boldsymbol{E})\right) - q\left(\boldsymbol{E}(\boldsymbol{x}') - \boldsymbol{\nabla}'(\boldsymbol{b}' \cdot \boldsymbol{E})\right) \\ &= \boldsymbol{\nabla}'(2q\boldsymbol{b}' \cdot \boldsymbol{E}) = \boldsymbol{\nabla}'(\boldsymbol{p} \cdot \boldsymbol{E})\end{aligned} \tag{6.10}$$

となる．

式 (6.10) は，外場 $\boldsymbol{E}$ の中に置いた電気双極子 $\boldsymbol{p}$ はエネルギー

$$U(\boldsymbol{x}') = -\boldsymbol{p} \cdot \boldsymbol{E}(\boldsymbol{x}') \tag{6.11}$$

をもち，それによって力 $\boldsymbol{F} = -\boldsymbol{\nabla}'U = \boldsymbol{\nabla}'(\boldsymbol{p} \cdot \boldsymbol{E})$ がはたらくと解釈することができる．式 (6.11) によれば電場が一様な場合でも双極子を持ち込めばエネルギー $-\boldsymbol{p} \cdot \boldsymbol{E}$ をもつが，$\boldsymbol{p}, \boldsymbol{E}$ ともに定数ベクトルのため微分はゼロであり，やはり並進運動を生じさせるような意味での力ははたらかない．

式 (6.11) のエネルギーを小さくして安定になる方法は回転することである．エネルギーの最小値は $\boldsymbol{p}, \boldsymbol{E}$ が平行になるときに実現されるが，それは電気双極子にはたらく力のモーメント（トルク）による．双極子の位置を中心とすれば，正負の電荷にはたらく力のモーメントは

$$\begin{aligned}\boldsymbol{N} &= \boldsymbol{b}' \times \left[+q\left(\boldsymbol{E}(\boldsymbol{x}') + \boldsymbol{\nabla}'(\boldsymbol{b}' \cdot \boldsymbol{E})\right)\right] - \boldsymbol{b}' \times \left[-q\left(\boldsymbol{E}(\boldsymbol{x}') - \boldsymbol{\nabla}'(d\boldsymbol{x} \cdot \boldsymbol{E})\right)\right] \\ &= 2q\boldsymbol{b}' \times \boldsymbol{E} = \boldsymbol{p} \times \boldsymbol{E}\end{aligned} \tag{6.12}$$

である．トルクの発生は場が一様なときにも起こり，電気双極子に一様な外部

電場をかければ並進運動はしないが回転運動をうながし，その向きをそろえようとする作用を与える（図 6.6 左）．

点電荷と電気双極子の相互作用

位置 $\boldsymbol{x}'$ にある点電荷 q が位置 $\boldsymbol{x}$ に作る電場は $R = |\boldsymbol{x} - \boldsymbol{x}'|$ として $\boldsymbol{E}(\boldsymbol{x};\boldsymbol{x}') = q\hat{\boldsymbol{R}}/4\pi\epsilon_0 R^2$ である．これを外場と考えて電気双極子 $\boldsymbol{p}$ を位置 $\boldsymbol{x}$ に持ち込んだときのエネルギーは式 (6.11) より

$$U(\boldsymbol{x};\boldsymbol{x}') = \frac{q}{4\pi\epsilon_0}\frac{\boldsymbol{p}\cdot\hat{\boldsymbol{R}}}{R^2} \tag{6.13}$$

である．具体例は気体や液体中のイオンと極性分子の相互作用などである．

電気双極子モーメントのベクトル $\boldsymbol{p}$ と点電荷 q の位置 $\boldsymbol{x}'$ によって一つの平面が決まる．点電荷の作る電場は球対称であるから，式 (6.13) からも明らかであるが点電荷と電気双極子からなるこの系は距離 R，および電場 $\boldsymbol{E} \propto \hat{\boldsymbol{R}}$ と $\boldsymbol{p}$ との内積 $\boldsymbol{p}\cdot\hat{\boldsymbol{R}}$ だけで記述できる（図 6.7）．距離 R を固定して $\boldsymbol{E}, \boldsymbol{p}$ のなす角度だけを変化させて安定性を考えると，最も安定，すなわち最もエネルギーが低くなるのは $\boldsymbol{E}, \boldsymbol{p}$ が同じ向きを向くとき（点電荷 $+q$，双極子の負電荷 •，正電荷 ∘ の順に 1 直線に並ぶ）であり，そうなろうとする力のモーメントによって回転する．逆に最も不安定なのは $\boldsymbol{E}, \boldsymbol{p}$ が逆方向を向くとき（点電荷 $+q$，双極子の正電荷 ∘，負電荷 • の順に 1 直線に並ぶ）である．

電気双極子どうしの相互作用

電気双極子は全体として電気的に中性であるが，周囲に有限の電場を生じさせるので電気双極子どうしは相互作用し合う．具体例は水のような極性分子間の相互作用である．その大きさは前節で述べたようなイオンと極性分子の相互作用などに比べれば小さいが，角度配位を変えたときの安定性を考えてみよう．双極子 $\boldsymbol{p}_1$ が電場 $\boldsymbol{E}_1$ を作り，これを外場とみなし 2 つめの双極子 $\boldsymbol{p}_2$ を持ち込んだと考えればよい．位置 $\boldsymbol{x}'$ にある電気双極子 $\boldsymbol{p}_1$ が位置 $\boldsymbol{x}$ に作る電場は式 (6.6) より（デルタ関数の項は無視して）

$$\boldsymbol{E}_1(\boldsymbol{x};\boldsymbol{x}') = \frac{3(\boldsymbol{p}_1\cdot\hat{\boldsymbol{R}})\hat{\boldsymbol{R}} - \boldsymbol{p}_1}{R^3}$$

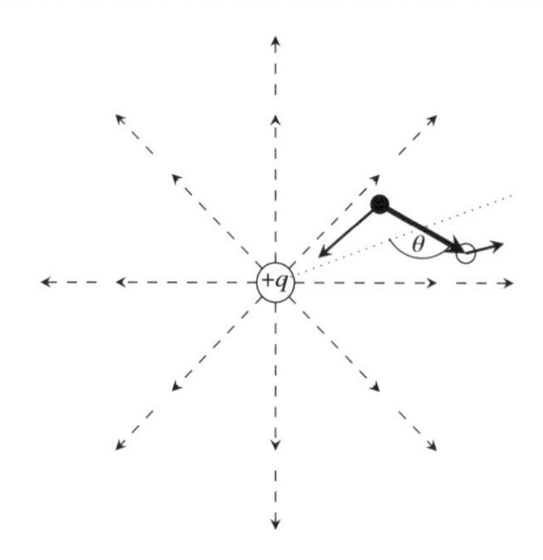

図 6.7　正の点電荷 $+q$ が作る電場中の電気双極子．双極子の正負電荷のうち負電荷 ● の方が正電荷 ○ よりも電場源に近くクーロン力が強いので，双極子には全体として引力がはたらく．力のモーメントもはたらくから，エネルギーが最小になるように回転しようともする．

で，$R = |\boldsymbol{x} - \boldsymbol{x}'|$ は双極子 $\boldsymbol{p}_1$, $\boldsymbol{p}_2$ 間の距離である．この電場 $\boldsymbol{E}_1$ の中に電気双極子 $\boldsymbol{p}_2$ を持ち込んだときのエネルギーは式 (6.11) より

$$U_{12} = -\boldsymbol{p}_2 \cdot \boldsymbol{E}_1 = -\frac{1}{4\pi\epsilon_0 R^3}\left(3(\boldsymbol{p}_1 \cdot \hat{\boldsymbol{R}})(\boldsymbol{p}_2 \cdot \hat{\boldsymbol{R}}) - \boldsymbol{p}_1 \cdot \boldsymbol{p}_2\right) \tag{6.14}$$

となる．この式は 1, 2 に対して対称である．$\boldsymbol{p}_1$, $\boldsymbol{p}_2$ は同一平面上にあると仮定し[*4]，図 6.8 のように角度 θ_1, θ_2 を定義すると

$$\begin{aligned} U_{12} &= \frac{p_1 p_2}{4\pi\epsilon_0 R^3}\left(\cos(\theta_2 - \theta_1) - 3\cos\theta_1\cos\theta_2\right) \\ &= \frac{p_1 p_2}{4\pi\epsilon_0 R^3}(-2\cos\theta_1\cos\theta_2 + \sin\theta_1\sin\theta_2) \end{aligned}$$

である．距離を固定して比較すればエネルギーが最低になるのは $\cos\theta_1\cos\theta_2 = 1$, $\sin\theta_1\sin\theta_2 = 0$ となる →→ または ←← となる配位である．エネルギーが負

[*4] より正確な取り扱いでは $\boldsymbol{p}_2$ が $\hat{\boldsymbol{R}}$ を軸としてどれだけ回転しているかを表す角度が必要である．

図 6.8 電気双極子どうしの相互作用．p_1, p_2 は同一平面上と仮定している．

のときは R が小さくなるほど絶対値が大きくエネルギーは下がるので，双極子どうしは向きがそろった上で接近しようとする．

以上はモデル的電気双極子での話であるが，極性分子どうしの相互作用では，分子が細長い構造をもち直線上の配位ではある距離以上は接近できないということがある．そのような場合は ↑↓ または ↓↑ という配位でのほうが距離 R を小さくでき，距離依存性が $\propto 1/R^3$ と大きいためよりエネルギーの低い安定な状態となることがある．

6.4 場の近似

複雑な形状をした総電荷量 Q の電荷分布 $\rho(\boldsymbol{x}')$ が位置 $\boldsymbol{x}$ に作る場を考える（図 6.9 上段）．ポテンシャルは式 (5.18) で与えられ，電荷分布を細かく分割し，位置 $\boldsymbol{x}'_i$ にある点電荷 $q_i = \rho(\boldsymbol{x}'_i)\,dV'$ が位置 $\boldsymbol{x}$ に作るポテンシャルを足し合わせたと考えればよい．すなわち式 (5.18) は

$$\phi(\boldsymbol{x}) = \frac{1}{4\pi\epsilon_0}\int_{V'}\frac{\rho(\boldsymbol{x}')}{R}\,dV' = \frac{1}{4\pi\epsilon_0}\sum_i \frac{q_i}{R_i} \tag{6.15}$$

と同値である（図 6.9 中段）．ここで $R_i = |\boldsymbol{x} - \boldsymbol{x}'_i|$ は分割した個々の点電荷の位置 $\boldsymbol{x}'_i$ と場を求めたい位置 $\boldsymbol{x}$ との間の距離である．総電荷量 Q は

$$Q = \int_{V'}\rho(\boldsymbol{x}')\,dV' = \sum_i \rho(\boldsymbol{x}_i)\,dV' = \sum_i q_i$$

と表される．

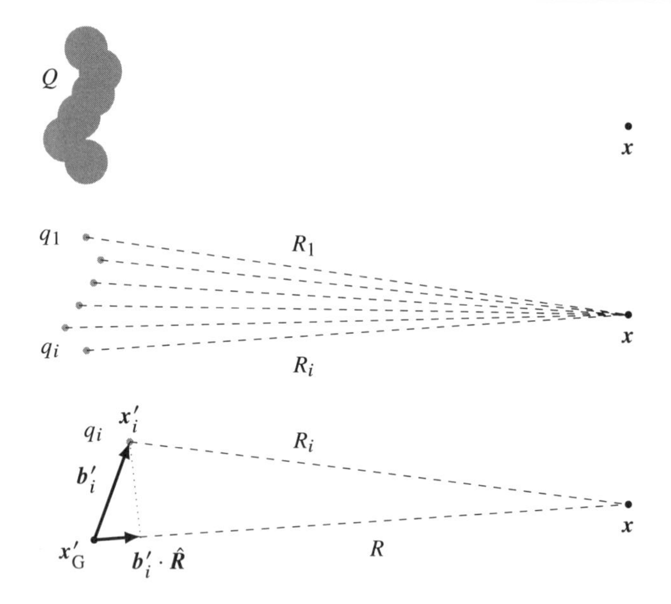

図 6.9　上段：複雑な形をした電荷分布（総電荷量 Q）が $\boldsymbol{x}$ に電場を作る．$\boldsymbol{x}$ は図に描いたよりもずっと遠いと考えよう．中段：総電荷量 Q を多数の点電荷 q_i の集まりとみなす ($Q = \sum_i q_i$)．下段：分割した各点電荷への距離の 1 次近似は $R_i \simeq R - \boldsymbol{b}'_i \cdot \hat{\boldsymbol{R}}$ である．

6.4.1　点電荷で近似

電荷の分布している範囲の広がりに比べて電荷を求めたい位置 $\boldsymbol{x}$ が十分離れていれば，すなわち電荷分布が点にしか見えないような遠方 $\boldsymbol{x}$ での場を求めたいならば，分割した個々の点電荷 $\boldsymbol{x}'_i$ から $\boldsymbol{x}$ までの距離 $R_i = |\boldsymbol{x} - \boldsymbol{x}'_i|$ はどれもあまり変わらないだろう[*5]．そこで電荷分布を構成する各点電荷までの距離 R_i を，個別の値ではなくある 1 つの代表値 R で置き換える．例えば $\boldsymbol{x}$ から電荷分

[*5] 地球から見た火星はほぼ点であり，火星から見た地球もほぼ点である．火星における地球の重力を計算するとき，火星から地球の中心までの距離を用いるか，ニューヨークまでの距離を用いるか東京までの距離を用いるかはあまり大きな違いを生まない．

布の重心位置 $\boldsymbol{x}'_{\mathrm{G}}$ までの距離 $R \equiv |\boldsymbol{x} - \boldsymbol{x}'_{\mathrm{G}}|$ を用いればよい[*6]．分割された各点電荷の位置 $\boldsymbol{x}'_i$ から観測点 $\boldsymbol{x}$ までの距離 $R_i = |\boldsymbol{x} - \boldsymbol{x}'_i|$ が全て R に等しいとすれば式 (6.15) は

$$\phi(\boldsymbol{x}) \simeq \frac{1}{4\pi\epsilon_0} \sum_i \frac{q_i}{R} = \frac{Q}{4\pi\epsilon_0} \frac{1}{R} = \frac{Q}{4\pi\epsilon_0} \frac{1}{|\boldsymbol{x} - \boldsymbol{x}'_{\mathrm{G}}|} \tag{6.16}$$

と近似される．つまり複雑な形状をした電荷分布も，十分に遠方 $\boldsymbol{x}$ から見れば電荷分布の代表点 $\boldsymbol{x}'_{\mathrm{G}}$ に点電荷 Q が置かれただけに見える．

6.4.2 点電荷と電気双極子で近似

近似の精度を上げるため，分割した点電荷までの距離は全て等しいとした部分を改良しよう．電荷分布の代表点（例えば重心） $\boldsymbol{x}'_{\mathrm{G}}$ から位置 $\boldsymbol{x}'_i$ へ向かうベクトルを $\boldsymbol{b}'_i = \boldsymbol{x}'_i - \boldsymbol{x}'_{\mathrm{G}}$ とする（図 6.9 下段）．遠方 $\boldsymbol{x}$ にいる観測者からは $\boldsymbol{b}'_i$ は微小なベクトルに見える．代表点 $\boldsymbol{x}'_{\mathrm{G}}$ から観測者 $\boldsymbol{x}$ へ向かう単位ベクトルを $\hat{\boldsymbol{R}} = (\boldsymbol{x} - \boldsymbol{x}'_{\mathrm{G}})/|\boldsymbol{x} - \boldsymbol{x}'_{\mathrm{G}}|$ とし，R_i を

$$R_i \simeq R - \boldsymbol{b}'_i \cdot \hat{\boldsymbol{R}} \tag{6.17}$$

と近似する．前節での $R_i \simeq R$ という近似に右辺第 2 項 $-\boldsymbol{b}'_i \cdot \hat{\boldsymbol{R}}$ という 1 次の補正項が加わっており，これに対応して $1/R_i$ は単なる $1/R$ ではなく

$$\frac{1}{R_i} = \frac{1}{R - \boldsymbol{b}'_i \cdot \hat{\boldsymbol{R}}} = \frac{1}{R} \frac{1}{1 - \boldsymbol{b}'_i \cdot \hat{\boldsymbol{R}}/R} \simeq \frac{1}{R} \left(1 + \frac{\boldsymbol{b}'_i \cdot \hat{\boldsymbol{R}}}{R} \right) = \frac{1}{R} + \frac{\boldsymbol{b}'_i \cdot \hat{\boldsymbol{R}}}{R^2} \tag{6.18}$$

と近似される．これをポテンシャルの式 (6.15) に用いれば改良版の近似式は

$$\phi = \frac{1}{4\pi\epsilon_0} \sum_i q_i \left(\frac{1}{R} + \frac{\boldsymbol{b}'_i \cdot \hat{\boldsymbol{R}}}{R^2} \right) = \frac{Q}{4\pi\epsilon_0} \frac{1}{R} + \frac{1}{4\pi\epsilon_0} \sum_i \frac{\boldsymbol{p}_i \cdot \hat{\boldsymbol{R}}}{R^2}$$

となる．式 (6.5) を思い出せば，これは点電荷による近似式 (6.16) に，代表点 $\boldsymbol{x}'_{\mathrm{G}}$ に置かれいろいろな向きを向いたたくさんの電気双極子 $\boldsymbol{p}_i \equiv q_i \boldsymbol{b}'_i$ の集まり

[*6] 近似において代表点をどこにとるのがよいかは程度問題であり，重心は選択肢の 1 つにすぎない．

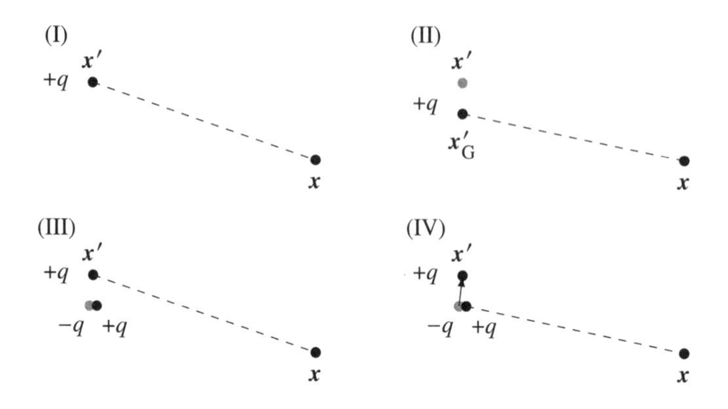

図 6.10 (I) 位置 $\boldsymbol{x}'$ にある点電荷 $+q$ が位置 $\boldsymbol{x}$ に電場を作る．(II) $\boldsymbol{x}$ が電荷から十分離れていれば，電荷の位置が $\boldsymbol{x}'$ からわずかにずれて $\boldsymbol{x}'_{\mathrm{G}}$ であるとしてもあまり違いはない．(III) 同じ場所に $\pm q$ を追加することは既存の場に影響を与えない．(IV) $\pm q$ を追加した系は $\boldsymbol{x}'_{\mathrm{G}}$ に置かれた点電荷 $+q$ と電気双極子からなると考えてもよい．

が作ったポテンシャルの重ね合わせになっている．また

$$\boldsymbol{P} \equiv \int_{V'} (\boldsymbol{x}' - \boldsymbol{x}'_{\mathrm{G}})\, \rho(\boldsymbol{x}')\, dV' = \sum_i q_i \boldsymbol{b}'_i \tag{6.19}$$

によって電荷分布全体の電気双極子モーメントを定義すれば

$$\phi = \frac{Q}{4\pi\epsilon_0}\frac{1}{R} + \frac{1}{4\pi\epsilon_0}\frac{\boldsymbol{P}\cdot\hat{R}}{R^2} \tag{6.20}$$

とも書ける．電気 4 重極子（演習問題 4）や 8 重極子[*7]も重ね合わせていけばさらに近似の精度は上がっていく．既に性質のよくわかっている点電荷や双極子，4 重極子などの重ね合わせとして場を表す手法は**多重極展開** (multipole expansion) と呼ばれる．

[*7] 電気双極子が 2 つの電荷を微小距離だけ離して置いたもので実現されるのに対し，電気 4 重極子は 2 つの双極子を微小距離だけ離して置いたものとして実現される．8 重極子は双極子でさいころを作る，または 4 重極子を重ねるように配置したもので実現される．

点電荷を点電荷と双極子で近似

式 (6.20) の意味は，ただ 1 つの点電荷しかない状況（図 6.10 (I)）に無理やり適用してみるとよりはっきりするだろう．位置 $\boldsymbol{x}'$ に点電荷 q があり，そこから十分に離れた位置 $\boldsymbol{x}$ における場を考える場合は，電荷の位置は $\boldsymbol{x}'$ から少し離れた $\boldsymbol{x}'_{\mathrm{G}}$ であるとしても違いは小さいというのが 6.4.1 項における式 (6.16) であった（図 6.10 (II)）．次に図 6.10 (III) のように $\boldsymbol{x}'$ の $+q$ はそのままで $\boldsymbol{x}'_{\mathrm{G}}$ に 2 つの点電荷 $\pm q$ を追加してみる．同じ位置に正負等量の点電荷を置くことは既存の場にはいっさいの影響を与えないが，この系は図 6.10 (IV) のように位置 $\boldsymbol{x}'_{\mathrm{G}}$ に追加された点電荷 $+q$ と，追加されたもう 1 つの点電荷 $-q$ と元からいる点電荷 $+q$ による $\boldsymbol{x}'_{\mathrm{G}} \to \boldsymbol{x}'$ という電気双極子からなるとみなすこともできる．式 (6.20) は，電荷分布 $\rho(\boldsymbol{x}')$ を分割して位置 $\boldsymbol{x}_i$ ごとの点電荷 q_i の集まりとみなしたとき，それぞれの点電荷 q_i ごとに代表点 $\boldsymbol{x}'_{\mathrm{G}}$ に $\pm q_i$ を積み重ねていった結果，$+q_i$ の方は足し合わされて位置 $\boldsymbol{x}'_{\mathrm{G}}$ に集中した点電荷 Q になり，$-q_i$ の方は元からいる $+q_i$ と多数の双極子を形成したと解釈することができる．

6.5 静磁場とビオ-サバールの法則

磁場の源は電流である．電流は空間的な広がりまたは長さをもっていて初めて「流れる」ことができるが，流れている電流中に十分に小さい領域，または長さの短い領域に着目し，そこからの寄与だけを考えることはできる．このような微小電流からの寄与を全て足し上げれば全ベクトルポテンシャル (5.20) が得られることを説明しよう．

$$\boldsymbol{A}(\boldsymbol{x}) = \frac{\mu_0}{4\pi} \int_{V'} \frac{\boldsymbol{J}(\boldsymbol{x}')}{R}\, dV' \tag{5.20}$$

図 6.11 のように空間の十分に広い領域にわたって電流が流れており，その中に細いチューブ状領域を考え，さらにこれを短く切り出すとする．図に示したチューブ状領域の外側にも電流は流れていてよい．この領域の中の 1 点 $\boldsymbol{x}'$（図の中央部分）とその近傍における電流密度を $\boldsymbol{J}(\boldsymbol{x}')$ とする．この地点での電流の流れている向きの単位ベクトルを $\boldsymbol{e}_s(\boldsymbol{x}')$ として $\boldsymbol{J}(\boldsymbol{x}') = J(\boldsymbol{x}')\boldsymbol{e}_s(\boldsymbol{x}')$ と表

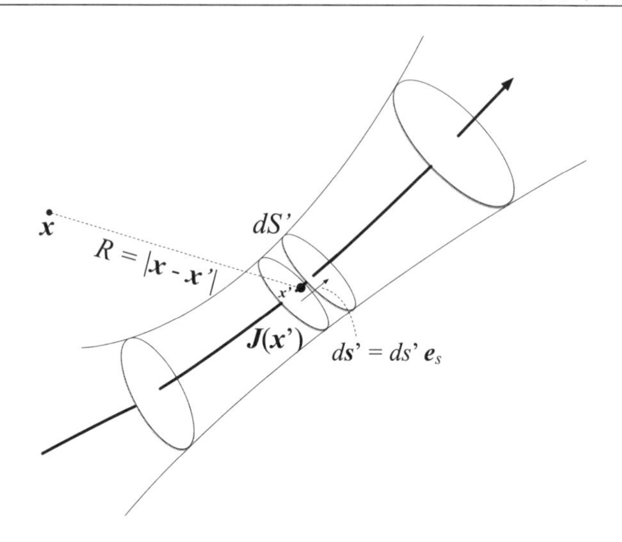

図 6.11 空間の十分に広い領域にわたって電流が流れており，その中に断面積 dS' のチューブ状領域を考える．図に示したチューブ状領域の外側にも電流は流れていてよい．

す．考えている領域の断面積と長さをそれぞれ dS' と ds' とすれば，この微小領域の体積は $dV' = dS'\,ds'$ で，流れる電流は $I = J(\boldsymbol{x}')dS'$ である．dS', ds' のようにプライム $'$ をつけているのは観測者ではなく電流が分布している領域を考えていることを強調したものである．dS', ds' を十分小さいとすれば遠くから見れば点状と考えてもさしつかえなく，電流中のこのような微小領域のことを（点電流とはいわず）**電流素片**と呼ぼう．位置 $\boldsymbol{x}$ におけるベクトルポテンシャル $\boldsymbol{A}(\boldsymbol{x})$ のうち，この電流素片が作っている寄与は式 (5.20) より

$$d\boldsymbol{A}(\boldsymbol{x};\boldsymbol{x}') = \frac{\mu_0}{4\pi}\frac{J(\boldsymbol{x}')\boldsymbol{e}_s(\boldsymbol{x}')}{R}dS'\,ds' = \frac{\mu_0 I}{4\pi}\frac{\boldsymbol{e}_s(\boldsymbol{x}')ds'}{R} = \frac{\mu_0 I}{4\pi}\frac{d\boldsymbol{s}'}{R} \tag{6.21}$$

と表せる．ベクトルポテンシャルの大きさは電流の位置 $\boldsymbol{x}'$ と観測者の位置 $\boldsymbol{x}$ との間の距離 $R = |\boldsymbol{x} - \boldsymbol{x}'|$ で決まっている．電流素片は点状とみなしてよく，点状の源から発生する何かからの影響が $\propto 1/R$ であるのは自然である．ただし向きも関係があり，**電流素片の作るベクトルポテンシャル $d\boldsymbol{A}$ の向きは着目している電流素片の向き $d\boldsymbol{s}'$ と一致する**．そして電流全体として位置 $\boldsymbol{x}$ に作られ

るベクトルポテンシャル $\boldsymbol{A}(\boldsymbol{x})$ は，これら電流素片の影響を電流分布全体にわたって足し上げたものが式 (5.20) である．なお式 (6.21) は電流密度 $\boldsymbol{J}(\boldsymbol{x}')$ ではなく電流 I が使われているが，太さをもたない細い電流に対してしか使えないのではなく，広さをもっている場合でも電流分布中に十分細い領域を考えればやはりそこでは式 (6.21) が成り立っている．

観測者のいる位置 $\boldsymbol{x}$ にできる磁場 $\boldsymbol{B}(\boldsymbol{x})$ のうち，位置 $\boldsymbol{x}'$ の電流素片だけによる寄与 $d\boldsymbol{B}(\boldsymbol{x};\boldsymbol{x}')$ は式 (6.21) の回転をとることにより

$$d\boldsymbol{B}(\boldsymbol{x};\boldsymbol{x}') = \nabla \times d\boldsymbol{A}(\boldsymbol{x}) = \frac{\mu_0 I}{4\pi} \nabla \frac{1}{R} \times d\boldsymbol{s}' \tag{6.22}$$

となる．ここで $d\boldsymbol{s}'$ は $\boldsymbol{x}$ には依存しないためベクトル公式 $\nabla \times (\boldsymbol{a}/R) = \nabla(1/R) \times \boldsymbol{a}$ を用いた．式 (6.22) がよく知られた**ビオ-サバールの法則** (Biot - Savart law) である (J-B. Biot 1774-1862, F. Savart 1794-1841)．微分を (3.48) $\nabla(1/R) = -\hat{\boldsymbol{R}}/R^2$ と計算し，クロス積の順序を入れ替えて

$$d\boldsymbol{B}(\boldsymbol{x};\boldsymbol{x}') = \frac{\mu_0 I}{4\pi} \frac{d\boldsymbol{s}'}{R^2} \times \hat{\boldsymbol{R}} \tag{6.23}$$

と表されることもある．

式 (6.23) を使えば，半径 a の円形電流がその中心位置に作る磁場の大きさが $\mu_0 I/2a$ であるという公式も簡単に導出できる．円においてはある位置で円に沿った微小な接ベクトル $d\boldsymbol{s}'$ と，この位置から円の中心へ向かう単位ベクトル $\hat{\boldsymbol{R}}$ は常に直交するから $d\boldsymbol{s}' \times \hat{\boldsymbol{R}} = ds' \boldsymbol{e}_z$ である（$\boldsymbol{e}_z$ は円の法線ベクトル）．$\oint_{s'} ds' = 2\pi a$ であるから円形電流に対する式 (6.23) は

$$\boldsymbol{B} = \frac{\mu_0 I}{4\pi} \oint_{s'} \frac{d\boldsymbol{s}' \times \hat{\boldsymbol{R}}}{R^2} = \frac{\mu_0 I}{4\pi} \frac{2\pi a}{a^2} \boldsymbol{e}_z = \frac{\mu_0 I}{2a} \boldsymbol{e}_z \tag{6.24}$$

となる．

6.6　直線電流の作る磁場

図 6.12 のように直線電流 I が位置 $\boldsymbol{x}$ に作るベクトルポテンシャル $\boldsymbol{A}(\boldsymbol{x})$ を考えよう．観測者はこの直線からの最短距離が ρ である位置 $\boldsymbol{x}$ にいるとする（ρ は電荷密度ではなく距離）．直線上のどの位置にどのように電流素片

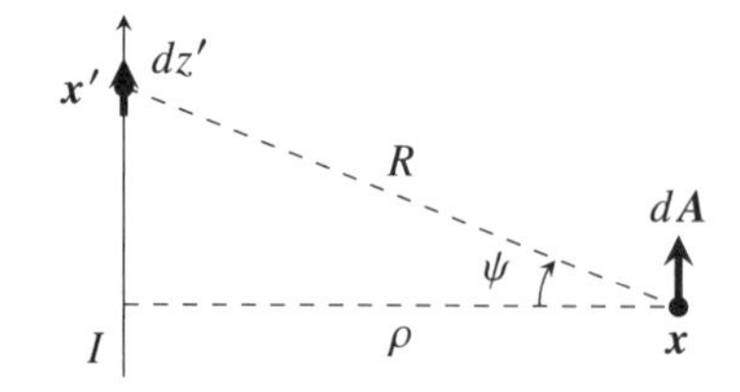

図 6.12　長い直線電流の作るベクトルポテンシャル 1：位置 $\boldsymbol{x}'$ にある微小長さ dz' の電流素片 $I\,dz'$ が位置 $\boldsymbol{x}$（電流からの距離 ρ）に作るベクトルポテンシャル $d\boldsymbol{A}$ を考える．位置 $\boldsymbol{x}, \boldsymbol{x}'$ の距離は $R = |\boldsymbol{x} - \boldsymbol{x}'| = \rho/\cos\psi$ である．

をとっても，そこからの寄与の向きは同じであり，電流全体から作られるベクトルポテンシャル $\boldsymbol{A}(\boldsymbol{x})$ の向きは電流の向き $\boldsymbol{e}_z$ に一致する．位置 $\boldsymbol{x}'$ にある微小長さ dz' の電流素片 $I\,dz'$ からの寄与を考えると，観測者との距離は $R = |\boldsymbol{x} - \boldsymbol{x}'| = \rho/\cos\psi$ である．$\boldsymbol{x}'$ の z 座標を z' とすれば $\tan\psi = z'/\rho$ であるから $d\psi/\cos^2\psi = dz'/\rho$ のように dz' は $d\psi$ で書ける．よって位置 z' にある長さ dz' の電流素片 $I\,dz'$ が位置 $\boldsymbol{x}$ に作るベクトルポテンシャルは式 (6.21) より

$$d\boldsymbol{A}(\boldsymbol{x}; z') = \boldsymbol{e}_z \frac{\mu_0 I}{4\pi} \frac{dz'}{R} = \boldsymbol{e}_z \frac{\mu_0 I}{4\pi} \frac{\cos\psi}{\rho} \frac{\rho\, d\psi}{\cos^2\psi} = \boldsymbol{e}_z \frac{\mu_o I}{4\pi} \frac{d\psi}{\cos\psi} \tag{6.25}$$

である（図 6.12）．これを考えている電流の長さに対応する ψ の範囲で積分すれば電流全体の作るベクトルポテンシャルとなる．長さ 2ℓ の電流であるとすれば，$\tan\psi_0 = \ell/\rho$ となるような ψ_0 を使って $\pm\psi_0$ の範囲で積分すればよく，

$$\boldsymbol{A}(\boldsymbol{x}) = \boldsymbol{e}_z \frac{\mu_0 I}{4\pi} 2 \int_0^{\psi_0} \frac{d\psi}{\cos\psi}$$

を計算したものである．積分は公式 (2.33) を使って

$$\int_0^{\psi_0} \frac{1}{\cos\psi}\, d\psi = \ln\left(\frac{1}{\cos\psi_0} + \tan\psi_0\right) = \ln\left(\frac{R}{\rho} + \frac{\ell}{\rho}\right) = \ln \frac{\sqrt{\rho^2 + \ell^2} + \ell}{\rho} \tag{6.26}$$

となり，直線電流の作るベクトルポテンシャルの式として

$$\boldsymbol{A}(\boldsymbol{x}) = \boldsymbol{e}_z \frac{\mu_0 I}{2\pi} \ln \frac{\sqrt{\rho^2 + \ell^2} + \ell}{\rho} \tag{6.27}$$

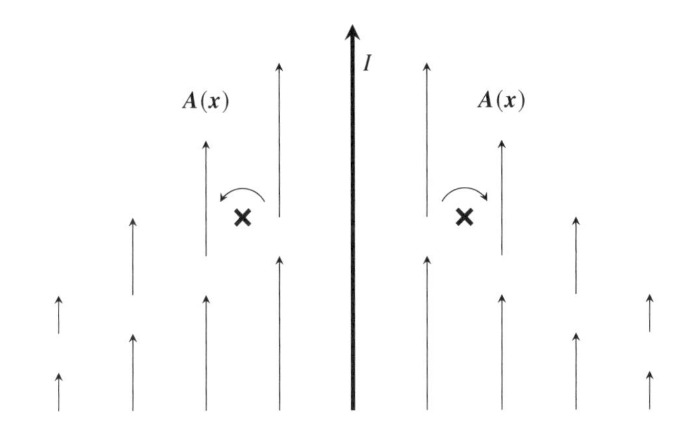

図 6.13　直線電流の作る磁場のベクトルポテンシャル 2：電流 I は図の中央を下から上へ流れる．ベクトルポテンシャルはいたるところ電流の向きに平行で，電流から遠ざかるほどに小さくなる．この場の中に紙面に垂直な方向の軸をもつ羽根車（図中の ×）を入れると，左右の「速度差」によって電流より右側では右回りに回転し，したがって磁場 $\boldsymbol{B} = \nabla \times \boldsymbol{A}$ は紙面むこう向き，電流より左側では羽根車は左回りに回転し，磁場は紙面手前向きになる．この磁場の向きは電流の流れる方向に対する右ねじの法則と合致する．

が得られる．ベクトルポテンシャルの向きは電流の流れる向き $\boldsymbol{e}_z$ と同じである．

十分に長い電流で $\ell \gg \rho$ であれば $\sqrt{\rho^2 + \ell^2} \sim \sqrt{\ell^2} = \ell$ であるから

$$\boldsymbol{A}(\boldsymbol{x}) = \boldsymbol{e}_z \frac{\mu_0 I}{2\pi} \ln \frac{2\ell}{\rho} = \boldsymbol{e}_z \frac{\mu_0 I}{2\pi} (\ln 2\ell - \ln \rho) \tag{6.28}$$

となる．この様子は図 6.13 に示しており，どの位置においてもベクトルポテンシャルの向きは電流の向きと一致し，また電流から離れるほどにベクトルポテンシャルの大きさは小さくなる．なおベクトルポテンシャルは微分演算によって磁場を導くものであるので定数項は意味がなく，式 (6.28) でははじめから $\ln 2\ell$ を落としてしまっても実用上は問題ない．

ベクトルポテンシャルの回転 $\nabla \times \boldsymbol{A}$ が磁場 $\boldsymbol{B}$ である．式 (6.28) はある直線

からの距離 ρ の関数として書かれているので，円筒座標系における回転の式 (A.19) で計算する．直線電流によるベクトルポテンシャルは電流と同じ向き $\boldsymbol{e}_z$ の成分 A_z しかもたず $A_\rho = A_\phi = 0$ であるので

$$\begin{aligned}\nabla \times \boldsymbol{A} &= \boldsymbol{e}_\rho \left(\frac{1}{\rho} \frac{\partial A_z}{\partial \phi} - \frac{\partial A_\phi}{\partial z} \right) + \boldsymbol{e}_\phi \left(\frac{\partial A_\rho}{\partial z} - \frac{\partial A_z}{\partial \rho} \right) \\ &\quad + \boldsymbol{e}_z \frac{1}{\rho} \left(\frac{\partial}{\partial \rho} (\rho A_\phi) - \frac{\partial A_\rho}{\partial \phi} \right) \qquad \text{(A.19)} \\ &= \boldsymbol{e}_\rho (0 - 0) + \boldsymbol{e}_\phi \left(0 - \frac{\partial A_z}{\partial \rho} \right) + \boldsymbol{e}_z \frac{1}{\rho} (0 - 0) = \boldsymbol{e}_\phi \frac{\mu_0 I}{2\pi} \frac{1}{\rho}\end{aligned}$$

となってよく知られた**アンペールの法則** (Ampère's law, A-M. Ampère, 1775-1836) が得られた．磁場 $\boldsymbol{B}$ は $\boldsymbol{e}_\phi$ の向き，つまり電流まわりの同心円状の場となる[*8]．

6.7 ループ電流と磁気モーメント

閉じた経路を流れる電流，すなわちループ電流の作る磁場は磁気現象の本質であってきわめて重要である．微小ループ電流の作るベクトルポテンシャルと磁場 $\boldsymbol{A}, \boldsymbol{B}$ は電気双極子の作るスカラーポテンシャル・電場 $\phi, \boldsymbol{E}$ ととてもきれいな対応関係にある．

6.7.1 微小ループ電流の電流密度関数

図 6.14 のような微小なループを流れる電流 I を表す電流密度関数 $\boldsymbol{J}(\boldsymbol{x}')$ を考えよう．ループの面積を S' とし，ループの法線を向き S' を大きさとする面ベクトルを $\boldsymbol{S}'$ と書く．ループ内部に代表点 $\boldsymbol{x}'_0$ を選んで固定し[*9]，この点からループ状のある 1 点へ向かう微小なベクトルを $\boldsymbol{b}'$，その点におけるループの微小な接ベクトルを $\boldsymbol{ds}'$ とすると，この点 $\boldsymbol{x}'_0 + \boldsymbol{b}'$ における電流素片を表す電流密度関数 $\boldsymbol{J}(\boldsymbol{x}')$ は $d\boldsymbol{J}(\boldsymbol{x}') = I\delta^3(\boldsymbol{x}' - (\boldsymbol{x}'_0 + \boldsymbol{b}'))\, \boldsymbol{ds}'$ である．ループ電流全体として

[*8] 5.4 節で議論したようにベクトルポテンシャルには自由度があり，直線電流の作る磁場を実現するベクトルポテンシャルは図 6.13 のようなものに一意に限定されるわけではない．例えば図 6.13 のベクトルポテンシャルに空間全体にわたって定数ベクトルを足して傾けたものでも全く同じ磁場を与える．

[*9] 中心や重心といった特別な点である必要はない．

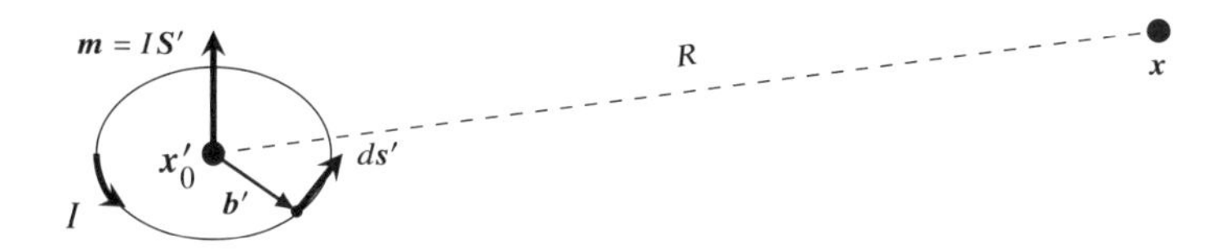

図 6.14　微小ループ電流 IS' を表す電流密度関数 $\boldsymbol{J}(\boldsymbol{x}';\boldsymbol{x}'_0)$ は，ループ上の電流素片 $I\delta^3(\boldsymbol{x}'-(\boldsymbol{x}'_0+\boldsymbol{b}'))ds'$ をループ全体にわたって足し上げたもので，これは $-I\boldsymbol{S}'\times\nabla'\delta^3(\boldsymbol{x}'-\boldsymbol{x}'_0)$ に等しい．

の電流密度関数はこの $d\boldsymbol{J}(\boldsymbol{x}')$ をループ全体にわたって足し上げたものであるから $\boldsymbol{J}(\boldsymbol{x}')=\oint_{s'} I\delta^3(\boldsymbol{x}'-(\boldsymbol{x}'_0+\boldsymbol{b}'))\,ds'$ で，ループは微小であるとすれば $\boldsymbol{b}'$ が微小量であるからデルタ関数の 1 次近似 (4.21) が使えて

$$
\begin{aligned}
\boldsymbol{J}(\boldsymbol{x}';\boldsymbol{x}'_0) &= I\oint_{s'} \delta^3((\boldsymbol{x}'-\boldsymbol{x}'_0)-\boldsymbol{b}'))\,ds' \\
&= I\delta^3(\boldsymbol{x}'-\boldsymbol{x}'_0)\oint_{s'} ds' - I\oint_{s'} \nabla'\delta^3(\boldsymbol{x}'-\boldsymbol{x}'_0)\cdot\boldsymbol{b}'\,ds'
\end{aligned}
$$

ここで $\boldsymbol{x}'$ はループ外の点，$\boldsymbol{x}'_0$ はループ内の点であるから，ループ上 s' に沿う積分では $\delta^3(\boldsymbol{x}'-\boldsymbol{x}'_0)$ は外に出せた．そして $\oint_{s'} ds'=0$ であるから右辺第 1 項はゼロである．右辺第 2 項の $\nabla'\delta^3(\boldsymbol{x}'-\boldsymbol{x}'_0)$ も s' に沿う積分では定数ベクトルとして振る舞うが，s' を外周とする面ベクトル $\boldsymbol{S}'$ と定数ベクトルに関する公式 (3.69) が使えて

$$
\oint_{s'} \nabla'\delta^3(\boldsymbol{x}'-\boldsymbol{x}'_0)\cdot\boldsymbol{b}'\,ds' = \boldsymbol{S}'\times\nabla'\delta^3(\boldsymbol{x}'-\boldsymbol{x}'_0)
$$

であるから $\boldsymbol{J}(\boldsymbol{x}';\boldsymbol{x}'_0)$ は

$$
\boldsymbol{J}(\boldsymbol{x}';\boldsymbol{x}'_0) = -I\boldsymbol{S}'\times\nabla'\delta^3(\boldsymbol{x}'-\boldsymbol{x}'_0) \equiv -\boldsymbol{m}\times\nabla'\delta^3(\boldsymbol{x}'-\boldsymbol{x}'_0) \tag{6.29}
$$

となる．ここで定義されたベクトル $\boldsymbol{m}\equiv I\boldsymbol{S}'$ をこのループ電流の**磁気モーメント** (magnetic moment) と呼ぶ．$\boldsymbol{m}$ は図 6.14 の上向き，電流の流れに対して右ねじの向きで，大きさは電流 I とループの面積 $S'=|\boldsymbol{S}'|$ との積である．

式 (6.29) と電気双極子の電荷密度関数 (6.4) $\rho=-\boldsymbol{p}\cdot\nabla'\delta^3(\boldsymbol{x}'-\boldsymbol{x}'_0)$ との間にはきれいな対応があり，微小ループ電流もまた点状でありながら向きをもった磁

場源であることがわかる．また 4.1.6 項で述べたようにベクトル $\nabla'\delta^3(\boldsymbol{x}'-\boldsymbol{x}'_0)$ は $\boldsymbol{x}'\to\boldsymbol{x}'_0$ というループの外からループを見る視線の向きと考えてよく，誰から見ても同じ向きである $\boldsymbol{m}$ とのクロス積によって得られる $\boldsymbol{J}$ は，常に自分から見て手前側のループの辺を電流が流れる向きになっていることを確認しよう（$\boldsymbol{m}\to\boldsymbol{e}_x$，視線の向き $\to\boldsymbol{e}_y$ に対応させ，両者のクロス積を反転させる）．

6.7.2　ループ電流の作るベクトルポテンシャル

位置 $\boldsymbol{x}'_0$ にあるループ電流の電流密度関数 (6.29) をポアソン方程式の解 (5.20) に代入すれば，位置 $\boldsymbol{x}$ にできるベクトルポテンシャルはデルタ関数の微分公式 (4.20) を使って

$$\begin{aligned}\boldsymbol{A}(\boldsymbol{x};\boldsymbol{x}'_0)&=\frac{\mu_0}{4\pi}\int_{V'}\frac{\boldsymbol{J}(\boldsymbol{x}')}{R}\,dV'=-\frac{\mu_0}{4\pi}\boldsymbol{m}\times\int_{V'}\frac{\nabla'\delta^3(\boldsymbol{x}'-\boldsymbol{x}_0)}{|\boldsymbol{x}-\boldsymbol{x}'|}\,dV'\\&=\frac{\mu_0}{4\pi}\boldsymbol{m}\times\nabla'\left.\frac{1}{|\boldsymbol{x}-\boldsymbol{x}'|}\right|_{\boldsymbol{x}_0}=\frac{\mu_0}{4\pi}\boldsymbol{m}\times\frac{1}{|\boldsymbol{x}-\boldsymbol{x}'_0|^2}\frac{\boldsymbol{x}-\boldsymbol{x}'_0}{|\boldsymbol{x}-\boldsymbol{x}'_0|}\end{aligned}$$

となる．以後は見やすくするためにループ電流の位置 $\boldsymbol{x}'_0$ は $\boldsymbol{x}'$ に書き換えておこう．$|\boldsymbol{x}'-\boldsymbol{x}'_0|\to R$ などに書き換えれば

$$\boldsymbol{A}(\boldsymbol{x};\,\boldsymbol{x}')=\frac{\mu_0}{4\pi}\boldsymbol{m}\times\nabla'\frac{1}{R}=\frac{\mu_0}{4\pi}\frac{\boldsymbol{m}\times\hat{\boldsymbol{R}}}{R^2}\tag{6.30}$$

となる．これも電気双極子の場合 (6.5) とよく似た形である．$\hat{\boldsymbol{R}}$ はループ電流の位置 $\boldsymbol{x}'$ から観測者の位置 $\boldsymbol{x}$ へ向かう単位ベクトルであり，できるベクトルポテンシャルもまた観測者から見て手前側のループの辺を電流が流れる向きであることを確認しよう．つまりループは微小ではあるが，観測者にとって最も距離が近い側からの寄与が一番大きいことがわかる．

6.7.3　ループ電流の作る磁場

ループ電流によって作られる磁場はベクトルポテンシャル (6.30) の回転をとれば得られ，ベクトル公式 (3.63) およびその修正版である 4.1.7 項の式 (3.63’) を用いれば

$$\boldsymbol{B}(\boldsymbol{x};\,\boldsymbol{x}')=\frac{\mu_0}{4\pi}\nabla\times\frac{\boldsymbol{m}\times\hat{\boldsymbol{R}}}{R^2}=\frac{\mu_0}{4\pi}\frac{3(\boldsymbol{m}\cdot\hat{\boldsymbol{R}})\hat{\boldsymbol{R}}-\boldsymbol{m}}{R^3}+\frac{2\mu_0}{3}\boldsymbol{m}\delta^3(\boldsymbol{R})\tag{6.31}$$

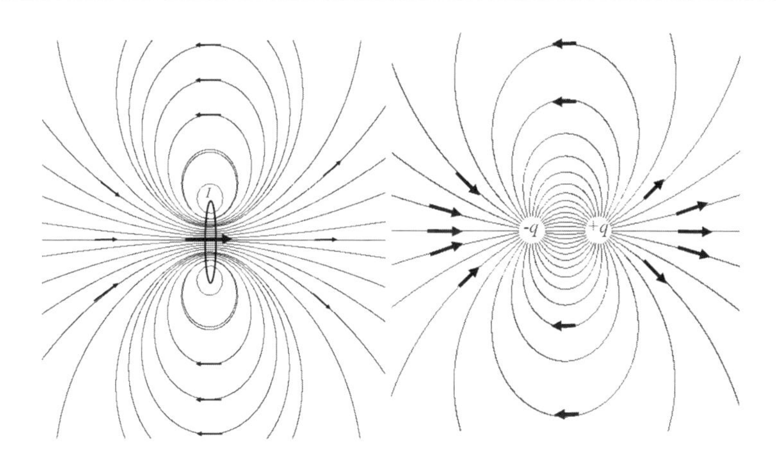

図 6.15 左：ループ電流の作る磁場の磁力線．中心にループ電流が流れている．右：正負点電荷の作る電気力線（図 6.4 再掲）．磁気モーメント $\boldsymbol{m}$，電気双極子モーメント $\boldsymbol{p}$ はともに図の中心に位置し右向き．磁場源，電場源近傍でのみ違いが見られるが，遠方での場の様子は同じ（相似）である．

が得られる*10．ループ電流の位置 $\boldsymbol{R}=0$ を除けば，周辺の磁場は右辺第 1 項だけで作られる（図 6.15 左）．電気双極子が作る電場の式 (6.6) を思い出せば，微小なループ電流によって遠方に作られる磁力線と，電気双極子によって遠方に作られる電気力線（図 6.4）とは同じ形であることがわかる．面積 S' をもつループ電流 I は，電流の流れる向きの右ねじの向きをもった大きさ $|\boldsymbol{m}|=IS'$ の磁気モーメントをもち，「双極子型」の磁場を作る磁場源として振る舞う．

微小ループ電流と微小距離だけ離れた正負の点電荷が遠方に作る磁場・電場の力線が相似であることは特筆されるべきであるが，原点近くでは同じでないことも注意しておく．図 6.4（図 6.15 右）は正負の点電荷の作る場をクーロンの法則によって可視化したもので，図 6.15 左はループ電流の作る磁場をビオ-サバールの法則にしたがって図示した厳密なものである．両者の違いは原点付

*10 80 ページの脚注に記した式 (3.61') を用いれば $\nabla\cdot\boldsymbol{B}=0,\ \nabla\times\boldsymbol{B}=\mu_0\boldsymbol{J}=-\mu_0\boldsymbol{m}\cdot\nabla\delta^3(\boldsymbol{R})$ は成り立っている．

近にのみ現れ，例えばループ中心での磁場は磁気モーメント $\boldsymbol{m}$ の向きと一致するのに対し，近接した正負の点電荷の作る電場では，電気双極子モーメント $\boldsymbol{p}$ が $-q \to +q$ の向きであるのに対し，電気力線および電場の向きは逆である．これは式 (6.6) (6.31) それぞれの右辺第 2 項のデルタ関数の符号に現れている．

磁荷は存在しない

磁石は割っても必ず N 極と S 極が現れる．これは磁石から単極の「磁荷」を分離して取り出すことはできないという実験事実であり，自然界に孤立した磁荷が見つかったことはない．磁荷の存在は理論的に禁止されているわけではなく，存在しない理由もわからないので広く探索されているが，ともかく自然界に磁荷は見つかっておらず，この経験則を原理として採用し $\nabla \cdot \boldsymbol{B}(\boldsymbol{x}) = 0$ として電磁気学の理論は作られている．磁場の源は常に電流であり，磁力線には始まりや終わりはなく必ず閉じる．ループ状の電流は，「正負の磁荷」が仮に存在して「磁気双極子」をなしたときと相似な磁場を作るが，磁荷は存在しないから「磁気双極子」も存在せず，磁場の源はいつもなんらかの意味での電流であり，それに付随した磁気モーメントである*11．

自然界を構成する原子や素粒子は一種の「自転」をしており，これを**スピン**と呼ぶが，粒子はそのスピンに付随して固有の磁気モーメントをもつ．物質の磁性の起源は物質中の電子のスピン起源の磁気モーメントである．また地球は双極子型の磁場をもっているが，これは地球内部の自転の影響を受けた液体状金属による巨視的な電流が起源と考えられている．

電荷・角運動量と磁気モーメント

電気量 q の電荷が速度 v で半径 r の円運動をしているとする．円周 $2\pi r$ を 1 周する時間，つまり周期は $T = 2\pi r/v$ であるから，この電荷の運動は

*11 「磁気双極子モーメント」という言葉が用いられることも多いが，双極子の語は磁荷を想起させるので本書では避けている．正の磁荷，負の磁荷，正負の磁荷がペアをなした磁気双極子のいずれも自然界には存在しない（少なくとも見つかっていない）．

$I = q/T = qv/2\pi r$ というループ電流と等価である[*12]．ループの面積は $S = \pi r^2$ であるから，この系は磁気モーメント

$$m = IS = \frac{qv}{2\pi r} \times \pi r^2 = \frac{qvr}{2}$$

をもち，周りの空間に双極型の磁場を作る．磁気モーメントの向きは電荷の回転方向（電流の流れる向き）に対して右ねじの向きである[*13]．

上の式で現れた vr という量を角運動量で表そう．運動量 $\boldsymbol{p}$ の電荷が位置 $\boldsymbol{r}$ を通り過ぎる場合の角運動量は $\boldsymbol{L} = \boldsymbol{r} \times \boldsymbol{p} = m\boldsymbol{r} \times \boldsymbol{v}$ であるから，円運動の場合は電荷の質量を M，円の法線ベクトルを $\boldsymbol{e}_m$ として

$$\boldsymbol{L} = Mrv\,\boldsymbol{e}_m, \quad \boldsymbol{e}_m = \frac{\boldsymbol{r} \times \boldsymbol{v}}{|\boldsymbol{r} \times \boldsymbol{v}|} \tag{6.32}$$

であり，角運動量 $\boldsymbol{L}$ をもつ電荷の磁気モーメントは

$$\boldsymbol{m} = \frac{q\boldsymbol{L}}{2M} = \frac{qL}{2M}\boldsymbol{e}_m \tag{6.33}$$

と表される．

■**参考：粒子のスピンと磁気モーメント**　古典力学では，角運動量は軌道運動や自転にともなう運動学的な量である．しかし量子力学・素粒子物理学が進展すると，電子や陽子などの基本的粒子には静止していてもなおもっている，運動状態によらない角運動量が付随していると考えざるを得ない実験結果が蓄積されていき，これは質量や電荷などとともにその粒子固有の物理量であるという理解に至った．これは古典力学では説明できないことで，極微の世界を支配するのは量子力学であることを示す一例である．この角運動量は粒子の運動や自転に関係づけることはできないが，言葉のみは自転を意味する spin の語を流用して**スピン角運動量**または単に**スピン**と呼ばれるようになった．電子や陽子などは $s = \hbar/2$ という固有のスピンをもつことが知られている．ここで $\hbar = h/2\pi$ はプランク定数で，角運動量の次元である．

[*12] 点電荷 q が周期 T で円運動していることと，総電荷量 q が円周上に分布し一様に周期 T で円運動していることは T よりも長い時間スケールで見れば同等．

[*13] 負電荷である電子 $-e$ を考えるときは逆向きになる．

電子が $s=\hbar/2$ というスピンをもつならば，式 (6.33) より電子は $m=es/2m_e=e\hbar/4m_e$ という固有の磁気モーメントをもつように思える（m_e は電子の質量，m は磁気モーメント）．この予想は半分だけ正しかった：電子は固有のスピンに付随する固有の磁気モーメントを確かにもつが，その値は予想の 2 倍であった．実験による最新の測定によれば電子の磁気モーメントは

$$m=g_e\frac{es}{2m_e}=\frac{g_e}{2}\frac{e\hbar}{2m_e},\quad g_e\simeq 2.002319304362\cdots \tag{6.34}$$

である [2]．スピンに付随する磁気モーメントにおいて g という 1 でない係数がなぜ現れるのかは古典電磁気学では説明できず，電子については $g_e=2$ であることが相対論的量子力学におけるディラックの電子論によって予言される (P.A.M. Dirac, 1902-1984)．さらに整数値 2 からもわずかに外れて $g_e\simeq 2.002319\cdots$ であることが**量子電磁力学** (Quantum Electrodynamics, QED) から予言され [18]，現在 QED による理論予測と実験による測定値は 10 桁以上の精度で一致することが確かめられている．いずれは量子力学や相対論を学ばねばならぬことがわかるだろう．なお式 (6.34) に現れる $\mu_B\equiv e\hbar/2m_e$ は**ボーア磁子** (Bohr magneton) と呼ばれ，素粒子の世界における磁気モーメントの大きさを表す単位としてよく用いられる (N. Bohr, 1885-1962).

6.7.4 磁場の中の電荷，電流，磁気モーメント

ローレンツ力

一様な磁場 $\boldsymbol{B}_0$ の中の点電荷 q は，速度 $\boldsymbol{v}$ で運動していれば式 (5.7) のローレンツ力 $\boldsymbol{F}=q\boldsymbol{v}\times\boldsymbol{B}_0$ を受ける．力は速度 $\boldsymbol{v}$ と磁場 $\boldsymbol{B}_0$ の両方に垂直で，特に速度に垂直であるから点電荷は円運動またはらせん運動する．磁場が一様でない場合は複雑な経路を描いて運動する．

磁場の中の電流

電荷が速度 $\boldsymbol{v}$ で運動することは，ある大きさの電流が流れることと等価である．いま十分に長い直線電流を考え，その中の長さ ℓ の部分電流をとる．この長さ ℓ の中に正の電荷 q が分布していて速度 $\boldsymbol{v}=v\boldsymbol{e}_z$ で運動しているならば，電荷が ℓ を横切るのに要する時間は $T=\ell/v$ であり，電流 $I=q/T=qv/\ell$ が $\boldsymbol{e}_z$

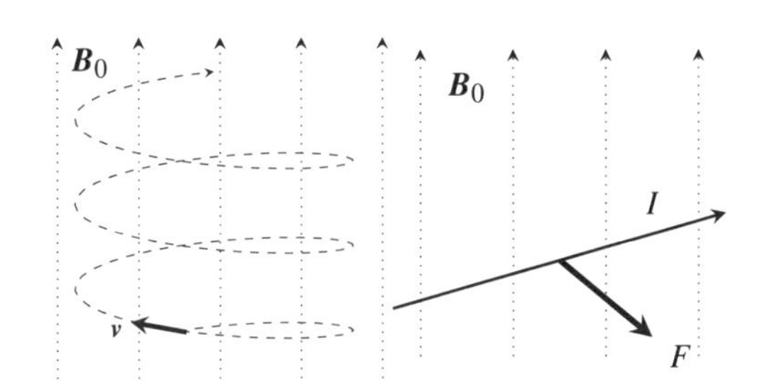

図 6.16 左：一様な磁場 $\boldsymbol{B}_0$ の中の点電荷，右：一様な磁場の中の直線電流にはたらく力

の向きに流れているのと等価である．これは線密度 $\lambda = q/\ell$ で電荷が分布していて速度 $\boldsymbol{v} = v\boldsymbol{e}_z$ で運動していると考えてもよい．ここへ微小長さ dz を考えると，そこにいる電荷は $dq = \lambda\, dz = q\, dz/\ell$ で，これは点電荷とみなしてよい．よって点電荷 $dq = q\, dz/\ell$ が長さ ℓ にわたって並んでいると思ってもよい．この直線電流を一様な外部磁場 $\boldsymbol{B}_0$（この直線電流ではない別の原因によってあらかじめ作られている磁場）の中に置くと，この電流を構成する点電荷 dq がローレンツ力を受けるので，長さ ℓ にわたって積分すれば

$$\boldsymbol{F} = \int_q dq\boldsymbol{v} \times \boldsymbol{B}_0 = \int_\ell q\frac{dz}{\ell}v\boldsymbol{e}_z \times \boldsymbol{B}_0 = qv\boldsymbol{e}_z \times \boldsymbol{B}_0 = I\ell\boldsymbol{e}_z \times \boldsymbol{B}_0 \tag{6.35}$$

という力がはたらく（図 6.16 右）．単位長さあたり $I\boldsymbol{e}_z \times \boldsymbol{B}_0$ の力がはたらくと言ってもよい．

磁場の中の磁気モーメント

外部磁場 $\boldsymbol{B}$ の中の磁気モーメント（微小ループ電流）にはたらく力は，磁気モーメントの電流密度が式 (6.29) のように表せることを用いれば，ベクトル 3 重積の公式 (1.24) とデルタ関数の微分公式 (4.20)，および $\boldsymbol{\nabla}' \cdot \boldsymbol{B} = 0$ を使って

$$\begin{aligned}
\boldsymbol{F} &= \int_{V'} \boldsymbol{J} \times \boldsymbol{B}\, dV' = -\int_{V'} \left(\boldsymbol{m} \times \boldsymbol{\nabla}'\delta^3(\boldsymbol{x}' - \boldsymbol{x}_0)\right) \times \boldsymbol{B}\, dV' \\
&= \int_{V'} (\boldsymbol{\nabla}'\delta^3(\boldsymbol{x}' - \boldsymbol{x}_0) \cdot \boldsymbol{B})\boldsymbol{m}\, dV' - \int_{V'} (\boldsymbol{m} \cdot \boldsymbol{B})\boldsymbol{\nabla}'\delta^3(\boldsymbol{x}' - \boldsymbol{x}_0)\, dV' \\
&= -(\boldsymbol{\nabla}' \cdot \boldsymbol{B})\boldsymbol{m} + \boldsymbol{\nabla}'(\boldsymbol{m} \cdot \boldsymbol{B}(\boldsymbol{x}_0)) = \boldsymbol{\nabla}'(\boldsymbol{m} \cdot \boldsymbol{B}(\boldsymbol{x}_0))
\end{aligned} \tag{6.36}$$

となる．これは外部電場中の電気双極子が受ける力 (6.10) と全く同じ形をしており，エネルギーは

$$U = -\boldsymbol{m} \cdot \boldsymbol{B} \tag{6.37}$$

であることがわかる．力のモーメント $\boldsymbol{N} = \boldsymbol{m} \times \boldsymbol{B}$ もはたらくから，磁気モーメントに外部磁場をかけると，力のモーメントによって回転が発生しエネルギーを最小にしようとするので，かけられた磁場の向きに整列しようとする作用がはたらく．

物質は原子でできており，原子には多数の電子が付随しているから，物質はおびただしい数の電子の大集団と言ってよい．スピンをもつ電子の大集団は，それぞれが相互作用し合うことでその物質特有の性質を示す．その多くは古典電磁気学だけでは説明がつかず，量子力学が必要となる．電磁気学や量子力学，統計力学などを駆使して物質のさまざまな性質を解明しようとする物理学の一大分野が**物性物理学** (condensed matter physics) である．

第 6 章まとめ

表 6.1　静電場と静磁場まとめ

	静電場	**静磁場**
ポアソン方程式	$\nabla^2\phi = -\rho/\epsilon_0$	$\nabla^2\boldsymbol{A} = -\mu_0\boldsymbol{J}$ （クーロンゲージ）
電場，磁場	$\boldsymbol{E} = -\boldsymbol{\nabla}\phi$	$\boldsymbol{B} = \boldsymbol{\nabla} \times \boldsymbol{A}$
ポテンシャル	$\dfrac{1}{4\pi\epsilon_0}\displaystyle\int_{V'} \dfrac{\rho}{R}\, dV'$	$\dfrac{\mu_0}{4\pi}\displaystyle\int_{V'} \dfrac{\boldsymbol{J}}{R}\, dV'$
点源	$q\delta^3(\boldsymbol{x} - \boldsymbol{x}')$ $\dfrac{1}{4\pi\epsilon_0}\dfrac{q}{R}$	（磁荷は存在しない） $\dfrac{\mu_0}{4\pi}\dfrac{I\, ds}{R}$
双極子	$-\boldsymbol{p} \cdot \boldsymbol{\nabla}'\delta^3(\boldsymbol{x}' - \boldsymbol{x}'_0)$ $\dfrac{1}{4\pi\epsilon_0}\dfrac{\boldsymbol{p} \cdot \hat{\boldsymbol{R}}}{R^2}$	$-\boldsymbol{m} \cdot \boldsymbol{\nabla}'\delta^3(\boldsymbol{x}' - \boldsymbol{x}'_0)$ $\dfrac{\mu_0}{4\pi}\dfrac{\boldsymbol{m} \times \hat{\boldsymbol{R}}}{R^2}$

- 電場の源は電荷，磁場の源は電流．理由は不明ながら「磁荷」は存在しない．
- 静電場は常に縦型，静磁場は常に横型．
- 電気双極子は点状ながら向きをもった電場源．ループ電流も面積をゼロにする極限を考えれば点状ながら向きをもった磁場源すなわち磁気モーメントとして振る舞う．電気双極子と磁気モーメントが遠方に作る場は同じ形．
- 本書では物質中の電磁場について述べなかったので，巻末に挙げた参考文献などによって補ってほしい．
- 静電磁場には時間の概念が含まれていないが，これには 2 種類の意味があったことを注意しておく．1 つめは場の源である電荷と電流が時間的に変化しないことであり，作られる電場と磁場も時間変化しない．2 つめは遅延 (retardation) をいっさい考慮していないことである．両者は同じではなく，次章以降で詳しく述べられる．

演習問題

1. 半径 a の円周上に電荷 Q が一様に分布している．

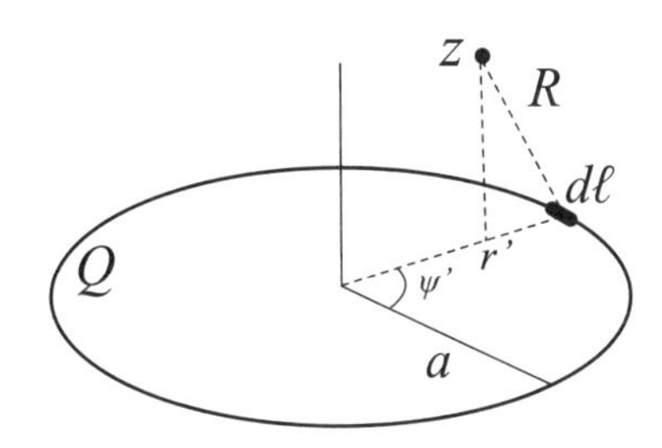

(a) 電荷の線密度 λ を求めよ．円の中心軸を z にとる円筒座標 (r, ψ, z) とデルタ関数の円筒座標表示 (4.41) を用いて電荷密度関数 $\rho(\boldsymbol{x})$ を書け．

(b) 円周上の微小長さ $d\ell$ に含まれる電荷 dQ を求めよ．

(c) 円周上の点 $(a, \psi', 0)$ における微小長さ $d\ell = ad\psi'$ の部分が点 $\boldsymbol{x} =$

(r, ψ', z) に作るポテンシャル $d\phi$ を求めよ．

(d) 全電荷 Q が点 $\boldsymbol{x} = (r, \psi', z)$ に作るポテンシャルを求めよ．

(e) z 軸上の点 $\boldsymbol{x} = (0, 0, z)$ における電場 $\boldsymbol{E}$ を求めよ．$a \to 0$ の極限で点電荷 Q の作る場に一致することを確認せよ．

2. (a) 一様な線密度 λ で直線状に電荷が分布している場合の電荷分布関数を求めよ．電荷に沿って z 軸をとった円筒座標系 (r, ϕ, z) およびデルタ関数の円筒座標系表示を用いよ．

(b) 電荷は長さ $-\ell \sim \ell$ にわたって分布しているとした場合のポテンシャルを求め，$\ell \to \infty$ の極限をとってみよ．

(c) 電場を求めよ．

3. 半径 a の球の表面上に電荷が面密度 $\sigma(\theta) = \sigma_0 \cos\theta$ で分布している．角度 θ は球の中心を通る軸からの傾き角である．この帯電球が球の外部に作るポテンシャルを式 (6.20) から考察せよ．

4. 図のように $+q, -2q, +q$ が一直線に並んだものを電気 4 重極子という．これは電気双極子 $\boldsymbol{p} = 2q\boldsymbol{b}'$ が 2 つ逆向きに置かれたものと考えることができる．この 4 重極子が位置 $\boldsymbol{x}$ に作るポテンシャルを 1 次近似によって求めよ．

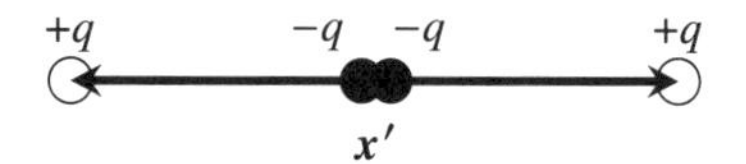

5. 電場 $\boldsymbol{E}_0$ が存在しているところへ外部から電荷 $q = \rho\, dV$ を持ち込むとする．電荷 q は $E_q = q/4\pi\epsilon_0 r^2$ という電場を作るから，既に電場 $\boldsymbol{E}_0$ が存在しているところへ電荷 q をもってきたときの全電場は $\boldsymbol{E}_t = \boldsymbol{E}_0 + \boldsymbol{E}_q$ となる．電荷 q が受ける力は，$q\boldsymbol{E}_0$ か，それとも $q\boldsymbol{E}_t = q\boldsymbol{E}_0 + q\boldsymbol{E}_q$ のどちらであろうか？

6. 単位長さあたりの巻き数が n である無限に長いソレノイドの作る磁場を求めよ．

第7章

時間軸の導入

本章では電磁気学の法則に時間の概念を導入するにあたり必要な保存則の式と波動方程式について述べる.

7.1 保存則の式

自然界を観察していれば, 質量や電荷, お金などは消えてなくなったりはしないことが経験的にわかる. ある時刻 t にある位置 $\boldsymbol{x}$ にあった電荷分布 $\rho(\boldsymbol{x},t)$ が別の時刻 $t+dt$ では $\rho(\boldsymbol{x},t+dt) \neq \rho(\boldsymbol{x},t)$ に変化したならば, それは電荷が消えてなくなってしまったり無から生まれたのではなく, どこか別の場所へ移動したからである. したがって空間全体としては電荷総量は変わっておらず, 全てを集めて考えれば保存されているはずである. ここでいう保存則とは,「ある1点または微小領域内での物理量が時間的に変化して見えるならば, どこか別の点または領域に移動したからである」ということを記述するものである. 質量や電荷だけでなく, エネルギーなど保存する量に対してであれば全て同じ形で記述される.

7.1.1 密度を表すスカラー場とその時間微分

質量, 電荷, エネルギーなど何か量的なものを表す物理量を考え, その体積密度を ρ と書く. 電荷ならば [電荷/長さ^3], エネルギーならば [エネルギー/長さ^3] である. ある位置 $\boldsymbol{x}$ の周りの微小領域 dV を考え, その領域内にある電荷を

$dq(\boldsymbol{x})$ とするとき $dq(\boldsymbol{x}) = \rho(\boldsymbol{x})\,dV$ である．空間に電荷が分布している状況を考えるならば，位置 $\boldsymbol{x}$ を指定すれば電荷密度というスカラー $\rho(\boldsymbol{x})$ が決まるので $\rho(\boldsymbol{x})$ は一種のスカラー場である．スカラー場は空間を無数の小さなセルに分割し，各セルに数字が割り当てられているとしてイメージすることができる．

ここで時間 t を導入し，電荷分布は時間にも依存するとして $\rho(\boldsymbol{x},t)$ と表す．位置 $\boldsymbol{x}$ にある微小セル内での時刻 t における電荷量 $dq(\boldsymbol{x},t) = \rho(\boldsymbol{x},t)\,dV$ と，そこから微小時間 dt だけ進んだ時刻 $t+dt$ における同じ位置での電荷量 $dq(\boldsymbol{x},t+dt) = \rho(\boldsymbol{x},t+dt)\,dV$ との差は1次近似により

$$
\begin{aligned}
dq(\boldsymbol{x},\, t+dt) - dq(\boldsymbol{x},\, t) &= (\rho(\boldsymbol{x},\, t+dt) - \rho(\boldsymbol{x},\, t))\,dV \\
&\simeq \left(\rho(\boldsymbol{x},\, t) + \frac{\partial \rho}{\partial t}dt - \rho(\boldsymbol{x},\, t)\right) dV = \frac{\partial \rho}{\partial t}\,dt\,dV
\end{aligned}
$$

となる．時間による偏微分とは $\boldsymbol{x}$ を一時的に定数とみなして時間 t で微分することであるが，物理的にはある特定のセル $\boldsymbol{x}$ に着目してその内部での時間変化だけを凝視し，それ以外のセルには目をくれないことに対応する．したがって

$$
\boldsymbol{x}\text{ を含む微小セル }dV\text{ 内の増減} = \frac{\partial \rho(\boldsymbol{x},t)}{\partial t}\,dt\,dV \tag{7.1}
$$

である．このセル内で時間 dt の間に電荷が増加していればこの量は正，減少していれば負，変化がなければゼロである．そしてもし時間 dt の間にセル内の電荷量が増加していたならば，それは無から生まれたのではなく空間の他の領域からこのセル内に流入したからである．もし電荷量が減少していたならば，それは消えてなくなったのではなく別のセルへ流出したからである．変化がなければ，電荷の移動がいっさい発生しなかったか，または他のセルからの流入と他のセルへの流出とが等しかったかである．

7.1.2　出入りを表すベクトル場とその発散

マクスウェル方程式 (5.11) には電流密度 $\boldsymbol{J}(\boldsymbol{x})$ という量が出てくる．これは位置 $\boldsymbol{x}$ を流れる電流 $I(\boldsymbol{x})$ を面積で割ったものであり，次元は [電流/長さ^2] = [電荷/時間/長さ^2] である．[1/時間/面積] の次元をもつ量は一般に**流束** (flux) と呼ばれる．ある位置 $\boldsymbol{x}$ における流れ $\boldsymbol{J}(\boldsymbol{x})$ があり，その周りの微小領域 dV（表

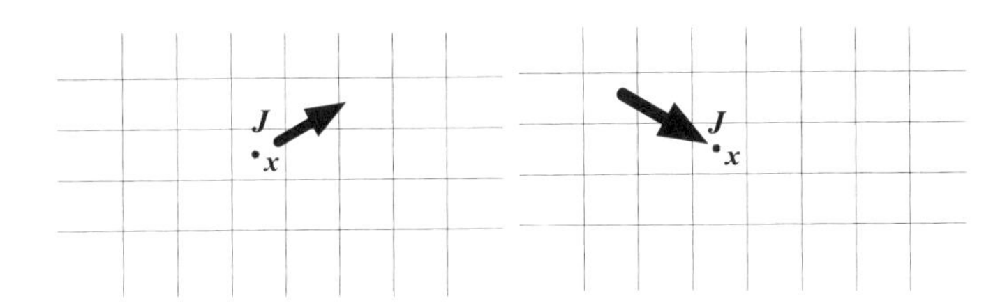

図 7.1　ある 1 点 $\boldsymbol{x}$ を含むセル dV からの流出（左）とセルへの流入（右）．時間 dt の間の流出または流入量は $-\nabla\cdot\boldsymbol{J}\,dV\,dt$ で，これは $\partial\rho/\partial t\,dV\,dt$ に等しい．

面積 $d\boldsymbol{S}$）から時間 dt の間に流れ出るまたは流れ込む量は

$$\boldsymbol{x}\text{ を含むセル内からの流出入量} = \boldsymbol{J}(\boldsymbol{x})\cdot\boldsymbol{n}\,dS\,dt$$

で与えられる（図 7.1）．ガウスの定理 (3.64) を用いて，右辺を体積分に変換すると

$$\boldsymbol{x}\text{ を含むセル内からの流出入量} = \nabla\cdot\boldsymbol{J}(\boldsymbol{x})\,dV\,dt \tag{7.2}$$

で，これは発散の定義そのものである．発散は流れ出るときに正，流れ込むときに負で定義される．$\boldsymbol{J}(\boldsymbol{x})$ は時間の関数 $\boldsymbol{J}(\boldsymbol{x},t)$ としてもよい．

7.1.3 保存則の式

ある物理量が保存するならば，例えば電荷が保存するならば，もし位置 $\boldsymbol{x}$ の周りの微小セル内の電荷がある時間内に減少していれば，それはセルからの流出があったからであり，もし電荷が増加しているならばセルへの流入があったからにほかならない．したがって式 (7.1) (7.2) から

$$\boldsymbol{x}\text{ を含むセル内の増減} = \boldsymbol{x}\text{ を含むセル内からの流出入量}$$

$$\frac{\partial\rho(\boldsymbol{x},t)}{\partial t} = -\nabla\cdot\boldsymbol{J}(\boldsymbol{x},t) \tag{7.3}$$

が得られる．電荷が増えていれば左辺は正であるが，その場合に $\nabla\cdot\boldsymbol{J}$ は発散の定義によって負となるので負号が必要となる．式 (7.3) を**保存則の式**

(conservation equation) といい，電荷であれば電荷の保存則，質量であれば質量の保存則などと呼ばれる．左辺は [電荷/長さ^3/時間]，右辺は [電荷/時間/長さ^2/長さ] なので次元も確かに合っている．式 (7.3) は**連続の式** (continuity equation) と呼ばれることもある．

保存則の式 (7.3) は時刻 t においてある1点 $\boldsymbol{x}$ およびこれを含む微小領域内で局所的に成立しているべき条件を与えているが，これを有限の広がりをもった領域に対して考えてみよう．体積 V の領域を考え，時刻 t における領域内の全電荷を $Q = \int_V \rho(\boldsymbol{x})\, dV$ としよう．式 (7.3) の両辺を V で積分し，右辺には積分定理 (3.64) を用いれば

$$\frac{\partial Q}{\partial t} = -\int_V \nabla \cdot \boldsymbol{J}\, dV = -\int_S \boldsymbol{J}(\boldsymbol{x}) \cdot \boldsymbol{n}\, dS. \tag{7.4}$$

ここで領域 V の表面を S と表記した．領域 V の最も外側の付近ではもはや電流 $\boldsymbol{J}$ が存在せず，表面 S を通っての電荷の出入りがないならば右辺はゼロであり，したがって左辺の電荷量の時間変化もゼロとなって領域 V 内の全電荷量は保存される．領域 V の最も外側の付近にもまだ電流が存在し，表面 S を通っての電荷の出入りがあれば，それが領域内の電荷量の時間変化 $\partial Q/\partial t$ を与える．

7.1.4 電荷の保存とマクスウェル方程式

第8章以降では時間的に変動する電磁場を扱うことになるので，電磁気学の理論に時間を含める拡張をしよう．マクスウェル方程式に登場した4つの物理量，$\boldsymbol{E}(\boldsymbol{x})$，$\boldsymbol{B}(\boldsymbol{x})$，$\rho(\boldsymbol{x})$，$\boldsymbol{J}(\boldsymbol{x})$ それぞれに時間依存性が加わって $\boldsymbol{E}(\boldsymbol{x},t)$，$\boldsymbol{B}(\boldsymbol{x},t)$，$\rho(\boldsymbol{x},t)$，$\boldsymbol{J}(\boldsymbol{x},t)$ となるのはもちろんであるが，マクスウェル方程式そのものはそのままでよいだろうか？ マクスウェル方程式 (5.8) ~ (5.11) で，単に $\boldsymbol{E}(\boldsymbol{x},t)$，$\boldsymbol{B}(\boldsymbol{x},t)$，$\rho(\boldsymbol{x},t)$，$\boldsymbol{J}(\boldsymbol{x},t)$ を用いて形式的に書き換えると

$$\nabla \cdot \boldsymbol{E}(\boldsymbol{x},t) = \frac{\rho(\boldsymbol{x},t)}{\epsilon_0} \tag{7.5}$$

$$\nabla \times \boldsymbol{E}(\boldsymbol{x},t) = 0 \quad \text{（正しくない）} \tag{7.6}$$

$$\nabla \cdot \boldsymbol{B}(\boldsymbol{x},t) = 0 \tag{7.7}$$

$$\nabla \times \boldsymbol{B}(\boldsymbol{x},t) = \mu_0 \boldsymbol{J}(\boldsymbol{x},t) \quad \text{（正しくない）} \tag{7.8}$$

となるが，特に式 (7.8) は電磁気学に先立つ大前提であるはずの電荷の保存則と矛盾する．これまでは時間的に変化しない電荷や電流を考えていたので $\partial\rho/\partial t = 0$, $\boldsymbol{\nabla}\cdot\boldsymbol{J} = 0$ であった．そこへ時間変化を許すと矛盾が生じる．式 (7.8) の両辺の発散をとると，ベクトル解析の公式 (3.24) から左辺は $\boldsymbol{\nabla}\cdot(\boldsymbol{\nabla}\times\boldsymbol{B}) = 0$ であり右辺もゼロになってしまう：

$$\boldsymbol{\nabla}\cdot(\boldsymbol{\nabla}\times\boldsymbol{B}(\boldsymbol{x})) = \mu_0\boldsymbol{\nabla}\cdot\boldsymbol{J}(\boldsymbol{x}) = 0. \tag{7.9}$$

しかし電荷が時間的に変動する場合は $\boldsymbol{\nabla}\cdot\boldsymbol{J}(\boldsymbol{x}, t)$ は保存則 (7.3) より $\partial\rho(\boldsymbol{x},t)/\partial t$ とバランスしていなければならず，アンペールの法則に対応する式 (7.8) は変動する電磁場においては正しくないのである．$\partial\rho(\boldsymbol{x},t)/\partial t$ という項は式 (7.5) を時間微分すれば作れそうなのでやってみると[*1]

$$\boldsymbol{\nabla}\cdot\left(\frac{\partial\boldsymbol{E}}{\partial t}\right) = \frac{1}{\epsilon_0}\frac{\partial\rho(\boldsymbol{x},t)}{\partial t}$$

となる．そこで式 (7.9) の右辺に $\mu_0\partial\rho/\partial t$ を追加してみると

$$\mu_0\boldsymbol{\nabla}\cdot\boldsymbol{J}(\boldsymbol{x}) + \mu_0\frac{\partial\rho(\boldsymbol{x},t)}{\partial t} = \mu_0\left(\boldsymbol{\nabla}\cdot\boldsymbol{J}(\boldsymbol{x},t) + \frac{\partial\rho(\boldsymbol{x},t)}{\partial t}\right) = 0$$

とできるので，$\partial\rho/\partial t$ を $\epsilon_0\boldsymbol{\nabla}\cdot\partial\boldsymbol{E}/\partial t$ で置き換えて $\boldsymbol{\nabla}\cdot$ をはらえば

$$\boldsymbol{\nabla}\times\boldsymbol{B}(\boldsymbol{x},t) = \mu_0\boldsymbol{J}(\boldsymbol{x},t) + \epsilon_0\mu_0\frac{\partial\boldsymbol{E}\,(\boldsymbol{x},t)}{\partial t} \tag{7.10}$$

が得られる．したがって時間的に変動する電磁場において $\boldsymbol{\nabla}\times\boldsymbol{B}(\boldsymbol{x},t)$ についてのマクスウェル方程式は，式 (7.8) ではなく式 (7.10) のようになっていれば電荷の保存則 (7.3) と整合する．$\epsilon_0\mu_0\partial\boldsymbol{E}/\partial t$ という追加項が必要になることはマクスウェル (J.C. Maxwell, 1831-1879) によって見出されたもので，これを**マクスウェル項**と呼ぶことにする．マクスウェル方程式の右辺が理論的要請から変更されたため，実験による確認が必要となった．この修正が正しいとすると，それまで考えられていなかった電場や磁場が波として周辺の空間を遠方まで伝播する**電磁波** (electromagnetic waves) の存在が導かれる（次章）．これは後にヘルツ (H.R. Hertz 1857-1894) によって 1886~1888 年にかけて実証され，マクスウェ

[*1] 微分の順序は入れ替えても問題ない．

ル項の追加は正当化された．マクスウェル方程式 (7.6) の修正は次章で行う．残りの 2 つの式 (7.5) (7.7) は時間変動する電磁場の場合でもそのまま成り立つ．

変位電流

$\epsilon_0\mu_0\partial \boldsymbol{E}/\partial t$ を指すマクスウェル項という名称は太田 [27] にしたがったもので一般的ではなく，通常はマクスウェル本人が用いた**変位電流** (displacement current) という言葉が用いられる．マクスウェルはその卓越した洞察力によって電磁気学の理論にこの項を導入し，それは正しかった．ただしその実体が何であるのかについてのマクスウェルのイメージ（エーテルで満たされた空間が分極して本当に電流が流れると考えていたとされる）は結果として正しくなかった．この項 $\epsilon_0\mu_0\partial \boldsymbol{E}/\partial t$ は電磁気学を完成させた最後のピースであり理論構成上不可欠のものであるが，電荷の流れではない上に磁場の源とみなすこともできないため，これを「電流」とつく語で呼ぶことには注意が必要である．このことは 8.4.3 項で再び議論する．

7.2　波と波動方程式

7.2.1　1 次元の波

関数の平行移動と波

関数 $f(x)$ があるとき，$f(x-x')$ は $x-x'$ における関数 f の値と読んでもよいし，関数 $f(x)$ を $+x$ の向きに x' だけシフトしたものと考えてもよい．図 7.2 は関数 $f(x)$ をそれぞれ x_1, x_2, x_3 だけシフトさせたもので，もしこれらの関数を紙に 1 つずつ描いて重ねたものをパラパラ漫画のようにめくれば，関数 $f(x)$ が少しずつ右に，あたかも連続的に平行移動していくように見えるだろう．

関数 $f(x)$ はただ 1 つの変数 x をもった関数であるが，もう 1 つ別の変数，それも小さくなることがなく大きくなる一方の変数 t が加わった $f(x-vt)$ を考えよう．ここで v は定数である．この関数は $f(x)$ を vt だけシフトしたものとみなせるが，シフト量 vt は変数 t とともに放っておいてもどんどん連続的に増加するので，今度は本当に連続的にシフトしていく．変数 t を時間と解釈すれば，$f(x-vt)$ は我々が**波** (wave) として認識しているものにほかならず，定数 v

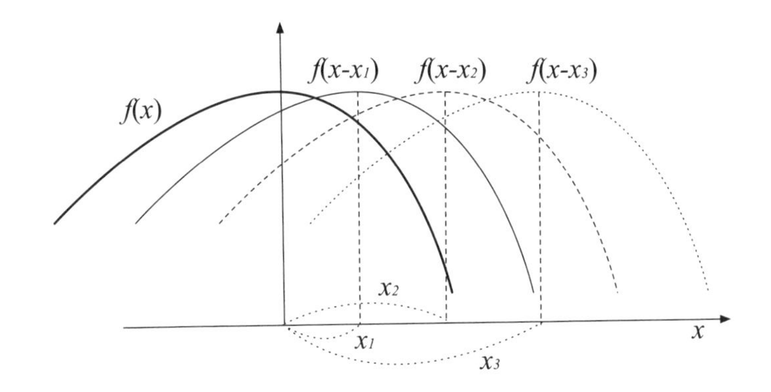

図 7.2　関数 $f(x)$ の平行移動．$f(x-x_1)$ などは関数 $f(x)$ を右へ平行移動したもので，$x_1 < x_2 < x_3$ であれば順にシフト量も大きくなる．

は時間あたりのシフト量の変化であるから波の伝播する速度に対応する．そして $g(x+vt)$ は $-x$ の向きに速度 v で伝播する波を表す．$f(x-vt), g(x+vt)$ を 1 次元の波という．波を表すのは関数が $x \pm vt$ という変数をもつことのみで決まり，f, g の具体的な関数形は全く問われない．変数は $x \pm vt$ の代わりに v で割って $x/v \pm t$ としたり $t \pm x/v$ と考えても同じことである．

波は 1 変数関数

波を表す関数 $f(x-vt), g(x-vt)$ や $f(t-x/v), g(t+x/v)$ は位置 x と時刻 t の 2 つを変数にもつように見えるが，関数 f, g の内部では x, t が分離されて現れてはならず，必ず $x-vt$ または $x+vt$，$t-x/v$ または $t+x/v$ の形で現れ，そうでない関数は波を表すことはない．f, g には x, t という独立な 2 つの値をわたせるが，受け取った側の f, g はこれを $\xi = t - x/v$ または $\eta = t + x/v$ という 1 つの値が与えられたとしか認識しないのである．これは f は $\xi = t - x/v$ というただ 1 つの変数をもつ関数 $f(t-x/v) = f(\xi)$，g は $\eta = t + x/v$ というただ 1 つの変数をもつ関数 $g(t+x/v) = g(\eta)$ であることを意味する．元の独立変数の組 x, t を線形変換して得られる量なので ξ, η もまた独立変数となり，そのうち $+x$ の向きに進行する波を表す f は ξ だけの，$-x$ の向きに進行する波を表す g は η だけの関数である．

x, t と ξ, η の関係をあらためて書いておくと

$$\xi \equiv t - x/v, \quad \eta \equiv t + x/v,$$
$$t = \frac{1}{2}(\xi + \eta), \quad x = \frac{v}{2}(\eta - \xi),$$
$$\frac{\partial t}{\partial \xi} = \frac{1}{2}, \quad \frac{\partial t}{\partial \eta} = \frac{1}{2},$$
$$\frac{\partial x}{\partial \xi} = -\frac{v}{2}, \quad \frac{\partial x}{\partial \eta} = \frac{v}{2}.$$

波動方程式

$+x$ の向きに進行する波を表す f は $\xi = t - x/v$ だけの関数であり η には依存せず，$-x$ の向きに進行する波を表す g は $\eta = t + x/v$ だけの関数で ξ には依存しないから

$$\frac{\partial f}{\partial \eta} = 0, \quad \frac{\partial g}{\partial \xi} = 0$$

である．x, t で表すと

$$\frac{\partial f}{\partial \eta} = \frac{\partial f}{\partial x}\frac{\partial x}{\partial \eta} + \frac{\partial f}{\partial t}\frac{\partial t}{\partial \eta} = \frac{v}{2}\left(\frac{\partial f}{\partial x} + \frac{1}{v}\frac{\partial f}{\partial t}\right) = 0 \tag{7.11}$$
$$\frac{\partial g}{\partial \xi} = \frac{\partial g}{\partial x}\frac{\partial x}{\partial \xi} + \frac{\partial g}{\partial t}\frac{\partial t}{\partial \xi} = \frac{v}{2}\left(-\frac{\partial g}{\partial x} + \frac{1}{v}\frac{\partial g}{\partial t}\right) = 0 \tag{7.12}$$

となる．したがって f, g はともに ξ, η で続けて微分するとゼロであり

$$\frac{\partial^2 f}{\partial \xi \partial \eta} = \frac{\partial}{\partial \xi}\frac{\partial f}{\partial \eta} = \frac{v}{2}\frac{\partial}{\partial \xi}\left(\frac{\partial f}{\partial x} + \frac{1}{v}\frac{\partial f}{\partial t}\right) = \frac{v}{2}\left(\frac{\partial^2 f}{\partial x^2}\frac{\partial x}{\partial \xi} + \frac{\partial^2 f}{\partial t^2}\frac{\partial t}{\partial \xi}\right)$$
$$= \frac{v^2}{4}\left(-\frac{\partial^2 f}{\partial x^2} + \frac{1}{v^2}\frac{\partial f}{\partial t^2}\right) = 0.$$

g も同様であり，f, g は同じ形の微分方程式を満たす．一般に

$$\left(\frac{\partial^2}{\partial x^2} - \frac{1}{v^2}\frac{\partial^2}{\partial t^2}\right)u(x, t) = 0 \quad \text{または} \quad \frac{\partial^2}{\partial \xi \partial \eta}u(\xi, \eta) = 0 \tag{7.13}$$

という，左辺が x, t の 2 階微分で右辺がゼロの形の微分方程式を**斉次**(せいじ)**波動方程式** (homogeneous wave equation) または同次波動方程式と呼ぶ．ダランベール

方程式ということもある (J.L.R. d'Alembert 1717-1783). 式 (7.11) (7.12) も波の方程式で，式 (7.11) は $f = f(\xi)$ すなわち $+x$ の向きに進行する波，式 (7.12) は $g = g(\eta)$ で $-x$ の向きに進行する波を解にもつ．そして式 (7.13) は $f(\xi)$, $g(\eta)$ どちらも解にもつ波動方程式である．波動方程式は

$$\Box^2 u = 0 \tag{7.14}$$

$$\Box^2 \equiv \frac{\partial^2}{\partial x^2} - \frac{1}{v^2}\frac{\partial^2}{\partial t^2} \tag{7.15}$$

と書かれることもある．演算子 $\Box^2$ は**ダランベルシアン** (d'Alembertian) やダランベール演算子 (d'Alembert operator) と呼ばれる[*2].

波動方程式 (7.13) はここでは解が $f(\xi)$, $g(\eta)$ であることを知った上で導いたが，もちろんこれを解いて解を得ることもできる．$\partial^2 u/\partial\xi\partial\eta = 0$ をまず η で積分すると，「積分定数」として η に依存しない量，すなわち ξ の任意関数が出てくるのでこれを

$$\frac{\partial u}{\partial \xi} = k(\xi)$$

とでも書き，さらにこれを ξ で積分すれば「積分定数」として ξ に依存しない量，すなわち η の任意関数が出てくるのでこれを $g(\eta)$ とし，$k(\xi)$ の原始関数を $f(\xi)$ とすれば

$$u(\xi, \eta) = f(\xi) + g(\eta) \tag{7.16}$$

と解くことができる．

斉次波動方程式 (7.13) の解は式 (7.16) のように任意関数であり，微分方程式を解いたはずなのに関数形が確定しておらず解いたことになっているのかと思うかもしれないが，これまで見てきたように解は x, t を独立にとる 2 変数関数でなく $f(\xi) = f(t - x/v)$, $g(\eta) = g(t + x/v)$ という 1 変数関数でなければならないというきわめて強い制約がかかっている．つまり斉次波動方程式の解は波であり，既になんらかの理由で発生した波の伝播を記述し，波形は問わないので

[*2] ダランベルシアンは $\Box^2$ でなく $\Box$ と書くこともある．ラプラシアンは ∇^2 の代わりに Δ が使われることもある．ダランベルシアンは本書とは逆符号で $1/v^2\partial^2/\partial t^2 - \partial^2/\partial x^2$ で定義されることもある．

ある．いつどのように波が発生するのか，または境界条件や初期条件が指定される場合には式 (7.13) の右辺にそれを記述する項が入る．

$$\left(\frac{\partial^2}{\partial x^2} - \frac{1}{v^2}\frac{\partial^2}{\partial t^2}\right)u(x, t) = -h(x, t) \tag{7.17}$$

という形の微分方程式を**非斉次波動方程式**，または単に波動方程式と呼ぶ．

これまでの議論でわかるように，「波」が意味するのは必ずしも単一周波数の正弦波のような周期的なものばかりではない．正弦波（三角関数）はもちろん波動方程式の解になりうるが，フーリエ解析を用いればデルタ関数やステップ関数も含めて任意の関数は正弦波の重ね合わせで表すことができるから，波の波形はパルス状のものも含めて任意である．

7.2.2　3 次元の波動方程式

1 次元の問題では波は右に行くか左に行くかしかないが，空間を 2 次元，3 次元にすると波の伝播方向は無限にありうる．例えば水面に小球を落とすと，その影響は水面上を同心円状に広がっていく．これは 2 次元の波である．波のプールのように，幅をもってある一方向に発生させた波も表面だけを見ていれば 2 次元の波と考えられる．室内のある 1 点に音源があるとき，これが音を発すると音波は音源から等方的（同心球状）に広がっていく．これは 3 次元の波の例で球面波と呼ばれる．いったん波が作られたならば，その伝播は式 (7.13) で $\partial^2/\partial x^2$ を ∇^2 で置き換えた 3 次元の斉次波動方程式

$$\left(\nabla^2 - \frac{1}{v^2}\frac{\partial^2}{\partial t^2}\right)u(\boldsymbol{x}, t) = 0 \tag{7.18}$$

で記述される．v は波の速度で，電荷や電流が作るポテンシャルや場の情報が伝わる速度はいわゆる光速 c である．斉次波動方程式 (7.18) は既に発生している波 $u(x, t)$ の自由空間における伝播を記述するのみで，その波がどうやって発生したのかについては問わない．いつどこで波が発生したかの境界条件や初期条件が指定される場合はそれを表す項が右辺に加わり

$$\left(\nabla^2 - \frac{1}{v^2}\frac{\partial^2}{\partial t^2}\right)u(\boldsymbol{x}, t) = -h(\boldsymbol{x}, t) \tag{7.19}$$

という形の非斉次波動方程式となる．なお 3 次元のダランベルシアンは

$$\Box^2 \equiv \nabla^2 - \frac{1}{v^2}\frac{\partial^2}{\partial t^2} \tag{7.20}$$

で定義される*3.

球面波

ある瞬間に点状の波源から発生し，そこから等方的に広がっていく波を考えよう．このような波は**球面波** (spherical wave) と呼ばれる．波が等方的であれば，空間的には 3 次元の問題でありながら波源からの距離 r という 1 変数を考えるだけで済む．時刻 $t = 0$ において波形が $f(r)$ であったとしよう．時間とともに広がっていく波では，$f(r)$ が時間とともに vt ずつシフトしていくので，原点から等方的に進行していく波を記述する関数は $f(r - vt)$ または $f(t - r/v)$ という形をもつ．波形は任意であり f には $r - vt$ または $t - r/v$ を変数とするという以外の条件はつかない．ただし 1 次元の場合と異なるのは，等方的に広がっていく波の振幅は一定ではありえず距離とともに小さくならざるを得ないことである．これは波のエネルギーを表す振幅の 2 乗がどの球面上で足し合わせても一定でなければならないという条件から

$$(\text{振幅})^2 \times 4\pi r^2 = \text{const.} \quad \longrightarrow \quad \text{振幅} \propto \frac{1}{r}$$

であり，広がっていく球面波は $t - r/v$ の任意関数 $f(t - r/v)$ を用いて

$$u(r, t) = \frac{f(t - r/v)}{r} \tag{7.21}$$

で表されるとわかる．これが確かに波動方程式 (7.18) の解であることは，付録 A.3 節の式 (A.36) で与えてある球座標のラプラシアン

$$\nabla^2 = \frac{1}{r^2}\frac{\partial}{\partial r}\left(r^2\frac{\partial}{\partial r}\right) = \frac{1}{r^2}\left(2r\frac{\partial}{\partial r} + r^2\frac{\partial^2}{\partial r^2}\right) = \frac{\partial^2}{\partial r^2} + \frac{2}{r}\frac{\partial}{\partial r} \tag{7.22}$$

を用いれば $\Box^2 u = (1/r)\Box^2 f = 0$ となることを示すことができる．

*3 逆符号のこともある．

波源の位置を原点からシフトして $\boldsymbol{x}'$ とすれば，式 (7.21) における $r = |\boldsymbol{x}|$ は $R = |\boldsymbol{x} - \boldsymbol{x}'|$ で置き換えられる．また波の発出時刻をシフトしてより一般的に t' とすれば，式 (7.21) における t は発出時刻 t' から観測される時刻 t までの時間 $t - t'$ で置き換えられる．よって一般に球面波解は

$$u(\boldsymbol{x}, t; \boldsymbol{x}', t') = \frac{f((t - t') - R/v)}{R} \tag{7.23}$$

と表され，時刻 t' に位置 $\boldsymbol{x}'$ に発生した球面波において，時刻 t に位置 $\boldsymbol{x}$ で観測される振幅を表す．逆に1点に向かって収束していくような球面波であれば $v \to -v$ として

$$u(\boldsymbol{x}, t; \boldsymbol{x}', t') = \frac{g((t - t') + R/v)}{R} \tag{7.24}$$

で表される．

7.2.3 波動方程式のグリーン関数

グリーンの定理

グリーンの定理については既にポアソン方程式において 4.3 節で触れているが，ポアソン方程式以外の微分方程式，例えば波動方程式に対しても適用することができる．波動方程式のグリーン関数，すなわち非斉次波動方程式において右辺をデルタ関数で置き換えた微分方程式

$$\left(\nabla^2 - \frac{1}{v^2}\frac{\partial^2}{\partial t^2}\right) G(\boldsymbol{x}, t; \boldsymbol{x}', t') = -\delta^3(\boldsymbol{x} - \boldsymbol{x}')\delta(t - t') \tag{7.25}$$

の解 $G(\boldsymbol{x}, t; \boldsymbol{x}', t')$ をまず決定しておけば，任意の初期条件 $h(\boldsymbol{x}, t)$ のついた波動方程式 (7.19) の解はグリーンの定理によって

$$u(\boldsymbol{x}, t) = \int_{V'}\int_{t'} G(\boldsymbol{x}, t; \boldsymbol{x}', t') h(\boldsymbol{x}', t')\, dt'\, dV' \tag{7.26}$$

で得られる．グリーン関数 $G(\boldsymbol{x}, t; \boldsymbol{x}', t')$ は，時刻 $t = t'$ においてある1点 $\boldsymbol{x}'$ で時間幅・空間幅ゼロのデルタ関数的な波が発生した後の伝播を記述する．グリーンの定理 (7.26) は，任意の波形の波の伝播は，波源をデルタ関数的な点源に分割し，それぞれの点源からの波（球面波）$G(\boldsymbol{x}, t; \boldsymbol{x}', t')$ を波源 $h(\boldsymbol{x}')$ の重みで足し合わせれば求めたい波が得られると言っている．

波動方程式のグリーン関数

波動方程式のグリーン関数の真正面からの解析的な導出は付録Bに譲り，ここでは論理によって解はこうなるしかないと書き下しておく．右辺が空間と時間のデルタ関数である非斉次波動方程式 (7.25) の記述する物理的状況は，空間的広がりをもたない点状の波源が位置 $\boldsymbol{x}'$ にあり，時刻 t' に瞬間的なパルス波が放たれたというもので，周りに何もない自由空間において点状の波源から放たれた波は球面波として等方的に伝播していくはずだから，その解は式 (7.23) において波形をデルタ関数とした

$$G(\boldsymbol{x}, t; \boldsymbol{x}', t') = \frac{\delta((t - t') - R/v)}{R}$$

という形のはずである．ただし時間および空間で積分して1になるよう規格化するにはポアソン方程式のグリーン関数 (4.38) $G = 1/4\pi R$ と同様に係数 $1/4\pi$ が必要であり

$$G(t, \boldsymbol{x}; t', \boldsymbol{x}') = \frac{\delta((t - t') - R/v))}{4\pi R} = \frac{\delta(t' - (t - R/v))}{4\pi R} \tag{7.27}$$

が波動方程式のグリーン関数（**遅延グリーン関数**）(retarded Green function) である．ここでデルタ関数の偶関数性を使った．フーリエ変換を使うなどして微分方程式 (7.25) をきちんと解いても同じ答えが得られる（付録B.2節）．

遅延グリーン関数 (7.27) が確かに式 (7.25) の解であることを確認しよう．以下では $\delta(t - t' - R/c)$ を δ と略記する．波源の位置 $\boldsymbol{x}'$ と時刻 t' を固定し，$\boldsymbol{\nabla} t, \nabla^2 t, \boldsymbol{\nabla}\delta, \nabla^2\delta$ を計算しておくと，微分公式 (3.27) (3.28) (3.46) (3.56) も使って

$$\boldsymbol{\nabla} t = \boldsymbol{\nabla}\left(t' + \frac{R}{v}\right) = \frac{1}{v}\hat{\boldsymbol{R}}, \quad \nabla^2 t = \boldsymbol{\nabla}\cdot(\boldsymbol{\nabla} t) = \frac{1}{v}\boldsymbol{\nabla}\cdot\hat{\boldsymbol{R}} = \frac{1}{v}\frac{2}{R}, \quad \boldsymbol{\nabla}\delta = \frac{\partial\delta}{\partial t}\boldsymbol{\nabla} t,$$

$$\begin{aligned}\nabla^2\delta &= \boldsymbol{\nabla}\cdot\boldsymbol{\nabla}\delta = \boldsymbol{\nabla}\cdot\left(\frac{\partial\delta}{\partial t}\boldsymbol{\nabla} t\right) = \left(\boldsymbol{\nabla}\frac{\partial\delta}{\partial t}\right)\cdot\boldsymbol{\nabla} t + \frac{\partial\delta}{\partial t}\nabla^2 t = \frac{\partial^2\delta}{\partial t^2}\boldsymbol{\nabla} t\cdot\boldsymbol{\nabla} t + \frac{\partial\delta}{\partial t}\nabla^2 t\\ &= \frac{1}{v^2}\frac{\partial^2\delta}{\partial t^2} + \frac{2}{vR}\frac{\partial\delta}{\partial t}.\end{aligned}$$

これらを使うと ∇G, $\nabla^2 G$ は式 (4.24) より

$$\begin{aligned}
\nabla G &= \nabla \frac{\delta}{4\pi R} = \left(\nabla \frac{1}{4\pi R}\right)\delta + \frac{1}{4\pi R}\nabla\delta, \\
\nabla^2 G &= \nabla\cdot\nabla G = \left(\nabla^2 \frac{1}{4\pi R}\right)\delta + 2\left(\nabla \frac{1}{4\pi R}\right)\cdot\nabla\delta + \frac{1}{4\pi R}\nabla^2\delta \\
&= -\delta^3(\boldsymbol{R})\delta + \frac{1}{v^2}\frac{1}{4\pi R}\frac{\partial^2\delta}{\partial t^2} = -\delta^3(\boldsymbol{R})\delta + \frac{1}{v^2}\frac{\partial^2 G}{\partial t^2}.
\end{aligned}$$

したがって $\Box^2 G = -\delta^3(\boldsymbol{R})\delta = -\delta^3(\boldsymbol{x}-\boldsymbol{x}')\delta(t-t'-R/c)$ となる．$\delta^3(\boldsymbol{x}-\boldsymbol{x}')\delta(t-t'-R/c)$ と $\delta^3(\boldsymbol{x}-\boldsymbol{x}')\delta(t-t')$ は同じものであり*4，式 (7.27) の G は確かに式 (7.25) の解である．

波動方程式の解

グリーン関数が式 (7.27) のように得られたので，右辺を任意関数 $h(\boldsymbol{x}', t')$ とした波動方程式 (7.19) の解はグリーンの定理 (7.26) に式 (7.27) を代入し，t' による積分を実行すれば

$$\begin{aligned}
u(\boldsymbol{x}, t) &= \int_{V'}\int_{t'} G(\boldsymbol{x}, t; \boldsymbol{x}', t')h(\boldsymbol{x}', t')\,dt'\,dV' \\
&= \int_{V'}\int_{t'} \frac{\delta(t'-(t-R/v))}{4\pi R}h(\boldsymbol{x}', t')\,dt'\,dV' \\
&= \frac{1}{4\pi}\int_{V'} \frac{h(\boldsymbol{x}', t-R/v)}{R}\,dV' \equiv \frac{1}{4\pi}\int_{V'}\frac{[h]}{R}\,dV' \qquad (7.28)\\
[h] &\equiv h(\boldsymbol{x}', t-R/v) \qquad (7.29)
\end{aligned}$$

となる．記号 $[h]$ は関数 $h(\boldsymbol{x}', t')$ において遅延 (retardation) を考慮した時刻 $t' = t - R/v$ における値である $h(\boldsymbol{x}', t-R/v)$ を使えという指示で（ローレンツの記法），積分の中に $[h]$ がある場合は V' 内の様々な点 $\boldsymbol{x}'$ について $h(\boldsymbol{x}', t-R/v)$, $R = |\boldsymbol{x}-\boldsymbol{x}'|$ を評価するが，時刻も必ず $\boldsymbol{x}'$ と対応した $t-R/v$ を使う必要がある．より明示的に $[h]_{\mathrm{ret}}$ と書かれることもある．また微分方程式ではいつものことであるが，一般解は特解にあたる式 (7.28) と斉次方程式 $\Box^2 f = 0$ の解の和である．

---

*4 $\boldsymbol{x}=\boldsymbol{x}'$ では $R=0$ だから $\delta^3(\boldsymbol{x}-\boldsymbol{x}')\delta(t-t'-R/c)$ と $\delta^3(\boldsymbol{x}-\boldsymbol{x}')\delta(t-t')$ は一致する．$\boldsymbol{x}\neq\boldsymbol{x}'$ ではどちらもゼロである．

波動方程式 (7.19)$\Box^2 u(\boldsymbol{x}, t) = -h(\boldsymbol{x}, t)$ とその解 (7.28) と，ポアソン方程式 (4.25) $\nabla^2 f(\boldsymbol{x}) = -h(\boldsymbol{x})$ とその解 (4.27)$f(\boldsymbol{x}) = (1/4\pi)\int_{V'} h(\boldsymbol{x}')/R\, dV'$ とを見比べてみよう．左辺のラプラシアンの項は両者に共通であるが，波動方程式では時間の 2 階微分 $(1/v^2)\partial u^2/\partial t^2$ という項が加わっている．また波動方程式の解では時刻 $t' = t - R/v$ における値が使われている．グリーン関数に現れているデルタ関数は，幅がゼロであるとともに「ピーク位置での値を取り出して使う」という機能にも着目しよう．波の伝播速度が v であることから，位置 $\boldsymbol{x}$ において時刻 t に観測されるには，波は時刻 t よりも前の時刻である $t' = t - R/v = t - |\boldsymbol{x} - \boldsymbol{x}'|/v$ に位置 $\boldsymbol{x}'$ を発出していなければならず，波源からの情報は遅延を考慮して足し上げなければならないことを意味している．ポアソン方程式には時間の概念がなく，位置 $\boldsymbol{x}'$ からの影響はそこから離れた点 $\boldsymbol{x}$ に瞬時に伝わることが暗黙のうちに想定されているのに対し，波動方程式はポアソン方程式に因果律を要求したものと解釈することができる．

また $\Box'^2 u(\boldsymbol{x}', t') = -h(\boldsymbol{x}', t')$ を式 (7.28) にそのまま代入することにより恒等式 (4.26) (4.34) に相当するものとして

$$u(\boldsymbol{x}, t) = -\frac{1}{4\pi}\int_{V'} \frac{[\Box'^2 u]}{R}\, dV' \tag{7.30}$$

$$\boldsymbol{F}(\boldsymbol{x}, t) = -\frac{1}{4\pi}\int_{V'} \frac{[\Box'^2 \boldsymbol{F}]}{R}\, dV' \tag{7.31}$$

が成り立つ．

なお本書で考える波動方程式は全て電磁場に関するものであり，ある時刻に電荷や電流が位置 $\boldsymbol{x}'$ にあるという情報は周りの空間にいつも光速 c で伝わるので $v = c$ である．

7.3 遅延量に対する微分公式

次章以降の場の計算で必要になるので，位置 $\boldsymbol{x}'$ と時刻 t' の関数 $f(\boldsymbol{x}', t')$, $\boldsymbol{F}(\boldsymbol{x}', t')$ に対する微分演算で，特に時刻 $t' = t - R/c$ における値をとるスカラー場とベクトル場 $[f] = f(\boldsymbol{x}', t - R/c)$, $[\boldsymbol{F}] = \boldsymbol{F}(\boldsymbol{x}', t - R/c)$ に対する t, $\boldsymbol{\nabla}$, $\boldsymbol{\nabla}'$ による微分の公式を導出しておく．ここで $R = |\boldsymbol{x} - \boldsymbol{x}'|$ は $\boldsymbol{x}$, $\boldsymbol{x}'$ という 2 つの固定点

間の距離である．f, $\boldsymbol{F}$ にはポテンシャル ϕ, $\boldsymbol{A}$ や電磁場 $\boldsymbol{E}$, $\boldsymbol{B}$，またはそれらの源となる ρ, $\boldsymbol{J}$ などが入る．

時間微分に関する公式

$$\frac{\partial t'}{\partial t} = \frac{\partial}{\partial t}\left(t - \frac{R}{c}\right) = 1 \tag{7.32}$$

$$\frac{\partial [f]}{\partial t} = \left[\frac{\partial f}{\partial t'}\right] \equiv \left[\dot{f}\right], \quad \frac{\partial [\boldsymbol{F}]}{\partial t} = \left[\frac{\partial \boldsymbol{F}}{\partial t'}\right] \equiv \left[\dot{\boldsymbol{F}}\right] \tag{7.33}$$

空間微分 ∇ の公式

$[f] = f(\boldsymbol{x}', t' = t - R/c)$ は $\boldsymbol{x}'$ の関数であって $\boldsymbol{x}$ の関数ではないようにも見えるが，実は時間 $t' = t - R/c$ の中に R がいることに注意が必要で，$[f]$，$[\boldsymbol{F}]$ に空間微分 ∇ がかかるとまず時間 t' で微分してから時間の空間微分 $\nabla t'$ を乗じる．まず $\nabla t'$ は

$$\nabla t' = \nabla(t - R/c) = -\frac{1}{c}\nabla R = -\frac{\hat{\boldsymbol{R}}}{c} \tag{7.34}$$

となり，これを使えば $[f]$, $[\boldsymbol{F}]$ の空間微分が得られる．

$$\nabla [f] = \left[\frac{\partial f}{\partial t'}\right] \nabla t' = -\frac{1}{c}\left[\dot{f}\right]\hat{\boldsymbol{R}} \tag{7.35}$$

$$\nabla \cdot [\boldsymbol{F}] = \left[\frac{\partial \boldsymbol{F}}{\partial t'}\right] \cdot \nabla t' = -\frac{1}{c}\left[\dot{\boldsymbol{F}}\right] \cdot \hat{\boldsymbol{R}} \tag{7.36}$$

$$\begin{aligned}
\nabla \times [\boldsymbol{F}] &= \begin{pmatrix} \dfrac{\partial [\boldsymbol{F}]_z}{\partial y} - \dfrac{\partial [\boldsymbol{F}]_y}{\partial z} \\ \dfrac{\partial [\boldsymbol{F}]_x}{\partial z} - \dfrac{\partial [\boldsymbol{F}]_z}{\partial x} \\ \dfrac{\partial [\boldsymbol{F}]_y}{\partial x} - \dfrac{\partial [\boldsymbol{F}]_x}{\partial y} \end{pmatrix} = \begin{pmatrix} \dfrac{\partial [\boldsymbol{F}]_z}{\partial t'}\dfrac{\partial t'}{\partial y} - \dfrac{\partial [\boldsymbol{F}]_y}{\partial t'}\dfrac{\partial t'}{\partial z} \\ \dfrac{\partial [\boldsymbol{F}]_x}{\partial t'}\dfrac{\partial t'}{\partial z} - \dfrac{\partial [\boldsymbol{F}]_z}{\partial t'}\dfrac{\partial t'}{\partial x} \\ \dfrac{\partial [\boldsymbol{F}]_y}{\partial t'}\dfrac{\partial t'}{\partial x} - \dfrac{\partial [\boldsymbol{F}]_x}{\partial t'}\dfrac{\partial t'}{\partial y} \end{pmatrix} \\
&= -\left[\dot{\boldsymbol{F}}\right] \times \nabla t' = \frac{1}{c}\left[\dot{\boldsymbol{F}}\right] \times \hat{\boldsymbol{R}}
\end{aligned} \tag{7.37}$$

さらに $[f]/R$, $[\boldsymbol{F}]/R$ に対しては

$$\nabla \frac{[f]}{R} = \frac{1}{R}\nabla[f] + [f]\nabla\frac{1}{R} = -\left(\frac{[\dot{f}]}{cR} + \frac{[f]}{R^2}\right)\hat{\boldsymbol{R}} \tag{7.38}$$

$$\nabla \cdot \frac{[\boldsymbol{F}]}{R} = \frac{1}{R}\nabla\cdot[\boldsymbol{F}] + [\boldsymbol{F}]\cdot\nabla\frac{1}{R} = -\left(\frac{[\dot{\boldsymbol{F}}]}{cR} + \frac{[\boldsymbol{F}]}{R^2}\right)\cdot\hat{\boldsymbol{R}} \tag{7.39}$$

$$\nabla \times \frac{[\boldsymbol{F}]}{R} = \frac{1}{R}\nabla\times[\boldsymbol{F}] + \nabla\frac{1}{R}\times[\boldsymbol{F}] = \left(\frac{[\dot{\boldsymbol{F}}]}{cR} + \frac{[\boldsymbol{F}]}{R^2}\right)\times\hat{\boldsymbol{R}} \tag{7.40}$$

となる．式 (7.33) (7.37) (7.38) (7.40) は 8.1.4，8.3.1 項で時間に依存する場合に一般化されたクーロンの法則とビオ-サバールの法則を書き下すために使われる．

空間微分 ∇' の公式

$[f] = f(\boldsymbol{x}', t' = t - R/c)$ に ∇' がかかれば $\boldsymbol{x}'$, $t' = t - R/c$ の両方で微分が必要になる．まず式 (7.34) を ∇' に替えたバージョンは

$$\nabla' t' = \nabla'(t - R/c) = -\nabla' R/c = \frac{\hat{\boldsymbol{R}}}{c} = -\nabla t' \tag{7.41}$$

である．式 (7.35) (7.36) (7.37) の ∇ を ∇' に替えたバージョン $\nabla'[f]$ は，$[f] = f(\boldsymbol{x}', t' = t - R/c)$ の $\boldsymbol{x}'$ にかかる微分を $[\nabla' f]$ と書くことにし，さらに t' の中にある R を通しての微分もあることに注意すれば[*5]

$$\nabla'[f] = [\nabla' f] + [\dot{f}]\,\nabla' t' = [\nabla' f] + \frac{1}{c}[\dot{f}]\,\hat{\boldsymbol{R}} \tag{7.42}$$

$$\nabla'\cdot[\boldsymbol{F}] = [\nabla'\cdot\boldsymbol{F}] + [\dot{\boldsymbol{F}}]\cdot\nabla' t' = [\nabla'\cdot\boldsymbol{F}] + \frac{1}{c}[\dot{\boldsymbol{F}}]\cdot\hat{\boldsymbol{R}} \tag{7.43}$$

$$\nabla'\times[\boldsymbol{F}] = [\nabla'\times\boldsymbol{F}] - [\dot{\boldsymbol{F}}]\times\nabla' t' = [\nabla'\times\boldsymbol{F}] - \frac{1}{c}[\dot{\boldsymbol{F}}]\times\hat{\boldsymbol{R}} \tag{7.44}$$

となり，これらは式 (7.35) (7.36) (7.37) の符号を変えたものにそれぞれ $[\nabla' f]$, $[\nabla'\cdot\boldsymbol{F}]$, $[\nabla'\times\boldsymbol{F}]$ が足された形である．

[*5] $[f] = f(\boldsymbol{x}', t' = t - R/c)$ に対し $\nabla'[f]$ は $\boldsymbol{x}$, t を固定しての $\boldsymbol{x}'$ による微分を，$[\nabla' f]$ はさらに t' も固定しての $\boldsymbol{x}'$ による微分を意味する．

式 (7.38) (7.39) (7.40) の ∇' バージョンはさっそく式 (7.42) ~ (7.44) を使って

$$\nabla' \frac{[f]}{R} = \frac{1}{R}\nabla'[f] + [f]\nabla'\frac{1}{R} = \frac{[\nabla' f]}{R} + \left(\frac{[\dot{f}]}{cR} + \frac{[f]}{R^2}\right)\hat{\boldsymbol{R}} \tag{7.45}$$

$$\nabla' \cdot \frac{[\boldsymbol{F}]}{R} = \frac{1}{R}\nabla' \cdot [\boldsymbol{F}] + \nabla'\frac{1}{R} \cdot [\boldsymbol{F}] = \frac{[\nabla' \cdot \boldsymbol{F}]}{R} + \left(\frac{[\dot{\boldsymbol{F}}]}{cR} + \frac{[\boldsymbol{F}]}{R^2}\right) \cdot \hat{\boldsymbol{R}} \tag{7.46}$$

$$\nabla' \times \frac{[\boldsymbol{F}]}{R} = \frac{1}{R}\nabla' \times [\boldsymbol{F}] + \nabla'\frac{1}{R} \times [\boldsymbol{F}] = \frac{[\nabla' \times \boldsymbol{F}]}{R} - \left(\frac{[\dot{\boldsymbol{F}}]}{cR} + \frac{[\boldsymbol{F}]}{R^2}\right) \times \hat{\boldsymbol{R}} \tag{7.47}$$

となり，いずれも式 (7.38) (7.39) (7.40) の右辺の符号を変えたものと $[\nabla' f]/R$, $[\nabla' \cdot \boldsymbol{F}]/R$, $[\nabla' \times \boldsymbol{F}]/R$ との和になっている．

式 (7.45) (7.46) (7.47) を十分に大きい領域 V' で体積分すると，$[f]$, $[\boldsymbol{F}]$ が $|\boldsymbol{x}'| \to \infty$ ですみやかにゼロになる関数であれば，左辺を積分定理 (3.65) (3.64) (3.66) によって表面積分に直せば $\int_{V'} \nabla' \frac{[f]}{R}\, dV' = \oint_{S'} \frac{[f]}{R}\, d\boldsymbol{S}' \longrightarrow 0$ などとなるので

$$\int_{V'} \frac{[\nabla' f]}{R}\, dV' = -\int_{V'} \left(\frac{[f]}{R^2} + \frac{[\dot{f}]}{cR}\right)\hat{\boldsymbol{R}}\, dV' \tag{7.48}$$

$$\int_{V'} \frac{[\nabla' \cdot \boldsymbol{F}]}{R}\, dV' = -\int_{V'} \left(\frac{[\boldsymbol{F}]}{R^2} + \frac{[\dot{\boldsymbol{F}}]}{cR}\right) \cdot \hat{\boldsymbol{R}}\, dV' \tag{7.49}$$

$$\int_{V'} \frac{[\nabla' \times \boldsymbol{F}]}{R}\, dV' = \int_{V'} \left(\frac{[\boldsymbol{F}]}{R^2} + \frac{[\dot{\boldsymbol{F}}]}{cR}\right) \times \hat{\boldsymbol{R}}\, dV' \tag{7.50}$$

が得られる．式 (7.48) (7.49) (7.50) の右辺の被積分関数はもちろん式 (7.38) (7.39) (7.40) の符号違いである．$[f]$, $[\boldsymbol{F}]$ は具体的には電荷分布 $[\rho]$ や電流分布 $\boldsymbol{J}$ が想定され，源は局在していて遠方ではすみやかにゼロになるという仮定は通常は満たされている．

ナブラの変換公式

$\nabla(1/R) = -\nabla'(1/R)$ を用い，(7.38) + (7.45)，(7.39) + (7.46)，(7.40) + (7.47) より恒等式

$$\nabla \frac{[f]}{R} + \nabla' \frac{[f]}{R} = \frac{[\nabla' f]}{R} \tag{7.51}$$

$$\nabla \cdot \frac{[\boldsymbol{F}]}{R} + \nabla' \cdot \frac{[\boldsymbol{F}]}{R} = \frac{[\nabla' \cdot \boldsymbol{F}]}{R} \tag{7.52}$$

$$\nabla \times \frac{[\boldsymbol{F}]}{R} + \nabla' \times \frac{[\boldsymbol{F}]}{R} = \frac{[\nabla' \times \boldsymbol{F}]}{R} \tag{7.53}$$

が得られる．これらは 3.9 節で導出した恒等式 (3.73) ~ (3.75) の遅延版である．また，f, $\boldsymbol{F}$ が遠方では十分早くゼロになる関数という条件が満たされていれば，領域 V' で積分すればやはり積分定理 (3.65) (3.64) (3.66) によって左辺第 2 項の積分はゼロとなるから

$$\int_{V'} \nabla \frac{[f]}{R}\, dV' = \int_{V'} \frac{[\nabla' f]}{R}\, dV' \tag{7.54}$$

$$\int_{V'} \nabla \cdot \frac{[\boldsymbol{F}]}{R}\, dV' = \int_{V'} \frac{[\nabla' \cdot \boldsymbol{F}]}{R}\, dV' \tag{7.55}$$

$$\int_{V'} \nabla \times \frac{[\boldsymbol{F}]}{R}\, dV' = \int_{V'} \frac{[\nabla' \times \boldsymbol{F}]}{R}\, dV' \tag{7.56}$$

が成り立つ．左辺の ∇ は積分記号の外に書いてもよい．これらは公式 (3.76) ~ (3.78) の遅延版である．

さらに (7.35) + (7.42)，(7.36) + (7.43)，(7.37) + (7.44) から

$$\nabla[f] + \nabla'[f] = [\nabla' f] \tag{7.57}$$

$$\nabla \cdot [\boldsymbol{F}] + \nabla' \cdot [\boldsymbol{F}] = [\nabla' \cdot \boldsymbol{F}] \tag{7.58}$$

$$\nabla \times [\boldsymbol{F}] + \nabla' \times [\boldsymbol{F}] = [\nabla' \times \boldsymbol{F}] \tag{7.59}$$

も成り立つ．

$\nabla t'$, $\partial t'/\partial t$ の物理的意味

$(\boldsymbol{x}, t)$ と $(\boldsymbol{x}', t')$ との間の因果関係で結ばれた t' は $t' = t - R/c = t - |\boldsymbol{x} - \boldsymbol{x}'|/c$ という依存関係があるので $\nabla t'$ は式 (7.34) のように $\nabla t' = -\hat{\boldsymbol{R}}/c$ となる．距離

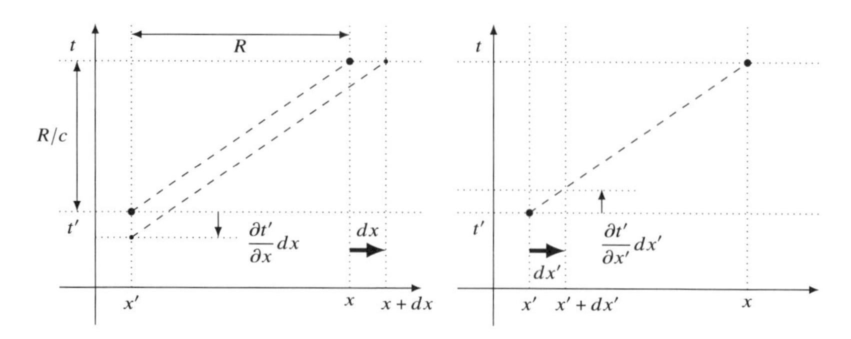

図 7.3 ∇t, $\nabla' t$ の意味．左：観測者の位置を x から $x + dx$ に遠くすると（右向きの矢印），時刻 t で観測されるためには $(\partial t'/\partial x)dx$ だけ発出時刻を早める必要がある（下向きの矢印）．これは観測者が x から物理的に $x + dx$ へ移動したのではなく，はじめから $x + dx$ にいる別の観測者に観測してもらう意味である．右：発出位置を $x' + dx'$ にする（はじめからそこにいる）と，発出時刻は少し遅くてもよい．（上向きの矢印）

が $R = |\boldsymbol{x} - \boldsymbol{x}'|$ であるような観測者と電場源の位置関係 $\boldsymbol{x}, \boldsymbol{x}'$ おいて，時刻 t に位置 $\boldsymbol{x}$ で観測されるためには電場源 $\boldsymbol{x}'$ を時刻 $t' = t - R/c$ に発出している必要があるが，観測時刻 t と発出時刻 $\boldsymbol{x}'$ を固定したままで観測者の位置 $\boldsymbol{x}$ を変えたならば*6，同じ時刻 t で観測されるためには固定点 $\boldsymbol{x}'$ の発出時刻 t' はどれだけ変化しなければならないかを与えるのが $\nabla t'$ である（図 7.3 左）．距離 R を大きくする方向に観測者の位置 $\boldsymbol{x}$ を変えたならば，同じ時刻 t に観測されるためには位置 $\boldsymbol{x}'$ の電場源を発出する時刻は早くなるしかないが*7，早くなるか遅くなるかは $\boldsymbol{x}$ を変えた向き $\hat{\boldsymbol{R}}$ によるというのが $\nabla t' = -\hat{\boldsymbol{R}}/c$ の意味である．また発出位置を x' から $x' + dx'$ に変えたならば，同じ時刻 t に観測されるための発出時刻は図 7.3 右のように変わる．

---

*6 「位置 $\boldsymbol{x}$ を変える」とは，観測者が移動したと考えてもよいが，最初から $\boldsymbol{x}$ とは少しずれた位置にいる別の観測者にスイッチしたと解釈する方をおすすめする．

*7 職場 $\boldsymbol{x}$ が遠くなったが朝礼の時刻 t が前と変わらないならば自宅 $\boldsymbol{x}'$ を出発する時刻 t' は早くなるしかない．

また $\partial t'/\partial t$ は観測者の位置 $\boldsymbol{x}$ と電場源の位置 $\boldsymbol{x}'$ をそのままにして観測時刻 t をずらすならば，位置 $\boldsymbol{x}'$ にある電場源を発出する時刻 t' はどれだけ変わるべきかを表す．$\boldsymbol{x}$ も $\boldsymbol{x}'$ も固定点である限りは観測時刻 t を 0.1 秒遅らせるならば発出時刻 t' も 0.1 秒遅らせればよい，早める場合も同量の時間シフトでよいというのが $\partial t'/\partial t = 1$ の意味である．

ここでは空間のさまざまな固定点 $\boldsymbol{x}'$ における電荷や電流からの影響を考えており，$\boldsymbol{x}'$ は無数にあるがそれぞれが運動しているわけではない．時間とともに移動する電荷を追跡して $\boldsymbol{x}' = \boldsymbol{r}(t')$ で考えているような場合には $\nabla t'$, $\partial t'/\partial t$ は本節における計算とは異なるので注意しよう（9.2 節）．

7.4 ヘルムホルツの定理の拡張

空間だけでなく時間にも依存するベクトル場のためにヘルムホルツの定理の拡張を試みよう．恒等式 (7.31) から出発し，$t' = t - R/c$ より $\partial t'/\partial t = 1$, $\partial \boldsymbol{F}/\partial t = \partial \boldsymbol{F}/\partial t'$ を使うと

$$\begin{aligned}\boldsymbol{F}(\boldsymbol{x}, t) &= -\int_{V'} \frac{[\Box'^2 \boldsymbol{F}]}{4\pi R}\, dV' = -\int_{V'} \frac{\left[\nabla'^2 \boldsymbol{F} - \frac{1}{c^2}\frac{\partial^2 \boldsymbol{F}}{\partial t'^2}\right]}{4\pi R}\, dV' \\ &= -\int_{V'} \frac{\left[\boldsymbol{\nabla}'(\boldsymbol{\nabla}'\cdot\boldsymbol{F}) - \boldsymbol{\nabla}'\times(\boldsymbol{\nabla}'\times\boldsymbol{F}) - \frac{1}{c^2}\frac{\partial}{\partial t}\frac{\partial \boldsymbol{F}}{\partial t'}\right]}{4\pi R}\, dV'\end{aligned}$$

となる．$\boldsymbol{F}$ が無限遠ではすみやかにゼロになるベクトル場であれば，右辺の被積分関数の第 1 項と第 2 項には公式 (7.55) (7.56) が使えて

$$\begin{aligned}\boldsymbol{F}(\boldsymbol{x}, t) = &-\boldsymbol{\nabla}\int_{V'} \frac{[\boldsymbol{\nabla}'\cdot\boldsymbol{F}]}{4\pi R}\, dV' + \boldsymbol{\nabla}\times\int_{V'} \frac{[\boldsymbol{\nabla}'\times\boldsymbol{F}]}{4\pi R}\, dV' \\ &+ \frac{1}{c^2}\frac{\partial}{\partial t}\int_{V'} \frac{[\partial \boldsymbol{F}/\partial t']}{4\pi R}\, dV'\end{aligned} \tag{7.60}$$

が得られる．つまり時間に依存するベクトル場 $\boldsymbol{F}(\boldsymbol{x}, t)$ は，空間微分である発散 $\boldsymbol{\nabla}\cdot\boldsymbol{F}$，回転 $\boldsymbol{\nabla}\times\boldsymbol{F}$ に加えて時間微分 $\partial \boldsymbol{F}/\partial t$ が指定されれば決定できる．

このことから考えると，時間に依存する電磁場の基礎方程式は $\boldsymbol{F} = \boldsymbol{E}, \boldsymbol{B}$ それぞれに対して $\boldsymbol{\nabla}\cdot\boldsymbol{F} = \cdots, \boldsymbol{\nabla}\times\boldsymbol{F} = \cdots$ に加えて $\partial \boldsymbol{F}/\partial t = \cdots$ を指定する合計

6 本の方程式になりそうに思えるが，実際のマクスウェル方程式では $\nabla \times \boldsymbol{B} =$ の式に $\partial \boldsymbol{E}/\partial t$ が現れ（7.1.4 項），$\nabla \times \boldsymbol{E} =$ の式に $\partial \boldsymbol{B}/\partial t$ が現れる（次章）．

第 7 章まとめ

- 電荷の保存則：電荷の体積密度 $\rho(\boldsymbol{x}, t)$ と電流の面積密度 $\boldsymbol{J}(\boldsymbol{x}, t)$ の間には (7.3) $\dfrac{\partial \rho(\boldsymbol{x}, t)}{\partial t} = -\nabla \cdot \boldsymbol{J}(\boldsymbol{x}, t)$ が成り立つ．
- 電荷の保存則と電磁気学が両立するためにはアンペールの法則に追加項 $\epsilon_0 \mu_0 \partial \boldsymbol{E}/\partial t$ が必要になる（マクスウェル項，または変位電流）．
- ポアソン方程式に時間の 2 階微分が加わったものを波動方程式という．対比は表 7.1 にまとめる．波動方程式はポアソン方程式に因果律を持ち込んだものと言える．

表 7.1　ポアソン方程式と波動方程式：$R = |\boldsymbol{x} - \boldsymbol{x}'|$, $[h] = h(\boldsymbol{x}', t - R/v)$.

	ポアソン方程式	波動方程式
微分方程式	$\nabla^2 f(\boldsymbol{x}) = -h(\boldsymbol{x})$	$\Box^2 f(\boldsymbol{x}, t) = -h(\boldsymbol{x}, t)$
グリーン関数	$1/4\pi R$	$\delta(t' - (t - R/v))/4\pi R$
解	$\displaystyle\int_{V'} \frac{h(\boldsymbol{x}')}{4\pi R}\, dV'$	$\displaystyle\int_{V'} \frac{[h]}{4\pi R}\, dV'$

- 時間に依存するベクトル場は，無限遠ですみやかにゼロになる場であれば，発散と回転に加えて時間微分を指定すれば一意に決まる．

第8章

時間変動する電磁場

8.1　電磁気学の基礎方程式

8.1.1　磁束

磁場が存在するとき，その空間には磁力線が走っていると考えることができる．磁力線の集まりを**磁束** (magnetic flux) と呼ぶ．ある面を磁力線が垂直に貫いているとき，磁力線の本数をその面積で割ったものを**磁束密度** (magnetic flux density) といい，B で表す．磁束密度は単に磁場と呼ばれることも多い．磁力線の向きも考慮に入れた場合はベクトル $\boldsymbol{B}$ であり，これを位置 $\boldsymbol{x}$ ごとに定義したのがベクトル場としての磁場 $\boldsymbol{B}(\boldsymbol{x})$ である．ある位置 $\boldsymbol{x}$ において面 S をある角度で磁力線が貫いているとき，磁束 $\Phi(\boldsymbol{x}, t)$ は

$$\Phi(\boldsymbol{x}, t) \equiv \int_S \boldsymbol{B}(\boldsymbol{x}, t) \cdot \boldsymbol{n}(\boldsymbol{x})\, dS \tag{8.1}$$

で与えられる．$\boldsymbol{n}(\boldsymbol{x})$ は位置 $\boldsymbol{x}$ における微小面 dS の法線ベクトルである．

8.1.2　ファラデーの誘導法則

磁場中に置いたコイルを貫く磁束 Φ が時間変化しているとき，同時にコイルには起電力が生じてもいることを 1831 年にファラデーが発見した (M. Faraday 1791-1867)[*1]．ファラデーは固定された磁石にコイルを近づけたとき，固定さ

[*1] この現象の最初の発見者が誰であったかについては諸説ある．

れたコイルに磁石を近づけたときの両方で起電力が発生することも確認した．コイルの存在は本質的ではなく，ある領域で磁場が時間変化しているときは，コイルの有無に関係なくそこにはループ状の電場が存在してもいる[*2]．これをファラデーの**誘導法則** (Faraday's law of induction) または**電磁誘導**と呼ぶ．ループ状の電場がありうることは，静電場のときのマクスウェル方程式 (5.10) $\nabla \times \boldsymbol{E} = 0$ が修正されなければならないことを意味する．ファラデーが発見したのは，ループ状の起電力と磁束の時間変化とは逆符号ではあるが値として等しいという

$$\oint_s \boldsymbol{E}(\boldsymbol{x}, t) \cdot d\boldsymbol{s} = -\frac{\partial}{\partial t}\Phi(\boldsymbol{x}, t)$$

であった．左辺にストークスの定理 (3.67) を使って面積分に変換し，右辺には磁束 Φ と磁場 $\boldsymbol{B}$ の関係式 (8.1) を使えば

$$\int_S (\nabla \times \boldsymbol{E}(\boldsymbol{x}, t)) \cdot \boldsymbol{n}(\boldsymbol{x})\, dS = -\frac{\partial}{\partial t}\int_S \boldsymbol{B}(\boldsymbol{x}, t) \cdot \boldsymbol{n}(\boldsymbol{x})\, dS$$
$$\nabla \times \boldsymbol{E}(\boldsymbol{x}, t) = -\frac{\partial \boldsymbol{B}(\boldsymbol{x}, t)}{\partial t}$$

となる．これで電磁気学の基本方程式が出そろった．

8.1.3　マクスウェル方程式

電磁気学の基礎法則は以下の 4 本の**マクスウェル方程式** (Maxwell's equations) にまとめられる．

$$\nabla \cdot \boldsymbol{E}(\boldsymbol{x}, t) = \frac{\rho(\boldsymbol{x}, t)}{\epsilon_0} \tag{8.2}$$

$$\nabla \times \boldsymbol{E}(\boldsymbol{x}, t) + \frac{\partial \boldsymbol{B}(\boldsymbol{x}, t)}{\partial t} = 0 \tag{8.3}$$

$$\nabla \cdot \boldsymbol{B}(\boldsymbol{x}, t) = 0 \tag{8.4}$$

$$\nabla \times \boldsymbol{B}(\boldsymbol{x}, t) - \epsilon_0\mu_0\frac{\partial \boldsymbol{E}(\boldsymbol{x}, t)}{\partial t} = \mu_0 \boldsymbol{J}(\boldsymbol{x}, t) \tag{8.5}$$

[*2] 「磁束が時間変化すると起電力が生じる」「磁場が時間変化するとループ状の電場が生じる」とは書いていないことに注意しよう．8.4.3 項での議論を参照．

式 (8.2) (8.4) は静電場・静磁場の式 (5.8) (5.12) に時間 t を形式的に追加したのと同じである．電場に対する式 (8.2) は電荷 ρ が縦型の電場を作るというクーロンの法則である．磁場における対応式 (8.4) は，「磁荷」は存在せず磁場はいつも横型であることを述べている．式 (8.3) は誘導法則で，磁場が時間変化するときは必ず電場がともなう．そして式 (8.5) は電荷保存則と両立させるためにマクスウェル項（変位電流）が追加されたアンペールの法則で，磁場の源は電流 $\boldsymbol{J}$ であるが，電場が時間変化するときには必ず磁場がともなわなければならないことも述べている．

ヘルムホルツの定理（5.3 節）によれば，ベクトル場を決定するためには場の発散と回転が必要であるため，電磁気学の基礎方程式の左辺の形は決まっている．空間による微分とは無限小だけ離れた周りとどのように接続するかを与えるものであるから，近接作用の考えとも合致する．ただし拡張されたヘルムホルツの定理 (7.60) が示すように，ベクトル場が時間にも依存するのであれば，現在の値が時間的無限小だけ離れた過去・未来とどう接続するのかを与えるために必ず時間微分も必要であり，それが式 (8.3) (8.5) に現れている．$\partial \boldsymbol{B}/\partial t$, $\epsilon_0\mu_0\partial \boldsymbol{E}/\partial t$ の項は左辺に書いても右辺に書いてもよいが，8.4.3 項で議論するような因果律を見誤らないよう，電磁場の空間・時間微分を左辺に，電磁場の源である電荷と電流を右辺に書くスタイルとした．

未知数と方程式の数

マクスウェル方程式 (8.2)~(8.5) は電荷分布 ρ と電流分布 $\boldsymbol{J}$ は外から与えられるものなので，未知量の数は $\boldsymbol{E}$, $\boldsymbol{B}$ の成分の数の 6 個である．いっぽう方程式の数はスカラー式（発散を与える式）とベクトル式（回転を与える式）が 2 つずつなので 8 本である．ただし 5.3 節でみたように回転の式の右辺は発散がゼロすなわち横型の場でなければならないという条件がついているので，独立な式の数はそれぞれ 2 本なので未知数と方程式の数は合っている．

電場と磁場の次元

式 (8.3) を見ると電場の空間微分と磁場の時間微分が同じ次元をもつことがわかるので

$$\left[\frac{\text{電場}}{\text{長さ}}\right] = \left[\frac{\text{磁場}}{\text{時間}}\right],$$
$$[\,\text{電場}\,] = [\,\text{磁場} \times \text{長さ}/\text{時間}\,] = [\,\text{磁場} \times \text{速度}\,]$$

という関係がある．したがって式 (8.5) から $\epsilon_0\mu_0$ の次元がわかる：

$$\left[\frac{\text{磁場}}{\text{長さ}}\right] = [\epsilon_0\mu_0]\left[\frac{\text{電場}}{\text{時間}}\right],$$
$$[\text{磁場}] = [\epsilon_0\mu_0]\left[\frac{\text{磁場} \times \text{速度} \times \text{長さ}}{\text{時間}}\right] = [\epsilon_0\mu_0]\left[\text{磁場} \times \text{速度}^2\right],$$
$$[\epsilon_0\mu_0] = \left[\frac{1}{\text{速度}^2}\right].$$

そこで，ある速度の次元をもった量 c を用いて

$$c^2 = \frac{1}{\epsilon_0\mu_0} \tag{8.6}$$

とおき，式 (8.5) を

$$\nabla \times \boldsymbol{B}(\boldsymbol{x}, t) - \frac{1}{c^2}\frac{\partial \boldsymbol{E}(\boldsymbol{x}, t)}{\partial t} = \mu_0 \boldsymbol{J}(\boldsymbol{x}, t) \tag{8.7}$$

と書くこともある．

光速度不変（普遍）の原理

速度 c は，ある位置での電荷や電流の影響が，別の場所に対してはいつの時刻に影響を与えるのかに関係している．ある時刻に $\boldsymbol{x}'$ という位置にあった電荷や電流による影響は，距離 $R = |\boldsymbol{x} - \boldsymbol{x}'|$ だけ離れた位置 $\boldsymbol{x}$ に対しては $R/c = |\boldsymbol{x} - \boldsymbol{x}'|/c$ という時間だけ経って初めて現れ，その影響の伝播速度が c である．時間と空間（長さの次元で測られる）を結ぶのは [長さ/時間] という次元をもった量，つまり時空の影響の伝播速度 c であり，それは人類が「光速」

として認識していた量と同一であることが明らかになった．電場，磁場，重力場などの影響は等しく c で時空を伝播する．

しかもその影響の伝播速度 c は，波源や観測者の運動状態によらず必ず c であることも明らかになった（1887 年のマイケルソン-モーレーの実験 [15], A.A. Michelson 1852-1931, E.W. Morley 1838-1923）．これはニュートン以来の物理学では理解できないことであるが，この実験事実をそのまま受け入れて原理として採用し，理論の方を修正・再構築したのがアインシュタインの**特殊相対論**である (special theory of relativity, A. Einstein 1879-1955)．相対論が立脚するのは厳しい実験による検証を耐え抜き原理に格上げされた**光速度不変の原理** (the principle of light speed invariance) であり，もはや「光速はなぜ誰から見ても c なのか」という問いは意味がない．それはニュートン力学が立脚する慣性の原理に対し「慣性の原理が成り立っているのはなぜか」と問うことに意味がないのと同じである．

また質量をもつ粒子の速度 v は決して光速 c を超えることがない．以後は粒子の速度として $v, \boldsymbol{v}$ の代わりにこれを c で割った $\beta = v/c, \boldsymbol{\beta} = \boldsymbol{v}/c$ を多用する．光については常に $\beta = 1$ で，質量をもつ粒子では常に $\beta < 1$ である．

屈折率

周りの空間が真空ではなく物質・媒質で満たされているときは，ϵ_0, μ_0 を適切な誘電率 $\epsilon > \epsilon_0$，透磁率 $\mu > \mu_0$ で置き換える．このとき場の影響の伝わる速度 $v = 1/\sqrt{\epsilon\mu}$ は真空中の光速 c よりも小さくなる．物質中における場の伝わる速度，すなわち電磁波の速度 v と真空中の光速 c との比

$$n \equiv \frac{c}{v} = \sqrt{\frac{\epsilon\mu}{\epsilon_0\mu_0}} \geq 1 \tag{8.8}$$

をその物質の**屈折率** (refractive index) という．これは物質境界において電磁波の伝播の向きが変わる現象に由来する言葉であるが，それも電磁波の伝播速度の違いとして理解することもできる．一部の物質（強磁性体）を除けば物質中の透磁率は真空の透磁率とあまり変わらないので，$\mu = \mu_0$ として $n = \sqrt{\epsilon/\epsilon_0} = \sqrt{\epsilon_r}$ とすることもある．ϵ_r は物質中の誘電率が真空の誘電率の何倍であるかを表す 1 以上の無次元量で**比誘電率** (relative permittivity) と呼ばれる．

一般に屈折率は電磁波の波長に依存し（周波数に依存すると言ってもよい），波長が異なれば屈折の角度も伝播の速度も異なる．物質中における電磁波のこの性質を**分散** (dispersion) という[*3]．

8.1.4 波動方程式の解としての $\boldsymbol{E}$, $\boldsymbol{B}$

マクスウェル方程式 (8.3) の回転をとると，ベクトル公式 (3.25) の $\nabla\times(\nabla\times\boldsymbol{E}) = \nabla(\nabla\cdot\boldsymbol{E}) - \nabla^2\boldsymbol{E}$ を用いれば

$$\nabla\times(\nabla\times\boldsymbol{E}) = \nabla(\nabla\cdot\boldsymbol{E}) - \nabla^2\boldsymbol{E} = -\frac{\partial}{\partial t}(\nabla\times\boldsymbol{B})$$

となり，$\nabla\cdot\boldsymbol{E}$ に式 (8.2) を，$\nabla\times\boldsymbol{B}$ に式 (8.5) または式 (8.7) を入れれば

$$\Box^2\boldsymbol{E}(\boldsymbol{x},t) = \frac{\nabla\rho(\boldsymbol{x},t)}{\epsilon_0} + \mu_0\frac{\partial\boldsymbol{J}(\boldsymbol{x},t)}{\partial t} \tag{8.9}$$

という $\boldsymbol{E}(\boldsymbol{x},t)$ についての波動方程式が得られる．ここでダランベルシアンは $\Box^2 = \nabla^2 - \epsilon_0\mu_0\partial^2/\partial t^2 = \nabla^2 - (1/c^2)\partial^2/\partial t^2$ であり，$c^2 = 1/\epsilon_0\mu_0$ は確かに電磁場の伝播速度である．電場に変動が発生すると式 (8.9) にしたがってその影響は速度 c で周りの空間に伝播する．グリーンの定理 (7.26) と遅延グリーン関数 $\delta(t' - (t - R/c))/4\pi R$ を用いれば式 (8.9) の解はただちに

$$\begin{aligned}\boldsymbol{E}(\boldsymbol{x},t) &= \iint_{V',t'} \frac{\delta(t' - (t - R/c))}{4\pi R}\left(-\frac{\nabla'\rho(\boldsymbol{x}',t')}{\epsilon_0} - \mu_0\frac{\partial\boldsymbol{J}(\boldsymbol{x}',t')}{\partial t'}\right)dt'\,dV' \\ &= -\frac{1}{4\pi\epsilon_0}\int_{V'}\frac{[\nabla'\rho]}{R}\,dV' - \frac{\mu_0}{4\pi}\int_{V'}\frac{[\dot{\boldsymbol{J}}]}{R}\,dV'\end{aligned} \tag{8.10}$$

である．$[f] = f(\boldsymbol{x}', t' = t - R/c)$ は $\boldsymbol{x}', t'$ の関数である $f(\boldsymbol{x}', t')$ に対し遅延を考慮して $t' = t - R/c$ における値をとることを指示する記号である．時刻 t における電場はそれよりも前の時刻 $t' = t - R/c$ における物理量によって決まる．また時間変動する電場は，電荷だけでなく時間変化する電流 $[\dot{\boldsymbol{J}}]$ によっても作られることがわかる．

同じように磁場の回転の回転 $\nabla\times(\nabla\times\boldsymbol{B})$ に公式 (3.25) を用い，式 (8.4) より $\nabla\cdot\boldsymbol{B} = 0$ であることから $\nabla\times(\nabla\times\boldsymbol{B}) = \nabla(\nabla\cdot\boldsymbol{B}) - \nabla^2\boldsymbol{B} = -\nabla^2\boldsymbol{B}$，したがってマ

---

*3 統計学で出てくるデータのばらつきを表す量である分散 σ^2 (variance) とは関連がない．

クスウェル方程式 (8.5) の回転をとると誘導法則 (8.3) も使って

$$\Box^2 \boldsymbol{B}(\boldsymbol{x},t) = -\mu_0 \nabla \times \boldsymbol{J}(\boldsymbol{x},t) \tag{8.11}$$

という $\boldsymbol{B}(\boldsymbol{x},t)$ についての波動方程式が得られる．その解は

$$\begin{aligned} \boldsymbol{B}(\boldsymbol{x},\, t) &= \iint_{V',t'} \frac{\delta(t' - (t - R/c))}{4\pi R} \mu_0 \nabla' \times \boldsymbol{J}(\boldsymbol{x}',\, t')\, dt'\, dV' \\ &= \frac{\mu_0}{4\pi} \int_{V'} \frac{[\nabla' \times \boldsymbol{J}]}{R}\, dV' \end{aligned} \tag{8.12}$$

であり，時間変動のある場合も磁場の源は電流であることがわかる．遅延を考慮した波動方程式の解としての $\boldsymbol{E}, \boldsymbol{B}$ (8.10) (8.12) を以後本書では**遅延解** (retarded solutions) と呼ぶことにする．

また遅延解 (8.10) (8.12) に現れている $[\nabla'\rho]/R$, $[\nabla'\times\boldsymbol{J}]/R$ に対して公式 (7.48) (7.50) を用いて時間微分のみで表すと

$$\boldsymbol{E}(\boldsymbol{x},t) = \frac{1}{4\pi\epsilon_0} \int_{V'} \left(\frac{[\rho]}{R^2} + \frac{[\dot{\rho}]}{cR} \right) \hat{\boldsymbol{R}}\, dV' - \frac{\mu_0}{4\pi} \int_{V'} \frac{[\dot{\boldsymbol{J}}]}{R}\, dV' \tag{8.13}$$

$$\boldsymbol{B}(\boldsymbol{x},t) = \frac{\mu_0}{4\pi} \int_{V'} \left(\frac{[\boldsymbol{J}]}{R^2} + \frac{[\dot{\boldsymbol{J}}]}{cR} \right) \times \hat{\boldsymbol{R}}\, dV' \tag{8.14}$$

という式が得られる．これらの意味するところはもちろん遅延解 (8.10) (8.12) と同じであるが，クーロンの法則とビオ-サバールの法則を時間に依存する電磁場にあらわに拡張したものになっている（ジェフィメンコの $\boldsymbol{E}, \boldsymbol{B}$ (Jefimenko equations)，O.D. Jefimenko 1922-2009）[11]．式中の $[\dot{\rho}] \equiv [\partial\rho/\partial t']$, $[\dot{\boldsymbol{J}}] \equiv [\partial \boldsymbol{J}/\partial t']$ は $\partial[\rho]/\partial t$, $\partial[\boldsymbol{J}]/\partial t$ と書いてもよい．

8.2 ポテンシャルによる定式化

8.2.1 ポテンシャルによる電磁場の記述

時間変動のある場合でも式 (8.4) によって磁場の発散はゼロであり，磁場は

$$\nabla \times \boldsymbol{A}(\boldsymbol{x},t) = \boldsymbol{B}(\boldsymbol{x},t) \tag{8.15}$$

となるようなベクトルポテンシャル $\boldsymbol{A}(\boldsymbol{x},t)$ だけで記述できる．また式 (8.3) を見ると電場の回転 $\nabla \times \boldsymbol{E}$ はもはやゼロではないが，式 (8.15) を式 (8.3) に入れ

てみると（微分の順序は入れ替えることができて）

$$\boldsymbol{\nabla} \times \left(\boldsymbol{E}(\boldsymbol{x},t) + \frac{\partial \boldsymbol{A}(\boldsymbol{x},t)}{\partial t} \right) = 0$$

と書き直せる．これは $\boldsymbol{E} + \partial \boldsymbol{A}/\partial t$ なるベクトル場の回転がゼロであり，それに対するスカラーポテンシャルが定義できるので

$$-\boldsymbol{\nabla}\phi(\boldsymbol{x},t) = \boldsymbol{E}(\boldsymbol{x},t) + \frac{\partial \boldsymbol{A}(\boldsymbol{x},t)}{\partial t}$$

となるような $\phi(\boldsymbol{x})$ を定義すれば電場は

$$\boldsymbol{E}(\boldsymbol{x},t) = -\boldsymbol{\nabla}\phi(\boldsymbol{x},t) - \frac{\partial \boldsymbol{A}(\boldsymbol{x},t)}{\partial t} \tag{8.16}$$

と表せる．電場と磁場 $(\boldsymbol{E}, \boldsymbol{B})$ は合わせて 6 成分であるがスカラーポテンシャルとベクトルポテンシャル $(\phi, \boldsymbol{A})$ は合わせても 4 成分であり，4 成分から 6 成分を導けるのであればポテンシャルの方が本質的な量と考えるべきだろう．

8.2.2 ポテンシャルに対する微分方程式

時間変動する場に対するスカラーポテンシャル $\phi(\boldsymbol{x},t)$ とベクトルポテンシャル $\boldsymbol{A}(\boldsymbol{x},t)$ が満たす方程式は，静電場と静磁場のときのようなポアソン方程式 (5.14) (5.17) ではもはやない．式 (8.16) の発散をとると

$$\boldsymbol{\nabla} \cdot \boldsymbol{E} = \boldsymbol{\nabla} \cdot \left(-\boldsymbol{\nabla}\phi(\boldsymbol{x},t) - \frac{\partial \boldsymbol{A}(\boldsymbol{x},t)}{\partial t} \right) = -\nabla^2\phi(\boldsymbol{x},t) - \frac{\partial}{\partial t}\boldsymbol{\nabla} \cdot \boldsymbol{A}(\boldsymbol{x},t)$$

となり，マクスウェル方程式 (8.2) より $\boldsymbol{\nabla} \cdot \boldsymbol{E}$ は ρ/ϵ_0 に等しいから

$$-\nabla^2\phi(\boldsymbol{x},t) - \frac{\partial}{\partial t}\boldsymbol{\nabla} \cdot \boldsymbol{A}(\boldsymbol{x},t) = \frac{\rho(\boldsymbol{x},t)}{\epsilon_0} \tag{8.17}$$

が得られる．また $\boldsymbol{\nabla} \times \boldsymbol{A} = \boldsymbol{B}$ の回転は $\boldsymbol{\nabla} \times (\boldsymbol{\nabla} \times \boldsymbol{A}) = \boldsymbol{\nabla}(\boldsymbol{\nabla} \cdot \boldsymbol{A}) - \nabla^2 \boldsymbol{A} = \boldsymbol{\nabla} \times \boldsymbol{B}$ であるが，$\boldsymbol{\nabla} \times \boldsymbol{B}$ にマクスウェル方程式 (8.5) を使い，さらに式 (8.16) を使って

$$\begin{aligned} \boldsymbol{\nabla}(\boldsymbol{\nabla} \cdot \boldsymbol{A}) - \nabla^2 \boldsymbol{A} = \mu_0 \boldsymbol{J} + \frac{1}{c^2}\frac{\partial \boldsymbol{E}}{\partial t} = \mu_0 \boldsymbol{J} - \frac{1}{c^2}\boldsymbol{\nabla}\frac{\partial \phi}{\partial t} - \frac{1}{c^2}\frac{\partial^2 \boldsymbol{A}}{\partial t^2}, \\ \Box^2 \boldsymbol{A}(\boldsymbol{x},t) - \boldsymbol{\nabla}\left(\boldsymbol{\nabla} \cdot \boldsymbol{A}(\boldsymbol{x},t) + \frac{1}{c^2}\frac{\partial \phi(\boldsymbol{x},t)}{\partial t} \right) = -\mu_0 \boldsymbol{J}(\boldsymbol{x},t). \end{aligned} \tag{8.18}$$

マクスウェル方程式からスカラーポテンシャル $\phi(\boldsymbol{x},t)$ とベクトルポテンシャル $\boldsymbol{A}(\boldsymbol{x},t)$ のしたがう 2 本の微分方程式 (8.17) (8.18) が出てきたが，どちらにも $\phi, \boldsymbol{A}$ が入っており解きにくそうだ．いっぽう $\nabla\cdot\boldsymbol{A}$ という項が双方に出現してもいる．5.4 節で議論したように，ベクトルポテンシャルは回転 $\nabla\times\boldsymbol{A}$ にのみ興味があり発散 $\nabla\cdot\boldsymbol{A}$ は好きに設定してよいという自由度があるので，これを利用してポテンシャル ϕ, $\boldsymbol{A}$ に対する微分方程式 (8.17) (8.18) の簡単化を試みよう．

8.2.3 ゲージの選択

スカラーポテンシャル $\phi(\boldsymbol{x},t)$ とベクトルポテンシャル $\boldsymbol{A}(\boldsymbol{x},t)$ のしたがう 2 本の微分方程式 (8.17) (8.18) にはともに $\nabla\cdot\boldsymbol{A}$ が入っている．例えば静磁場のときにやったように

$$\nabla\cdot\boldsymbol{A}_{\mathrm{C}}(\boldsymbol{x},t) = 0 \tag{8.19}$$

にとるクーロンゲージを採用すれば，ポテンシャルのしたがう方程式は

$$\nabla^2\phi_{\mathrm{C}}(\boldsymbol{x},t) = -\frac{\rho(\boldsymbol{x},t)}{\epsilon_0} \tag{8.20}$$

$$\Box^2\boldsymbol{A}_{\mathrm{C}}(\boldsymbol{x},t) = -\mu_0\boldsymbol{J}(\boldsymbol{x},t) + \frac{1}{c^2}\nabla\frac{\partial\phi_{\mathrm{C}}(\boldsymbol{x},t)}{\partial t} \tag{8.21}$$

となる．クーロンゲージではスカラーポテンシャルのしたがう方程式 (8.20) はポアソン方程式になっており，その名の通り静電場のときと同じくクーロンの法則 (5.14) そのものである．

$\nabla\cdot\boldsymbol{A}$ はどのようにとってもよいのであるから，クーロンゲージ以外にも選択肢は考えられる．よく用いられるのは $\nabla\cdot\boldsymbol{A}$ の値をスカラーポテンシャルの時間微分に等しいとおく**ローレンツ条件** (Lorenz gauge condition)

$$\nabla\cdot\boldsymbol{A}(\boldsymbol{x},t) = -\frac{1}{c^2}\frac{\partial\phi(\boldsymbol{x},t)}{\partial t} \tag{8.22}$$

である (L.V. Lorenz 1829 - 1891)．これを採用したポテンシャルを**ローレンツ**

ゲージ (Lorenz gauge) と呼び，したがう方程式は式 (8.17) (8.18) の代わりに

$$\Box^2\phi(\boldsymbol{x},t) = -\frac{\rho(\boldsymbol{x},t)}{\epsilon_0} \tag{8.23}$$

$$\Box^2\boldsymbol{A}(\boldsymbol{x},t) = -\mu_0\boldsymbol{J}(\boldsymbol{x},t) \tag{8.24}$$

のようにスカラーポテンシャルとベクトルポテンシャルが分離された独立な 2 本の波動方程式にできる．ポテンシャルの満たす 2 つの波動方程式とゲージ条件の式，例えばローレンツゲージにおける (8.23) (8.24) + (8.22)，クーロンゲージにおける (8.20) (8.21) + (8.19) はそれぞれマクスウェル方程式 (8.2) ~ (8.5) と等価である．

用いるゲージを替えれば異なるポテンシャルとなるが，そこから得られる電場 $\boldsymbol{E}$ と磁場 $\boldsymbol{B}$ は同じであって用いるゲージにはよらない．以下ではもっぱらローレンツゲージを用いるが，クーロンゲージを用いても同じ $\boldsymbol{E}, \boldsymbol{B}$ が得られることは諸公式を整備したのち 8.4.4 項で示す．

8.2.4 ゲージ変換

電磁場 $(\boldsymbol{E}, \boldsymbol{B})$ に対して $(\phi, \boldsymbol{A})$ というスカラーポテンシャルとベクトルポテンシャルが見つかっており，$\boldsymbol{E} = -\boldsymbol{\nabla}\phi - \partial\boldsymbol{A}/\partial t$, $\boldsymbol{B} = \boldsymbol{\nabla}\times\boldsymbol{A}$ と表せていたとする．ここへあるスカラー場 g をもってきて $\boldsymbol{A}' = \boldsymbol{A} + \boldsymbol{\nabla}g$ のようにベクトルポテンシャルを変更したとき，明らかに磁場 $\boldsymbol{B}$ は変化しない．これに対応して電場 $\boldsymbol{E}$ も不変となるようにスカラーポテンシャルは $\phi \to \phi' = \phi + \psi$ のように変化しなければならないとすると，新しいポテンシャル $(\phi', \boldsymbol{A}')$ によって作られる電場は

$$\begin{aligned}
-\boldsymbol{\nabla}\phi' - \frac{\partial\boldsymbol{A}'}{\partial t} &= -\boldsymbol{\nabla}(\phi+\psi) - \frac{\partial}{\partial t}(\boldsymbol{A} + \boldsymbol{\nabla}g) \\
&= \left(-\boldsymbol{\nabla}\phi - \frac{\partial\boldsymbol{A}}{\partial t}\right) - \boldsymbol{\nabla}\left(\psi + \frac{\partial g}{\partial t}\right) = \boldsymbol{E} - \boldsymbol{\nabla}\left(\psi + \frac{\partial g}{\partial t}\right)
\end{aligned}$$

となるから，新しいポテンシャル $(\phi', \boldsymbol{A}')$ が元と同じ電場 $\boldsymbol{E}$ を与えるためには $\psi = -\partial g/\partial t$ が必要である．したがって同じ電磁場を与える $(\phi, \boldsymbol{A}) \leftrightarrow (\phi', \boldsymbol{A}')$

の間の**ゲージ変換** (gauge transform) とは任意のスカラー場 g を用いて

$$\phi' = \phi - \frac{\partial g}{\partial t} \tag{8.25}$$

$$\boldsymbol{A}' = \boldsymbol{A} + \boldsymbol{\nabla} g \tag{8.26}$$

と変換することである．右辺の ϕ, $\boldsymbol{A}$ が例えばローレンツゲージのポテンシャルであったとき，ゲージ変換を行うと得られる ϕ', $\boldsymbol{A}'$ は一般にローレンツゲージではない独自ゲージのポテンシャルになる．しかしそれによって導かれる電磁場 $\boldsymbol{E}$, $\boldsymbol{B}$ は同一であり，ゲージ変換によって電磁場が変化しないことは電磁場の**ゲージ不変性** (gauge invariance) と呼ばれる．

ローレンツ条件とポテンシャルの不定性

ゲージ変換が可能であるということは，ある電磁場 $\boldsymbol{E}$, $\boldsymbol{B}$ を与えるためのポテンシャルは一般に一意には決まらないことを意味する．そして一般にゲージ変換後は前のゲージ条件を満たさないが，g をうまく選べば前と同じゲージ条件を満たしたままにすることができる．ローレンツ条件 (8.22) を満たすポテンシャル $(\phi, \boldsymbol{A})$ があり，これにゲージ変換 (8.25) (8.26) を行ってもローレンツ条件が満たされたままであるように g を選ぶとしよう．

$$\begin{aligned}
\boldsymbol{\nabla} \cdot \boldsymbol{A}' + \frac{1}{c^2}\frac{\partial \phi'}{\partial t} &= \boldsymbol{\nabla} \cdot (\boldsymbol{A} + \boldsymbol{\nabla} g) + \frac{1}{c^2}\frac{\partial}{\partial t}\left(\phi - \frac{\partial g}{\partial t}\right) \\
&= \left(\boldsymbol{\nabla} \cdot \boldsymbol{A} + \frac{1}{c^2}\frac{\partial \phi}{\partial t}\right) + \Box^2 g
\end{aligned}$$

右辺第 1 項は $(\phi, \boldsymbol{A})$ がローレンツ条件を満たしているのでゼロである．右辺全体としてゼロになり $(\phi', \boldsymbol{A}')$ もローレンツ条件を満たすには g が斉次波動方程式 $\Box^2 g = 0$ の解である必要がある．つまりローレンツゲージを満たすポテンシャルがあったときは，ここに斉次波動方程式の解であるようなスカラー場 g をもってきてゲージ変換 (8.25) (8.26) を行うと，同じ電磁場を与え，かつローレンツ条件を満たすポテンシャルにできる．

電磁場とそのポテンシャルに対するゲージ不変性・ゲージ対称性は，古典電磁気学（量子論を含まない電磁気学）の範疇ではこれ以上の意義は見出しにくい．しかし量子力学への拡張においてゲージ対称性の考えは全く新しい意味を獲得し，現代の物理学においてきわめて重要な役割を果たしている．

8.3 遅延ポテンシャル

波動方程式のグリーン関数 $G(\boldsymbol{x}, t; \boldsymbol{x}', t')$ は式 (7.27) のように与えられているので，電荷 ρ と電流 $\boldsymbol{J}$ が与えられたときのローレンツゲージによるスカラーポテンシャルとベクトルポテンシャルに対する波動方程式 (8.23) (8.24) の解はただちに遅延グリーン関数 $\delta(t' - (t - R/c))/4\pi R$ とグリーンの定理 (7.26) によって

$$\phi(\boldsymbol{x}, t) = \iint_{V', t'} \frac{\delta(t' - (t - R/c))}{4\pi R} \frac{\rho(\boldsymbol{x}', t')}{\epsilon_0} \, dt' \, dV' \tag{8.27}$$

$$= \frac{1}{4\pi\epsilon_0} \int_{V'} \frac{\rho(\boldsymbol{x}', t - R/c)}{R} \, dV' \equiv \frac{1}{4\pi\epsilon_0} \int_{V'} \frac{[\rho]}{R} \, dV' \tag{8.28}$$

である．ここで再び $[f] \equiv f(\boldsymbol{x}', t' = t - R/c)$ は時刻 $t' = t - R/c$ における値を採用することを意味する記号である．同様にベクトルポテンシャルは

$$\boldsymbol{A}(\boldsymbol{x}, t) = \iint_{V', t'} \frac{\delta(t' - (t - R/c))}{4\pi R} \mu_0 \boldsymbol{J}(\boldsymbol{x}', t') \, dt' \, dV' \tag{8.29}$$

$$= \frac{\mu_0}{4\pi} \int_{V'} \frac{\boldsymbol{J}(\boldsymbol{x}', t - R/c)}{R} \, dV' \equiv \frac{\mu_0}{4\pi} \int_{V'} \frac{[\boldsymbol{J}]}{R} \, dV' \tag{8.30}$$

となる．

式 (8.27) (8.29) は，そのまま置いておいて具体的な $\rho(\boldsymbol{x}', t')$, $\boldsymbol{J}(\boldsymbol{x}', t')$ が与えられてから時間積分と空間積分を行ってもよい．いっぽう先行して時間積分を行ってしまい空間積分だけを残した式 (8.28) (8.30) は遅延時間 $R/c = |\boldsymbol{x} - \boldsymbol{x}'|/c$ を考慮に入れたポテンシャルであり，**遅延ポテンシャル** (retarded potentials) と呼ばれる．静電場と静磁場の場合のポテンシャル (5.18) (5.20) との違いは時間に依存すること，それも時刻 t での場はそれよりも過去の時刻 $t' = t - R/c$ における影響によって作られているということである．場所 $\boldsymbol{x}'$ ごとに $\boldsymbol{x}$ まで届く時間 $R/c = |\boldsymbol{x} - \boldsymbol{x}'|/c$ が決まっているので，観測者 $\boldsymbol{x}$ に時刻 t に影響が到達するためには発出時刻 $t' = t - R/c$ も場所ごとに決まっている．

8.3.1 遅延ポテンシャルから導かれる電場と磁場

時間に依存する電荷 $\rho(\boldsymbol{x},t)$ と電流 $\boldsymbol{J}(\boldsymbol{x},t)$ が与えられたときの電場 $\boldsymbol{E}(\boldsymbol{x},t)$ と磁場 $\boldsymbol{B}(\boldsymbol{x},t)$ をポテンシャルから計算しよう．電場はスカラーポテンシャル (8.28) の勾配とベクトルポテンシャル (8.30) の時間微分によって得られ，公式 (7.33) (7.54) を使えば

$$\begin{aligned}\boldsymbol{E}(\boldsymbol{x},t) &= -\boldsymbol{\nabla}\phi - \frac{\partial \boldsymbol{A}}{\partial t} = -\frac{1}{4\pi\epsilon_0}\int_{V'} \boldsymbol{\nabla}\frac{[\rho]}{R}\,dV' - \frac{\mu_0}{4\pi}\int_{V'} \frac{\partial}{\partial t}\frac{[\boldsymbol{J}]}{R}\,dV' \\ &= -\frac{1}{4\pi\epsilon_0}\int_{V'} \frac{[\boldsymbol{\nabla}'\rho]}{R}\,dV' - \frac{\mu_0}{4\pi}\int_{V'} \frac{[\dot{\boldsymbol{J}}]}{R}\,dV' \end{aligned} \tag{8.10}$$

となって遅延解 (8.10) に一致する．またベクトルポテンシャル (8.30) の回転をとれば与えられた電流によって作られる磁場が得られ，公式 (7.56) を使えば

$$\boldsymbol{B}(\boldsymbol{x},t) = \frac{\mu_0}{4\pi}\int_{V'} \boldsymbol{\nabla}\times\frac{[\boldsymbol{J}]}{R}\,dV' = \frac{\mu_0}{4\pi}\int_{V'} \frac{[\boldsymbol{\nabla}'\times\boldsymbol{J}]}{R}\,dV' \tag{8.12}$$

となってやはり遅延解 (8.12) が再現される．係数 $\mu_0/4\pi$ は $\epsilon_0\mu_0 = 1/c^2$ を用いて $1/4\pi\epsilon_0 c^2$ と書かれることもある．

また遅延ポテンシャル (8.28) (8.30) の微分 $\boldsymbol{\nabla}([\rho]/R)$, $\boldsymbol{\nabla}'\times([\boldsymbol{J}]/R)$ に対し公式 (7.38) (7.40) を用いるとジェフィメンコの $\boldsymbol{E}$, $\boldsymbol{B}$ (8.13) (8.14) が再現される．式変形の関係は図 8.1 にまとめた．

8.3.2 距離依存性と電磁波

静電場が電荷からの距離 R に対して $\propto 1/R^2$ で弱くなっていくことはよく知られている．磁場の場合，無限に長い直線電流であれば距離に対して $1/R$ だが，これは無限に長いからであり，微小な電流部分に分割すれば各電流要素の寄与はやはり $\propto 1/R^2$ である（ビオ-サバールの法則 (6.23)）．これは電場の式 (8.13) と磁場の式 (8.14) それぞれの右辺第 1 項に現れている．これに対し，電荷または電流の時間変化があると，距離の $\propto 1/R$ という項が存在しうる．

場がその源から離れるごとに $\propto 1/R^2$ で小さくなるか $\propto 1/R$ で小さくなるかの違いは甚大である．場の影響が波として伝わるとしよう．距離 R における波の振幅が $a = \alpha/R$ である場合，その球面上での波のエネルギーは振幅の 2 乗

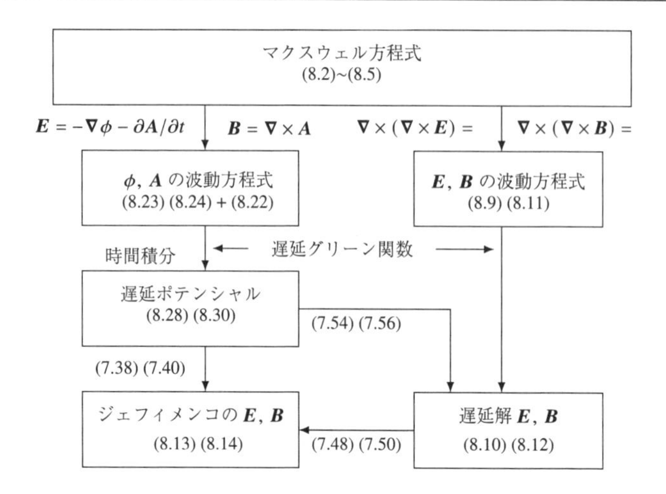

図 8.1　8.1 節 ~8.3.1 項の議論の流れ

$a^2 \propto 1/R^2$ に比例する．したがって全球面上での波のエネルギーは，その表面積 $4\pi R^2$ をかければ R によらず一定であり，その影響は原理的には無限遠にまで届くことになる．波の振幅が $\propto 1/R^2$ であればそのようなことはなく，その影響は距離が遠くなるごとに速やかにゼロに近づく．場の強さが $1/R$ に比例するこの項の存在が，無限遠方まで伝播する**電磁波** (electromagnetic waves) を生み出す．何億光年も離れた銀河からの光が我々に届き観測されるのがなによりの証拠である．さらに計算を進めて式 (9.22) (9.25) にまで到達すれば，電磁波が発生するのは電荷が加速度運動したときであることがわかる．

8.4　整合性と因果律

8.4.1　ローレンツ条件との整合性

ポテンシャル ϕ, $\boldsymbol{A}$ に対して ρ, $\boldsymbol{J}$ が分離された波動方程式 (8.23) (8.24) がマクスウェル方程式 (8.2)~(8.5) と等価であるのはローレンツ条件 (8.22) を課したときだけである．これら 2 本の波動方程式は連立方程式ではないから，いったん ρ, $\boldsymbol{J}$ が与えられればそれぞれの波動方程式は互いの都合を気にすることなく独立に解けてしまう．そのようにして得た遅延ポテンシャル (8.28) (8.30) が実際にローレンツ条件を満たすことになるのは確認が必要だろう．

まずスカラーポテンシャルの時間微分は式 (7.33) よりただちに

$$\frac{\partial \phi}{\partial t} = \frac{1}{4\pi\epsilon_0}\int_{V'} \frac{\partial}{\partial t}\frac{[\rho]}{R}\,dV' = \frac{1}{4\pi\epsilon_0}\int_{V'} \frac{[\dot{\rho}]}{R}\,dV' \tag{8.31}$$

である．ベクトルポテンシャルの発散は公式 (7.52) (7.55) より

$$\begin{aligned}\nabla\cdot\boldsymbol{A} &= \frac{\mu_0}{4\pi}\int_{V'} \nabla\cdot\frac{[\boldsymbol{J}]}{R}\,dV' = \frac{\mu_0}{4\pi}\int_{V'}\left(\frac{[\nabla'\cdot\boldsymbol{J}]}{R} - \nabla'\cdot\frac{[\boldsymbol{J}]}{R}\right)dV' \\ &= \frac{1}{4\pi\epsilon_0 c^2}\int_{V'}\frac{[\nabla'\cdot\boldsymbol{J}]}{R}\,dV'\end{aligned}$$

であるから

$$\nabla\cdot\boldsymbol{A} + \frac{1}{c^2}\frac{\partial\phi}{\partial t} = \frac{1}{4\pi\epsilon_0 c^2}\int_{V'}\frac{[\nabla'\cdot\boldsymbol{J}+\dot{\rho}]}{R}\,dV' = 0$$

となることがわかる．つまり電荷の保存則 $\nabla'\cdot\boldsymbol{J}+\dot{\rho}=0$ が領域 V' 内の各点 $\boldsymbol{x}'$ で成り立っている限り，波動方程式 (8.23) (8.24) の解である遅延ポテンシャル ϕ, $\boldsymbol{A}$ (8.28) (8.30) は確かにローレンツ条件 (8.22) を満たす．電荷の保存則を満たす関係にない勝手な ρ, $\boldsymbol{J}$ に対する波動方程式を解いて得たポテンシャルであれば一般にローレンツ条件は満たされないが，そのような波動方程式ではマクスウェル方程式と整合せず物理的に意味をなさないから考える必要はない．

8.4.2　時間変動する電磁場の解とマクスウェル方程式

電場と磁場に対する波動方程式 (8.9) (8.11) の遅延解 (8.10) (8.12) がマクスウェル方程式 (8.2) ~ (8.5) を満たしていることを確認しよう．これは自明であって計算練習に過ぎないようにも思えるが，その途中で現れる式はマクスウェル方程式における因果律について考察するのに役立つ．

■$\nabla\cdot\boldsymbol{E}=\rho/\epsilon_0$　式 (8.10) の発散をとり，右辺第 1 項と第 2 項それぞれに公式 (7.52) を適用すると $\mu_0 = 1/\epsilon_0 c^2$ に注意して

$$\begin{aligned}\nabla\cdot\boldsymbol{E} &= -\frac{1}{4\pi\epsilon_0}\int_{V'}\nabla\cdot\frac{[\nabla'\rho]}{R}\,dV' - \frac{\mu_0}{4\pi}\int_{V'}\nabla\cdot\frac{[\dot{\boldsymbol{J}}]}{R}\,dV' \\ &= -\frac{1}{4\pi\epsilon_0}\int_{V'}\frac{[\nabla'^2\rho]}{R}\,dV' - \frac{1}{4\pi\epsilon_0 c^2}\int_{V'}\frac{[\nabla'\cdot\dot{\boldsymbol{J}}]}{R}\,dV'\end{aligned}$$

となる．さらに右辺第 2 項には電荷の保存則 (7.3) を使って $[\boldsymbol{\nabla}' \cdot \dot{\boldsymbol{J}}] = [\partial(\boldsymbol{\nabla}' \cdot \boldsymbol{J})/\partial t'] = [-\partial^2 \rho/\partial t'^2]$ とすれば

$$\boldsymbol{\nabla} \cdot \boldsymbol{E} = -\frac{1}{4\pi\epsilon_0} \int_{V'} \frac{\left[\boldsymbol{\nabla}'^2 \rho - \frac{1}{c^2}\frac{\partial^2 \rho}{\partial t'^2}\right]}{R}\, dV' = -\frac{1}{4\pi\epsilon_0} \int_{V'} \frac{[\Box'^2 \rho]}{R}\, dV' = \frac{\rho}{\epsilon_0}.$$

ここで恒等式 (7.31) を使った．よって遅延解 (8.10) はマクスウェル方程式 (8.2) を満たす．

■$\boldsymbol{\nabla} \times \boldsymbol{E} = -\partial \boldsymbol{B}/\partial t$　式 (8.10) の回転をとり，公式 (7.56) および $\boldsymbol{\nabla}' \times (\boldsymbol{\nabla}' \rho)$ が勾配の回転でゼロであることを使えば

$$\begin{aligned}
\boldsymbol{\nabla} \times \boldsymbol{E} &= -\frac{1}{4\pi\epsilon_0} \int_{V'} \boldsymbol{\nabla} \times \frac{[\boldsymbol{\nabla}' \rho]}{R}\, dV' - \frac{\mu_0}{4\pi} \int_{V'} \boldsymbol{\nabla} \times \frac{[\dot{\boldsymbol{J}}]}{R}\, dV' \\
&= -\frac{1}{4\pi\epsilon_0} \int_{V'} \frac{[\boldsymbol{\nabla}' \times (\boldsymbol{\nabla}' \rho)]}{R}\, dV' - \frac{\mu_0}{4\pi} \int_{V'} \frac{\left[\boldsymbol{\nabla}' \times \dot{\boldsymbol{J}}\right]}{R}\, dV' \\
&= -\frac{\mu_0}{4\pi} \int_{V'} \frac{\left[\boldsymbol{\nabla}' \times \dot{\boldsymbol{J}}\right]}{R}\, dV'
\end{aligned} \tag{8.32}$$

が得られる．右辺は磁場の遅延解 (8.12) の時間微分 $\partial \boldsymbol{B}/\partial t$ に負号をつけたものであるから式 (8.10) はマクスウェル方程式 (8.3) を満たす．

■$\boldsymbol{\nabla} \cdot \boldsymbol{B} = 0$　式 (8.10) の発散をとり公式 (7.55) を用いれば，回転の発散はゼロであることから

$$\boldsymbol{\nabla} \cdot \boldsymbol{B} = \frac{\mu_0}{4\pi} \int_{V'} \boldsymbol{\nabla} \cdot \frac{[\boldsymbol{\nabla}' \times \boldsymbol{J}]}{R}\, dV' = \frac{\mu_0}{4\pi} \int_{V'} \frac{[\boldsymbol{\nabla}' \cdot (\boldsymbol{\nabla}' \times \boldsymbol{J})]}{R}\, dV' = 0$$

となって式 (8.4) は満たされている．

■$\boldsymbol{\nabla} \times \boldsymbol{B} = \mu_0 \boldsymbol{J} + \epsilon_0 \mu_0 \partial \boldsymbol{E}/\partial t$　式 (8.12) の回転 $\boldsymbol{\nabla} \times \boldsymbol{B}$ をとり，公式 (7.56) と回転の回転の式 (3.25) を使えば

$$\begin{aligned}
\boldsymbol{\nabla} \times \boldsymbol{B} &= \frac{\mu_0}{4\pi} \int_{V'} \boldsymbol{\nabla} \times \frac{[\boldsymbol{\nabla}' \times \boldsymbol{J}]}{R}\, dV' = \frac{\mu_0}{4\pi} \int_{V'} \frac{[\boldsymbol{\nabla}' \times (\boldsymbol{\nabla}' \times \boldsymbol{J})]}{R}\, dV' \\
&= \frac{\mu_0}{4\pi} \int_{V'} \frac{[\boldsymbol{\nabla}'(\boldsymbol{\nabla}' \cdot \boldsymbol{J}) - \nabla'^2 \boldsymbol{J}]}{R}\, dV'
\end{aligned} \tag{8.33}$$

である．続いて式 (8.10) の時間微分 $\partial \boldsymbol{E}/\partial t$ を計算し，右辺第 1 項には電荷の保存則 (7.3) を使えば

$$
\begin{aligned}
\frac{\partial \boldsymbol{E}}{\partial t} &= -\frac{1}{4\pi\epsilon_0}\frac{\partial}{\partial t}\int_{V'}\frac{[\boldsymbol{\nabla}'\rho]}{R}\,dV' - \frac{\mu_0}{4\pi}\frac{\partial}{\partial t}\int_{V'}\frac{[\dot{\boldsymbol{J}}]}{R}\,dV' \\
&= \frac{1}{4\pi\epsilon_0}\int_{V'}\frac{[\boldsymbol{\nabla}'(\boldsymbol{\nabla}'\cdot\boldsymbol{J})]}{R}\,dV' - \frac{\mu_0}{4\pi}\int_{V'}\frac{[\partial^2\boldsymbol{J}/\partial t'^2]}{R}\,dV'
\end{aligned}
\tag{8.34}
$$

であり，$\epsilon_0\mu_0 = 1/c^2$ と恒等式 (7.31) を使えば

$$
\begin{aligned}
\boldsymbol{\nabla}\times\boldsymbol{B} - \epsilon_0\mu_0\frac{\partial \boldsymbol{E}}{\partial t} &= -\frac{\mu_0}{4\pi}\int_{V'}\frac{[\boldsymbol{\nabla}'^2\boldsymbol{J}]}{R}\,dV' + \frac{\epsilon_0\mu_0^2}{4\pi}\int_{V'}\frac{[\partial^2\boldsymbol{J}/\partial t'^2]}{R}\,dV' \\
&= -\frac{\mu_0}{4\pi}\int_{V'}\frac{[\Box'^2\boldsymbol{J}]}{R}\,dV' = \mu_0\boldsymbol{J}
\end{aligned}
$$

となる．したがって磁場の回転も電場の時間変化もともに電流の空間・時間変化によって引き起こされており，それは差 $\boldsymbol{\nabla}\times\boldsymbol{B} - \epsilon_0\mu_0\partial\boldsymbol{E}/\partial t$ がいつも $\mu_0\boldsymbol{J}$ であるように起こるというのがマクスウェル方程式 (8.5) の主張である．

8.4.3 マクスウェル方程式と因果律

拡張されたヘルムホルツの定理とマクスウェル方程式

マクスウェル方程式に前章で述べた拡張されたヘルムホルツの定理を適用すると遅延解 (8.10) (8.12) が得られる．式 (7.60) にマクスウェル方程式 (8.2) (8.5) を代入すれば，電場 $\boldsymbol{E}(\boldsymbol{x}, t)$ は $c^2 = 1/\epsilon_0\mu_0$ および公式 (7.33) (7.54) (7.56) を使えば

$$
\begin{aligned}
\boldsymbol{E}(\boldsymbol{x}, t) &= -\boldsymbol{\nabla}\int_{V'}\frac{[\rho/\epsilon_0]}{4\pi R}\,dV' + \boldsymbol{\nabla}\times\int_{V'}\frac{[-\partial\boldsymbol{B}/\partial t']}{4\pi R}\,dV' \\
&\quad + \frac{1}{c^2}\frac{\partial}{\partial t}\int_{V'}\frac{[c^2\boldsymbol{\nabla}'\times\boldsymbol{B} - (1/\epsilon_0)\boldsymbol{J}]}{4\pi R}\,dV' \\
&= -\frac{1}{4\pi\epsilon_0}\int_{V'}\frac{[\boldsymbol{\nabla}'\rho]}{R}\,dV' - \frac{\mu_0}{4\pi}\int_{V'}\frac{[\dot{\boldsymbol{J}}]}{R}\,dV'
\end{aligned}
$$

となって式 (8.10) が得られる．磁場は $\boldsymbol{\nabla}\cdot\boldsymbol{B} = 0$ と公式 (7.56) より

$$
\begin{aligned}
\boldsymbol{B}(\boldsymbol{x}, t) &= \boldsymbol{\nabla}\times\int_{V'}\frac{[\mu_0\boldsymbol{J} + \epsilon_0\mu_0\partial\boldsymbol{E}/\partial t']}{R}\,dV' + \frac{1}{c^2}\frac{\partial}{\partial t}\int_{V'}\frac{[-\boldsymbol{\nabla}'\times\boldsymbol{E}]}{R}\,dV' \\
&= \frac{\mu_0}{4\pi}\int_{V'}\frac{[\boldsymbol{\nabla}'\times\boldsymbol{J}]}{R}\,dV'
\end{aligned}
$$

となって式 (8.12) が得られる．以上は波動方程式を解いたことに対応する．

ひるがえって，マクスウェル方程式に対し時間に依存しないベクトル場に対するヘルムホルツの定理 (5.3) を適用してみよう．公式 (3.76) (3.78) を使って

$$
\begin{aligned}
\boldsymbol{E}(\boldsymbol{x}, t) &= -\boldsymbol{\nabla} \int_{V'} \frac{\rho(\boldsymbol{x}', t)/\epsilon_0}{4\pi R} dV' + \boldsymbol{\nabla} \times \int_{V'} \frac{-\partial \boldsymbol{B}(\boldsymbol{x}', t)/\partial t}{4\pi R} dV' \\
&= -\frac{1}{4\pi\epsilon_0} \int_{V'} \frac{\boldsymbol{\nabla}'\rho(\boldsymbol{x}', t)}{R} dV' - \frac{1}{4\pi} \int_{V'} \frac{\boldsymbol{\nabla}' \times (\partial \boldsymbol{B}(\boldsymbol{x}', t)/\partial t)}{R} dV' \qquad (8.35)
\end{aligned}
$$

$$
\begin{aligned}
\boldsymbol{B}(\boldsymbol{x}, t) &= \boldsymbol{\nabla} \times \int_{V'} \frac{\mu_0 \boldsymbol{J}(\boldsymbol{x}', t) + \epsilon_0\mu_0 \partial \boldsymbol{E}(\boldsymbol{x}', t)/\partial t}{4\pi R} dV' \\
&= \frac{\mu_0}{4\pi} \int_{V'} \frac{\boldsymbol{\nabla}' \times \boldsymbol{J}(\boldsymbol{x}', t)}{R} dV' + \frac{1}{4\pi c^2} \int_{V} \frac{\boldsymbol{\nabla}' \times (\partial \boldsymbol{E}(\boldsymbol{x}', t)/\partial t)}{R} dV' \qquad (8.36)
\end{aligned}
$$

となる．これらはポアソン方程式を解いたことに対応しており，両辺がともに時刻 t で書かれている．これらは左辺と右辺が値として等しいという意味において正しい式ではあるが，右辺が左辺を作るという因果律を表してはいない．これらを見て「$\partial \boldsymbol{B}(\boldsymbol{x}', t)/\partial t$ が $\boldsymbol{E}(\boldsymbol{x}, t)$ を作る」「$\partial \boldsymbol{E}(\boldsymbol{x}', t)/\partial t$ が $\boldsymbol{B}(\boldsymbol{x}, t)$ を作る」と解釈するのは因果律から不可である．

誘導法則と変位電流 - 場の変化が場を作る？

前節での計算は電磁場の遅延解 (8.10) (8.12) がマクスウェル方程式を満たしているという当然のことを確認したが，その過程では示唆的な結果が現れていた．式 (8.32) を見ると，電場の回転 $\boldsymbol{\nabla} \times \boldsymbol{E}$ は $\dot{\boldsymbol{J}}$ によって引き起こされており，式 (8.12) を見れば磁場の時間変化 $\partial \boldsymbol{B}/\partial t$ も原因を同じくしていることがわかる．誘導法則は「磁場の時間変化が電場を作る」のように説明されることがあるが，電場の横成分は磁場の時間変化を起源として引き起こされたのではなく，時間変化する電流 $\dot{\boldsymbol{J}}$ によって時間変化する磁場とともに作られたのである．すなわちマクスウェル方程式 (8.3) とは式 (8.12) (8.32) による

$$
\boldsymbol{\nabla} \times \boldsymbol{E} = \left(-\frac{\mu_0}{4\pi} \int_{V'} \frac{[\boldsymbol{\nabla}' \times \dot{\boldsymbol{J}}]}{R} dV' \right) = -\frac{\partial \boldsymbol{B}}{\partial t}
$$

とみることができる．同様に式 (8.33) (8.34) を見れば「変位電流が磁場を作る」と主張するのは，因果関係を述べるには言葉が足りていないのがわかるだ

ろう.

場の源が場 $\boldsymbol{F}(\boldsymbol{x}, t)$ を作るという因果律を表す式は，左辺は $\nabla\cdot\boldsymbol{F}$, $\nabla\times\boldsymbol{F}$ やポアソン方程式 $\nabla^2\boldsymbol{F}=$ などではなく因果律つきのポアソン方程式である波動方程式 $\Box^2\boldsymbol{F}=\cdots$ でなければならず，その解は遅延が考慮された $[\cdots]$ という量で表されていなければならない．それは $\boldsymbol{E}$, $\boldsymbol{B}$ に対する波動方程式 (8.9) (8.11) と遅延解 (8.10) (8.12) である．これらは全て電場 $\boldsymbol{E}$ と磁場 $\boldsymbol{B}$ の源は電荷 ρ と電流 $\boldsymbol{J}$ であることを明確に述べている.

時間的に変化する電荷と電流があると時間的に変化する電磁場が発生し，その 2 つの側面である電場 $\boldsymbol{E}$ と磁場 $\boldsymbol{B}$ がともに観測される*4．そしてその発生と変化は常にマクスウェル方程式 (8.3) (8.5) を満たしながら起こる．時間に依存するマクスウェル方程式は波動方程式 (8.9) (8.11) に行き着くから源 ρ, $\boldsymbol{J}$ と電磁場 $\boldsymbol{E}$, $\boldsymbol{B}$ との間の因果関係を与えており，電磁場の源は電荷と電流であって電場と磁場がお互いを作り合っているのではない．マクスウェル方程式は 4 本集まって壮大なストーリーを描くが，個別の式だけを見て因果律を読み取ろうとするのは誤解を招きやすい.

*4 特殊相対論を学べば電磁場の 4 元形式と出会い，電場と磁場は**電磁場テンソル** (electromagnetic tensor) と呼ばれる物理量の 2 つの側面であることが明らかになる．極性ベクトルである $\boldsymbol{E}$ と軸性ベクトルである $\boldsymbol{B}$ によって電磁場テンソルは

$$F^{\mu\nu}=\begin{pmatrix} 0 & \frac{1}{c}E_x & \frac{1}{c}E_y & \frac{1}{c}E_z \\ -\frac{1}{c}E_x & 0 & B_z & -B_y \\ -\frac{1}{c}E_y & -B_z & 0 & B_x \\ -\frac{1}{c}E_z & B_y & -B_x & 0 \end{pmatrix}$$

という 4×4 の反対称行列による成分表示となる．電荷と電流とを合わせた **4 元電流** (four current) $J^\nu\equiv(c\rho, \boldsymbol{J})$ と微分記号 $\partial_\mu\equiv((1/c)\partial/\partial t, \nabla)$ を用いればマクスウェル方程式 (8.2) (8.5) はまとめて $\partial_\mu F^{\mu\nu}=-\mu_0 J^\nu$ と書くことができる．また電磁場テンソルで $\boldsymbol{E}$, $\boldsymbol{B}$ の役回りを入れ替えた擬テンソル $\tilde{F}^{\mu\nu}$ を使えばマクスウェル方程式 (8.3) (8.4) はまとめて $\partial_\mu\tilde{F}^{\mu\nu}=0$ と書くことができる．因果関係は ρ, $\boldsymbol{J}$ と電磁場との間にあって $\boldsymbol{E}$ と $\boldsymbol{B}$ との間にあるのではない．本書を読み終えた読者は特殊相対論の入口に立っている.

8.4.4 クーロンゲージによるポテンシャルと電磁場

クーロンゲージ (8.19) $\nabla \cdot \boldsymbol{A}_{\mathrm{C}} = 0$ においてポテンシャルのしたがう方程式は式 (8.20) (8.21) である．スカラーポテンシャルは式 (4.27) によりただちに

$$\phi_{\mathrm{C}}(\boldsymbol{x}, t) = \frac{1}{4\pi\epsilon_0} \int_{V'} \frac{\rho(\boldsymbol{x}', t)}{R}\, dV' \tag{8.37}$$

となり，クーロンゲージでのスカラーポテンシャルは時刻 t で記述されるので遅延の効果がない．いっぽうベクトルポテンシャルは波動方程式の遅延解だから式 (7.28) より

$$\boldsymbol{A}_{\mathrm{C}}(\boldsymbol{x}, t) = \frac{\mu_0}{4\pi} \int_{V'} \frac{[\boldsymbol{J}]}{R}\, dV' - \frac{1}{4\pi c^2} \int_{V'} \frac{\left[\dfrac{\partial \nabla' \phi_{\mathrm{C}}}{\partial t'}\right]}{R}\, dV' \tag{8.38}$$

となる．クーロンゲージでも得られる電磁場は遅延解 (8.10) (8.12) に一致することを示そう．まず磁場はベクトルポテンシャルの回転だから，公式 (7.56) を使い，また右辺第 2 項は $[\partial(\nabla' \times \nabla' \phi_{\mathrm{C}})/\partial t'] = 0$ なので

$$\boldsymbol{B}(\boldsymbol{x}, t) = \nabla \times \boldsymbol{A}_{\mathrm{C}} = \frac{\mu_0}{4\pi} \int_{V'} \frac{[\nabla' \times \boldsymbol{J}]}{R}\, dV'$$

となって遅延解 $\boldsymbol{B}$ (8.12) に一致する．次に電場を得るために $\partial \boldsymbol{A}_{\mathrm{C}}/\partial t$ を計算する．$[\partial/\partial t] = [\partial/\partial t']$ より

$$\frac{\partial \boldsymbol{A}_{\mathrm{C}}}{\partial t} = \frac{\mu_0}{4\pi} \int_{V'} \frac{[\dot{\boldsymbol{J}}]}{R}\, dV' - \frac{1}{4\pi c^2} \frac{\left[\dfrac{\partial^2 \nabla' \phi_{\mathrm{C}}}{\partial t'^2}\right]}{R}\, dV'$$

右辺第 2 項を $\nabla \phi_{\mathrm{C}}$ に対する波動方程式を使って

$$\begin{aligned}\Box^2 (\nabla \phi_{\mathrm{C}}) &= \nabla^2 (\nabla \phi_{\mathrm{C}}) - \frac{1}{c^2} \left(\frac{\partial^2 \nabla \phi_{\mathrm{C}}}{\partial t^2} \right) = \nabla \left(\nabla^2 \phi_{\mathrm{C}} \right) - \frac{1}{c^2} \frac{\partial^2 \nabla \phi_{\mathrm{C}}}{\partial t^2} \\ &= -\nabla \rho / \epsilon_0 - \frac{1}{c^2} \frac{\partial^2 \nabla \phi_{\mathrm{C}}}{\partial t^2}\end{aligned}$$

で置き換えれば（第 3 章演習問題 5 の公式 $\nabla^2(\nabla f) = \nabla\left(\nabla^2 f\right)$ を使った）

$$\begin{aligned}\frac{\partial \boldsymbol{A}_{\mathrm{C}}}{\partial t} &= \frac{\mu_0}{4\pi} \int_{V'} \frac{[\dot{\boldsymbol{J}}]}{R}\, dV' + \frac{1}{4\pi} \int_{V'} \frac{[\Box'^2 \nabla' \phi_{\mathrm{C}}]}{R}\, dV' + \frac{1}{4\pi\epsilon_0} \int_{V'} \frac{[\nabla' \rho]}{R}\, dV' \\ &= \frac{\mu_0}{4\pi} \int_{V'} \frac{[\dot{\boldsymbol{J}}]}{R}\, dV' - \nabla \phi_{\mathrm{C}} + \frac{1}{4\pi\epsilon_0} \int_{V'} \frac{[\nabla' \rho]}{R}\, dV'.\end{aligned}$$

よって電場は

$$\begin{aligned} \boldsymbol{E}(\boldsymbol{x}, t) &= -\nabla\phi_{\mathrm{C}}(\boldsymbol{x}, t) - \frac{\partial \boldsymbol{A}_{\mathrm{C}}(\boldsymbol{x}, t)}{\partial t} \\ &= -\frac{1}{4\pi\epsilon_0}\int_{V'} \frac{[\nabla'\rho]}{R}\,dV' - \frac{\mu_0}{4\pi}\int_{V'} \frac{[\dot{\boldsymbol{j}}]}{R}\,dV' \end{aligned}$$

となって遅延解 $\boldsymbol{E}$ (8.10) に一致する．したがって用いるゲージが異なればポテンシャルは異なるが，得られる電磁場は同一である．

8.5 電磁気学の単位系

物理学を記述する単位系には大きく分けて

MKS 単位系　メートル m，キログラム kg，秒 s
CGS 単位系　センチメートル cm，グラム g，秒 s

の 2 つがある．電磁気学を記述するためには長さ，質量，時間の 3 つの次元だけでは足りず，電荷や電流を表すための次元と単位が必要になる．MKS を基本とし電流にアンペア A を採用する MKSA 単位系，さらにこれを内包し熱力学的量などにも拡張した**国際単位系**（SI 単位系）が普及しており，本書もこれに準じている．MKSA 単位系では電荷の単位にはクーロン C を用い，電気素量は $e = 1.6\ldots \times 10^{-19}$ C である．CGS 単位系を基本とした電磁気の単位系もいくつか存在し，そのうちの一つである CGS-esu 単位系では電気素量を $e = 4.8\ldots \times 10^{-10}$ esu とし，マクスウェル方程式は

$$\begin{aligned} &\nabla\cdot\boldsymbol{E} = 4\pi\rho, \quad \nabla\times\boldsymbol{E} + \frac{1}{c}\frac{\partial \boldsymbol{B}}{\partial t} = 0, \\ &\nabla\cdot\boldsymbol{B} = 0, \quad \nabla\times\boldsymbol{B} - \frac{1}{c}\frac{\partial \boldsymbol{E}}{\partial t} = \frac{4\pi}{c}\boldsymbol{J} \end{aligned}$$

となる．真空中の電荷 q による静電ポテンシャルは MKSA 単位系では $\phi = e/4\pi\epsilon_0 r$（$e$ はクーロン，r はメートル）であるのに対し，CGS-esu 単位系では $\phi = e/r$（e は esu，r はセンチメートル）である．現代の教科書の多くは MKSA 単位系で書かれるようになっているが，分野にもよるが原著論文などの研究発表では CGS 系による式も根強く使われ続けている．MKSA 系と CGS-esu 系

間での書き換えでは $1/4\pi\epsilon_0 \to 1$，$\mu_0 \to 1/c^2$，$\boldsymbol{B} \to \boldsymbol{B}/c$ の置き換えをすればよい．CGS-esu 系では電場と磁場は同じ次元をもち，ローレンツ条件の式は $\boldsymbol{\nabla}\cdot\boldsymbol{A} + (1/c)\partial\phi/\partial t = 0$ となるなどの違いがある．

第 8 章まとめ

表 8.1　電磁場の方程式まとめ

	静電磁場	時間に依存する電磁場
基礎方程式	$\boldsymbol{\nabla}\cdot\boldsymbol{E} = \rho/\epsilon_0$	$\boldsymbol{\nabla}\cdot\boldsymbol{E} = \rho/\epsilon_0$
	$\boldsymbol{\nabla}\times\boldsymbol{E} = 0$	$\boldsymbol{\nabla}\times\boldsymbol{E} = -\dfrac{\partial\boldsymbol{B}}{\partial t}$
	$\boldsymbol{\nabla}\cdot\boldsymbol{B} = 0$	$\boldsymbol{\nabla}\times\cdot\boldsymbol{B} = 0$
	$\boldsymbol{\nabla}\times\boldsymbol{B} = \mu_0\boldsymbol{J}$	$\boldsymbol{\nabla}\times\boldsymbol{B} = \mu_0\boldsymbol{J} + \dfrac{1}{c^2}\dfrac{\partial\boldsymbol{E}}{\partial t}$
等価な式	$\nabla^2\boldsymbol{E} = \boldsymbol{\nabla}\rho/\epsilon_0$	$\Box^2\boldsymbol{E} = \boldsymbol{\nabla}\rho/\epsilon_0 + \mu_0\partial\boldsymbol{J}/\partial t$
	$\nabla^2\boldsymbol{B} = -\mu_0\boldsymbol{\nabla}\times\boldsymbol{J}$	$\Box^2\boldsymbol{B} = -\mu_0\boldsymbol{\nabla}\times\boldsymbol{J}$
ポテンシャル	$\boldsymbol{E} = -\boldsymbol{\nabla}\phi$	$\boldsymbol{E} = -\boldsymbol{\nabla}\phi - \dfrac{\partial\boldsymbol{A}}{\partial t}$
	$\boldsymbol{B} = \boldsymbol{\nabla}\times\boldsymbol{A}$	$\boldsymbol{B} = \boldsymbol{\nabla}\times\boldsymbol{A}$
	$\nabla^2\phi = -\rho/\epsilon_0$	$\Box^2\phi = -\rho/\epsilon_0$
	$\nabla^2\boldsymbol{A} = -\mu_0\boldsymbol{J}$	$\Box^2\boldsymbol{A} = -\mu_0\boldsymbol{J}$
	(クーロンゲージ)	(ローレンツゲージ)
	$\boldsymbol{\nabla}\cdot\boldsymbol{A} = 0$	$\boldsymbol{\nabla}\cdot\boldsymbol{A} + \dfrac{1}{c^2}\dfrac{\partial\phi}{\partial t} = 0$
	$\phi = \dfrac{1}{4\pi\epsilon_0}\displaystyle\int_{V'}\dfrac{\rho}{R}\,dV'$	$\phi = \dfrac{1}{4\pi\epsilon_0}\displaystyle\int_{V'}\dfrac{[\rho]}{R}\,dV'$
	$\boldsymbol{A} = \dfrac{\mu_0}{4\pi}\displaystyle\int_{V'}\dfrac{\boldsymbol{J}}{R}\,dV'$	$\boldsymbol{A} = \dfrac{\mu_0}{4\pi}\displaystyle\int_{V'}\dfrac{[\boldsymbol{J}]}{R}\,dV'$
電磁場の解	$\boldsymbol{E} = \dfrac{1}{4\pi\epsilon_0}\displaystyle\int_{V'}\dfrac{\rho}{R^2}\hat{\boldsymbol{R}}\,dV'$	遅延解 (8.10)
	$\boldsymbol{B} = \dfrac{\mu_0}{4\pi}\displaystyle\int_{V'}\dfrac{\boldsymbol{J}}{R^2}\times\hat{\boldsymbol{R}}\,dV'$	遅延解 (8.12)

- 電磁場の情報の伝達速度，電磁波の伝播速度はいわゆる光速 c である．これは源や観測者の運動状態によらない普遍定数である．ある時刻における場は，それよりも前の時刻における情報によって決まる．
- マクスウェル方程式から電磁場 $\boldsymbol{E}, \boldsymbol{B}$ に対する波動方程式が得られ，その解は遅延グリーン関数を用いて遅延解 (8.10) (8.12) で与えられる．
- 遅延を考慮に入れたポテンシャルを遅延ポテンシャル (8.28) (8.30) と呼び，これを微分することによっても遅延解 (8.10) (8.12) は得られる．
- 電場と磁場の源は電荷と電流であり，時間に依存する電磁場においてもそれは変わらない．

演習問題

1. クーロン条件 $\boldsymbol{\nabla}\cdot\boldsymbol{A}_{\mathrm{C}} = 0$ を採用した場合のポテンシャル $(\phi_{\mathrm{C}}, \boldsymbol{A}_{\mathrm{C}})$ では，無限遠でゼロという条件をつけるとゲージ変換の自由度はないことを示せ．
2. 電磁場に対するジェフィメンコの $\boldsymbol{E}, \boldsymbol{B}$ (8.13) (8.14) において電荷と電流の時間変化のない $[\dot{\rho}] = 0$, $[\dot{\boldsymbol{J}}] = 0$ というケースを考え，静電磁場 (5.19) (5.21) との類似と相違を論じよ．

第9章

電磁波の放射

9.1　運動する電荷と遅延，積分

本章では運動する電荷の作るポテンシャルと電場・磁場を議論する．まず電荷が運動し，かつ遅延も正しく考慮する場合での体積分には注意が必要であることを見ておく．簡単のためまず1次元で考え，後に一般化する．

1次元の場合

断面積 S'，長さ ℓ' という柱状領域 $V' = S'\ell'$ に電荷が分布し，観測者は位置 x にいるとする（図9.1左）．この柱状電荷によって観測者の位置 x に作られるポテンシャルまたは電場の時刻 t における値を知りたければ，観測者と電荷の位置関係で決まる遅延を考慮した $[\rho/R]$ を使って式(8.28)を計算すればよい．電荷分布のある位置 x' を信号が発出する時刻を t' とすれば，観測者の (x, t) と因果律をもつためには $[\rho/R]$ は

$$t' = t - \frac{x - x'}{c}$$

という条件を満たす時刻 t' をとる．発出時刻 t' は場所 x' ごとに異なる（学校や職場の近くに住んでいる人は決められた時刻に到着するために自宅を出る時刻は遅くても間に合う）．電荷が静止しているならば，電荷分布の左端 x'_1 と右

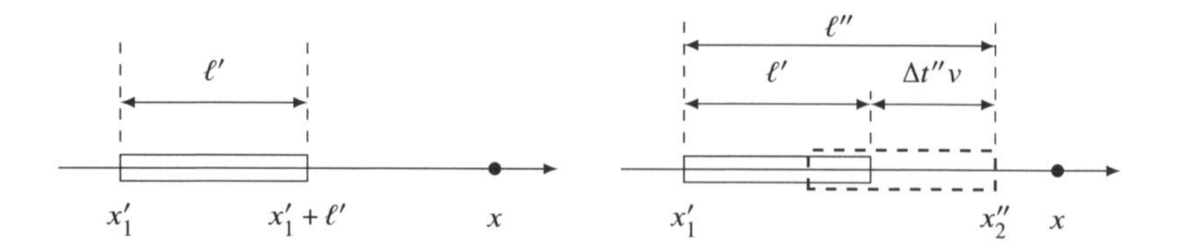

図 9.1　運動する電荷と遅延，積分の考え方．左：電荷が静止している場合は，電荷が分布している幅 ℓ' と同じ範囲で積分して電磁場を求めればよい．右：電荷が速度 $v=\beta c$ で運動している場合は，電荷の移動を考慮すれば積分の右端は観測者に近づく．移動した後の右端を x''_2 とすれば $\ell''=x''_2-x'_1$ なる範囲が積分幅である．

端 $x'_2=x'_1+\ell'$ に対応する発出時刻 t'_1, t'_2 の差は

$$\Delta t' = t'_2 - t'_1 = \left(t - \frac{x-x'_2}{c}\right) - \left(t - \frac{x-x'_1}{c}\right) = \frac{x'_2-x'_1}{c} = \frac{\ell'}{c}$$

であり，これは電荷分布の長さ ℓ' を光が横切る時間に等しい．

しかし電荷が観測者 x に対して運動していると因果律をもつ位置と時刻は変わる．普段は港に停泊している長い船上で生活している人々を想像すればよい．船の左端に住んでいる人がいつもの時刻 t'_1 に船を降りて位置 x の職場へ向けて速度 c (!) で出発した直後に，船が速度 v で職場の向きに動き始めたとしよう（図 9.1 右）[*1]．職場 x に近い船の右の方に住んでいる人は，船が移動してさらに職場に近づく分だけいつもよりもさらに出発時刻を遅くできる．では船の右端に住んでいる人にとっての出発時刻 t''_2 はいつにとればよく，それは船の右端がどの位置にあるときであろうか？ 船 → 電荷，出発時刻 → 信号発出時刻である．

電荷の右端に対する新しい発出時刻を t''_2，その瞬間の電荷の右端の位置を x''_2 としよう．（図 9.1 右）．これは始めに電荷の左端があった位置から距離

[*1] 速度がゼロの次の瞬間に速度 v になるような加速度無限大は不可能ではあるが，今の場合はおいておく．

$\ell'' = x_2'' - x_1'$ にある．x_2'' と t_2'' は位置 x の観測者における時刻 t と因果律

$$t_2'' = t - \frac{x - x_2''}{c}$$

が成り立つように選ばれる．同様に電荷の左端に対しては $t_1' = t - (x - x_1')/c$ である．時刻 t_1' から t_2'' までの経過時間は

$$\Delta t'' = t_2'' - t_1' = \frac{x_2'' - x_1'}{c} = \frac{\ell''}{c}$$

であり，この間に電荷は速度 v によって距離 $\Delta t'' v = (\ell''/c) \times v = \beta \ell''$ だけ右に移動しているから，$\ell'' = \ell' + \Delta t'' v$ という式を解けば

$$\ell'' = \ell' + \Delta t'' v = \ell' + \beta \ell'' = \frac{\ell'}{1 - \beta} \tag{9.1}$$

が得られる[*2][*3]．

一般の場合

さらに式 (9.1) は以下のように一般化される．

1. 計算は電荷の左端と右端の間のものである必要はなく電荷の分布幅 ℓ' は任意であり，式 (9.1) は場の計算における積分 dV' を

   $$dV' = S'\,dx' \longrightarrow dV'' = S'\,dx'' = S'\frac{dx'}{1 - \beta} = \frac{dV'}{1 - \beta}$$

   のように変換すべきことを意味している．大きさゼロの点電荷の場合でも動いていれば係数 $1/(1 - \beta)$ は必要である．
2. 電荷の運動速度は観測者に向かう向きの $\beta = v/c$ としたが，一般の場合に必要なのは速度 $\boldsymbol{\beta} = \boldsymbol{v}/c$ に対して観測者へ向かう向きの成分 $\hat{\boldsymbol{R}} \cdot \boldsymbol{\beta}$ で

[*2] A を計算しているときに右辺に A が出てきて $A = B + CA$ という形になったら，いったん A でくくることにより $(1 - C)A = B$, $A = B/(1 - C)$ である．この計算は式 (9.14) (9.15) の導出でも現れる．

[*3] 特殊相対論を勉強し始めている方への注：運動している場合に $1/\alpha$ がかかることは，運動している物体は縮んで見えるというローレンツ収縮 (Lorentz contraction) とは異なる．

ある．よって上の式は

$$dV'' = \frac{dV'}{\left[1-\hat{\boldsymbol{R}}\cdot\beta\right]} \equiv \frac{dV'}{[\alpha]} \tag{9.2}$$

と書き換えられる．電荷の移動にともなって電荷と観測者を結ぶ単位ベクトル $\hat{\boldsymbol{R}}$ は一般に変化するから，積分においては各瞬間ごとの $[\alpha]=\left[1-\hat{\boldsymbol{R}}\cdot\boldsymbol{\beta}\right]$ を正しく用いる必要がある．

3. 電荷の運動速度 $\boldsymbol{\beta}=\boldsymbol{v}/c$ は一定でなく $\boldsymbol{\beta}(t')$ のように時間的に変化していてもよく，やはり各瞬間ごとに因果律を満たす $\left[1-\hat{\boldsymbol{R}}\cdot\boldsymbol{\beta}\right]$ を正しく使う．

係数 $1/\alpha = 1/(1-\hat{\boldsymbol{R}}\cdot\boldsymbol{\beta})$ は運動する電荷を考えるときは常に現れる．$1/\alpha$ に定着した呼称はないが，本書では遅延因子 (retardation factor) と呼ぶことにする．

9.2　運動する点電荷の作るポテンシャル

運動する点電荷の作る場を考える．静電場であれば時間の概念がなくスカラーポテンシャルは式 (6.2) $\phi = q/4\pi\epsilon_0 R$ であり，時間と遅延の概念を導入し，ただし電荷が静止したままであれば $\phi = (q/4\pi\epsilon_0)[1/R]$ である．そして電荷が運動しているときは遅延因子がかかって $\phi = (q/4\pi\epsilon_0)[1/\alpha R]$ になるはずというのが前節での議論から予想されることであるが，これを導出しよう．

点電荷 q が軌跡 $\boldsymbol{x}'=\boldsymbol{r}(t')$ に沿って運動しているとき，この点電荷が観測者の位置 $\boldsymbol{x}$ に時刻 t に作るポテンシャルを求める（図 9.2）．点電荷の電荷密度と電流密度は

$$\rho(\boldsymbol{x}', t') = q\delta^3(\boldsymbol{x}'-\boldsymbol{r}(t')) \tag{9.3}$$

$$\boldsymbol{J}(\boldsymbol{x}', t') = q\boldsymbol{v}(t')\delta^3(\boldsymbol{x}'-\boldsymbol{r}(t')), \quad \boldsymbol{v}(t') = d\boldsymbol{r}(t')/dt' \tag{9.4}$$

である．動いているのは観測者の位置 $\boldsymbol{x}$ ではなく点電荷の位置 $\boldsymbol{r}(t')$ であるから速度 $\boldsymbol{v}$ は $d\boldsymbol{x}/dt$ ではなく $\boldsymbol{r}(t')$ の t' による時間微分であることに注意しよう．そして点電荷の作るポテンシャルを計算するには遅延ポテンシャル (8.28)

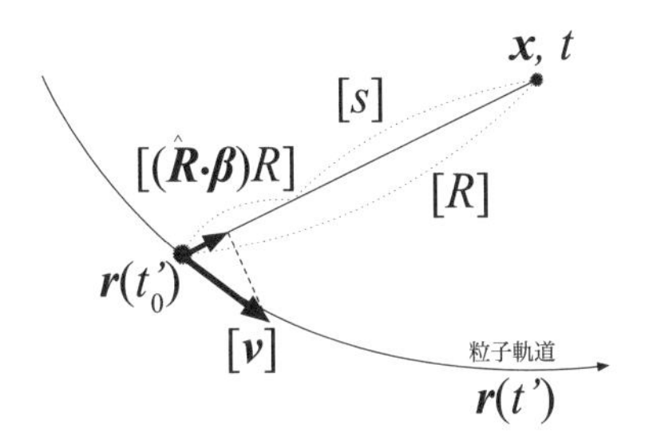

図 9.2 運動する荷電粒子が観測者 $(\boldsymbol{x}, t)$ に作るポテンシャルの考え方

(8.30) から出発して $\rho, \boldsymbol{J}$ を代入し

$$\phi(\boldsymbol{x}, t) = \frac{q}{4\pi\epsilon_0}\int_{V'}\frac{\delta^3(\boldsymbol{x}' - \boldsymbol{r}(t'))}{R}\,dV'$$
$$\boldsymbol{A}(\boldsymbol{x}, t) = \frac{q}{4\pi\epsilon_0}\int_{V'}\frac{\boldsymbol{v}\delta^3(\boldsymbol{x}' - \boldsymbol{r}(t'))}{R}\,dV'$$

を計算すればよい.

ただしこのデルタ関数を含む V' での空間積分では $\boldsymbol{r}(t')$ の $t' = t - |\boldsymbol{x} - \boldsymbol{x}'|/c$ にも $\boldsymbol{x}'$ が隠れているので注意が必要で，単に分母 $R = |\boldsymbol{x} - \boldsymbol{x}'|$ の $\boldsymbol{x}'$ に $\boldsymbol{r}(t')$ を代入すればよいわけではない．この積分を実行するにはまず式 (4.18) を使ったデルタ関数の変換を行えばよい．すなわちデルタ関数の中身を $\boldsymbol{X}(\boldsymbol{x}') = \boldsymbol{x}' - \boldsymbol{r}(t')$ と置き換え，$\boldsymbol{X}(\boldsymbol{x}') = 0$ の解 $\boldsymbol{x}'_0$ があらわに入ったデルタ関数 $\delta^3(\boldsymbol{x}' - \boldsymbol{x}'_0)$ と，変数 $\boldsymbol{x}' \to \boldsymbol{X} = (X_x, X_y, X_z) = (x' - r_x(t'), y' - r_y(t'), z' - r_z(t'))$ の変換のヤコビアン $\mathcal{J} = \partial(X_x, X_y, X_z)/\partial(x', y', z')$ による表現

$$\delta^3(\boldsymbol{x}' - \boldsymbol{r}(t')) = \frac{1}{|\mathcal{J}|}\delta^3(\boldsymbol{x}' - \boldsymbol{x}'_0) \tag{9.5}$$

に書き換える．この右辺のデルタ関数との積の積分ならばデルタ関数の中身が関数になっていたりはしないので単に $\boldsymbol{x}' = \boldsymbol{x}'_0$ の代入だけで済み，ただし変数変換による体積単位の変化率を与える係数として $1/|\mathcal{J}|$ がかかる．前節での議論を思い出せば $1/|\mathcal{J}|$ は遅延因子 $1/\alpha = 1/(1 - \hat{\boldsymbol{R}}\cdot\boldsymbol{\beta})$ になることが予想される．ヤコビアンの計算に必要な量は式 (7.41) の $\boldsymbol{\nabla}'t' = \hat{\boldsymbol{R}}/c$ および $\partial\boldsymbol{r}(t')/\partial t' = \boldsymbol{v} = c\boldsymbol{\beta}$

で

$$\mathcal{J} = \begin{vmatrix} \frac{\partial X_x}{\partial x'} & \frac{\partial X_x}{\partial y'} & \frac{\partial X_x}{\partial z'} \\ \frac{\partial X_y}{\partial x'} & \frac{\partial X_y}{\partial y'} & \frac{\partial X_y}{\partial z'} \\ \frac{\partial X_z}{\partial x'} & \frac{\partial X_z}{\partial y'} & \frac{\partial X_z}{\partial z'} \end{vmatrix} = \begin{vmatrix} 1 - \frac{\partial r_x}{\partial t'}\frac{\partial t'}{\partial x'} & -\frac{\partial r_x}{\partial t'}\frac{\partial t'}{\partial y'} & -\frac{\partial r_x}{\partial t'}\frac{\partial t'}{\partial z'} \\ -\frac{\partial r_y}{\partial t'}\frac{\partial t'}{\partial x'} & 1 - \frac{\partial r_y}{\partial t'}\frac{\partial t'}{\partial y'} & -\frac{\partial r_y}{\partial t'}\frac{\partial t'}{\partial z'} \\ -\frac{\partial r_z}{\partial t'}\frac{\partial t'}{\partial x'} & -\frac{\partial r_z}{\partial t'}\frac{\partial t'}{\partial y'} & 1 - \frac{\partial r_z}{\partial t'}\frac{\partial t'}{\partial z'} \end{vmatrix}$$
$$= \begin{vmatrix} 1 - \beta_x \hat{R}_x & -\beta_x \hat{R}_y & -\beta_x \hat{R}_z \\ -\beta_y \hat{R}_x & 1 - \beta_y \hat{R}_y & -\beta_y \hat{R}_z \\ -\beta_z \hat{R}_x & -\beta_z \hat{R}_y & 1 - \beta_z \hat{R}_z \end{vmatrix}$$
$$= \left(1 - \beta_x \hat{R}_x\right)\left(1 - \beta_y \hat{R}_y\right)\left(1 - \beta_z \hat{R}_z\right) - 2\beta_x\beta_y\beta_z \hat{R}_x \hat{R}_y \hat{R}_z$$
$$- \beta_y\beta_z \hat{R}_y \hat{R}_z \left(1 - \beta_x \hat{R}_x\right) - \beta_x\beta_z \hat{R}_x \hat{R}_z \left(1 - \beta_y \hat{R}_y\right)$$
$$- \beta_x\beta_y \hat{R}_x \hat{R}_y \left(1 - \beta_z \hat{R}_z\right)$$
$$= 1 - \beta_x \hat{R}_x - \beta_y \hat{R}_y - \beta_z \hat{R}_z = 1 - \hat{\boldsymbol{R}} \cdot \boldsymbol{\beta} \equiv \alpha \tag{9.6}$$

となってヤコビアン $\mathcal{J}$ は予想通り遅延因子 α に一致する．よって運動する点電荷の作るスカラーポテンシャルは

$$\phi(\boldsymbol{x}, t) = \frac{q}{4\pi\epsilon_0} \int_{V'} \frac{\delta^3(\boldsymbol{x}' - \boldsymbol{r}(t'))}{R}\, dV' = \frac{q}{4\pi\epsilon_0} \int_{V'} \frac{1}{\alpha} \frac{\delta^3(\boldsymbol{x}' - \boldsymbol{x}'_0)}{R}\, dV'$$
$$= \frac{q}{4\pi\epsilon_0} \frac{1}{\alpha(t'_0) R(t'_0)} = \frac{q}{4\pi\epsilon_0}\left[\frac{1}{\alpha R}\right] \equiv \frac{q}{4\pi\epsilon_0}\left[\frac{1}{s}\right], \tag{9.7}$$
$$R(t'_0) = |\boldsymbol{x} - \boldsymbol{x}'_0| = |\boldsymbol{x} - \boldsymbol{r}(t'_0)| = [R], \quad [s] \equiv [\alpha R]$$

となる．ここで点電荷が $\boldsymbol{x}' = \boldsymbol{x}'_0$ にいるときの時刻を t'_0 として $\boldsymbol{x}'_0 = \boldsymbol{r}(t'_0)$ であり，$[\cdots]$ は時刻 $t' = t'_0$ での値をとることを意味する．上の $\phi =$ の式では，1 行目の分母の R は V' 内の固定点 $\boldsymbol{x}'$ と観測者 $\boldsymbol{x}$ との距離 $R = |\boldsymbol{x} - \boldsymbol{x}'|$ で時間的に変化しない量であるが，デルタ関数の積分を実行すると $\boldsymbol{x}'$ には時刻 $t' = t'_0$ における荷電粒子の位置である $\boldsymbol{x}'_0 = \boldsymbol{r}(t'_0)$ が代入され，時間とともに変化する $R(t') = |\boldsymbol{x} - \boldsymbol{r}(t')|$ を適切な時刻で評価した値 $R(t'_0) = |\boldsymbol{x} - \boldsymbol{x}'_0| = [R]$ となる．位置 $\boldsymbol{x}$ にいる観測者に時刻 t に観測されるには，位置 $\boldsymbol{r}(t'_0)$ にいた荷電粒子から発出される時刻 t'_0 は

$$t'_0 = t - \frac{|\boldsymbol{x} - \boldsymbol{r}(t'_0)|}{c} \tag{9.8}$$

が成り立つ瞬間のみが因果律をもちうる（図 9.2）．同様にベクトルポテンシャルは

$$\boldsymbol{A}(\boldsymbol{x},t)=\frac{q}{4\pi\epsilon_0 c^2}\int_{V'}\frac{\boldsymbol{v}\delta^3(\boldsymbol{x}'-\boldsymbol{r}(t'))}{R}\,dV'=\frac{q}{4\pi\epsilon_0 c^2}\left[\frac{\boldsymbol{v}}{\alpha R}\right]=\frac{q}{4\pi\epsilon_0 c^2}\left[\frac{\boldsymbol{v}}{s}\right] \tag{9.9}$$

である．運動する点電荷の作るポテンシャルを与える式 (9.7) (9.9) を**リエナール-ヴィーヘルトポテンシャル**と呼ぶ (A-M. Liénard 1869-1958, E.J. Wiechert 1861-1928).

ポテンシャルの別導出

上の計算では遅延ポテンシャル (8.28) から出発したが，その手前の式 (8.27) からスタートし，先に空間積分を済ませてから時間積分を行ってリエナール-ヴィーヘルトポテンシャルを導出することもできる．式 (8.27) に点電荷の ρ (9.3) を代入したものは

$$\phi(\boldsymbol{x},t)=\frac{q}{4\pi\epsilon_0}\iint_{t',V'}\frac{\delta(t'-(t-R/c))\delta^3(\boldsymbol{x}'-\boldsymbol{r}(t'))}{R}\,dV'\,dt'$$

である．この空間積分は単に 2 か所ある $R=|\boldsymbol{x}-\boldsymbol{x}'|$ の $\boldsymbol{x}'$ に $\boldsymbol{r}(t')$ を代入するだけでよく

$$\phi=\frac{q}{4\pi\epsilon_0}\int_{t'}\frac{\delta(t'-(t-R(t')/c))}{R(t')}\,dt'$$

となる．V' での空間積分後は $\boldsymbol{x}'\to\boldsymbol{r}(t')$ の置き換えが発生したので $\boldsymbol{R}=\boldsymbol{x}-\boldsymbol{x}'$ から $\boldsymbol{R}(t')=\boldsymbol{x}-\boldsymbol{r}(t')$ になり

$$\begin{aligned}R(t')\equiv|\boldsymbol{R}(t')|=|\boldsymbol{x}-\boldsymbol{r}(t')|&=\sqrt{(\boldsymbol{x}-\boldsymbol{r}(t'))\cdot(\boldsymbol{x}-\boldsymbol{r}(t'))}\\&=\sqrt{\boldsymbol{x}^2-2\boldsymbol{x}\cdot\boldsymbol{r}(t')+\boldsymbol{r}(t')^2}\end{aligned}$$

およびその時間微分は

$$\frac{\partial R(t')}{\partial t'}=\frac{-2\boldsymbol{x}\cdot\boldsymbol{v}(t')+2\boldsymbol{r}(t')\cdot\boldsymbol{v}(t')}{2\sqrt{\boldsymbol{x}^2-2\boldsymbol{x}\cdot\boldsymbol{r}(t')+\boldsymbol{r}(t')^2}}=-\frac{(\boldsymbol{x}-\boldsymbol{r}(t'))\cdot\boldsymbol{v}(t')}{R(t')}=-c\hat{\boldsymbol{R}}(t')\cdot\boldsymbol{\beta}(t') \tag{9.10}$$

である（観測者の位置 $\boldsymbol{x}$ は固定点であって $\partial\boldsymbol{x}/\partial t'=0$）．

時間のデルタ関数の積分の実行には $\delta(t' - (t - R(t')/c))$ の $R(t')$ があることからやはりデルタ関数の変換が必要で式 (4.15) を用いる．デルタ関数の中身を $g(t') = t' - (t - R(t')/c)$ とおけば

$$\frac{dg(t')}{dt'} = 1 + \frac{1}{c}\frac{\partial R(t')}{\partial t'} = 1 - \hat{\boldsymbol{R}}(t') \cdot \boldsymbol{\beta}(t') = \alpha(t')$$

であり，$g(t') = 0$ の解を t'_0 とすれば式 (4.15) より

$$\delta(t' - (t - R(t')/c)) = \frac{1}{|\alpha(t')|}\delta(t' - t'_0) \tag{9.11}$$

となってやはり遅延因子 $1/\alpha$ が現れ，時間積分を実行すれば式 (9.7) が再現される．ベクトルポテンシャル (9.9) も式 (8.29) からスタートして全く同様の計算で導くことができる．

リエナール-ヴィーヘルトのポテンシャル (9.7) (9.9) は，$[1/\alpha]$ の係数さえなければ，因果律を満たす時刻 t'_0 における観測者と点電荷の距離 $[R] = |\boldsymbol{x} - \boldsymbol{r}(t'_0)|$ を使った遅延ありのクーロンの法則であって理解しやすいものである．そして荷電粒子の速度が十分小さく $[\boldsymbol{\beta}] \sim 0$ であれば $[1/\alpha] \sim 1$ であり，遅延があること以外はやはりクーロンの法則である．係数 $[1/\alpha]$ が無視できないのは荷電粒子の速度 $|\boldsymbol{v}|$ が光速 c に近く $|\boldsymbol{\beta}| = |\boldsymbol{v}/c| \sim 1$ の場合で，このようなときは**相対論的である** (relativistic) という．ここでは空間的に離れた場所から情報が届くには R/c という時間的遅延が発生することと，遅延因子 $1/\alpha$ という2つの遅延効果が現れている．

$R = |\boldsymbol{x} - \boldsymbol{x}'|$ と $R(t') = |\boldsymbol{x} - \boldsymbol{r}(t')|$

空間内の位置 $\boldsymbol{x}, \boldsymbol{x}'$ は住所や番地，あるいはあらかじめ GPS などによって測定してある地球上の緯度経度のようなものであり，空間内の固定点である．いろいろな位置 $\boldsymbol{x}$ における電場 $\boldsymbol{E}(\boldsymbol{x})$ を考えるときや，領域 V' 内のいろいろな位置 $\boldsymbol{x}'$ における電荷密度 $\rho(\boldsymbol{x}')$ を考えるときに「$\boldsymbol{x}, \boldsymbol{x}'$ を動かす」という表現を使うことがあるが，これは $\boldsymbol{x}, \boldsymbol{x}'$ としてどこを選ぶかという意味であり，地殻変動を起こして位置 $\boldsymbol{x}, \boldsymbol{x}'$ そのものを移動させるわけではない．したがって2地点の位置 $\boldsymbol{x}, \boldsymbol{x}'$ を指定すると両者の間の距離 $R = |\boldsymbol{x} - \boldsymbol{x}'|$ は確定し，R はどの点を選ぶかによって異なる量ではあるが時間とともに変化する量ではない．

いっぽう運動する電荷の位置 $\boldsymbol{r}(t')$ とは GPS をもって実際に移動する人や電車のようなものであり，これを追跡していれば位置 $\boldsymbol{x}$ に静止している観測者との距離 $R(t') = |\boldsymbol{x} - \boldsymbol{r}(t')|$ は時間とともに変化する．$\boldsymbol{x}, \boldsymbol{x}'$ は駅の住所，$\boldsymbol{r}(t')$ は電車の現在位置と考えてもよいだろう．

9.3　運動する点電荷の作る電場と磁場

9.3.1　リエナールの $\boldsymbol{E}, \boldsymbol{B}$

リエナール-ヴィーヘルトのポテンシャル (9.7) (9.9) を微分することで，運動する点電荷の作る電場と磁場が計算できる．

$$\boldsymbol{E}(\boldsymbol{x}, t) = -\frac{q}{4\pi\epsilon_0}\boldsymbol{\nabla}\left[\frac{1}{s}\right] - \frac{q}{4\pi\epsilon_0 c^2}\frac{\partial}{\partial t}\left[\frac{\boldsymbol{v}}{s}\right] \tag{9.12}$$

$$\boldsymbol{B}(\boldsymbol{x}, t) = \frac{q}{4\pi\epsilon_0 c^2}\boldsymbol{\nabla}\times\left[\frac{\boldsymbol{v}}{s}\right] \tag{9.13}$$

この微分計算は意外にも大変なので少しずつ進めよう．動く点 $\boldsymbol{r}(t')$ に対して遅延と因果律を考慮した $t' = t - R(t')/c$ の関数である $[s] = [\alpha R]$, $[\boldsymbol{v}]$ などの量を $\boldsymbol{x}, t$ で微分するときは，t' の中に含まれる $R(t') = |\boldsymbol{x} - \boldsymbol{r}(t')|$ も微分することを忘れてはいけない．計算が必要な量は $\nabla[1/s]$, $\partial[\boldsymbol{v}/s]/\partial t$, $\boldsymbol{\nabla}\times[\boldsymbol{v}/s]$ の 3 つであるが，そのためには $\partial t'/\partial t$, $\boldsymbol{\nabla} t'$ という量が何度も出てくるので，まずはそれらの計算からスタートする．この量は 7.3 節で出てきたときとは異なる値となる．

準備 1：$\partial t'/\partial t$, $\boldsymbol{\nabla} t'$, $\boldsymbol{\nabla} R(t')$, $\partial \boldsymbol{R}/\partial t'$

式 (9.10) $\partial R/\partial t' = -c\hat{\boldsymbol{R}}\cdot\boldsymbol{\beta}$ を使えば

$$\frac{\partial t'}{\partial t} = \frac{\partial}{\partial t}\left(t - \frac{R(t')}{c}\right) = 1 - \frac{1}{c}\frac{\partial R}{\partial t'}\frac{\partial t'}{\partial t} = 1 + \hat{\boldsymbol{R}}\cdot\boldsymbol{\beta}\frac{\partial t'}{\partial t} = \frac{1}{1 - \hat{\boldsymbol{R}}\cdot\boldsymbol{\beta}} = \frac{1}{\alpha} \tag{9.14}$$

となって再び遅延因子が現れる．続いて $\boldsymbol{\nabla} t'$ は

$$\begin{aligned}\boldsymbol{\nabla} t' &= \boldsymbol{\nabla}\left(1 - \frac{R}{c}\right) = -\frac{1}{c}\boldsymbol{\nabla} R = -\frac{1}{c}\left(\hat{\boldsymbol{R}} + \frac{\partial R}{\partial t'}\boldsymbol{\nabla} t'\right)\\ &= -\frac{1}{c}\hat{\boldsymbol{R}} + \hat{\boldsymbol{R}}\cdot\boldsymbol{\beta}\boldsymbol{\nabla} t' = -\frac{1}{c}\frac{\hat{\boldsymbol{R}}}{1 - \hat{\boldsymbol{R}}\cdot\boldsymbol{\beta}} = -\frac{\hat{\boldsymbol{R}}}{c\alpha}\end{aligned} \tag{9.15}$$

である．∇R は $R(t') = c(t - t')$ より

$$\nabla R = c\nabla\left(t - t'\right) = -c\nabla t' = \frac{\hat{\boldsymbol{R}}}{\alpha} \tag{9.16}$$

でもある．いずれも $\boldsymbol{\beta} \to 0$ では $\alpha \to 1$ となって式 (7.34) (7.32) に一致する．また $\partial \boldsymbol{R}/\partial t'$ は

$$\frac{\partial \boldsymbol{R}}{\partial t'} = \frac{\partial}{\partial t'}\left(\boldsymbol{x} - \boldsymbol{r}(t')\right) = -\frac{\partial \boldsymbol{r}(t')}{\partial t'} = -\boldsymbol{v} = -c\boldsymbol{\beta} \tag{9.17}$$

となる．以上はいずれも $[\cdots]$ の中の量であり，因果律のある適切な時刻 $t' = t - R(t')/c$ による値を使うべきものである．

準備 2：$\nabla[1/s]$

$[s] = [\alpha R] = [(1 - \hat{\boldsymbol{R}} \cdot \boldsymbol{\beta})R] = [R - \boldsymbol{R} \cdot \boldsymbol{\beta}]$ よりひとまず

$$\nabla\left[\frac{1}{s}\right] = -\left[\frac{1}{s^2}\nabla s\right] = -\left[\frac{1}{s^2}\nabla\left(R - \boldsymbol{R}\cdot\boldsymbol{\beta}\right)\right]$$

である．∇R は既に式 (9.16) で計算してある．$\nabla(\boldsymbol{R} \cdot \boldsymbol{\beta})$ は $\boldsymbol{\beta} = \partial \boldsymbol{r}(t')/\partial t'$ が $\boldsymbol{x}$ による微分である ∇ に対しては定数ベクトルであることから公式 (3.41) および式 (9.15) (9.17) を使えば

$$\nabla(\boldsymbol{R}\cdot\boldsymbol{\beta}) = \boldsymbol{\beta} + \frac{\partial(\boldsymbol{R}\cdot\boldsymbol{\beta})}{\partial t'}\nabla t' = \boldsymbol{\beta} - \left(-c\beta^2 + \boldsymbol{R}\cdot\dot{\boldsymbol{\beta}}\right)\frac{\hat{\boldsymbol{R}}}{c\alpha}$$

ここで $\dot{\boldsymbol{\beta}} = \partial\boldsymbol{\beta}/\partial t'$ は点電荷の加速度である．よって $\nabla s = \nabla(R - \boldsymbol{R}\cdot\boldsymbol{\beta})$ は

$$\nabla s = \frac{\hat{\boldsymbol{R}}}{\alpha} - \boldsymbol{\beta} + \left(-c\beta^2 + \boldsymbol{R}\cdot\dot{\boldsymbol{\beta}}\right)\frac{\hat{\boldsymbol{R}}}{c\alpha} = \left(1 - \beta^2\right)\frac{\hat{\boldsymbol{R}}}{\alpha} - \boldsymbol{\beta} + R\hat{\boldsymbol{R}}\cdot\dot{\boldsymbol{\beta}}\frac{\hat{\boldsymbol{R}}}{c\alpha} \tag{9.18}$$

となるので $\nabla[1/s] = -[\nabla s/s^2]$ は

$$\begin{aligned}\nabla\left[\frac{1}{s}\right] &= -\left[\frac{1}{\alpha^2 R^2}\left(\left(1 - \beta^2\right)\frac{\hat{\boldsymbol{R}}}{\alpha} - \boldsymbol{\beta}\right)\right] - \left[\frac{1}{\alpha^2 R^2}R\hat{\boldsymbol{R}}\cdot\dot{\boldsymbol{\beta}}\frac{\hat{\boldsymbol{R}}}{c\alpha}\right] \\ &= -\left[\frac{(1 - \beta^2)\hat{\boldsymbol{R}} - \alpha\boldsymbol{\beta}}{\alpha^3 R^2}\right] - \frac{1}{c}\left[\frac{(\hat{\boldsymbol{R}}\cdot\dot{\boldsymbol{\beta}})\hat{\boldsymbol{R}}}{\alpha^3 R}\right]\end{aligned} \tag{9.19}$$

となる．計算では $1/R^2$ の項と $1/R$ の項とを分けて考えるといくぶん見通しがよい．

準備 3：$\partial[\boldsymbol{v}/s]/\partial t$

$$\frac{\partial}{\partial t}\left[\frac{\boldsymbol{v}}{s}\right]=\left[\frac{\partial}{\partial t'}\left(\frac{c\boldsymbol{\beta}}{s}\right)\frac{\partial t'}{\partial t}\right]=c\left[\left(\frac{\dot{\boldsymbol{\beta}}}{s}-\frac{\boldsymbol{\beta}}{s^2}\frac{\partial s}{\partial t'}\right)\frac{1}{\alpha}\right]=c\left[-\frac{\boldsymbol{\beta}}{\alpha^3R^2}\frac{\partial s}{\partial t'}+\frac{\dot{\boldsymbol{\beta}}}{\alpha^2R}\right]$$

$\partial s/\partial t'$ は (9.10) $\partial R/\partial t'=-c\hat{\boldsymbol{R}}\cdot\boldsymbol{\beta}$ と (9.17) $\partial\boldsymbol{R}(t')/\partial t'=-c\boldsymbol{\beta}$ を使って

$$\left[\frac{\partial s}{\partial t'}\right]=\left[\frac{\partial}{\partial t'}(R-\boldsymbol{R}\cdot\boldsymbol{\beta})\right]=\left[-c\hat{\boldsymbol{R}}\cdot\boldsymbol{\beta}+c\beta^2-R\hat{\boldsymbol{R}}\cdot\dot{\boldsymbol{\beta}}\right]\tag{9.20}$$

となるから

$$\begin{aligned}\frac{\partial}{\partial t}\left[\frac{\boldsymbol{v}}{s}\right]&=-c\left[\frac{\boldsymbol{\beta}}{\alpha^3R^2}\left(-c\hat{\boldsymbol{R}}\cdot\boldsymbol{\beta}+c\beta^2-R\hat{\boldsymbol{R}}\cdot\dot{\boldsymbol{\beta}}\right)\right]+c\left[\frac{\dot{\boldsymbol{\beta}}}{\alpha^2R}\right]\\&=-c^2\left[\frac{(-\hat{\boldsymbol{R}}\cdot\boldsymbol{\beta}+\beta^2)\boldsymbol{\beta}}{\alpha^3R^2}\right]+c\left[\frac{\alpha\dot{\boldsymbol{\beta}}+(\hat{\boldsymbol{R}}\cdot\dot{\boldsymbol{\beta}})\boldsymbol{\beta}}{\alpha^3R}\right].\end{aligned}\tag{9.21}$$

電場 $\boldsymbol{E}$ の計算

式 (9.19) の $\nabla[1/s]$ と式 (9.21) の $\partial[\boldsymbol{v}/s]/\partial t$ とを式 (9.12) に代入することにより，リエナール-ヴィーヘルトのポテンシャル式 (9.7) (9.9) から導かれる電場（**リエナールの $\boldsymbol{E}$**）が計算できる．$\propto 1/R^2$ の項と $\propto 1/R$ の項とを分けて整理すると

$$\begin{aligned}\boldsymbol{E}&=\frac{q}{4\pi\epsilon_0}\left(-\nabla\left[\frac{1}{s}\right]-\frac{1}{c^2}\frac{\partial}{\partial t}\left[\frac{\boldsymbol{v}}{s}\right]\right)\\&=\frac{q}{4\pi\epsilon_0}\left[\frac{(1-\beta^2)\hat{\boldsymbol{R}}-\alpha\boldsymbol{\beta}+(-\hat{\boldsymbol{R}}\cdot\boldsymbol{\beta}+\beta^2)\boldsymbol{\beta}}{\alpha^3R^2}\right]+\frac{q}{4\pi\epsilon_0c}\left[\frac{(\hat{\boldsymbol{R}}\cdot\dot{\boldsymbol{\beta}})\hat{\boldsymbol{R}}-\alpha\dot{\boldsymbol{\beta}}-(\hat{\boldsymbol{R}}\cdot\dot{\boldsymbol{\beta}})\boldsymbol{\beta}}{\alpha^3R}\right].\end{aligned}$$

$1/\alpha^3R^2$ の係数は $\alpha=1-\hat{\boldsymbol{R}}\cdot\boldsymbol{\beta}$ より

$$(1-\beta^2)\hat{\boldsymbol{R}}-(1-\hat{\boldsymbol{R}}\cdot\boldsymbol{\beta})\boldsymbol{\beta}-\boldsymbol{\beta}(\hat{\boldsymbol{R}}\cdot\boldsymbol{\beta})+\beta^2\boldsymbol{\beta}=(1-\beta^2)(\hat{\boldsymbol{R}}-\boldsymbol{\beta})\equiv\frac{\hat{\boldsymbol{R}}-\boldsymbol{\beta}}{\gamma^2}.$$

ここで $\gamma^2\equiv 1/(1-\beta^2)$ を定義した．$1/\alpha^3R$ の係数は $\alpha=\hat{\boldsymbol{R}}\cdot(\hat{\boldsymbol{R}}-\boldsymbol{\beta})$ とベクトル 3 重積の公式 (1.25) $\boldsymbol{a}\times(\boldsymbol{b}\times\boldsymbol{c})=(\boldsymbol{a}\cdot\boldsymbol{c})\boldsymbol{b}-(\boldsymbol{a}\cdot\boldsymbol{b})\boldsymbol{c}$ を使って

$$\begin{aligned}(\hat{\boldsymbol{R}}\cdot\dot{\boldsymbol{\beta}})\hat{\boldsymbol{R}}-\hat{\boldsymbol{R}}\cdot(\hat{\boldsymbol{R}}-\boldsymbol{\beta})\dot{\boldsymbol{\beta}}-(\hat{\boldsymbol{R}}\cdot\dot{\boldsymbol{\beta}})\boldsymbol{\beta}&=(\hat{\boldsymbol{R}}\cdot\dot{\boldsymbol{\beta}})(\hat{\boldsymbol{R}}-\boldsymbol{\beta})-\hat{\boldsymbol{R}}\cdot(\hat{\boldsymbol{R}}-\boldsymbol{\beta})\dot{\boldsymbol{\beta}}\\&=\hat{\boldsymbol{R}}\times\left((\hat{\boldsymbol{R}}-\boldsymbol{\beta})\times\dot{\boldsymbol{\beta}}\right).\end{aligned}$$

よって運動する点電荷の作る電場であるリエナールの $\boldsymbol{E}$ は

$$\boldsymbol{E}(\boldsymbol{x}, t) = \frac{q}{4\pi\epsilon_0}\left[\frac{\hat{\boldsymbol{R}} - \boldsymbol{\beta}}{\gamma^2\alpha^3 R^2}\right] + \frac{q}{4\pi\epsilon_0 c}\left[\frac{\hat{\boldsymbol{R}} \times \left((\hat{\boldsymbol{R}} - \boldsymbol{\beta}) \times \dot{\boldsymbol{\beta}}\right)}{\alpha^3 R}\right] \tag{9.22}$$

となる．ここで現れた係数

$$\gamma \equiv \frac{1}{\sqrt{1 - \beta^2}} \tag{9.23}$$

は**ローレンツ因子** (Lorentz factor) と呼ばれ，粒子が静止していれば $\beta = 0$ なので $\gamma = 1$，粒子の速度が光速に近づくほどいくらでも大きくなる量で，特殊相対論では頻出である (H.A. Lorentz 1853-1928).

磁場 $\boldsymbol{B}$ の計算

続いて磁場 (9.13) はベクトルポテンシャル (9.9) の回転だから $\nabla \times [\boldsymbol{v}/s] = \nabla \times [c\boldsymbol{\beta}/s]$ が必要になる．$\nabla \times [\boldsymbol{\beta}]$ を計算しておくと

$$\nabla \times [\boldsymbol{\beta}] = \begin{pmatrix} \dfrac{\partial \beta_z}{\partial y} - \dfrac{\partial \beta_y}{\partial z} \\ \dfrac{\partial \beta_x}{\partial z} - \dfrac{\partial \beta_z}{\partial x} \\ \dfrac{\partial \beta_y}{\partial x} - \dfrac{\partial \beta_x}{\partial y} \end{pmatrix} = \begin{pmatrix} \dfrac{\partial \beta_z}{\partial t'}\dfrac{\partial t'}{\partial y} - \dfrac{\partial \beta_y}{\partial t'}\dfrac{\partial t'}{\partial z} \\ \dfrac{\partial \beta_x}{\partial t'}\dfrac{\partial t'}{\partial z} - \dfrac{\partial \beta_z}{\partial t'}\dfrac{\partial t'}{\partial x} \\ \dfrac{\partial \beta_y}{\partial t'}\dfrac{\partial t'}{\partial x} - \dfrac{\partial \beta_x}{\partial t'}\dfrac{\partial t'}{\partial y} \end{pmatrix} = [-\dot{\boldsymbol{\beta}} \times \nabla t'] \tag{9.24}$$

であり，$\nabla[1/s]$ には式 (9.19) を使えば

$$\begin{aligned} \nabla \times \left[\frac{\boldsymbol{v}}{s}\right] &= \left[\frac{\nabla \times c\boldsymbol{\beta}}{s} + \nabla\frac{1}{s} \times c\boldsymbol{\beta}\right] = c\left[\frac{-\dot{\boldsymbol{\beta}} \times \nabla t'}{s} + \nabla\frac{1}{s} \times \boldsymbol{\beta}\right] \\ &= c\left[\frac{\dot{\boldsymbol{\beta}} \times \hat{\boldsymbol{R}}}{c\alpha^2 R} - \frac{1}{\alpha^3 R^2}(1 - \beta^2)\hat{\boldsymbol{R}} \times \boldsymbol{\beta} - \frac{\hat{\boldsymbol{R}} \cdot \dot{\boldsymbol{\beta}}}{c\alpha^3 R}\hat{\boldsymbol{R}} \times \boldsymbol{\beta}\right] \\ &= c\left[-\frac{\hat{\boldsymbol{R}} \times \boldsymbol{\beta}}{\gamma^2\alpha^3 R^2} + \frac{\hat{\boldsymbol{R}} \cdot (\hat{\boldsymbol{R}} - \boldsymbol{\beta})\dot{\boldsymbol{\beta}} \times \hat{\boldsymbol{R}} - (\hat{\boldsymbol{R}} \cdot \dot{\boldsymbol{\beta}})\hat{\boldsymbol{R}} \times \boldsymbol{\beta}}{c\alpha^3 R}\right] \\ &= c\left[-\hat{\boldsymbol{R}} \times \frac{\boldsymbol{\beta}}{\gamma^2\alpha^3 R^2}\right] + \left[\hat{\boldsymbol{R}} \times \frac{\hat{\boldsymbol{R}} \times \left((\hat{\boldsymbol{R}} - \boldsymbol{\beta}) \times \dot{\boldsymbol{\beta}}\right)}{\alpha^3 R}\right] \end{aligned}$$

となる．最後の計算では $\alpha = \hat{\boldsymbol{R}} \cdot (\hat{\boldsymbol{R}} - \boldsymbol{\beta})$，および $\hat{\boldsymbol{R}} \times \hat{\boldsymbol{R}} = 0$ を利用して $\hat{\boldsymbol{R}} \times \boldsymbol{\beta} = (\hat{\boldsymbol{R}} - \boldsymbol{\beta}) \times \hat{\boldsymbol{R}}$ という変形を使った．よって運動する点電荷の作る磁場を

与えるリエナールの $\boldsymbol{B}$ として

$$\boldsymbol{B}(\boldsymbol{x}, t) = \frac{q}{4\pi\epsilon_0 c}\left[-\hat{\boldsymbol{R}} \times \frac{\boldsymbol{\beta}}{\gamma^2\alpha^3 R^2}\right] + \frac{q}{4\pi\epsilon_0 c^2}\left[\hat{\boldsymbol{R}} \times \frac{\hat{\boldsymbol{R}} \times \left((\hat{\boldsymbol{R}} - \boldsymbol{\beta}) \times \dot{\boldsymbol{\beta}}\right)}{\alpha^3 R}\right] \tag{9.25}$$

が得られる．また電場と磁場の式 (9.22) (9.25) を見比べれば

$$\boldsymbol{B}(\boldsymbol{x}, t) = \frac{1}{c}[\hat{\boldsymbol{R}}] \times \boldsymbol{E}(\boldsymbol{x}, t) \tag{9.26}$$

であり，同じ点電荷によって作られた電場と磁場は常に垂直である．

リエナールの $\boldsymbol{E}, \boldsymbol{B}$ (9.22) (9.25) では距離依存性を表す分母の R は右辺第 1 項，第 2 項ともに $[\cdots]$ の中に入っている．これは $R(t') = |\boldsymbol{x} - \boldsymbol{r}(t')|$ という観測者の位置 $\boldsymbol{x}$ と動く点電荷の位置 $\boldsymbol{r}(t')$ の間の距離を，$\hat{\boldsymbol{R}}, \boldsymbol{\beta}$ などと同様に因果律を満たすよう適切な時刻 t' で評価すべきであるからである．いっぽう遅延解 (8.10) (8.12) やジェフィメンコの $\boldsymbol{E}, \boldsymbol{B}$ (8.13) (8.14) では R は $[\cdots]$ の中には入っていない．これは式 (8.10) (8.13) (8.14) (8.14) における積分は，領域 V' 内のさまざまな点 $\boldsymbol{x}'$ について，固定点である観測者の位置と，それぞれは固定点である $\boldsymbol{x}'$ との間の距離 $R = |\boldsymbol{x} - \boldsymbol{x}'|$ を考えているからで，$\boldsymbol{x}'$ はたくさんあるが時間とともには変化しないからである．

リエナールの $\boldsymbol{E}, \boldsymbol{B}$ (9.22) (9.25) の解釈

運動する点電荷によるリエナールの $\boldsymbol{E}$ (9.22) では，距離 R 依存性は第 1 項が $\propto 1/R^2$ であるのでクーロン場を表し，第 2 項は $\propto 1/R$ であるので遠方まで届く効果をもつ．磁場も遠方で効くのは第 2 項である．もし点電荷が静止していて $\boldsymbol{\beta} = 0, \dot{\boldsymbol{\beta}} = 0$ であれば $\boldsymbol{E}$ は静電場の式に形は一致し，磁場は消える．ただし遅延の効果は必ず残るためクーロンの法則そのものではない．

1. 第 1 項 $\propto 1/R^2$ は速度 $\boldsymbol{\beta}$ には依存するが加速度 $\dot{\boldsymbol{\beta}}$ には依存しない．その意味で第 1 項はクーロン場のほかに**速度場**と呼ばれることもある．$\propto 1/R^2$ の項は等速直線運動する点電荷の作る電場ということができる．距離依存性が $1/R^2$ と大きいので，波源に近い $R \sim 0$ では第 1 項が大きく，波源から離れれば急速に小さくなる．第 1 項が支配的な点電荷から近距離の領域のことをニアゾーン (near zone) という．

2. 第 2 項 $\propto 1/R$ は速度 $\boldsymbol{\beta}$ だけでなく加速度 $\dot{\boldsymbol{\beta}}$ にも依存し，$\dot{\boldsymbol{\beta}} \neq 0$ のときのみ存在する．距離依存性が $1/R$ と小さいので，波源から離れても振幅は小さくはなるものの伝播距離は無限大であり，これが**電磁波**である．第 2 項が支配的な波源から離れた領域のことを一般に**ウェーブゾーン**または**ファーゾーン** (wave zone, far zone) と呼ぶ[*4]．
3. 式 (9.26) より，同一の電荷によって作られた電場 $\boldsymbol{E}$ と磁場 $\boldsymbol{B}$ は常に $\boldsymbol{E} \perp \boldsymbol{B}$ である．
4. $1/R$ の項は電場・磁場ともに $\hat{\boldsymbol{R}}$ とのクロス積がとられている．したがってウェーブゾーンに限定すれば $\boldsymbol{E} \perp \boldsymbol{B}$, $\boldsymbol{B} \perp \hat{\boldsymbol{R}}$ であるだけでなく $\boldsymbol{E} \perp \hat{\boldsymbol{R}}$ でもある．源からの電磁放射はいろいろな方向に伝播しうるが，どの進行方向 $\hat{\boldsymbol{R}}$ についても電場 $\boldsymbol{E}$，磁場 $\boldsymbol{B}$ とは垂直であり，電磁波は横波である．$\hat{\boldsymbol{R}}, \boldsymbol{E}, \boldsymbol{B}$ で右手系となり，$+x$ 方向に伝播する電磁波の電場の向きを y 軸の向きとしたとき磁場は z 軸の向きとなる．

遅延因子 $\partial t'/\partial t = 1/(1 - \hat{\boldsymbol{R}} \cdot \boldsymbol{\beta}) = 1/\alpha$

本章では何度も遅延因子 $1/\alpha = 1/(1 - \hat{\boldsymbol{R}} \cdot \boldsymbol{\beta})$ が現れた．9.1 節における幾何学的考察に始まり，デルタ関数 $\delta^3(\boldsymbol{x}' - \boldsymbol{r}(t'))$ を $\delta^3(\boldsymbol{x}' - \boldsymbol{x}'_0)$ に変換するときのヤコビアン，$\delta(t' - (t - R(t')/c))$ を変換するときの係数，そして $\partial t'/\partial t$ である．前章では $\partial t'/\partial t = 1$ であったが，本章ではそうならなかった．これは場としての電場源 $\rho(\boldsymbol{x}')$ を考えており，固定点 $\boldsymbol{x}, \boldsymbol{x}'$ の間での因果律 $t' = t - |\boldsymbol{x} - \boldsymbol{x}'|/c$ を考えていたか，固定点 $\boldsymbol{x}$ と運動する点 $\boldsymbol{r}(t')$ の間の因果律 $t' = t - |\boldsymbol{x} - \boldsymbol{r}(t')|/c$ を考えているかの違いである．ここでは $\partial t'/\partial t$ としての $1/\alpha$ をもう少し考察しておこう．

射的競技において，単に矢を的に当てるだけでなく当てる時刻をも指定されているようなケースを考える．前章では，領域 V' 内の各固定点 $\boldsymbol{x}'$ に電荷が $\rho(\boldsymbol{x}')$ で分布しており，ある固定点 $\boldsymbol{x}$ における場を考えていた．これは的が位置 $\boldsymbol{x}$ に固定され，複数のシューターがいろいろな位置 $\boldsymbol{x}'$ におり，かつ各シューターはそれぞれの位置 $\boldsymbol{x}'$ に固定されていたことに対応する．$\boldsymbol{x}'$ にいる

[*4] wave zone の訳語は波動域とか放射帯などいくつかある．

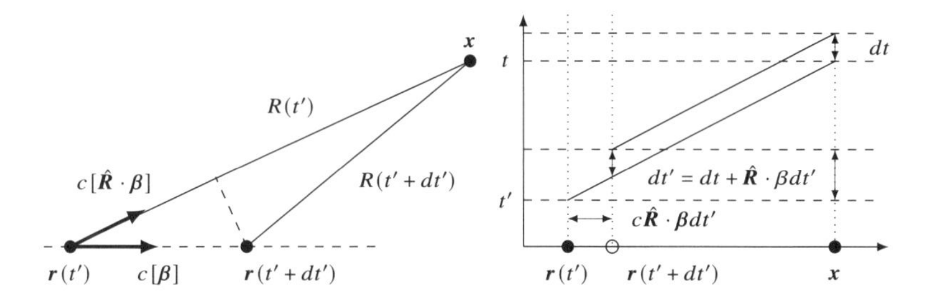

図 9.3　流鏑馬における dt と dt'：時刻 t に的 $\boldsymbol{x}$ に命中させるために位置 $\boldsymbol{r}(t')$ から矢を放つべき時刻 t' は $t' = t - |\boldsymbol{x} - \boldsymbol{r}(t')|/c = t - R(t')/c$ の解である．t よりもわずかに遅い時刻 $t + dt$ に的に当てるために位置 $\boldsymbol{r}(t' + dt')$ から放つべき時刻は，t' から $dt' = dt/(1 - \hat{\boldsymbol{R}} \cdot \boldsymbol{\beta})$ だけずらした時刻である．ずらす量は $\hat{\boldsymbol{R}} \cdot \boldsymbol{\beta}$ に依存する．右図は $\boldsymbol{r}(t')$, $\boldsymbol{x}$，そして $\boldsymbol{r}(t' + dt')$ が一直線上にあるとして $t - \boldsymbol{x}$ 平面上で描いたもの．$\boldsymbol{r}(t')$ と $\boldsymbol{r}(t' + dt')$ は $\boldsymbol{v} \cdot \hat{\boldsymbol{R}}\, dt' = c\hat{\boldsymbol{R}} \cdot \boldsymbol{\beta}\, dt'$ だけ離れており，斜め線はともに傾き $1/c$ である．

シューターが位置 $\boldsymbol{x}$ の的に時刻 t に命中させるには，矢の速度 c を考慮して時刻 $t' = t - |\boldsymbol{x} - \boldsymbol{x}'|/c$ に放つ必要がある．この場合は $\boldsymbol{x}, \boldsymbol{x}'$ ともに固定点であり時間に依存しないから t' の微分は $dt' = dt$ であり，的に当てる指定時刻が $t + dt$ に変更されたならば，それぞれのシューターがそれぞれの位置 $\boldsymbol{x}'$ から放つ時刻も $dt' = dt$ だけずらして $t' + dt$ に発射すればよい．これが $\partial t'/\partial t = 1$ の意味であった．

いっぽう動く電荷による場を考えることは，一人のシューターの位置が時間とともに動いている流鏑馬（やぶさめ）のようなものである*5．的に当てる指定時刻が t から $t + dt$ に変更されたとしよう．時刻 t に対応する発射時刻が $t' = t - |\boldsymbol{x} - \boldsymbol{r}(t')|/c = t - R(t')/c$ の解 t' として求まっていても，流鏑馬では次の

*5 ただし 2 つの点において流鏑馬とは異なり，むしろ流鏑馬よりは簡単である．1 つめは矢の速度がシューターの速度によらず常に c であることである．2 つめは，シューターはどの方向に矢を放つか狙いを定める必要はなく，放つ時刻を調節するだけでよい．時刻さえ指定すれば，矢（光）は同時に全方向へ等しく c で放たれる．

瞬間には自分と的との位置関係は変わってしまっているため，時刻 $t+dt$ に命中させるために位置 $\boldsymbol{r}(t'+dt')$ から放つべき時刻は，指定された命中時刻の差 dt を t' からそのままずらした $t'+dt$ ではなく，$dt' = (\partial t'/\partial t)dt = dt/\alpha$ を用いた $t'+dt'$ でなければならない（図9.3）．$|\boldsymbol{x} - \boldsymbol{r}(t'+dt')| = R(t'+dt') \simeq R(t') + (\partial R/\partial t')dt'$ より

$$t' + dt' = t + dt - \frac{R(t'+dt')}{c} = t + dt - \frac{R(t')}{c} - \frac{1}{c}\frac{\partial R}{\partial t'}dt'$$

であり，$t' = t - R(t')/c$ と式(9.10) $\partial R/\partial t' = -c\hat{\boldsymbol{R}}\cdot\boldsymbol{\beta}$ より

$$dt' = dt - \frac{1}{c}\frac{\partial R}{\partial t'}dt' = dt + \hat{\boldsymbol{R}}\cdot\boldsymbol{\beta}dt' = \frac{dt}{1-\hat{\boldsymbol{R}}\cdot\boldsymbol{\beta}} = \frac{dt}{\alpha}$$

となる．これが移動速度 $\boldsymbol{\beta}$ と的の方向 $\hat{\boldsymbol{R}}$ の両方に依存し，それが的へ向かう速度成分 $\hat{\boldsymbol{R}}\cdot\boldsymbol{\beta}$ として現れているのは自然であろう*6.

9.3.2 遅延解の $\boldsymbol{E}$ とリエナールの $\boldsymbol{E}$

運動する点電荷に対する遅延解

電場に対する波動方程式の遅延解(8.10)(8.12)を運動する点電荷に適用しよう．それには微分公式(7.48)(7.50)を用いてジェフィメンコの $\boldsymbol{E}, \boldsymbol{B}$ (8.13)(8.14)としてから点電荷の $\rho, \boldsymbol{J}$ (9.3)(9.4)を適用すればよい．式(8.13)(8.14)の導出の時点では $t' = t - |\boldsymbol{x} - \boldsymbol{x}'|/c$ であったので $\partial t'/\partial t = 1$, $\partial[X]/\partial t = [\partial X/\partial t'] = [\dot{X}]$ であったため $[\dot{\rho}], [\dot{\boldsymbol{J}}]$ を用いて書かれているが，ここでは $\partial/\partial t$ を外に出した形から出発する．

$$\boldsymbol{E} = \frac{1}{4\pi\epsilon_0}\int_{V'}\left(\frac{[\rho]}{R^2} + \frac{1}{cR}\frac{\partial}{\partial t}[\rho]\right)\hat{\boldsymbol{R}}\,dV' - \frac{1}{4\pi\epsilon_0 c^2}\int_{V'}\frac{1}{R}\frac{\partial}{\partial t}[\boldsymbol{J}]\,dV' \qquad (8.13')$$

$$\boldsymbol{B} = \int_{V'}\left(\frac{[\boldsymbol{J}]}{R^2} + \frac{1}{c}\frac{\partial}{\partial t}\frac{[\boldsymbol{J}]}{R}\right)\times\hat{\boldsymbol{R}}\,dV' \qquad (8.14')$$

---

*6 特殊相対論を学び始めている読者への注：これは静止した的の時計が dt 経過する間に「運動するシューターの時計」は $dt' = (\partial t'/\partial t)dt = dt/(1-\hat{\boldsymbol{R}}\cdot\boldsymbol{\beta})$ だけ経過すると言っているのではない．本書での時計と時刻は，時刻調整され全く同じ歩度で進む無数の時計が地面にびっしりと敷き詰められており，観測者はどこにいても自分の足元を見れば時刻がわかるような状況が想定されている．特殊相対論的効果により運動する時計は静止している時計に比べて速度だけで決まる γ 倍にゆっくりと進み，位置関係 $\hat{\boldsymbol{R}}$ には依存しない．

公式 (7.33) とデルタ関数 $\delta^3(\boldsymbol{x}' - \boldsymbol{r}(t'))$ を含む体積分を実行すれば式 (9.6) の遅延因子 $1/\alpha$ がかかることに注意して

$$\begin{aligned}\boldsymbol{E} &= \frac{q}{4\pi\epsilon_0}\int_{V'}\left(\frac{[\delta^3(\boldsymbol{x}' - \boldsymbol{r}(t'))]}{R^2} + \frac{1}{cR}\frac{\partial}{\partial t}[\delta^3(\boldsymbol{x}' - \boldsymbol{r}(t'))]\right)\hat{\boldsymbol{R}}\,dV' \\ &\quad - \frac{q}{4\pi\epsilon_0 c^2}\int_{V'}\frac{1}{R}\frac{\partial}{\partial t}[\boldsymbol{v}\delta^3(\boldsymbol{x}' - \boldsymbol{r}(t'))]\,dV' \\ &= \frac{q}{4\pi\epsilon_0}\left(\left[\frac{\hat{\boldsymbol{R}}}{\alpha R^2}\right] + \frac{1}{c}\frac{\partial}{\partial t}\left[\frac{\hat{\boldsymbol{R}}}{\alpha R}\right] - \frac{1}{c^2}\frac{\partial}{\partial t}\left[\frac{\boldsymbol{v}}{\alpha R}\right]\right)\end{aligned} \tag{9.27}$$

および

$$\begin{aligned}\boldsymbol{B} &= \frac{\mu_0}{4\pi}\int_{V'}\left(\frac{[q\boldsymbol{v}\delta^3(\boldsymbol{x}' - \boldsymbol{r}(t'))]}{R^2} + \frac{1}{c}\frac{\partial}{\partial t}\frac{[q\boldsymbol{v}\delta^3(\boldsymbol{x}' - \boldsymbol{r}(t'))]}{cR}\right)\times\hat{\boldsymbol{R}}\,dV' \\ &= \frac{q}{4\pi\epsilon_0 c^2}\left(\left[\frac{\boldsymbol{v}\times\hat{\boldsymbol{R}}}{\alpha R^2}\right] + \frac{1}{c}\frac{\partial}{\partial t}\left[\frac{\boldsymbol{v}\times\hat{\boldsymbol{R}}}{\alpha R}\right]\right)\end{aligned} \tag{9.28}$$

が得られる．積分実行の前後で $R, \hat{\boldsymbol{R}}$ の意味が異なることに注意しよう．積分前の R は V' 内のさまざまな点 $\boldsymbol{x}'$ に対する $R = |\boldsymbol{x} - \boldsymbol{x}'|$ という時間とともには変化しない量であったが，運動する点電荷を表すデルタ関数の積分実行後は式 (9.7) での計算時と同様に因果律的に正しい特定時刻の値をとるべき量 $R(t') = |\boldsymbol{x} - \boldsymbol{r}(t')|$ になるので $[\cdots]$ の中に入る．

リエナールの $\boldsymbol{E}$ の導出

式 (9.27) がリエナールの $\boldsymbol{E}$ と同等であることを示そう．時間微分は $\partial[X]/\partial t = [\partial X/\partial t'(\partial t'/\partial t)]$，$[\partial t'/\partial t] = [1/\alpha]$ で計算する．右辺第 3 項は $[\boldsymbol{v}/s]$ の時間微分で既に式 (9.21) で計算されている．第 2 項は $[\hat{\boldsymbol{R}}/s]$ の時間微分で，まず $\hat{\boldsymbol{R}}$ の時間微分から実行すれば (9.10) $\partial R/\partial t' = -c\hat{\boldsymbol{R}}\cdot\boldsymbol{\beta}$, (9.17) $\partial\boldsymbol{R}/\partial t' = -\boldsymbol{v} = -c\boldsymbol{\beta}$ を用いて

$$\begin{aligned}\left[\frac{\partial\hat{\boldsymbol{R}}}{\partial t'}\right] &= \left[\frac{\partial}{\partial t'}\frac{\boldsymbol{R}}{R}\right] = \left[\frac{1}{R}\frac{\partial\boldsymbol{R}}{\partial t'} - \frac{\boldsymbol{R}}{R^2}\frac{\partial R}{\partial t'}\right] = \left[-\frac{c\boldsymbol{\beta}}{R} - \frac{\boldsymbol{R}}{R^2}(-c\hat{\boldsymbol{R}}\cdot\boldsymbol{\beta})\right] \\ &= c\left[\frac{(\hat{\boldsymbol{R}}\cdot\boldsymbol{\beta})\hat{\boldsymbol{R}} - \boldsymbol{\beta}}{R}\right].\end{aligned} \tag{9.29}$$

したがって $\partial[\hat{\boldsymbol{R}}/s]/\partial t$ は $\partial s/\partial t'$ には式 (9.20) を用いて

$$
\begin{aligned}
\frac{\partial}{\partial t}\left[\frac{\hat{\boldsymbol{R}}}{s}\right] &= \left[\frac{1}{s}\frac{\partial \hat{\boldsymbol{R}}}{\partial t'}\frac{\partial t'}{\partial t} - \frac{\hat{\boldsymbol{R}}}{s^2}\frac{\partial s}{\partial t'}\frac{\partial t'}{\partial t}\right] \\
&= c\left[\frac{(\hat{\boldsymbol{R}}\cdot\boldsymbol{\beta})\hat{\boldsymbol{R}} - \boldsymbol{\beta}}{\alpha^2 R^2}\right] - \left[\frac{\hat{\boldsymbol{R}}}{\alpha^3 R^2}\left(-c(\hat{\boldsymbol{R}}\cdot\boldsymbol{\beta}) + c\beta^2 - R\hat{\boldsymbol{R}}\cdot\dot{\boldsymbol{\beta}}\right)\right] \\
&= c\left[\frac{\alpha(\hat{\boldsymbol{R}}\cdot\boldsymbol{\beta})\hat{\boldsymbol{R}} - \alpha\boldsymbol{\beta} + (\hat{\boldsymbol{R}}\cdot\boldsymbol{\beta})\hat{\boldsymbol{R}} - \beta^2\hat{\boldsymbol{R}}}{\alpha^3 R^2}\right] + \left[\frac{\hat{\boldsymbol{R}}(\hat{\boldsymbol{R}}\cdot\dot{\boldsymbol{\beta}})}{\alpha^3 R}\right].
\end{aligned}
$$

これらを式 (9.27) に代入すれば電場 $\boldsymbol{E}$ が得られる．$\alpha = 1 - \hat{\boldsymbol{R}}\cdot\boldsymbol{\beta}$ を使って $1/\alpha^3 R^2$ の係数を計算すると $(\hat{\boldsymbol{R}}\cdot\boldsymbol{\beta})^n$ の項は全て消えて

$$
\begin{aligned}
&\left(\alpha^2\hat{\boldsymbol{R}}\right) + \left(\alpha(\hat{\boldsymbol{R}}\cdot\boldsymbol{\beta})\hat{\boldsymbol{R}} - \alpha\boldsymbol{\beta} + (\hat{\boldsymbol{R}}\cdot\boldsymbol{\beta})\hat{\boldsymbol{R}} - \beta^2\hat{\boldsymbol{R}}\right) + \left(-(\hat{\boldsymbol{R}}\cdot\boldsymbol{\beta}) + \beta^2\right)\boldsymbol{\beta} \\
&\quad = \hat{\boldsymbol{R}} - \boldsymbol{\beta} - \beta^2\hat{\boldsymbol{R}} + \beta^2\boldsymbol{\beta} = (1-\beta^2)(\hat{\boldsymbol{R}} - \boldsymbol{\beta}) = \frac{\hat{\boldsymbol{R}} - \boldsymbol{\beta}}{\gamma^2}.
\end{aligned}
$$

$1/\alpha^3 R$ の項も 199 ページと同じ計算となり，リエナールの $\boldsymbol{E}$ (9.22) が再現される．磁場は $\boldsymbol{B} = \hat{\boldsymbol{R}}\times\boldsymbol{E}/c$ をとればよいが，式 (9.28) からの直接計算によってリエナールの $\boldsymbol{B}$ を導出することは演習問題としよう．

9.3.3　ファインマンの $\boldsymbol{E}$

ファインマン（R. P. Feynman, 1918-1988）の講義にもとづく著書 [3] には運動する点電荷による電場の式として導出なしに

$$
\boldsymbol{E} = \frac{q}{4\pi\epsilon_0}\left(\left[\frac{\hat{\boldsymbol{R}}}{R^2}\right] + \frac{[R]}{c}\frac{\partial}{\partial t}\left[\frac{\hat{\boldsymbol{R}}}{R^2}\right] + \frac{1}{c^2}\frac{\partial^2}{\partial t^2}\left[\hat{\boldsymbol{R}}\right]\right) \tag{9.30}
$$

が与えられている*7．リエナールの $\boldsymbol{E}$ (9.22)，遅延解 (8.10) の点電荷版 (9.27) に続く第 3 の表現である．この式は

$$
\left(\text{クーロン項}\left[\frac{\hat{\boldsymbol{R}}}{R^2}\right]\right) + \left(1\,\text{次補正}\frac{[R]}{c}\frac{\partial}{\partial t}\left[\frac{\hat{\boldsymbol{R}}}{R^2}\right]\right) + (\text{加速度その他の効果})
$$

*7 式 (9.30) は 20 世紀初頭にヘヴィサイド (O. Heaviside 1850-1925) によって導かれたが，その後しばらく忘れられ，1950 年頃にファインマンにより再び導出されてようやく知られるようになった．このことから**ヘヴィサイド-ファインマンの式**とも呼ばれる．

という形をしており，これを目標形として式 (9.27) を変形すれば導出できる．まず $[1/\alpha]$, $[\boldsymbol{v}]$ を

$$\left[\frac{1}{\alpha}\right] = \left[\frac{\partial t'}{\partial t}\right] = \left[\frac{\partial}{\partial t}\left(t - \frac{R(t')}{c}\right)\right] = \left[1 - \frac{1}{c}\frac{\partial R}{\partial t}\right], \tag{9.31}$$
$$[\boldsymbol{v}] = \left[-\frac{\partial \boldsymbol{R}}{\partial t'}\right] = \left[-\frac{\partial \boldsymbol{R}}{\partial t}\frac{\partial t}{\partial t'}\right] = \left[-\frac{\partial \boldsymbol{R}}{\partial t}\alpha\right]$$

と表しておけば，式 (9.27) の第 1 ~ 3 項は係数 $q/4\pi\epsilon_0$ を省略すれば

$$\left[\frac{\hat{\boldsymbol{R}}}{\alpha R^2}\right] = \left[\left(1 - \frac{1}{c}\frac{\partial R}{\partial t}\right)\frac{\hat{\boldsymbol{R}}}{R^2}\right] = \left[\frac{\hat{\boldsymbol{R}}}{R^2}\right] - \frac{1}{c}\left[\frac{\partial R}{\partial t}\frac{\hat{\boldsymbol{R}}}{R^2}\right],$$
$$\frac{1}{c}\frac{\partial}{\partial t}\left[\frac{\hat{\boldsymbol{R}}}{\alpha R}\right] = \frac{1}{c}\frac{\partial}{\partial t}\left[\left(1 - \frac{1}{c}\frac{\partial R}{\partial t}\right)\frac{\hat{\boldsymbol{R}}}{R}\right] = \frac{1}{c}\frac{\partial}{\partial t}\left[\frac{\hat{\boldsymbol{R}}}{R}\right] - \frac{1}{c^2}\frac{\partial}{\partial t}\left[\frac{\partial R}{\partial t}\frac{\hat{\boldsymbol{R}}}{R}\right],$$
$$-\frac{1}{c^2}\frac{\partial}{\partial t}\left[\frac{\boldsymbol{v}}{\alpha R}\right] = \frac{1}{c^2}\frac{\partial}{\partial t}\left[\frac{1}{R}\frac{\partial \boldsymbol{R}}{\partial t}\right]$$

のように α を用いずに表すことができ，式 (9.27) は再び係数を省略して

$$\left[\frac{\hat{\boldsymbol{R}}}{R^2}\right] + \left(-\frac{1}{c}\left[\frac{\partial R}{\partial t}\frac{\hat{\boldsymbol{R}}}{R^2}\right] + \frac{1}{c}\frac{\partial}{\partial t}\left[\frac{\hat{\boldsymbol{R}}}{R}\right]\right) + \left(\frac{1}{c^2}\frac{\partial}{\partial t}\left[\frac{1}{R}\frac{\partial \boldsymbol{R}}{\partial t} - \frac{\partial R}{\partial t}\frac{\hat{\boldsymbol{R}}}{R}\right]\right)$$

と変形される．$\partial[\hat{\boldsymbol{R}}/R^2]/\partial t$ は

$$\frac{\partial}{\partial t}\left[\frac{\hat{\boldsymbol{R}}}{R^2}\right] = \frac{\partial}{\partial t}\left[\frac{1}{R}\frac{\hat{\boldsymbol{R}}}{R}\right] = \left[-\frac{1}{R^2}\frac{\partial R}{\partial t}\frac{\hat{\boldsymbol{R}}}{R}\right] + \frac{1}{[R]}\frac{\partial}{\partial t}\left[\frac{\hat{\boldsymbol{R}}}{R}\right]$$

であるから右辺第２項の $(\cdots)$ は $\partial[\hat{\boldsymbol{R}}/R^2]/\partial t$ と $[R]/c$ との積である．そして第３項の $[\cdots]$ は $\partial[\hat{\boldsymbol{R}}]/\partial t$ に等しい：

$$\frac{\partial}{\partial t}[\hat{\boldsymbol{R}}] = \frac{\partial}{\partial t}\left[\frac{\boldsymbol{R}}{R}\right] = \left[\frac{1}{R}\frac{\partial \boldsymbol{R}}{\partial t} - \frac{\boldsymbol{R}}{R^2}\frac{\partial R}{\partial t}\right] = \left[\frac{1}{R}\frac{\partial \boldsymbol{R}}{\partial t} - \frac{\hat{\boldsymbol{R}}}{R}\frac{\partial R}{\partial t}\right].$$

よってファインマンの $\boldsymbol{E}$ (9.30) が得られる．

ファインマンからの宿題

ファインマンはその著書 [3] の脚注で「紙と時間が十分にあれば，電場 (9.30) に現れている時間微分を実行し，リエナール-ヴィーヘルトポテンシャルから得られる $\boldsymbol{E}$ と比較せよ」と書いている．どちらも骨の折れる計算で，しかも

[3] の中ではリエナールの $\boldsymbol{E}$ を示してくれてもおらず，なかなかハードルの高い要求である．しかし我々は既にリエナールの $\boldsymbol{E}$ を知っているので，この天才からの挑戦を受けてみよう．ファインマンの $\boldsymbol{E}$ (9.30) の右辺第1項と第2項は $\alpha = 1 - \hat{\boldsymbol{R}} \cdot \boldsymbol{\beta}$ を用いれば

$$\left[\frac{\hat{\boldsymbol{R}}}{R^2}\right] = \left[\frac{(1 - \hat{\boldsymbol{R}} \cdot \boldsymbol{\beta})^3 \hat{\boldsymbol{R}}}{\alpha^3 R^2}\right]$$

$$\frac{[R]}{c}\frac{\partial}{\partial t}\left[\frac{\hat{\boldsymbol{R}}}{R^2}\right] = \left[\frac{(1 - \hat{\boldsymbol{R}} \cdot \boldsymbol{\beta})^2 (3(\hat{\boldsymbol{R}} \cdot \boldsymbol{\beta})\hat{\boldsymbol{R}} - \boldsymbol{\beta})}{\alpha^3 R^2}\right]$$

と書き直せる．ともに $1/\alpha^3 R^2$ の項であり，加速度 $\dot{\boldsymbol{\beta}}$ を含むはずの $1/\alpha^3 R$ の項は式 (9.30) の右辺第3項 $\partial[\hat{\boldsymbol{R}}]/\partial t^2$ にしか現れず，やや長い計算を行うと

$$\begin{aligned}\frac{1}{c^2}\frac{\partial^2[\hat{\boldsymbol{R}}]}{\partial t^2} = &\left[\frac{1}{\alpha^3 R^2}\Big(-2(\hat{\boldsymbol{R}} \cdot \boldsymbol{\beta})^3 \hat{\boldsymbol{R}} + (\hat{\boldsymbol{R}} \cdot \boldsymbol{\beta})^2 (3\hat{\boldsymbol{R}} + \boldsymbol{\beta}) - 2(\hat{\boldsymbol{R}} \cdot \boldsymbol{\beta})\boldsymbol{\beta}\right.\\ &\left.- \ \beta^2(\hat{\boldsymbol{R}} - \boldsymbol{\beta})\Big)\right] + \frac{1}{c}\left[\frac{\hat{\boldsymbol{R}} \cdot \dot{\boldsymbol{\beta}}}{\alpha^3 R}(\hat{\boldsymbol{R}} - \boldsymbol{\beta}) - \frac{1 - \hat{\boldsymbol{R}} \cdot \boldsymbol{\beta}}{\alpha^3 R}\dot{\boldsymbol{\beta}}\right]\end{aligned}$$

となる．これら3つを整理すればリエナールの $\boldsymbol{E}$ (9.22) にたどり着くので，あらためてファインマンからの宿題として演習問題4を提示しておく．

式 (9.22) (9.27) (9.30) はいずれも運動する点電荷の作る電場を表す．遅延解の点電荷版 (9.27) やファインマンの $\boldsymbol{E}$ (9.30) など微分を残した式は導出が容易で物理的意味づけもしやすいが，R 依存性や場の向きなどはまだわかりづらい．リエナールの $\boldsymbol{E}$ (9.22) は微分が完了しており，具体的ケースへの適用や観測との比較が行いやすい．以下では運動する電荷の作る場としてもっぱらリエナールの $\boldsymbol{E}$ (9.22) を用いる．

9.3.4 等速直線運動する点電荷の作る電場

等速直線運動する点電荷の作る電場は，加速度 $\dot{\boldsymbol{\beta}}$ がゼロであるからリエナールの $\boldsymbol{E}$ (9.22) のうち $\propto 1/R^2$ の項だけで表され

$$\boldsymbol{E} = \frac{q}{4\pi\epsilon_0}\left[\frac{\hat{\boldsymbol{R}} - \boldsymbol{\beta}}{\gamma^2 \alpha^3 R^2}\right] \tag{9.32}$$

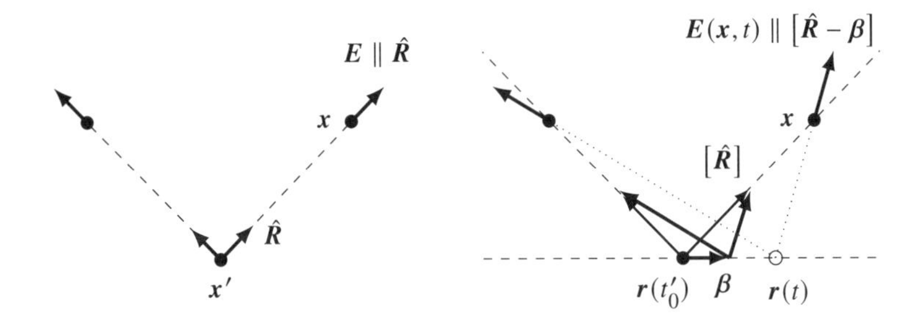

図 9.4 左：位置 $\boldsymbol{x}'$ に静止した点電荷が位置 $\boldsymbol{x}$ に作る電場 $\boldsymbol{E}$ の向きは点電荷から観測者へ向かうベクトル $\hat{\boldsymbol{R}} = (\boldsymbol{x}-\boldsymbol{x}')/|\boldsymbol{x}-\boldsymbol{x}'|$ の向きで，これはどの方向の観測者に対してもそうである．右：速度 $\boldsymbol{\beta}$ で等速直線運動する点電荷が位置 $\boldsymbol{x}$ に作る電場 $\boldsymbol{E}$ の向きは，因果律のある時刻 t_0' の瞬間に点電荷から観測者へ向かうベクトル $[\hat{\boldsymbol{R}}]$ の向きではなく $[\hat{\boldsymbol{R}}-\boldsymbol{\beta}]$ の向きである．$[\hat{\boldsymbol{R}}-\boldsymbol{\beta}]$ の向きとは，観測時刻 t に点電荷が到達している位置 $\boldsymbol{r}(t)$ と観測者を結んだ $\boldsymbol{x}-\boldsymbol{r}(t)$ の向きでもある．

である．距離依存性は $1/R^2$ であって到達距離は短く，真空中では電磁波は放射しない*8.

まず等速直線運動の特別な場合である静止状態 $\boldsymbol{\beta}=0$ のときは $\alpha = 1-\hat{\boldsymbol{R}}\cdot\boldsymbol{\beta} = 1$，$\gamma = 1/\sqrt{1-\beta^2} = 1$ であるから

$$\boldsymbol{E} = \frac{q}{4\pi\epsilon_0}\left[\frac{\hat{\boldsymbol{R}}}{R^2}\right] \tag{9.33}$$

である．電場は点電荷から観測者へ向かうベクトル $[\hat{\boldsymbol{R}}]$ の向きで $\boldsymbol{E} \parallel \hat{\boldsymbol{R}}$ である（図 9.4 左）．式 (9.33) はクーロンの法則に見えるが，この場合も遅延の記号 $[\cdots]$ が外せるわけではなく，静電場の式と厳密に同じではない．遅延は依然としてあり，点電荷が $\boldsymbol{x}'$ に静止し，それを静止した観測者が $\boldsymbol{x}$ で観測するならば，距離 $R=|\boldsymbol{x}-\boldsymbol{x}'|$ に点電荷 q があるという情報が $\boldsymbol{x}$ に伝わるには必ず R/c という時間がかかる．よって距離 R と方向ベクトル $\hat{\boldsymbol{R}}$ は時刻 $t' = t - R/c$

*8 媒質中では等速運動であってもある特定の方向には放射が起こることがある（9.4.5 項）.

での値を使わなければならないというのが $\left[\hat{\boldsymbol{R}}/R^2\right]$ の意味である．ただし点電荷は静止しており電場は時間的に変化しないので，遅延の影響は全く感知されないであろう．

次に一般の等速直線運動 $\boldsymbol{\beta} \neq 0$ を考えよう．位置 $\boldsymbol{x}$ にいる観測者が時刻 t に観測する点電荷 q の影響は，1次方程式 $t' = t - R(t')/c = t - |\boldsymbol{x} - \boldsymbol{r}(t')|/c$ の解である $t' = t'_0$ という瞬間の情報であり，ここでの記号 $[\cdots]$ はこの瞬間 t'_0 における値をとることを意味する．そして時刻 t に位置 $\boldsymbol{x}$ で観測される電場 $\boldsymbol{E}(\boldsymbol{x}, t)$ の向きは，式 (9.32) によれば時刻 t'_0 において点電荷から観測者へ向かう向き $\left[\hat{\boldsymbol{R}}\right] = (\boldsymbol{x} - \boldsymbol{r}(t'_0))/|\boldsymbol{x} - \boldsymbol{r}(t'_0)|$ ではなく，$\boldsymbol{E} \parallel \left[\hat{\boldsymbol{R}} - \boldsymbol{\beta}\right]$ である（図 9.4 右）．ところで時刻 $t' = t'_0$ に発した情報は時刻 t に観測者 $\boldsymbol{x}$ に到達するから $[R] = |\boldsymbol{x} - \boldsymbol{r}(t'_0)| = c(t - t'_0)$ である．速度 $\boldsymbol{v} = c\boldsymbol{\beta}$ を保ったまま等速直線運動した点電荷が時刻 t に到達している位置 $\boldsymbol{r}(t)$ は

$$\boldsymbol{r}(t) = \boldsymbol{r}(t'_0) + c\boldsymbol{\beta}(t - t'_0) = \boldsymbol{r}(t'_0) + c\boldsymbol{\beta}\frac{[R]}{c} = \boldsymbol{r}(t'_0) + [R]\boldsymbol{\beta}$$

である．今は等速直線運動を考えており $\boldsymbol{\beta}, \beta$ は定数なので $[\cdots]$ の外でも中でもかまわない．そしてこの時刻 t での点電荷の位置 $\boldsymbol{r}(t)$ から観測者の位置 $\boldsymbol{x}$ へ向かうベクトル $\boldsymbol{R}(t)$ を計算してみると

$$\begin{aligned}\boldsymbol{R}(t) &\equiv \boldsymbol{x} - \boldsymbol{r}(t) = \boldsymbol{x} - \left(\boldsymbol{r}(t'_0) + [R]\boldsymbol{\beta}\right) = \left(\boldsymbol{x} - \boldsymbol{r}(t'_0)\right) - [R]\boldsymbol{\beta} \\ &= [\boldsymbol{R} - R\boldsymbol{\beta}] = [R(\hat{\boldsymbol{R}} - \boldsymbol{\beta})] \parallel [\hat{\boldsymbol{R}} - \boldsymbol{\beta}]\end{aligned}$$

つまり時刻 t における $\boldsymbol{x}$ での電場の向き $\left[\hat{\boldsymbol{R}} - \boldsymbol{\beta}\right]$ とは，時刻 t における点電荷の位置 $\boldsymbol{r}(t)$ から観測者 $\boldsymbol{x}$ へ向かう向きに一致している．もちろんこれは因果律を破って観測者が同じ時刻 t での点電荷の位置 $\boldsymbol{r}(t)$ を知っているというわけではなく，等速直線運動の場合は都合よくこうなる．

観測点 $\boldsymbol{x}$ を変えたときも $\boldsymbol{E}$ の向きは $\boldsymbol{r}(t)$ を中心とすればいつも $\boldsymbol{r}(t) \to \boldsymbol{x}$ の向きになるので，このことを利用して $\boldsymbol{r}(t)$ を中心にして図 9.4 右を描き直したものが図 9.5 である．また式 (9.32) も $\boldsymbol{R}(t) = \boldsymbol{x} - \boldsymbol{r}(t)$ を使ったものに書き直してみよう．$R(t) \equiv |\boldsymbol{R}(t)|$ とすると図 9.5 に補助線を入れて作った直角三角形から $R(t)^2 = ([R\sin\theta]\beta)^2 + ([\alpha R])^2$ である．ここで角度 θ は $\left[\hat{\boldsymbol{R}}\right]$ と $\boldsymbol{\beta}$ とのなす角である．これを $\boldsymbol{R}(t)$ と $\boldsymbol{\beta}$ のなす角 ψ で書き換える．観測者の位置と点電荷の

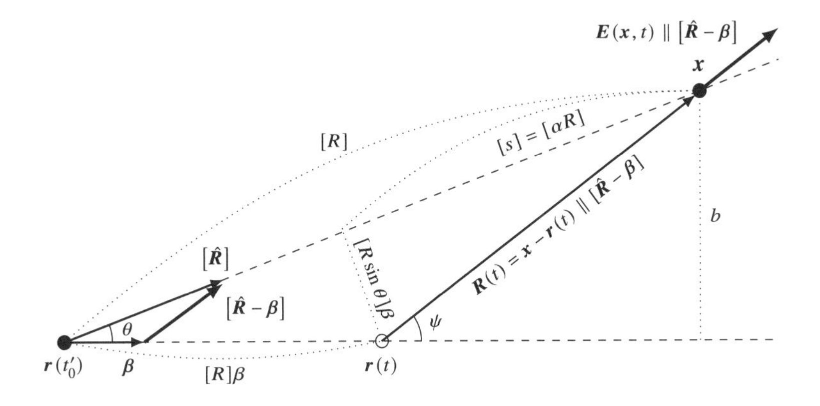

図 9.5　図 9.4 右を時刻 t における点電荷 q の位置 $\boldsymbol{r}(t)$ を中心に描いたもの．位置 $\boldsymbol{x}$ における電場 $\boldsymbol{E}(\boldsymbol{x}, t)$ は $[\hat{\boldsymbol{R}}]$ ではなく $[\hat{\boldsymbol{R}} - \boldsymbol{\beta}]$ の向きで，これは $\boldsymbol{R}(t) = \boldsymbol{x} - \boldsymbol{r}(t)$ の向きと一致する．なお $\boldsymbol{E}(\boldsymbol{x}, t)$ を作っているのは $\boldsymbol{r}(t)$ にいる q ではなく，因果律 $t' = t - R(t')/c$ を満たす過去の時刻 t'_0 における位置 $\boldsymbol{r}(t'_0)$ にいたときの q である．

直線軌道が確定した時点で観測者と点電荷の最短距離 b は確定しており，図から $b = [R\sin\theta] = R(t)\sin\psi$ であることから

$$R(t)^2 = R(t)^2 \sin^2\psi\beta^2 + [\alpha^2 R^2], \quad [\alpha] = \frac{R(t)}{[R]}\left(1 - \beta^2\sin^2\psi\right)^{1/2}$$

$$[\alpha^3 R^2] = \frac{R(t)^3}{[R]}\left(1 - \beta^2\sin^2\psi\right)^{3/2}$$

が成り立つ．これらを使えば電場の式 (9.32) は $[\hat{\boldsymbol{R}} - \boldsymbol{\beta}] = \boldsymbol{R}(t)/[R]$ より

$$\boldsymbol{E}(\boldsymbol{x}, t) = \frac{q}{4\pi\epsilon_0}\frac{1-\beta^2}{(1-\beta^2\sin^2\psi)^{3/2}}\frac{\hat{\boldsymbol{R}}(t)}{R(t)^2}, \qquad \hat{\boldsymbol{R}}(t) \equiv \frac{\boldsymbol{R}(t)}{R(t)} \tag{9.34}$$

となって距離依存性 $\propto 1/R(t)^2$ と向き $\hat{\boldsymbol{R}}(t)$ は見慣れた形になる（$\boldsymbol{r}(t)$ を中心にしたものであることに注意）．

式 (9.34) の $(1-\beta^2)/(1-\beta^2\sin^2\psi)^{3/2}$ は等速直線運動する点電荷の作る電場の角度依存性を表している．点電荷の進行方向 $\sin\psi = 0$ に対しては $(1-\beta^2)/(1-\beta^2\sin^2\psi)^{3/2} = 1-\beta^2 \leq 1$ となり電場は弱く，垂直方向 $\sin\psi = 1$ で

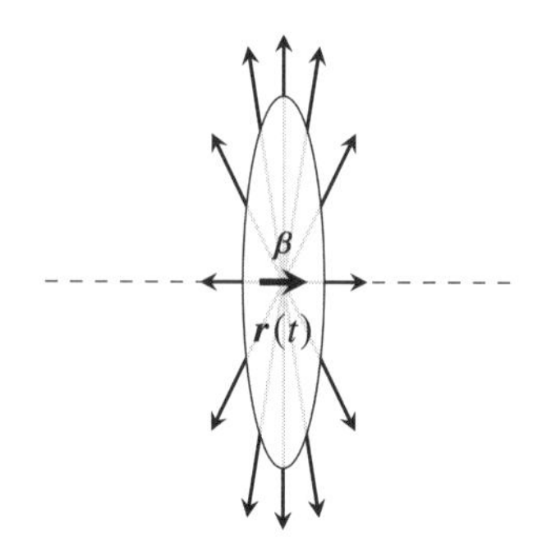

図 9.6　相対論的な速度で直線運動する点電荷の作る電場 $\boldsymbol{E}(\boldsymbol{x}, t)$. 中心は時刻 t における点電荷の位置 $\boldsymbol{r}(t)$ である．実際に $\boldsymbol{E}(\boldsymbol{x}, t)$ を作っているのは $\boldsymbol{r}(t)$ にいる点電荷ではなく，位置 $\boldsymbol{x}$ ごとに決まる因果律 $t' = t - R(t')/c$ を満たす時刻 t' における位置 $\boldsymbol{r}(t')$（図には描かれていない）にいたときのものである．

は $(1-\beta^2)/(1-\beta^2\sin^2\psi)^{3/2} = 1/\sqrt{1-\beta^2} = \gamma \geq 1$ となって電場は強くなる（図 9.6，ヘヴィサイドの楕円体）．点電荷の速度が c に近づき $\beta \to 1$ となればその傾向はさらに顕著になり，ほぼ進行方向に垂直な向きの成分だけをもった「横波」のような電場となる．したがって光速に近い速度の点電荷が通り過ぎるときは，進行方向につぶれて垂直方向には引き伸ばされた板状の電場が通り過ぎるような衝撃を感じることになる．そして必ず磁場 (9.26) がともなう．

9.4　電磁波の放射

9.4.1　電磁場のエネルギー

電場 $\boldsymbol{E}$ の中に電荷 q を持ち込むと力 $q\boldsymbol{E}$ がはたらいて運動エネルギーを獲得するから，電場はエネルギーを蓄えていたことになる．本節では電荷の保存則の式 (7.3) に類似する

$$\frac{\partial}{\partial t}(\text{電磁場のエネルギー密度}) = -\boldsymbol{\nabla}\cdot(\text{電磁場のエネルギーの流れ})$$

のような式を導出する．ただし保存則の式は，考えている問題によっては追加項が発生することがある．これはエネルギーが保存しないからではなく，電磁場のエネルギーはその一部を消費し，外から持ち込まれた電荷や電流の運動エネルギーや熱エネルギーになったりするからで，全てを足し上げれば全体としてエネルギーは保存されているという式にする．電荷 q が電場 $\boldsymbol{E}$ から力を受け，時間 dt の間に $d\boldsymbol{x}$ を運動すれば，電場はこの時間の間に $q\boldsymbol{E}\cdot d\boldsymbol{x}$ の仕事をしたことになるから仕事率またはエネルギー消費率は仕事/時間 $= (q\boldsymbol{E}\cdot d\boldsymbol{x})/dt = q\boldsymbol{E}\cdot\boldsymbol{v}$ である．電荷がたくさんあれば電流 $\boldsymbol{J} = \sum_i q_i\boldsymbol{v}_i$ となるから全体のエネルギー消費率は $\sum_i q_i\boldsymbol{v}_i\cdot\boldsymbol{E} = \boldsymbol{J}\cdot\boldsymbol{E}$ となる．したがって電磁場のエネルギー保存の式では式 (7.3) に 1 つ項が加わって全体としてエネルギーが保存するという

$$\frac{\partial}{\partial t}(\text{電磁場のエネルギー密度}) = -\boldsymbol{\nabla}\cdot(\text{電磁場のエネルギーの流れ}) - (\text{エネルギー消費率})$$

$$\frac{\partial U}{\partial t} = -\boldsymbol{\nabla}\cdot\boldsymbol{S} - \boldsymbol{J}\cdot\boldsymbol{E} \tag{9.35}$$

という形をもつ．ここで U を電磁場のエネルギー密度，$\boldsymbol{S}$ を電磁場のエネルギーの流れを表すベクトルとした．電磁気学の全ての法則はマクスウェル方程式に内包されているので，$\boldsymbol{J}\cdot\boldsymbol{E}$ なる量をマクスウェル方程式から作っていけばその式の中に U, $\boldsymbol{S}$ が現れてくるはずである．

マクスウェル方程式において $\boldsymbol{J}$ は式 (8.5) に現れているので，これと $\boldsymbol{E}$ との内積をとると

$$\boldsymbol{E}\cdot(\boldsymbol{\nabla}\times\boldsymbol{B}) = \mu_0\boldsymbol{J}\cdot\boldsymbol{E} + \epsilon_0\mu_0\boldsymbol{E}\cdot\frac{\partial\boldsymbol{E}}{\partial t}$$

となり，右辺の第 2 項に時間微分が出てきているのでこれは $\partial U/\partial t$ と関連がありそうだ．であれば左辺の $\boldsymbol{E}\cdot(\boldsymbol{\nabla}\times\boldsymbol{B})$ の方は電磁場のエネルギーの流れ $\boldsymbol{S}$ と関連がありそうで，なんとかして $\boldsymbol{\nabla}\cdot(\cdots)$ の形にすれば望みのものになると期待できる．ベクトル公式 (3.31) $\boldsymbol{\nabla}\cdot(\boldsymbol{E}\times\boldsymbol{B}) = \boldsymbol{B}\cdot(\boldsymbol{\nabla}\times\boldsymbol{E}) - \boldsymbol{E}\cdot(\boldsymbol{\nabla}\times\boldsymbol{B})$ を使えばできそうで，$\boldsymbol{E}\cdot(\boldsymbol{\nabla}\times\boldsymbol{B})$ の項はもう見えているので足りないのは $\boldsymbol{B}\cdot(\boldsymbol{\nabla}\times\boldsymbol{E})$ であるから，$\boldsymbol{\nabla}\times\boldsymbol{E}$ の現れているマクスウェル方程式 (8.3) と $\boldsymbol{B}$ との内積をとっ

たものとの差を作ると

$$
\begin{aligned}
\boldsymbol{E}\cdot(\nabla\times\boldsymbol{B})-\boldsymbol{B}\cdot(\nabla\times\boldsymbol{E}) &= \mu_0\boldsymbol{J}\cdot\boldsymbol{E}+\epsilon_0\mu_0\boldsymbol{E}\cdot\frac{\partial\boldsymbol{E}}{\partial t}+\boldsymbol{B}\cdot\frac{\partial\boldsymbol{B}}{\partial t} \\
\frac{1}{2}\frac{\partial}{\partial t}\left(\epsilon_0\boldsymbol{E}\cdot\boldsymbol{E}+\frac{1}{\mu_0}\boldsymbol{B}\cdot\boldsymbol{B}\right) &= -\frac{1}{\mu_0}\nabla\cdot(\boldsymbol{E}\times\boldsymbol{B})+\boldsymbol{J}\cdot\boldsymbol{E}
\end{aligned}
\tag{9.36}
$$

となるから，これを目標形 (9.35) と見比べれば電磁場のエネルギー密度 U とエネルギーの流れのベクトル $\boldsymbol{S}$ は

$$
U \equiv \frac{1}{2}\left(\epsilon_0\boldsymbol{E}\cdot\boldsymbol{E}+\frac{1}{\mu_0}\boldsymbol{B}\cdot\boldsymbol{B}\right) \tag{9.37}
$$

$$
\boldsymbol{S} \equiv \frac{1}{\mu_0}(\boldsymbol{E}\times\boldsymbol{B}) \tag{9.38}
$$

で与えられることがわかる．式 (9.36) が電磁場のエネルギー保存則を表す式で，電磁場のエネルギーの流れを表すベクトル $\boldsymbol{S}$ は**ポインティングベクトル** (Poynting vector) と呼ばれる (J.H. Poynting 1852-1914)．ポインティングベクトルの次元は [エネルギー/面積/時間] で，単位面積を通過する単位時間あたりの電磁場のエネルギー，すなわちエネルギー流束である．

9.4.2 電磁波のエネルギー

荷電粒子が加速度運動すると電磁波が放射されるが，それはエネルギーが放射されることにほかならない．源から遠方のウェーブゾーンでの電場はリエナールの $\boldsymbol{E}$ (9.22) で $\propto 1/R$ という距離依存性である第2項のみを考えればよい．

電磁波の U と S の関係

電磁波の具体的な計算をする前に，電磁波の場合の電磁場のエネルギー密度 U とポインティングベクトル $\boldsymbol{S}$ の大きさの関係を見ておこう．リエナールの $\boldsymbol{E}$ の第2項にはベクトル3重積 $\boldsymbol{E}\propto\hat{\boldsymbol{R}}\times\left((\hat{\boldsymbol{R}}-\boldsymbol{\beta})\times\dot{\boldsymbol{\beta}}\right)$ が現れており，最後に $\hat{\boldsymbol{R}}$ とのクロス積を取っているので電場 $\boldsymbol{E}$ は電磁波の進行方向 $\hat{\boldsymbol{R}}$ に垂直であり，電磁波は横波である．さらに式 (9.26) $\boldsymbol{B}=\left[\hat{\boldsymbol{R}}\right]\times\boldsymbol{E}/c$ より $|\boldsymbol{B}|=|\boldsymbol{E}|/c$ でもある．

よって電磁波のエネルギー密度は

$$U = \frac{1}{2}\left(\epsilon_0|\boldsymbol{E}|^2 + \frac{1}{c^2\mu_0}|\boldsymbol{E}|^2\right) = \frac{1}{c^2\mu_0}|\boldsymbol{E}|^2 = \epsilon_0|\boldsymbol{E}|^2. \tag{9.39}$$

またポインティングベクトルはベクトル 3 重積の公式 (1.25) と $\boldsymbol{E} \perp [\hat{\boldsymbol{R}}]$ を用いて

$$\begin{aligned} \boldsymbol{S} &= \frac{1}{\mu_0}\left(\boldsymbol{E} \times \left(\frac{1}{c}\,[\hat{\boldsymbol{R}}] \times \boldsymbol{E}\right)\right) = \frac{1}{c\mu_0}\left((\boldsymbol{E}\cdot\boldsymbol{E})[\hat{\boldsymbol{R}}] - ([\hat{\boldsymbol{R}}]\cdot\boldsymbol{E})\boldsymbol{E}\right) \\ &= \frac{1}{c\mu_0}|\boldsymbol{E}|^2[\hat{\boldsymbol{R}}] = c\epsilon_0|\boldsymbol{E}|^2\left[\hat{\boldsymbol{R}}\right] = cU\left[\hat{\boldsymbol{R}}\right] \end{aligned} \tag{9.40}$$

となる．明らかに $\boldsymbol{S}$ は速度 c で進む電磁波のエネルギー流速である．

ウェーブゾーンでのポインティングベクトル

電磁波のポインティングベクトル (9.40) を具体的に計算しよう．ウェーブゾーンでの電場はリエナールの $\boldsymbol{E}$ (9.22) のうち $\propto 1/R$ という距離依存性である第２項

$$\boldsymbol{E}(\boldsymbol{x}, t) = \frac{q}{4\pi\epsilon_0 c}\left[\frac{\hat{\boldsymbol{R}} \times \left((\hat{\boldsymbol{R}} - \boldsymbol{\beta}) \times \dot{\boldsymbol{\beta}}\right)}{\alpha^3 R}\right] \tag{9.41}$$

だけを考えればよいので

$$\boldsymbol{S}(\boldsymbol{x}, t) = c\epsilon_0|\boldsymbol{E}|^2\left[\hat{\boldsymbol{R}}\right] = c\epsilon_0\left(\frac{q}{4\pi\epsilon_0 c}\right)^2\left[\frac{\hat{\boldsymbol{R}} \times \left((\hat{\boldsymbol{R}} - \boldsymbol{\beta}) \times \dot{\boldsymbol{\beta}}\right)}{\alpha^3 R}\right]^2\left[\hat{\boldsymbol{R}}\right] \tag{9.42}$$

が得られる．これは位置 $\boldsymbol{x}$ で観測される，時刻 t におけるエネルギーの流れであり (received power)，観測者が時刻 t から $t + dt$ の間の時間 dt に観測する単位面積あたりのエネルギーは $|\boldsymbol{S}(\boldsymbol{x}, t)|\,dt$ である．

エネルギー放射率

観測者が時間 dt の間に観測する電磁波に対し，荷電粒子がそれを放出していた時間は $dt' = (\partial t'/\partial t)\,dt = dt/(1 - \hat{\boldsymbol{R}}\cdot\boldsymbol{\beta}) = dt/\alpha$ である．言い換えれば荷電

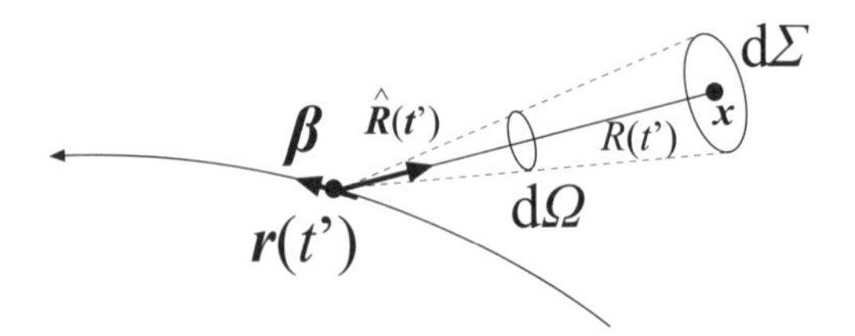

図9.7　運動する荷電粒子が $\hat{\boldsymbol{R}}$ の方向に放射する電磁波のエネルギーの考え方

粒子が時刻 t' から時間 dt' の間に加速を受けて放射した電磁波は，位置 $\boldsymbol{x}$ にある微小面積 $d\Sigma$ を時刻 t から時間 $dt = \alpha dt'$ で通過する．その通過した電磁波のエネルギー dW は式 (2.5) (9.42) を使って

$$dW(\boldsymbol{x}, t) = \int_\Sigma \boldsymbol{S}(\boldsymbol{x}, t) \cdot \left[\hat{\boldsymbol{R}}\right]\, dt\, d\Sigma = \int_\Omega \boldsymbol{S}(\boldsymbol{x}, t) \cdot \left[\hat{\boldsymbol{R}}\right]\, \alpha dt'\, [R^2]\, d\Omega$$
$$= \frac{q^2}{16\pi^2\epsilon_0 c} \int_\Omega \left[\frac{\left(\hat{\boldsymbol{R}} \times \left((\hat{\boldsymbol{R}} - \boldsymbol{\beta}) \times \dot{\boldsymbol{\beta}}\right)\right)^2}{\alpha^5} \right] dt'\, d\Omega$$

である．ここで面 $d\Sigma = [R^2]\, d\Omega$ を半径 $[R]$ の球面の一部と考え，荷電粒子から観測者の方向の $d\Sigma$ を見込む立体角を $d\Omega$ とした（図9.7）．したがって荷電粒子にとっての時間 dt' の間のエネルギー放射率 (total emitted power) $P = dW/dt'$ は

$$P = \frac{dW}{dt}\frac{\partial t}{\partial t'} = \frac{dW}{dt'} = \frac{q^2}{16\pi^2\epsilon_0 c} \int_\Omega \left[\frac{\left(\hat{\boldsymbol{R}} \times \left((\hat{\boldsymbol{R}} - \boldsymbol{\beta}) \times \dot{\boldsymbol{\beta}}\right)\right)^2}{\alpha^5} \right] d\Omega \qquad (9.43)$$

となる．荷電粒子からすれば自らのエネルギーを放射しているわけで，エネルギー放射率はエネルギー損失率 (energy loss rate) と言い換えてもよい．

9.4.3 電磁波放射の角度パターン

式 (9.43) の立体角積分の被積分関数

$$\frac{dP}{d\Omega} = \frac{d^2W}{dt'\, d\Omega} = \frac{q^2}{16\pi^2\epsilon_0 c} \left[\frac{\left(\hat{\boldsymbol{R}} \times \left((\hat{\boldsymbol{R}} - \boldsymbol{\beta}) \times \dot{\boldsymbol{\beta}}\right)\right)^2}{\left(1 - \hat{\boldsymbol{R}} \cdot \boldsymbol{\beta}\right)^5} \right] \qquad (9.44)$$

は加速度運動する荷電粒子による電磁波放射の強度を方向 $\hat{\boldsymbol{R}}$ の関数として与えており，放射の角度パターンと考えることができる．ここではまず特殊な3つのケースについて調べ，その後に一般の場合の式を導出する．

非相対論的な場合

加速を受けた荷電粒子の速度 v が光速に c 比べて十分遅く $\beta = v/c \ll 1$ である場合は，式 (9.44) において $\boldsymbol{\beta} \to 0$ という極限をとればよい．静止している荷電粒子が加速度を受けた直後の電磁波放射もこれに当てはまる．粒子の加速度 $\dot{\boldsymbol{\beta}}$ と観測する向き $\hat{\boldsymbol{R}}$ のなす角を ψ とすれば $|\hat{\boldsymbol{R}} \times (\hat{\boldsymbol{R}} \times \dot{\boldsymbol{\beta}})| = \dot{\beta} \sin\psi$，$\alpha = 1 - \hat{\boldsymbol{R}} \cdot \boldsymbol{\beta} = 1$ より

$$\frac{dP_{\mathrm{NR}}}{d\Omega} = \frac{q^2 \dot{\beta}^2}{16\pi^2 \epsilon_0 c} \sin^2\psi \tag{9.45}$$

となる[*9]．静止した荷電粒子の周りに電波受信器を多数配置しておき，荷電粒子に加速度を与えたときに放射された電磁波の強度を方向 $\hat{\boldsymbol{R}}$ ごとに記録して，その値を電荷からの距離に比例させて点を打てば図9.8左のように8の字が浮かび上がる．これが $\sin^2\psi$ という角度依存性の特徴で，電磁波の強度は加速度 $\dot{\boldsymbol{\beta}}$ の向き（$\psi = 0$ の向き）で最小，加速度に垂直な方向が最大となる．実際の放射は加速度の向きを軸として3次元的であるため，8の字というよりはドーナツ型という方が正確であろう（図9.8右）．

またこれを全方向で積分すれば電磁波放射による単位時間あたりの全エネルギー放出量 (total emitted power, total energy loss rate) が得られる．立体角による積分は式 (2.6) より $d\Omega = 2\pi \sin\psi\, d\psi$ と積分公式 (2.28) $\int_0^\pi \sin^3\psi\, d\psi = 4/3$ より

$$P_{\mathrm{NR}} = \int_\Omega \frac{dP_{\mathrm{NR}}}{d\Omega}\, d\Omega = 2\pi \frac{q^2 \dot{\beta}^2}{16\pi^2 \epsilon_0 c} \int_0^\pi \sin^3\psi\, d\psi = \frac{q^2 \dot{\beta}^2}{6\pi \epsilon_0 c} \tag{9.46}$$

が得られる．式 (9.46) は非相対論的な場合の荷電粒子のエネルギー損失率で**ラーモアの公式** (Larmor's formula) としてよく知られている [13] (J. Larmor 1857 - 1942).

---

*9 NR は non-relativistic（非相対論的）の意．

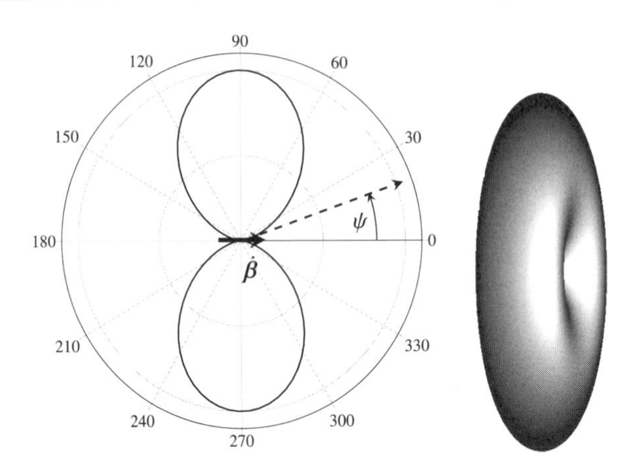

図 9.8　非相対論的 ($\boldsymbol{\beta} \ll 1$) な場合の電磁波放射の角度パターン $\sin^2\psi$．左：図の中心に荷電粒子がおり，太い実線矢印は加速度ベクトル $\dot{\boldsymbol{\beta}}$ を表す．角度 ψ は加速度 $\dot{\boldsymbol{\beta}}$ と放射方向 $\hat{\boldsymbol{R}}$ とのなす角である．右：3 次元表示．

相対論的で $\dot{\boldsymbol{\beta}} \parallel \boldsymbol{\beta}$ の場合

加速度 $\dot{\boldsymbol{\beta}}$ と観測方向 $\hat{\boldsymbol{R}}$ のなす角を ψ, 速度 $\boldsymbol{\beta}$ と観測方向 $\hat{\boldsymbol{R}}$ のなす角を θ とするとき，ここでは $\theta = \psi$ のケースである．分子は $\hat{\boldsymbol{R}} \times \left((\hat{\boldsymbol{R}} - \boldsymbol{\beta}) \times \dot{\boldsymbol{\beta}}\right) = \hat{\boldsymbol{R}} \times (\hat{\boldsymbol{R}} \times \dot{\boldsymbol{\beta}})$ となるので分子は $\boldsymbol{\beta} = 0$ のケースと同じく $\dot{\beta}^2 \sin^2\psi$ であるが，分母には $\alpha^5 = (1 - \beta\cos\theta)^5$ が入り

$$\frac{dP_{\mathrm{brems}}}{d\Omega} = \frac{q^2\dot{\beta}^2}{16\pi^2\epsilon_0 c}\frac{\sin^2\psi}{(1-\beta\cos\theta)^5} = \frac{q^2\dot{\beta}^2}{16\pi^2\epsilon_0 c}\frac{\sin^2\theta}{(1-\beta\cos\theta)^5} \tag{9.47}$$

となる．分子の $\sin^2\psi = \sin^2\theta$ のため 8 の字の痕跡はあるが, 分母の $(1-\beta\cos\theta)^5$ のために θ が小さい向きつまり速度の向きで分母が小さくなるから，式 (9.47) は速度方向で大きな値をもち，放射強度は速度方向に傾いたうさぎの耳のようなパターンになる（図 9.9）．また β が 1 に近づくほど放射強度は大きくなり，前方への集中度も高くなる．

放射強度が最大になる角度 $\theta_{\max}$ は $\sin^2\theta/(1-\beta\cos\theta)^5 = (1-x^2)/(1-\beta x)^5$ が

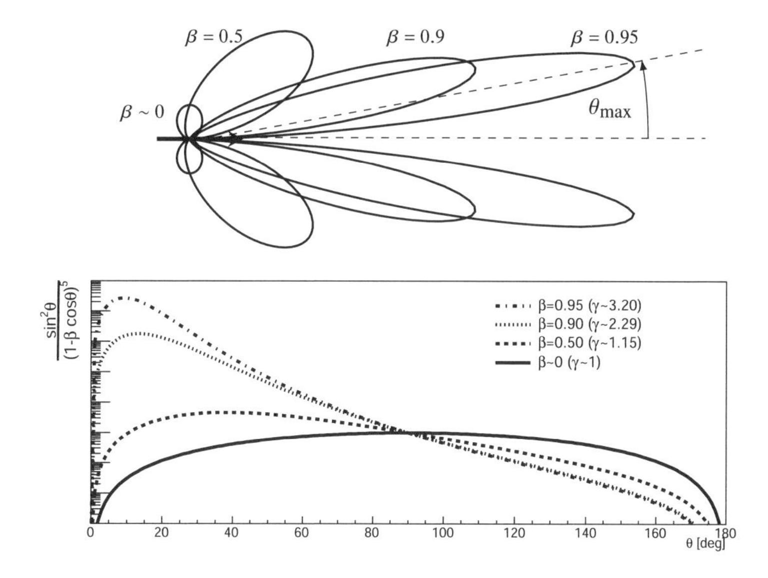

図 9.9　相対論的で，加速度 $\dot{\boldsymbol{\beta}}$ と速度 $\boldsymbol{\beta}$ が同じ向き（図中右向き）の場合の放射角度パターン．比較のため非相対論的な場合 $(\beta \sim 0)$ も描いてある．β が 1 に近づくほど 8 の字がうさぎの耳のように前方に折り曲げられ，さらに放射強度も大きくなる．強度は $\beta = 0.9$ では 1/200 に，$\beta = 0.95$ では 1/2000 にスケールしている．下段は角度パターン (9.47) を速度方向からの角度 θ の関数として表したもの．縦軸は対数軸なので，β が大きくなるほど θ の小さい前方への集中度が極めて高くなることがわかる（ただし最前方 $\theta = 0$ への放射強度は常にゼロである）．

最大になる x を探せばよく

$$-2x(1-\beta x)^5 + 5\beta(1-x^2)(1-\beta x)^4 = 0, \quad 3\beta x^2 + 2x - 5\beta = 0$$

$$x = \frac{-1+\sqrt{1+15\beta^2}}{3\beta} = \cos\theta_{\max} \tag{9.48}$$

となり，分子の $\sin^2\theta$ があるので $\theta = 0$ での強度は常にゼロでありながらも，$\beta \to 1$ では $\theta_{\max} \to 1/2\gamma \to 0$ のように放射は前方に傾いてゆく（演習問題 5）．

荷電粒子が加速度を受けて電磁波を放射することを一般に**制動放射** (bremsstrahlung) という[*10]．制動放射は加速度 $\dot{\boldsymbol{\beta}}$ と速度 $\boldsymbol{\beta}$ の向きにかかわらず使われる呼称であるが，本書では式 (9.47) で表される $\dot{\boldsymbol{\beta}} \parallel \boldsymbol{\beta}$ の状況を指す言葉として用いている[*11]．

相対論的で $\dot{\boldsymbol{\beta}} \perp \boldsymbol{\beta}$ の場合

これは具体的には運動中にたまたま速度 $\boldsymbol{\beta}$ に垂直方向に電場がかかった場合，または磁場中の相対論的粒子がローレンツ力を受けて曲げられ電磁波を放出した場合などに対応する．特に磁場中の場合は**シンクロトロン放射** (synchrotron radiation) と呼ばれる．

放射の角度依存性がわかりやすくなるように式 (9.44) をクロス積からスカラー積に書き換えよう．ベクトル 3 重積の公式 (1.25) を使えば

$$\begin{aligned}\left[\hat{\boldsymbol{R}} \times \left(\hat{\boldsymbol{R}} - \boldsymbol{\beta}\right) \times \dot{\boldsymbol{\beta}}\right)\right]^2 &= \left[(\hat{\boldsymbol{R}} \cdot \dot{\boldsymbol{\beta}})(\hat{\boldsymbol{R}} - \boldsymbol{\beta}) - \left(\hat{\boldsymbol{R}} \cdot (\hat{\boldsymbol{R}} - \boldsymbol{\beta})\right)\dot{\boldsymbol{\beta}}\right]^2 \\ &= -(1-\beta^2)(\hat{\boldsymbol{R}} \cdot \dot{\boldsymbol{\beta}})^2 + 2\alpha(\hat{\boldsymbol{R}} \cdot \dot{\boldsymbol{\beta}})(\boldsymbol{\beta} \cdot \dot{\boldsymbol{\beta}}) + \alpha^2 \dot{\beta}^2\end{aligned} \tag{9.49}$$

であるから

$$\frac{dP}{d\Omega} = \frac{q^2}{16\pi^2 \epsilon_0 c}\left[\frac{\dot{\beta}^2}{\alpha^3} + \frac{2(\hat{\boldsymbol{R}} \cdot \dot{\boldsymbol{\beta}})(\boldsymbol{\beta} \cdot \dot{\boldsymbol{\beta}})}{\alpha^4} - \frac{(\hat{\boldsymbol{R}} \cdot \dot{\boldsymbol{\beta}})^2}{\gamma^2 \alpha^5}\right] \tag{9.50}$$

ここでは荷電粒子のベクトル $\dot{\boldsymbol{\beta}}, \boldsymbol{\beta}$ で決まる平面内に観測者 $\hat{\boldsymbol{R}}$ がいるとする．いま考えている状況は $\dot{\boldsymbol{\beta}} \cdot \boldsymbol{\beta} = 0$ であるから，$\hat{\boldsymbol{R}} \cdot \boldsymbol{\beta} = \beta \cos\theta$，$\hat{\boldsymbol{R}} \cdot \dot{\boldsymbol{\beta}} = \dot{\beta}\cos\psi$ と $\cos^2\psi = \sin^2\theta$ より

$$\frac{dP_{\mathrm{synch}}}{d\Omega} = \frac{q^2\dot{\beta}^2}{16\pi^2\epsilon_0 c}\left[\frac{1}{(1-\beta\cos\theta)^3} - \frac{\sin^2\theta}{\gamma^2(1-\beta\cos\theta)^5}\right] \tag{9.51}$$

となる[*12]．8 の字，加速度の向きには弱く速度方向にはブーストというこれま

[*10] 英語には breaking radiation の語もあるが，物理の世界では英語で話すときであってもドイツ語である bremsstrahlung の方がよく使われる．日本人どうしの話ではカタカナ言葉で「ブレムス(ズ)」ということが多い．

[*11] 物質中に入射した荷電粒子が，物質中の原子核近傍を通過する際に原子核のクーロン場によって軌道を曲げられ電磁波を放出するという特定の現象を指して制動放射と呼ぶこともある．

[*12] ここでは $\dot{\boldsymbol{\beta}}, \boldsymbol{\beta}, \hat{\boldsymbol{R}}$ が同一平面上としたが，一般の場合は式 (9.51) の右辺第 2 項の分子は $\sin^2\theta\cos^2\phi$ とすべきである（演習問題 7e）．

での特徴はそのまま維持されるが，横倒しにされた 8 の字の前方側の強度が特に強く，さらに後方側も速度方向に折り曲げられる（図 9.10）．放射の集中する前方の角度広がりは β が 1 に近づくほど狭くなり $\theta \simeq 1/\gamma$ の程度である（演習問題 6）．

9.4.4 一般の場合の電磁波放射のエネルギー損失率

電磁波によるエネルギー放射率の式 (9.43) (9.50) を全方向で積分し，一般の場合における荷電粒子の単位時間あたりの総エネルギー損失量を計算しよう．荷電粒子で決まる 2 つのベクトル $\dot{\boldsymbol{\beta}}, \boldsymbol{\beta}$ と放射方向 $\hat{\boldsymbol{R}}$ の関係は図 9.11 のようにとる．$\dot{\boldsymbol{\beta}}, \boldsymbol{\beta}$ は zx 平面内にあるとし，放射方向 $\hat{\boldsymbol{R}}$ は速度ベクトル $\boldsymbol{\beta}$ に対して角度 (θ, ϕ) で指定されるとする．3 つのベクトルの成分表示は

$$\boldsymbol{\beta} = \beta(0, 0, 1), \quad \dot{\boldsymbol{\beta}} = \dot{\beta}(\sin\lambda, 0, \cos\lambda),$$
$$\hat{\boldsymbol{R}} = (\sin\theta\cos\phi, \sin\theta\sin\phi, \cos\theta)$$

であり，3 つの内積は

$$\dot{\boldsymbol{\beta}}\cdot\boldsymbol{\beta} = \beta\dot{\beta}\cos\lambda, \quad \hat{\boldsymbol{R}}\cdot\boldsymbol{\beta} = \beta\cos\theta,$$
$$\hat{\boldsymbol{R}}\cdot\dot{\boldsymbol{\beta}} = \dot{\beta}(\sin\lambda\sin\theta\cos\phi + \cos\lambda\cos\theta)$$

である．立体角による積分は式 (2.7) より $d\Omega = \sin\theta d\theta\, d\phi = -d(\cos\theta)\, d\phi = -dx\, d\phi$ として行う．角度 ϕ は $\hat{\boldsymbol{R}}\cdot\dot{\boldsymbol{\beta}}$ に $\cos\phi$ として現れるだけで，積分公式 (2.18)$\int_0^{2\pi}\cos\phi\, d\phi = 0$, (2.20) $\int_0^{2\pi}\cos^2\phi\, d\phi = \pi$ を使えば

$$\int_0^{2\pi}\hat{\boldsymbol{R}}\cdot\dot{\boldsymbol{\beta}}\, d\phi = 2\pi\dot{\beta}\cos\lambda\,\cos\theta,$$
$$\int_0^{2\pi}(\hat{\boldsymbol{R}}\cdot\dot{\boldsymbol{\beta}})^2\, d\phi = \dot{\beta}^2\int(\sin^2\lambda\sin^2\theta\cos^2\phi + 2\sin\lambda\cos\lambda\sin\theta\cos\theta\cos\phi$$
$$+ \cos^2\lambda\cos^2\theta)\, d\phi = \dot{\beta}^2(\pi\sin^2\lambda\sin^2\theta + 2\pi\cos^2\lambda\cos^2\theta)$$
$$= 2\pi\dot{\beta}^2\left(\frac{1}{2}\sin^2\lambda + \left(1 - \frac{3}{2}\sin^2\lambda\right)\cos^2\theta\right)$$

となる．λ の項は $\sin^2\lambda$ に，θ の項は $\cos^2\theta$ でまとめた．よって式 (9.50) の ϕ 積

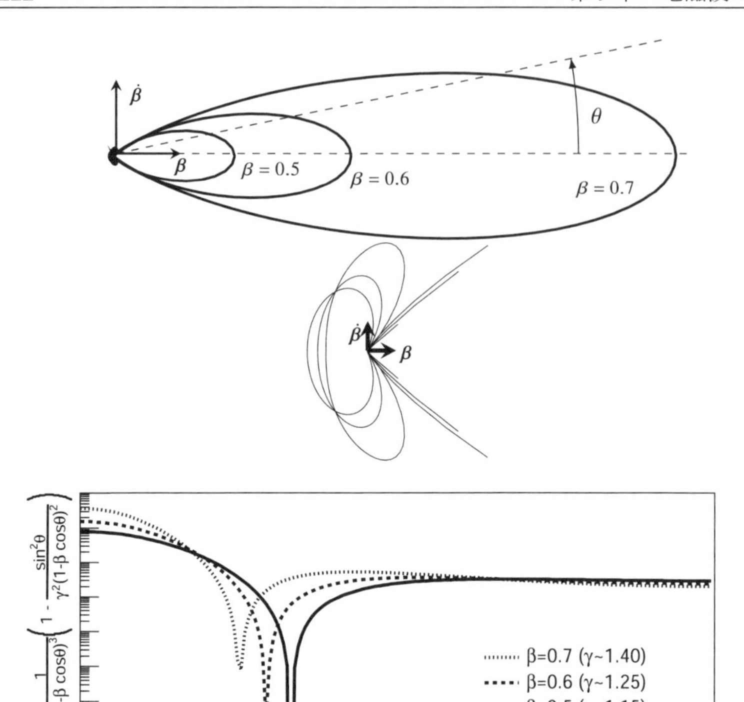

図 9.10　相対論的な速度で運動する荷電粒子が，速度 $\boldsymbol{\beta}$ の向きとは垂直方向に加速度 $\dot{\boldsymbol{\beta}}$ を受けた場合の放射角度パターン（荷電粒子の運動 $\dot{\boldsymbol{\beta}}, \boldsymbol{\beta}$ で決まる平面内）．この図では加速度 $\dot{\boldsymbol{\beta}}$ は上下方向なので 8 の字は横倒しになっている．中段は荷電粒子付近の拡大図．下段は角度パターン (9.51) を速度方向からの角度 θ の関数として表したもの．縦軸はやはり対数軸であり，β が大きくなるほど θ の小さい前方領域に放射が集中することがわかる．

分を行ったものは

$$\int_\phi \frac{dP}{d\Omega}\, d\phi = \int_\phi \frac{dP}{d(\cos\theta)\, d\phi}\, d\phi = \frac{dP}{dx}$$

$$= \frac{q^2\dot{\beta}^2}{8\pi\epsilon_0 c}\left[\frac{1}{(1-\beta x)^3} + \frac{2\beta(1-\sin^2\lambda)x}{(1-\beta x)^4} - \frac{\frac{1}{2}\sin^2\lambda + \left(1 - \frac{3}{2}\sin^2\lambda\right)x^2}{\gamma^2(1-\beta x)^5}\right]. \quad (9.52)$$

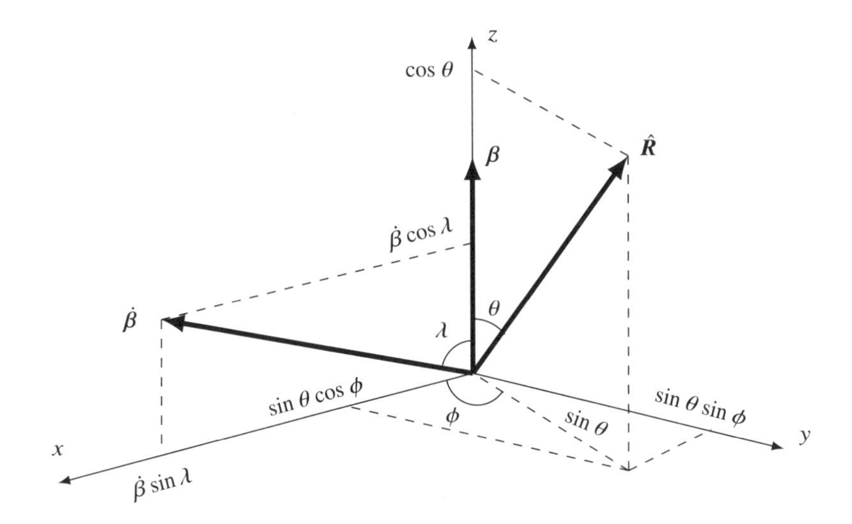

図 9.11　式 (9.50) における加速度 $\dot{\boldsymbol{\beta}}$，速度 $\boldsymbol{\beta}$，放射方向 $\hat{\boldsymbol{R}}$ の関係

ここで $\cos\theta = x$ とおいた．続いて $d(\cos\theta) = dx$ で積分する．積分区間は $\theta = 0 \sim \pi$ に対応して $x = -1 \sim 1$ である．右辺第 1 項は

$$\int_{-1}^{1} \frac{dx}{(1-\beta x)^3} = \frac{1}{2\beta}\left[(1-\beta x)^{-2}\right]_{-1}^{1} = 2\gamma^4$$

となる．ついでに両辺を β で 2 回微分してみると $d\gamma/d\beta = \beta\gamma^3$ を使って

$$\int_{-1}^{1} \frac{x\,dx}{(1-\beta x)^4} = \frac{8}{3}\beta\gamma^6, \quad \int_{-1}^{1} \frac{x^2\,dx}{(1-\beta x)^5} = \frac{2}{3}\gamma^6 + 4\beta^2\gamma^8$$

という右辺第 2，第 3 項で使うはずの積分が得られる．右辺第 3 項ではもう 1 つ積分が必要で

$$\int_{-1}^{1} \frac{dx}{(1-\beta x)^5} = \frac{1}{4\beta}\left[(1-\beta x)^{-4}\right]_{-1}^{1} = 2(1+\beta^2)\gamma^8.$$

これらを使えば式 (9.52) の θ 積分，すなわち全方向で足し合わせた荷電粒子の

エネルギー放射率は

$$P = \frac{q^2\dot{\beta}^2}{8\pi\epsilon_0 c}\left[2\gamma^4 + 2\beta(1-\sin^2\lambda)\cdot\frac{8}{3}\beta\gamma^6 - \frac{\frac{1}{2}\sin^2\lambda\cdot 2(1+\beta^2)\gamma^8 + \left(1-\frac{3}{2}\sin^2\lambda\right)\cdot\left(\frac{2}{3}\gamma^6 + 4\beta^2\gamma^8\right)}{\gamma^2}\right].$$

右辺の $[\cdots]$ 内のうち，$\sin^2\lambda$ の入らない項は $1/\gamma^2 = 1-\beta^2$ より

$$2\gamma^4 + \frac{16}{3}\beta^2\gamma^6 - \frac{2}{3}\gamma^4 - 4\beta^2\gamma^6 = \frac{4}{3}\gamma^6.$$

$\sin^2\lambda$ の項は

$$-\frac{16}{3}\beta^2\gamma^6 - (1+\beta^2)\gamma^6 + \gamma^4 + 6\beta^2\gamma^6 = -\frac{4}{3}\beta^2\gamma^6.$$

よって

$$P = \frac{dW}{dt'} = \frac{q^2}{6\pi\epsilon_0 c}\gamma^6\left(\dot{\beta}^2 - \dot{\beta}^2\beta^2\sin^2\lambda\right) = \frac{q^2}{6\pi\epsilon_0 c}\gamma^6\left(\dot{\boldsymbol{\beta}}^2 - (\boldsymbol{\beta}\times\dot{\boldsymbol{\beta}})^2\right) \tag{9.53}$$

が得られる．式 (9.53) は一般的な場合の電磁波放出による荷電粒子のエネルギー損失率（単位時間のエネルギー放射量）を与える[*13]．$\boldsymbol{\beta}\to 0$ とすればラーモアの公式 (9.46) に一致し，$\boldsymbol{\beta}\times\dot{\boldsymbol{\beta}} = 0$ の制動放射および $|\boldsymbol{\beta}\times\dot{\boldsymbol{\beta}}| = \beta\dot{\beta}$ のシンクロトロン放射の場合はそれぞれ

$$P_{\mathrm{brems}} = \frac{q^2\dot{\beta}^2}{6\pi\epsilon_0 c}\gamma^6 \tag{9.54}$$

$$P_{\mathrm{synch}} = \frac{q^2}{6\pi\epsilon_0 c}\gamma^6\left(\dot{\beta}^2 - \beta^2\dot{\beta}^2\right) = \frac{q^2\dot{\beta}^2}{6\pi\epsilon_0 c}\gamma^4 \tag{9.55}$$

となる．非相対論的な場合 (9.46) との違いは γ^6, γ^4 だけであるが，相対論的（$\beta\sim 1, \gamma\gg 1$）な荷電粒子は加速度を受けると電磁波を放出して急激にエネルギーを失うことがわかる[*14]．なお式 (9.53) は相対論の提唱される前の 1898 年にリエナールによって導出されていた [14].

[*13] 荷電粒子が静止して見える座標系ではラーモアの公式 (9.46) が成り立っており，ローレンツ変換によって荷電粒子が速度 $\boldsymbol{v} = c\boldsymbol{\beta}$ で運動して見える座標系に移れば式 (9.53) が得られる [8, 32].

[*14] 相対論的力学では速度 $\boldsymbol{v} = c\boldsymbol{\beta}$ 方向の力と速度に垂直な方向の力に対する質点 m の応答は異な

9.4.5　チェレンコフ放射

荷電粒子が真空中で等速運動しているときは，$\dot{\boldsymbol{\beta}} = 0$ なので電場 (9.22) は $\propto 1/R^2$ で速やかに減衰し遠方まで到達することはなく，電磁波は放射されない．しかし媒質中においては光と荷電粒子の速度の逆転が起こることがあり，等速運動であってもある特定の方向には放射が可能である．

屈折率が $n > 1$ である媒質中では光速は $c' = c/n$ のように遅くなるため，光速 c に近い速度 $v = c\beta$ で運動していた荷電粒子が媒質中に入ると $c > v > c'$ となることがあり，これは特殊相対論に反しない．遅延因子 $\alpha = 1 - \hat{\boldsymbol{R}} \cdot \boldsymbol{\beta}$ は真空中では常に正であってゼロになることはない．しかし媒質中では $\boldsymbol{\beta}' = \boldsymbol{v}/c' = n\boldsymbol{v}/c = n\boldsymbol{\beta}$ となり，高エネルギーの荷電粒子であれば $|\boldsymbol{\beta}'| = n\beta \geq 1$, $|\hat{\boldsymbol{R}} \cdot \boldsymbol{\beta}'| = n\beta|\cos\theta| \geq 1$ が可能であり，荷電粒子の進行方向に対して

$$\alpha'_{\mathrm{C}} = 1 - \hat{\boldsymbol{R}}_{\mathrm{C}} \cdot \boldsymbol{\beta}' = 1 - n\beta\cos\theta_{\mathrm{C}} = 0 \tag{9.56}$$

であるような角度 θ_{C} の向き $\hat{\boldsymbol{R}}_{\mathrm{C}}$ では電場 $\propto 1/\alpha^3 R^2$ が減衰せずに遠方まで残り，放射として観測される（図 9.12）．この現象は**チェレンコフ放射** (Cherenkov radiation) と呼ばれる (P.A. Čerenkov, 1904-1990) [20].

チェレンコフ放射の向きは以下のようにも説明される．図 9.12 のように，媒質中で荷電粒子が光よりも速く $v > c' = c/n$ で直進しており，荷電粒子が距離 $L = vt = c\beta t$ 進む間に光は $\ell = c't = (c/n)t < L$ だけ進むとする．時刻 $t = 0$ に放出された光は時刻 t には半径 ℓ の球面上におり，時刻 $2t$, $3t$ では半径 2ℓ, 3ℓ の球面上にいる．いっぽう荷電粒子は $2L$, $3L$ だけ進んでいる．このとき荷電粒

り（どういう種類の力であるかにかかわらず速度に平行な方向の力に対する反応は鈍い），式 (9.54) (9.55) を加速度 $\dot{\boldsymbol{\beta}} = d\boldsymbol{\beta}/dt$ の代わりに運動量の時間変化 $\dot{\boldsymbol{p}} = d\boldsymbol{p}/dt$ と点電荷の質量 m で書くと $P_{\mathrm{brems}} = \dfrac{q^2\dot{\boldsymbol{p}}^2}{6\pi\epsilon_0 m^2 c}$, $P_{\mathrm{synch}} = \dfrac{q^2\dot{\boldsymbol{p}}^2}{6\pi\epsilon_0 m^2 c}\gamma^2$ となる．粒子の運動量および加わった力の大きさが等しい条件で制動放射とシンクロトロン放射を比較すると，力が速度に垂直にはたらくシンクロトロン放射によるエネルギー損失の方が γ^2 倍大きい．さらに陽子と電子で比較すると，電荷 $|q| = e$ の大きさは同じながら質量は約 2000 倍異なるため，より質量の軽い電子が磁場中でシンクロトロン放射する場合のエネルギー損失はきわめて大きくなる．陽子や原子核では放射によるエネルギー損失は多くの場合無視できる．

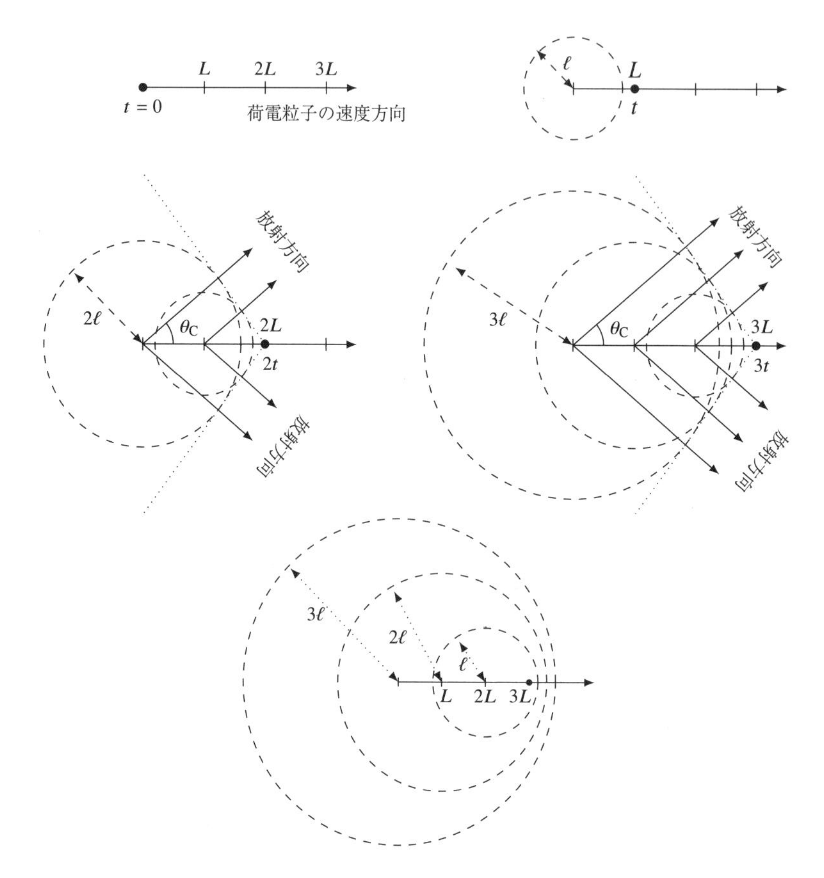

図 9.12　チェレンコフ放射．左上：屈折率 n の媒質中を荷電粒子が図の右方向に一定速度 $v > c' = c/n$ で進む．右上：時間 t の間に荷電粒子が距離 L 進んだとき，光は半径 $\ell < L$ の球状に広がる．中段左右：荷電粒子の方が光よりも速いと，角度 $\cos\theta_{\mathrm{C}} = 1/n\beta$ の方向では各時刻に発せられた光の波面は同位相で足し合わされる．最下段：光の方が速く $c/n > v$, $\ell > L$ では放射は起こらない．

子の進行方向に対して

$$\cos\theta_C = \frac{\ell}{L} = \frac{(c/n)t}{c\beta t} = \frac{1}{n\beta}$$

の方向に対してのみ，光の波面はいつも同位相で足し合わされる．したがってチェレンコフ光は荷電粒子の進行方向に対し角度 θ_C の円錐面に沿って放射される．光のほうが荷電粒子よりも速く $\ell > L$ であればこのようなことは起こらない（図 9.12 最下段）．

宇宙を飛び交う高エネルギーの原子核である宇宙線 (cosmic rays) は，地球に飛来すると大気との相互作用によって電子を含む多数の荷電粒子群を生成する (空気シャワー現象)．これらの電子の多くは大気の屈折率 $n \sim 1.0003$ で決まる臨界値 $\beta = 1/n \sim 1 - 0.0003 = 0.9997$ を超える速度をもち，大気中では絶えずチェレンコフ放射が起こっている．この放射はきわめて短い時間の微弱な発光であるため肉眼で見ることはできないが，夜間に光電子増倍管など高感度の光センサを用いれば観測することができる．

9.5　電磁波の散乱

電磁波が空間を伝播するとき，物質中または境界面における**屈折** (refraction) や**反射** (reflection), 障害物に出会ったときには**回折** (diffraction) や**散乱** (scattering) などさまざまな現象が起こる．ここでは前節で扱った電磁波放射の理論の応用として, 荷電粒子による電磁波の散乱現象について述べる．

9.5.1　トムソン散乱

最も軽い荷電粒子である電子 e^- による電磁波の散乱を考えよう．なんらかの理由により電磁波が発生して空間を伝播し，ある 1 個の自由電子[*15]に出くわしたとする．入射した電磁波の電場 $\boldsymbol{E}_0$ と磁場 $\boldsymbol{B}_0$ によってこの電子は加速度運動を始め電磁波を放射するが，電磁波入射 → 電子の加速度運動誘発 → 電子による放射という一連のプロセスは自由電子による入射電磁波の散乱と解釈す

[*15] 原子や分子に束縛されていない孤立した電子．

ることができる．特に入射電磁波の周波数が低く（波長が長く），加速度運動によって生じる電子の速度 $v = c\beta$ が光速 c に比べて十分小さい非相対論的なケースは**トムソン散乱** (Thomson scattering, J.J. Thomson 1856-1940) と呼ばれる．

散乱の全断面積

入射電磁波の電場 $\boldsymbol{E}_0$ によって生じる電子の加速度は $\dot{\boldsymbol{\beta}} = -e\boldsymbol{E}_0/m_e c$ （m_e は電子の質量），磁場 $\boldsymbol{B}_0$ による加速度の大きさは $|\boldsymbol{B}_0| = |\boldsymbol{E}_0|/c$ より $|\boldsymbol{F}|/m_e c = e|\boldsymbol{v} \times \boldsymbol{B}_0|/m_e c = e\beta|\boldsymbol{E}_0|/m_e c$ であり，$\beta \ll 1$ であれば電場に対して磁場の影響は無視できる．非相対論的な荷電粒子による放射はラーモアの公式 (9.46) によって記述されるので，加速度 $\dot{\boldsymbol{\beta}} = -e\boldsymbol{E}_0/m_e c$ を代入してみると式 (9.40) も使って

$$P_{\mathrm{NR}} = \frac{e^2 \left(\frac{-e|\boldsymbol{E}_0|}{m_e c}\right)^2}{6\pi\epsilon_0 c} = \frac{16\pi}{6}\left(\frac{e^2}{4\pi\epsilon_0 m_e c^2}\right)^2 c\epsilon_0|\boldsymbol{E}_0|^2 = \frac{8\pi}{3}\left(\frac{e^2}{4\pi\epsilon_0 m_e c^2}\right)^2 |\boldsymbol{S}|$$

となる．右辺の $|\boldsymbol{S}| = c\epsilon_0|\boldsymbol{E}_0|^2$ は入射する電磁波のエネルギー流速で [エネルギー/面積/時間]，左辺の P_{NR} は散乱の結果としての単位時間あたりのエネルギー放射量で [エネルギー/時間] という次元をもつから，右辺に現れている $(e^2/4\pi\epsilon_0 m_e c^2)^2$ は面積の次元をもつとわかるのでこれを r_e^2 とおけば，入射したエネルギーと散乱されたエネルギーの比に比例する面積の次元をもつ量として

$$\sigma_{\mathrm{T}} = \frac{P_{\mathrm{NR}}}{|\boldsymbol{S}|} = \frac{8\pi}{3}\left(\frac{e^2}{4\pi\epsilon_0 m_e c^2}\right)^2 = \frac{8\pi}{3} r_e^2 = 6.65 \times 10^{-29}\ \mathrm{m}^2 \tag{9.57}$$

という定数が得られる．σ_{T} は電磁波の散乱体としての電子の広がりを表しており，トムソン散乱の**全断面積** (total cross section) と呼ばれる．電子は素粒子であって広がりをもたない点状の粒子と考えられているが，光を当てたときの散乱の様子からその「大きさ」を測ると式 (9.57) で与えられる広がりをもっているように見える．これは電磁気力が長距離力であり，光は電子の周りをかすめるように通過する場合にも相互作用して方向を変えられるからである．長さの次元をもった量 $r_e = 2.8 \times 10^{-15}$ m は光の散乱という電磁相互作用によって電子の大きさを測ったときの半径に相当する量で**古典電子半径** (classical electron radius) と呼ばれる[*16].

トムソン散乱では入射波と散乱波の周波数は同じで，進行方向が変わるのみである．エックス線やガンマ線など電磁波の周波数が高い（光子のエネルギーが高い）ときは電磁波から電子への無視できない大きさの運動量移行が起こり，入射した電磁波よりも周波数の低い散乱波が観測される．これは**コンプトン散乱** (Compton scattering, A.H. Compton 1892-1962) と呼ばれ，光の粒子性を疑いなく示す大きな発見であった (1922-1923)．コンプトン散乱の断面積は QED によって計算され**クライン-仁科の公式** (Klein-Nishina's formula) として知られている (O. Klein 1894-1977，仁科芳雄 1890-1951)．クライン-仁科の公式の低エネルギー極限はトムソン散乱の断面積に一致する．

金属が光沢を放つのは，金属中の自由電子が入射光を散乱・反射するからである．金属に可視光が入射すると，その波長よりも短い領域の中に多数の自由電子がいるため Ne 個の電子を一斉に揺らす状況となり[*17]，断面積は $\sim N^2\sigma_\mathrm{T}$ 程度と極めて大きな値をもつため，光は金属中に入り込むことなくほぼ表面で反射される．

散乱の角度パターン

■特定の偏光をもった光の場合　電磁波は横波であり，進行方向を表すベクトル $\hat{\boldsymbol{R}}$ に対し電場ベクトルと磁場ベクトルは $\hat{\boldsymbol{R}}$ に垂直な平面内にあって，$\boldsymbol{B} = \hat{\boldsymbol{R}} \times \boldsymbol{E}/c$ の関係がある．一般に電磁波の電場ベクトル $\boldsymbol{E}_0$ の向きを電磁波の**偏光** (polarization) の向きという．

電磁波の散乱は入射電磁波の電場による電子の加速度 $\dot{\boldsymbol{\beta}} \propto \boldsymbol{E}_0$ に起因する放射と考えることができるので，ある特定の向きの偏光 $\boldsymbol{E}_0 \parallel \dot{\boldsymbol{\beta}}$ をもった電磁波のトムソン散乱の角度パターンは非相対論的な場合の放射パターンの式 (9.45) で与えられる．

入射する電磁波のエネルギーの流れ $|\boldsymbol{S}| = c\epsilon_0|\boldsymbol{E}_0|^2$ と古典電子半径 r_e を用い

---

*16 r_e の覚え方としては静電エネルギー $e^2/4\pi\epsilon_0 r_e$ と静止エネルギー $m_e c^2$ を等しいとおけばよい．

*17 可視光の波長は数 100 nm $\sim 10^{-7}$ m，金属中の電子間の平均距離はだいたい原子間の間隔の Å$\sim 10^{-10}$ m 程度である．

て式 (9.45) を表すと，$q \to -e$ として

$$\frac{dP_{\rm NR}}{d\Omega} = \frac{e^2\dot{\beta}^2}{16\pi^2\epsilon_0 c}\sin^2\psi = \left(\frac{e^2}{4\pi\epsilon_0 m_e c^2}\right)^2 c\epsilon_0|\boldsymbol{E}_0|^2\sin^2\psi = r_e^2|\boldsymbol{S}|\sin^2\psi. \tag{9.58}$$

これを入力と出力の関係ととらえ，散乱パターンを表す量としては $dP_{\rm NR}/d\Omega$ の代わりにこれと入力 $|\boldsymbol{S}|$ との比をとって

$$\frac{d\sigma_{\rm T}}{d\Omega} \equiv \frac{1}{|\boldsymbol{S}|}\frac{dP_{\rm NR}}{d\Omega} = r_e^2\sin^2\psi \tag{9.59}$$

を用いる*18．$d\sigma_{\rm T}/d\Omega$ は [面積/立体角] という次元をもち，入射電磁波の偏光の向き $\boldsymbol{E}_0 = E_0\boldsymbol{e}_0$ に対して角度 ψ をなす方向 $\hat{\boldsymbol{R}}$ への散乱確率を面積の次元で表す量で，トムソン散乱の**微分断面積** (differential cross section) と呼ばれる．散乱波の向き $\hat{\boldsymbol{R}}$ が入射波の偏光の向き $\boldsymbol{e}_0$ になることはなく，$\hat{\boldsymbol{R}} \perp \boldsymbol{e}_0$ であるような向きに散乱は起こりやすいことがわかる．そしてこれを全方向で積分し，さまざまな方向に散乱される電磁波を全て足し合わせたものがトムソン散乱の全断面積 (9.57) である．積分公式 (2.28) を使えば

$$\int_\Omega \frac{d\sigma_{\rm T}}{d\Omega}\,d\Omega = 2\pi r_e^2\int_0^\pi \sin^2\psi\ \sin\psi\,d\psi = \frac{8\pi}{3}r_e^2.$$

散乱の微分断面積は $\boldsymbol{e}_0$ と $\hat{\boldsymbol{R}}$ とのなす角でなく入射波の方向 $\boldsymbol{n}_0$ と散乱方向 $\hat{\boldsymbol{R}}$ とのなす角 (θ, ϕ) を用いて書き表すこともできる（図 9.13）．入射波の進行方向 $\boldsymbol{n}_0$ に沿って z 軸を，電場方向 $\boldsymbol{E}_0 = \boldsymbol{e}_0 E_0$ に沿って x 軸をとり，原点にいる電子 e^- によって散乱された電磁波が (9.59) の角度パターンによって広がっていくとする．式 (9.59) に現れている ψ は $\boldsymbol{e}_0$ と $\hat{\boldsymbol{R}}$ とのなす角度であるから $\boldsymbol{e}_0\cdot\hat{\boldsymbol{R}} = \cos\psi$ である．3 つのベクトル $\boldsymbol{n}_0, \boldsymbol{e}_0, \hat{\boldsymbol{R}}$ の成分表示は

$$\boldsymbol{n}_0 = (0, 0, 1), \quad \boldsymbol{e}_0 = (1, 0, 0)$$
$$\hat{\boldsymbol{R}} = (\sin\theta\cos\phi, \sin\theta\sin\phi, \cos\theta)$$

であるから $\boldsymbol{e}_0\cdot\hat{\boldsymbol{R}} = \sin\theta\cos\phi = \cos\psi$ によって ψ, θ, ϕ の間の対応がつき，$\sin^2\psi = 1 - \cos^2\psi$ から式 (9.59) は

$$\frac{d\sigma_{\rm T}}{d\Omega} = r_e^2\left(1 - \sin^2\theta\cos^2\phi\right) \tag{9.60}$$

---

*18 より丁寧な取り扱いでは $dP/d\Omega$, $|\boldsymbol{S}|$ それぞれの時間平均どうしの比を取るが，結果は変わらない．

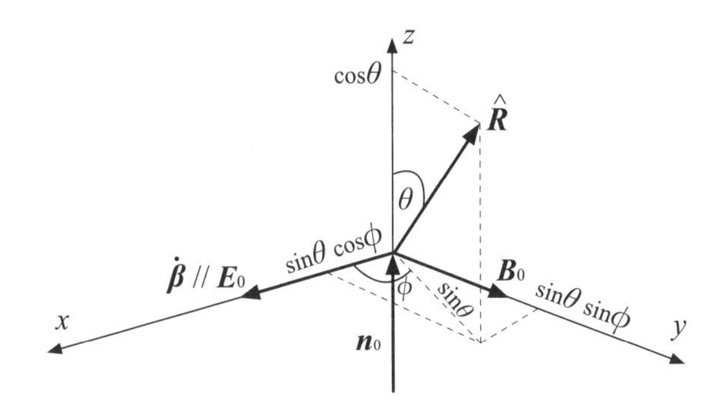

図 9.13 トムソン散乱の角度パターンの考え方．電磁波は横波なので入射波の進行方向 $\boldsymbol{n}_0$（$+z$ の向き）に対し電場の向き（偏光の向き）$\boldsymbol{E}_0 = \boldsymbol{e}_0 E_0$ は xy 平面内にあり，ここでは $+x$ の向きに取っている．散乱はいろいろな方向 $\hat{\boldsymbol{R}}$ に起こり，これを $\boldsymbol{n}_0$ に対する角度 (θ, ϕ) で指定する．散乱波の偏光ベクトル $\boldsymbol{e}\sin\psi = \hat{\boldsymbol{R}} \times (\hat{\boldsymbol{R}} \times \boldsymbol{e}_0)$ は描いていないが，$\boldsymbol{e}_0$, $\hat{\boldsymbol{R}}$ の張る平面内にある．

とも書ける．式 (9.59) (9.60) はともに偏光 $\boldsymbol{E}_0 = E_0\boldsymbol{e}_0$ をもった個別の光子の散乱方向の確率分布，または特定の向きの偏光をもった電磁波（**直線偏光**した光 linearly polarized light）に対する散乱の角度パターンを与える．

■無偏光の場合　ある方向から到来する電磁波（光子群）の偏光の向き $\boldsymbol{E}_0 = E_0\boldsymbol{e}_0$ が一様ランダムであるとき，光は偏光していない，または**無偏光** (unpolarized) であるという[*19]．太陽からの直接光や蛍光灯の光は無偏光の光の例である．ランダムに現れる ϕ での散乱結果が足し合わされて観測されるため，はじめから式 (9.60) の $\cos^2\phi$ をその平均値 $\int_0^{2\pi}\cos^2\phi\, d\phi / \int_0^{2\pi} d\phi = 1/2$ で置き換えてしまってもよく

$$\frac{d\sigma_\mathrm{T}}{d\Omega} = r_e^2\left(1 - \frac{1}{2}\sin^2\theta\right) = \frac{r_e^2}{2}\left(1 + \cos^2\theta\right) \tag{9.61}$$

[*19] 各光子は偏光ベクトル $\boldsymbol{E}_0 = E_0\boldsymbol{e}_0$ をもっており，$\boldsymbol{e}_0$ の向きが一定しているのが直線偏光，ランダムな状態を無偏光と言い表す．

がよく用いられる．式 (9.61) の全立体角での積分はもちろん 式 (9.57) に一致する．

9.5.2　レイリー散乱

大気中に自由電子はおらず可視光程度の波長の光にトムソン散乱は起こらないが，大気を構成する分子の中にいる電子による散乱は起こる．分子中の電子は自由電子ではなく束縛状態にあり，分子から離れようとすると引き戻される復元力がはたらくため，ばねにつながれた電子として記述できる[*20]．固有周波数が ω_0 であるばねにつながれた電子があり，ここに周波数 ω の電磁波 $\boldsymbol{E}_0 e^{-i\omega t}$ が入射して分子中の電子の加速度運動を誘起したとする．電子にはたらく力は，分子からの距離 $\boldsymbol{x}$ に比例する復元力 $-k\boldsymbol{x} = -m_e\omega_0^2\boldsymbol{x}$ と距離に関係しない外力 $-e\boldsymbol{E}_0 e^{-i\omega t}$ とであるから，電子の運動方程式は

$$m_e\ddot{\boldsymbol{x}} = -m\omega_0^2\boldsymbol{x} - e\boldsymbol{E}_0 e^{-i\omega t}$$

であり，$\boldsymbol{x}(t) = \boldsymbol{A}e^{-i\omega t}$ を代入して解けば

$$-m_e\omega^2\boldsymbol{A}e^{-i\omega t} = -m_e\omega_0^2\boldsymbol{A}e^{-i\omega t} - e\boldsymbol{E}_0 e^{-i\omega t}$$
$$\boldsymbol{A} = \frac{-e\boldsymbol{E}_0}{m_e(\omega_0^2 - \omega^2)}$$

となるから加速度の大きさは

$$|\ddot{\boldsymbol{x}}| = \frac{e\omega^2|\boldsymbol{E}_0|}{m_e(\omega_0^2 - \omega^2)}$$

である[*21]．特に入射波の周波数が低く $\omega \ll \omega_0$ であれば

$$\dot{\beta} = \frac{1}{c}|\ddot{\boldsymbol{x}}| = \frac{e\omega^2|\boldsymbol{E}_0|}{m_e c(\omega_0^2 - \omega^2)} = \frac{e\omega^2/\omega_0^2|\boldsymbol{E}_0|}{m_e c(1 - \omega^2/\omega_0^2)} \sim \frac{e|\boldsymbol{E}_0|\omega^2/\omega_0^2}{m_e c}$$

[*20] 位置 $\boldsymbol{x}$ によって決まる引力 $-\boldsymbol{F}(\boldsymbol{x})$ があったとき，これを $-\boldsymbol{F}(\boldsymbol{x}) = -\boldsymbol{F}_0 - k\boldsymbol{x} - \frac{1}{2}k_2\boldsymbol{x}^2 - \cdots$ のように展開して 1 次まで残せば，どのような引力であっても 1 次近似ではばねの力 $-k\boldsymbol{x}$ として表せる．

[*21] 自由電子による散乱であるトムソン散乱は $\omega_0 = 0$ に対応する．

となる．これはトムソン散乱の場合の加速度 $e|\boldsymbol{E}_0|/m_e c$ の $(\omega/\omega_0)^2$ 倍であるので，ω_0 のばねでつながれた電子による散乱の断面積は $\sigma \propto \dot{\beta}^2$ から

$$\sigma_{\mathrm{R}} = \sigma_{\mathrm{T}} \left(\frac{\omega}{\omega_0}\right)^4 = \sigma_{\mathrm{T}} \left(\frac{\lambda_0}{\lambda}\right)^4 \tag{9.62}$$

となる．束縛電子による低周波の電磁波の散乱は**レイリー散乱** (Rayleigh scattering, Lord Rayleigh*[22] 1842-1919) と呼ばれ，具体的には大気中での光の散乱を記述する．束縛された電子に対する運動の誘起は ω の小さいエネルギーの低い光では起こりにくいというのは直感にも一致するだろう．入射波と散乱波の周波数が等しい点と散乱の角度パターンはトムソン散乱と同じである*[23].

昼間の明るさ，空の青と夕焼けの赤

昼間が明るいとは，太陽の方向だけでなくあらゆる方向が明るいという意味であり，これには大気の存在が不可欠である．もしも地球に大気がなかったならば，昼間の空でも夜と変わらない星空が広がり，これに加えてその方向のみ異常に明るい太陽からの直接光があるだけであろう．実際には大気があり，太陽から到来する光は大気分子によるレイリー散乱を受けるため，地上には太陽からの直接光だけでなくあらゆる方向からの散乱光が到来することによって昼間は全方向的に明るくなる．

そしてレイリー散乱は式 (9.62) より周波数の高い光，すなわち波長が短く青い光で起こりやすいことから雲のない空は青いことが理解できる．太陽からの直接光は広い範囲の波長の光を含み，太陽の方向の空は白っぽく見える．これに対し太陽のいない側の空の光はほぼ散乱光であり，青が際立つ．

また朝焼け・夕焼けは太陽が傾いている時間帯に見られ，昼間よりも厚い大気を通過してきた太陽からの直接光によるものであり，レイリー散乱を受けずに残った波長の長い光を多く含んでいるために赤く見える．

---

*[22] Load Rayleigh は英国貴族としての称号で，名は John William Strutt.

*[23] レイリー散乱に類似するが入射波と散乱波の周波数が異なる現象として**ラマン散乱** (Raman scattering, C.V. Raman 1888-1970) がある．

9.5.3 散乱と偏光

散乱の角度パターンは散乱前後の単位偏光ベクトル $\boldsymbol{e}_0$ と $\boldsymbol{e}$ で表すこともできる．散乱波の偏光の向き $\boldsymbol{e}$ は式 (9.41) で $\boldsymbol{\beta} \simeq 0$, $\hat{\boldsymbol{R}} - \boldsymbol{\beta} \simeq \hat{\boldsymbol{R}}$ という非相対論的近似を行うことにより $\boldsymbol{e} \propto \hat{\boldsymbol{R}} \times \left(\hat{\boldsymbol{R}} \times \boldsymbol{e}_0\right)$ であり，また $\left|\hat{\boldsymbol{R}} \times \left(\hat{\boldsymbol{R}} \times \boldsymbol{e}_0\right)\right| = \sin\psi$ から $\boldsymbol{e}\sin\psi = \hat{\boldsymbol{R}} \times \left(\hat{\boldsymbol{R}} \times \boldsymbol{e}_0\right)$ であることがわかる．ベクトル3重積の公式 (1.25) を用いれば

$$\boldsymbol{e}\sin\psi = \hat{\boldsymbol{R}} \times \left(\hat{\boldsymbol{R}} \times \boldsymbol{e}_0\right) = \left(\boldsymbol{e}_0 \cdot \hat{\boldsymbol{R}}\right)\hat{\boldsymbol{R}} - \left(\hat{\boldsymbol{R}} \cdot \hat{\boldsymbol{R}}\right)\boldsymbol{e}_0 = \left(\boldsymbol{e}_0 \cdot \hat{\boldsymbol{R}}\right)\hat{\boldsymbol{R}} - \boldsymbol{e}_0,$$

$$\boldsymbol{e} \cdot \boldsymbol{e}_0 \sin\psi = \left(\boldsymbol{e}_0 \cdot \hat{\boldsymbol{R}}\right)^2 - 1 = \cos^2\psi - 1 = -\sin^2\psi.$$

よってトムソン散乱の角度パターン (9.59) は

$$\frac{d\sigma_{\mathrm{T}}}{d\Omega} = r_e^2\,(\boldsymbol{e} \cdot \boldsymbol{e}_0)^2 \tag{9.63}$$

と表せる．$\boldsymbol{e}_0$ と $\boldsymbol{e}$ は同一平面上にあり，散乱の前後で $\boldsymbol{e} \parallel \boldsymbol{e}_0$ に近い散乱が起こりやすく，$\boldsymbol{e} \perp \boldsymbol{e}_0$ という散乱は起こりにくいことがわかる．

散乱による無偏光から直線偏光の生成

光源の位置 $\boldsymbol{x}''$，散乱点 $\boldsymbol{x}'$，そして観測点 $\boldsymbol{x}$ の3点を指定すれば散乱面が決まる．$\boldsymbol{x}''$ を太陽の位置，$\boldsymbol{x}'$ を大気中のある1点としよう．$\boldsymbol{x}''$ から $\boldsymbol{x}'$ へ向かう進行方向 $\boldsymbol{n}_0$ の光の偏光の向き $\boldsymbol{e}_0$ には $\boldsymbol{n}_0$ に垂直な面内で 360° の自由度があるが，$\boldsymbol{x}'$ で散乱されてこちらに向かってくるものは，式 (9.63) より散乱面に垂直に近い向きの $\boldsymbol{e}_0$ をもっていた光が多く，逆に散乱面内に偏光をもつ光がこちら向きに散乱されることはない（図 9.14）．結果として空が青いときは，太陽の方向以外のどの方向を向いたとしても，光はその方向ごとにある決まった向きの偏光をもって到来する．

実際の空では，直線偏光している散乱光のほかに，様々な要因によっていろいろな向きの偏光や波長の光が混ざり（**部分偏光**，partially polarized），やや白味がかったものを我々は見ている．屋外での写真撮影において，撮影時刻における太陽の位置と撮影方向から散乱面を把握し，これに垂直な偏光のみを通過

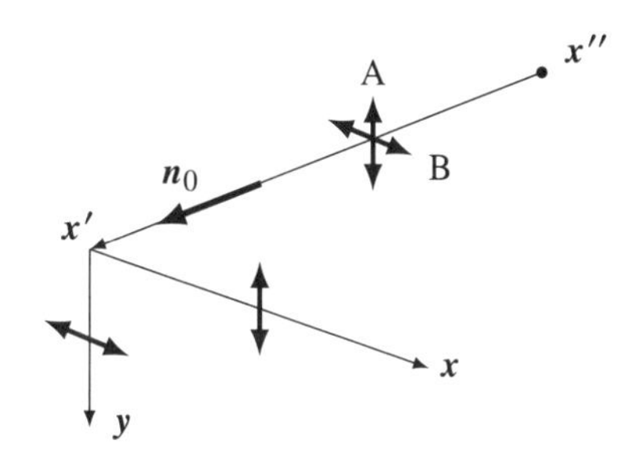

図 9.14　散乱による無偏光の光から直線偏光した光の生成：$\boldsymbol{x}''$ は光源，$\boldsymbol{x}'$ は散乱点，$\boldsymbol{x}, \boldsymbol{y}$ は観測者で，それぞれの観測者に対して散乱面が定義される．式 (9.63) より散乱前後で偏光の向きが変わらないような散乱のほうが起こりやすいため，$\boldsymbol{x}'' \to \boldsymbol{x}' \to \boldsymbol{x}$ という散乱が起こりやすいのは偏光 $\boldsymbol{e}_0$ が散乱面に垂直である A の光であり，偏光方向が散乱面内にある B のような光が散乱によって $\boldsymbol{x}'$ から $\boldsymbol{x}$ へ向かうことはない．A，B 以外の方向の偏光をもつ光は A，B の線形結合で表すことができ，そのような光が $\boldsymbol{x}'$ で散乱されて $\boldsymbol{x}$ へ向かう場合は，B 方向の偏光成分を失って A 方向に直線偏光した光として観測される．また横波である電磁波が，A 方向の偏光をもって $\boldsymbol{x}' \to \boldsymbol{y}$ の向きに進行することはできないから，そのような散乱は起こらず観測者 $\boldsymbol{y}$ は B 方向の偏光をもった散乱波のみを観測する．

させるように偏光フィルタを用いれば，レイリー散乱の結果としてその方向から到来した波長の短い光を選択的に残したことになり，鮮やかな青い空の写真を撮ることができる．

第9章まとめ

- 運動する点電荷の作るポテンシャルはリエナール-ヴィーヘルトの式 (9.7) (9.9) で，これを微分すれば電場と磁場はやや長い計算ののちリエナールの $\boldsymbol{E}, \boldsymbol{B}$ (9.22) (9.25) に到達する．これは電磁場の遅延解

(8.10) (8.12) を点電荷に適用して導出することもできる．

- 電場の式 (9.22) の第 1 項は $\propto 1/R^2$ のクーロン場であるが，進行方向では弱く垂直方向には強い楕円体の電場として進む（ヘヴィサイドの楕円体）．
- 荷電粒子が加速度運動するとき電場と磁場 (9.22) は $\propto 1/R$ の項をもち，これが伝播距離が無限大の電磁波である．電磁波源から遠方の電場は式 (9.22) の第 2 項で与えられ，磁場は $\boldsymbol{B}(\boldsymbol{x}, t) = \hat{\boldsymbol{R}} \times \boldsymbol{E}(\boldsymbol{x}, t)/c$ である．
- 電磁場のエネルギー密度は式 (9.37) で与えられ，エネルギーの流れを表すポインティングベクトルは式 (9.38) で与えられる．
- 電磁波による方向ごとのエネルギー放射率は式 (9.44) で与えられ，これを全方向で積分したエネルギー放射率（荷電粒子のエネルギー損失率）は式 (9.53) である．
- 本章の議論の流れは図 9.15 のようにまとめられる．
- 電磁波にかかわることで本章で述べなかったこととしては
  - 放射にともなう反作用
  - 電磁波の屈折，散乱
  - 電磁波の周波数分布

などがある．これらについては巻末に挙げた参考文献 [8, 16, 24, 27, 32] などを参照してほしい．

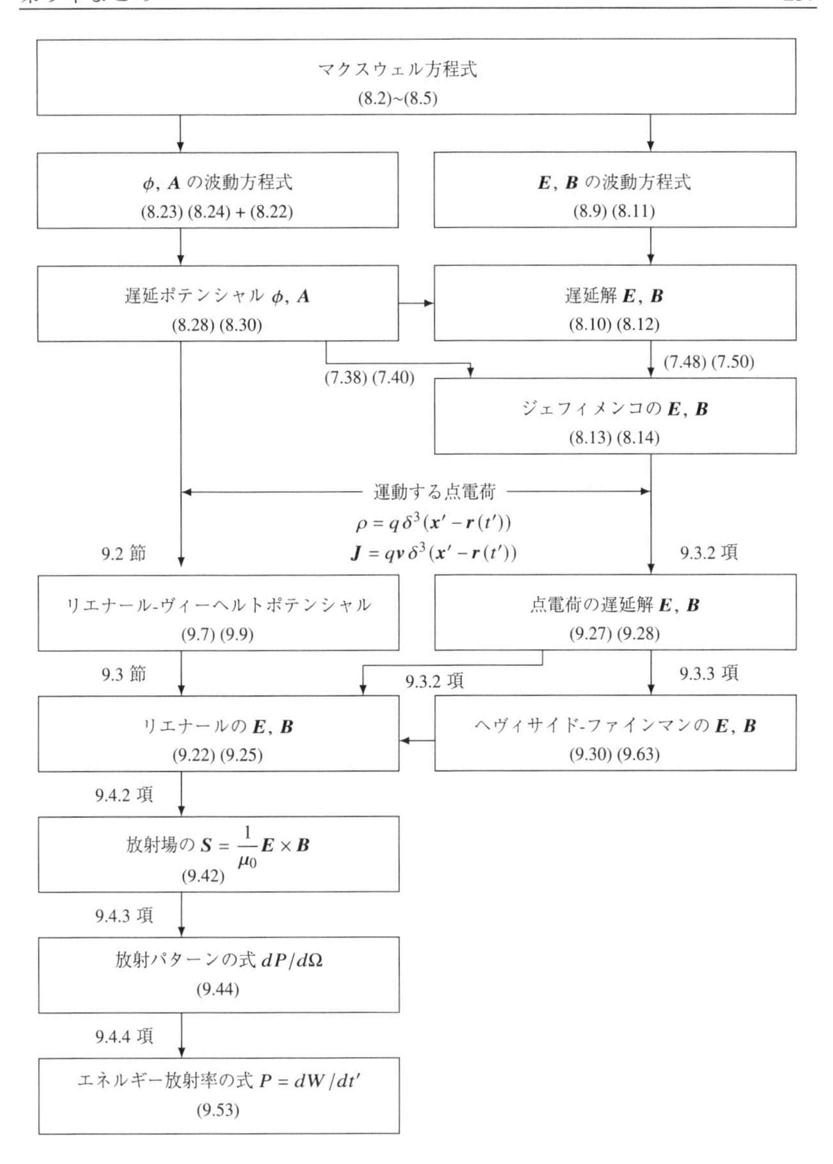

図 9.15　運動する点電荷の作る電磁場まとめ

演習問題

1. リエナール-ヴィーヘルトのポテンシャル (9.7) (9.9) がローレンツ条件 (8.22) を満たしていることを示せ.
2. 式 (9.28) から運動する点電荷による磁場のリエナールの $\boldsymbol{B}$ (9.25) を導出せよ.
3. 式 (9.28) からヘヴィサイドの $\boldsymbol{B}$ [7, 8]

$$\boldsymbol{B} = \frac{\mu_0}{4\pi}\left[\frac{\boldsymbol{v}\times\hat{\boldsymbol{R}}}{\alpha^2 R^2}\right] + \frac{\mu_0}{4\pi c}\left[\frac{1}{R}\right]\frac{\partial}{\partial t}\left[\frac{\boldsymbol{v}\times\hat{\boldsymbol{R}}}{\alpha}\right] \tag{9.64}$$

を導出せよ.

4. ファインマンからの宿題：ファインマンの $\boldsymbol{E}$ (9.30) からリエナールの $\boldsymbol{E}$ (9.22) を導出せよ.
5. 制動放射の強度が最大になる角度 (9.48) は $\beta \to 1$ の極限で $\theta_{\max} \sim 1/2\gamma$ ラジアンとなることを示せ.
6. 相対論的な場合にシンクロトロン放射は強く前方に集中する．角度広がりの幅は $\theta \simeq 1/\gamma$ ラジアンであることを示せ.
7. (a) 積分

$$I_n(\beta) \equiv \int_{-1}^{1} \frac{1}{(1-\beta x)^n}\,dx$$

を定義するとき，I_3，I_4，I_5 を計算せよ.

(b) 積分

$$J_n(\beta) \equiv \int_{-1}^{1} \frac{x}{(1-\beta x)^n}\,dx, \quad K_n(\beta) \equiv \int_{-1}^{1} \frac{x^2}{(1-\beta x)^n}\,dx$$

を定義するとき，$dI_n/d\beta = nJ_{n+1}$，$dJ_n/d\beta = nK_{n+1}$ を示せ.

(c) I_3 から J_4 を，J_4 から K_5 を作り，積分 $\int_{-1}^{1}(1-x^2)\,dx/(1-\beta x)^5$ を計算せよ.

(d) 制動放射の角度パターンの式 (9.47) を全方向で積分し，エネルギー放射率の式 (9.54) を導け.

(e) シンクロトロン放射の角度パターンの式 (9.51) は $\dot{\boldsymbol{\beta}}$, $\boldsymbol{\beta}$, $\hat{\boldsymbol{R}}$ を同一平面上と仮定して角度変数を 1 つ減らしているため，全方向で積分しても式 (9.55) とは一致しない．式 (9.51) を一般の場合に書き直し，それを全方向で積分することによって式 (9.55) を導け．

8. 直線偏光の場合のトムソン散乱の微分断面積の式 (9.60)，無偏光の場合の式 (9.61) は，どちらも全方向で積分すればトムソン散乱の全断面積 (9.57) が得られることを示せ．

演習問題略解は共立出版のホームページから PDF でダウンロードできます．

URL: `https://www.kyoritsu-pub.co.jp/book/b10046368.html`

付録A

直交曲線座標

A.1　曲線論

■曲線は 1 パラメータ　曲線上の 1 点を指定するにはある 1 つのパラメータを指定するだけで足りる．パラメータとは曲線上にあらかじめ刻まれた目盛りであり，曲線上を進むと単調に増加する数値である．曲線を表す式は一般に

$$\boldsymbol{x} = \boldsymbol{x}(s) = \begin{pmatrix} x(s) \\ y(s) \\ z(s) \end{pmatrix} \tag{A.1}$$

のように書かれる．$\mathbb{R} \to \mathbb{R}^3$ の写像であると言ってもよい．

■接ベクトル　曲線上の点 $\boldsymbol{x}$ を指定するパラメータを t とする．パラメータが t から $t + dt$ まで変化すると，曲線上の位置も変化し，その変化は $d\boldsymbol{x}(t) = \boldsymbol{x}(t + dt) - \boldsymbol{x}(t)$ である（図 A.1）．$d\boldsymbol{x}(t)$ は曲線上の位置 $\boldsymbol{x}(t)$ における曲線の接線の向きを与える**接ベクトル**（tangent vector）である．また一般に**パラメータ t で記述される曲線 $\boldsymbol{x}(t)$ のある点での微分 $d\boldsymbol{x}(t)/dt$ は，その点における曲線の接ベクトルを与える．**

　パラメータとして，曲線に沿う道のりを表す s をとったとき，これを**弧長パラメータ** (arc-length parameter) と呼ぶ．弧長パラメータ s_1 で指定される曲線上の点 $\boldsymbol{x}(s_1)$ からわずかだけ進めた点 $\boldsymbol{x}(s_2)$ を考えると，$d\boldsymbol{x} = \boldsymbol{x}(s_2) - \boldsymbol{x}(s_1)$ は微

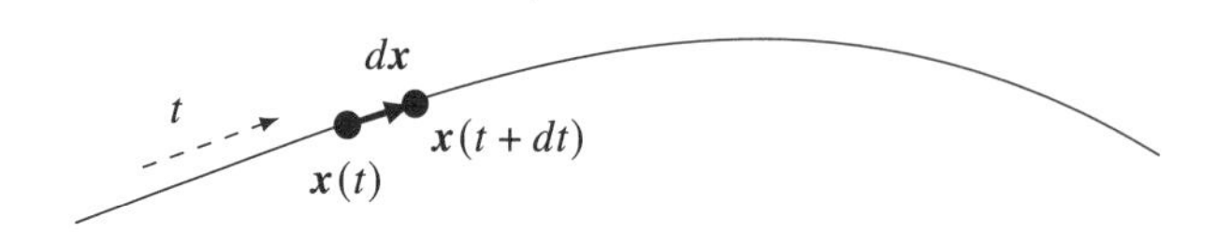

図 A.1　曲線上の微小変化 $d\boldsymbol{x}$ は曲線の接ベクトルである．

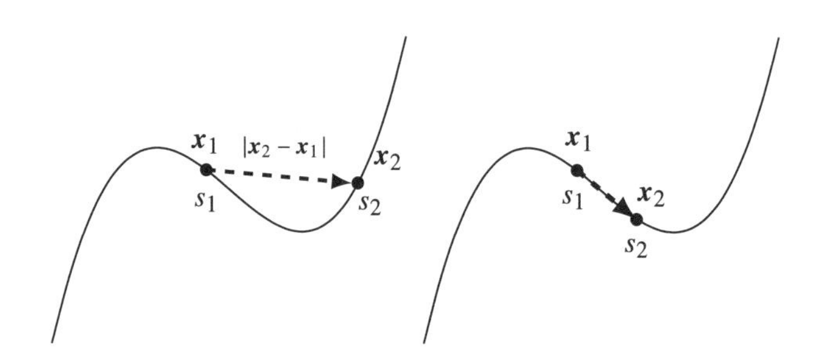

図 A.2　2 点間の直線距離 $|\boldsymbol{x}_2 - \boldsymbol{x}_1|$ とみちのり $s_2 - s_1$ では一般に $|\boldsymbol{x}_2 - \boldsymbol{x}_1| \leq s_2 - s_1$ であるが，移動が微小であるときは $|d\boldsymbol{x}| = ds$ とみなせる．

小な線分であって $|d\boldsymbol{x}| = ds = s_2 - s_1$ とみなしてよい（図 A.2 右）．したがって

$$\boldsymbol{e}_s(s) = \frac{d\boldsymbol{x}(s)}{ds} \tag{A.2}$$

は曲線のある 1 点における単位接ベクトルとなる．

■法線ベクトル　曲線上の 1 点において法線ベクトル（normal vector または単に normal）は無数に存在する．ただし s が大きくなる向きの変化という条件をつけることによって向きを一意に決められるベクトルがある．

■主法線ベクトルと曲率　図 A.3 は曲線の各点における単位接ベクトル $\boldsymbol{e}_s$ とその変化を示している．$\boldsymbol{e}_s$ は曲線の曲がりに応じて変化しようとし，その変化は $\boldsymbol{e}_s$ に垂直な成分をもつ．そして ds を無限小にとった $d\boldsymbol{e}_s/ds$ は実際に $\boldsymbol{e}_s$ に垂直で曲線の法線ベクトルになる．形式的には $\boldsymbol{e}_s \cdot \boldsymbol{e}_s = 1$ の両辺を微分すれば

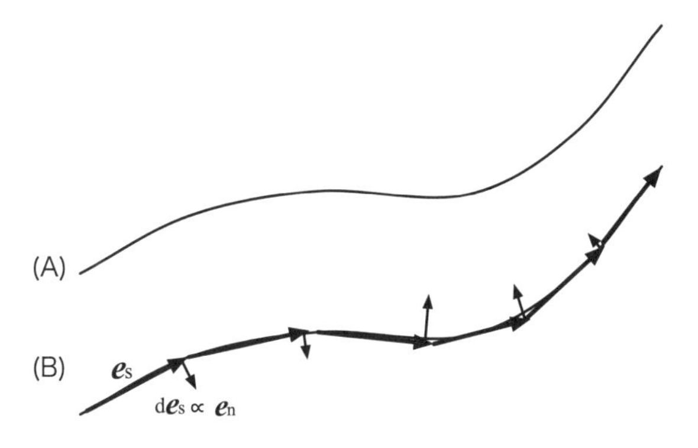

図 A.3 (A) は元の曲線，(B) は接ベクトルをつなげて元の曲線を近似したもの．曲線の曲がりによって接ベクトル $\boldsymbol{e}_s$ は絶えず変化しており，その変化量を $d\boldsymbol{e}_s$ とすると，$\boldsymbol{e}_s + d\boldsymbol{e}_s$ によって次の接ベクトルができる．変化量 $d\boldsymbol{e}_s$ は $\boldsymbol{e}_s$ に垂直な成分をもつので，これをその点における曲線の主法線ベクトルの向きと定める．

簡単に示すことができる[*1]．

$$\frac{d}{ds}(\boldsymbol{e}_s \cdot \boldsymbol{e}_s) = \frac{d\boldsymbol{e}_s}{ds} \cdot \boldsymbol{e}_s + \boldsymbol{e}_s \cdot \frac{d\boldsymbol{e}_s}{ds} = 2\frac{d\boldsymbol{e}_s}{ds} \cdot \boldsymbol{e}_s = 0 \tag{A.3}$$

ここで出てきた接ベクトルの微分

$$\boldsymbol{k}(s) \equiv \frac{d\boldsymbol{e}_s}{ds} = \frac{d^2\boldsymbol{x}}{ds^2} \tag{A.4}$$

をその位置における曲線の**曲率ベクトル** (curvature vector) と呼び，その大きさ $k(s) = |\boldsymbol{k}(s)|$ を**曲率** (curvature) と呼ぶ．また $\boldsymbol{k}(s) \neq 0$ のとき，曲率ベクトルを規格化したもの

$$\boldsymbol{e}_n(s) = \frac{1}{|\boldsymbol{k}(s)|}\boldsymbol{k}(s) = \frac{1}{k(s)}\boldsymbol{k}(s) \tag{A.5}$$

を s における**主法線ベクトル** (principal normal) と呼ぶ．

[*1] 大きさがどこでも一定として定義されているベクトル $\boldsymbol{v}(s)$ があるとき，その微分は $d\boldsymbol{v}/ds \perp \boldsymbol{v}$ となる．

■従法線ベクトルとねじれ率　曲線上のある位置での $\boldsymbol{e}_s$ と $\boldsymbol{e}_n$ によって瞬間的な接平面が決まり，その法線ベクトルは

$$\boldsymbol{e}_b(s) = \boldsymbol{e}_s(s) \times \boldsymbol{e}_n(s) \tag{A.6}$$

である．これも曲線の法線ベクトルであり**従法線ベクトル** (binormal) と呼ぶ．3つの単位ベクトル $\boldsymbol{e}_s(s)$, $\boldsymbol{e}_n(s)$, $\boldsymbol{e}_b(s)$ は互いに直交し，まとめて Frenet frame（**フレネの標構**）と呼ばれる (J.F. Frenet 1816-1900).

$\boldsymbol{e}_b \cdot \boldsymbol{e}_b = 1$ なので $d\boldsymbol{e}_b/ds$ は $\boldsymbol{e}_b$ 自身に垂直である．次に式 (A.6) を微分して $d\boldsymbol{e}_b/ds$ を作ってみると，式 (A.5) を使えば

$$\frac{d\boldsymbol{e}_b}{ds} = \frac{d\boldsymbol{e}_s}{ds} \times \boldsymbol{e}_n + \boldsymbol{e}_s \times \frac{d\boldsymbol{e}_n}{ds} = k\boldsymbol{e}_n \times \boldsymbol{e}_n + \boldsymbol{e}_s \times \frac{d\boldsymbol{e}_n}{ds} = \boldsymbol{e}_s \times \frac{d\boldsymbol{e}_n}{ds}$$

となるので $d\boldsymbol{e}_b/ds$ は $\boldsymbol{e}_b$, $\boldsymbol{e}_s$ と垂直，つまり $\boldsymbol{e}_n$ に平行だから

$$\frac{d\boldsymbol{e}_b(s)}{ds} = -\tau(s)\boldsymbol{e}_n(s) \tag{A.7}$$

と表せる．$\tau(s)$ をその位置における**ねじれ率**，捩率（れいりつ） (tortion) と呼ぶ．

従法線ベクトル $\boldsymbol{e}_b$ は，$\boldsymbol{e}_s$, $\boldsymbol{e}_n$ で張られる接平面の法線ベクトルである．$d\boldsymbol{e}_b/ds$ は，曲線上を動くときに接平面の法線ベクトルがどう変化するか，接平面がどう変化するかを与える．接平面が変化しないならば，すなわち局所的に曲線が1枚の平面に乗っていればその点においては $\tau(s) = 0$, $d\boldsymbol{e}_b/ds = 0$ である．曲線と Frenet frame の3つのベクトル，接平面と法平面の位置関係を図A.4に示す．

■Frenet-Serret の公式　曲線上の各点における Frenet frame ($\boldsymbol{e}_s$, $\boldsymbol{e}_n$, $\boldsymbol{e}_b$) が曲線上を動くとどう変化するかを与える式を導出しよう．Frenet frame は基底をなすので，Frenet frame 自身の微分 $d\boldsymbol{e}_s/ds$, $d\boldsymbol{e}_n/ds$, $d\boldsymbol{e}_b/ds$ も Frenet frame の線形結合で表せる．したがって

$$\frac{d}{ds}\begin{pmatrix} \boldsymbol{e}_s \\ \boldsymbol{e}_n \\ \boldsymbol{e}_b \end{pmatrix} = \begin{pmatrix} a_{11} & a_{12} & a_{13} \\ a_{21} & a_{22} & a_{23} \\ a_{31} & a_{32} & a_{33} \end{pmatrix} \begin{pmatrix} \boldsymbol{e}_s \\ \boldsymbol{e}_n \\ \boldsymbol{e}_b \end{pmatrix}$$

という形の方程式の係数を決定する問題である．Frenet frame は全て大きさ1だから $d\boldsymbol{e}_s/ds \perp \boldsymbol{e}_s$, $d\boldsymbol{e}_n/ds \perp \boldsymbol{e}_n$, $d\boldsymbol{e}_b/ds \perp \boldsymbol{e}_b$ であり，係数行列は対角成分が

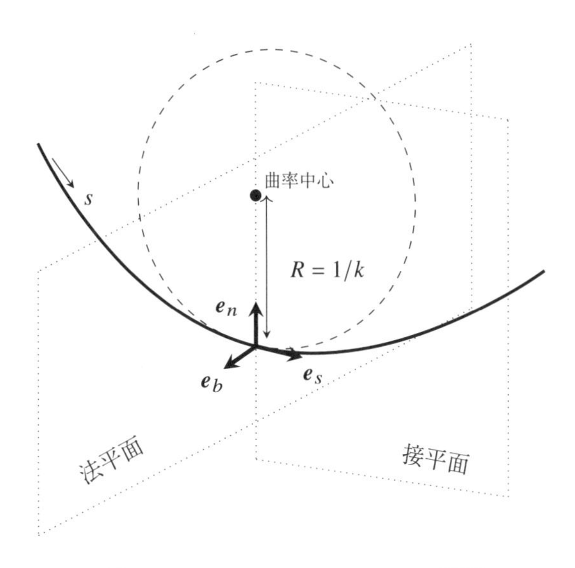

図 A.4　Frenet frame $\boldsymbol{e}_s$, $\boldsymbol{e}_n$, $\boldsymbol{e}_b$ の関係

ゼロである．また曲率ベクトルの定義 (A.4) から $d\boldsymbol{e}_s/ds = k(s)\boldsymbol{e}_n$，ねじれ率の定義 (A.7) から $d\boldsymbol{e}_b/ds = -\tau(s)\boldsymbol{e}_n$ であるのでまず

$$\frac{d}{ds}\begin{pmatrix}\boldsymbol{e}_s\\ \boldsymbol{e}_n\\ \boldsymbol{e}_b\end{pmatrix} = \begin{pmatrix}0 & k & 0\\ a_{21} & 0 & a_{23}\\ 0 & -\tau & 0\end{pmatrix}\begin{pmatrix}\boldsymbol{e}_s\\ \boldsymbol{e}_n\\ \boldsymbol{e}_b\end{pmatrix}$$

までが既にわかっている．次に $\boldsymbol{e}_s \cdot \boldsymbol{e}_n = 0$ を微分すれば

$$\frac{d}{ds}(\boldsymbol{e}_s \cdot \boldsymbol{e}_n) = \frac{d\boldsymbol{e}_s}{ds} \cdot \boldsymbol{e}_n + \boldsymbol{e}_s \cdot \frac{d\boldsymbol{e}_n}{ds} = 0.$$

これは $a_{12} + a_{21} = 0$ を意味する．最後に $\boldsymbol{e}_n \cdot \boldsymbol{e}_b = 0$ を微分すれば

$$\frac{d}{ds}(\boldsymbol{e}_n \cdot \boldsymbol{e}_b) = \frac{d\boldsymbol{e}_n}{ds} \cdot \boldsymbol{e}_b + \boldsymbol{e}_n \cdot \frac{d\boldsymbol{e}_b}{ds} = 0.$$

これは $d\boldsymbol{e}_n/ds$ の $\boldsymbol{e}_b$ 成分 a_{23} と $d\boldsymbol{e}_b/ds$ の $\boldsymbol{e}_n$ 成分 $a_{32} = -\tau$ が逆符号であることを意味する．したがって係数行列は反対称行列であり

$$\frac{d}{ds}\begin{pmatrix}\boldsymbol{e}_s(s)\\ \boldsymbol{e}_n(s)\\ \boldsymbol{e}_b(s)\end{pmatrix} = \begin{pmatrix}0 & k(s) & 0\\ -k(s) & 0 & \tau(s)\\ 0 & -\tau(s) & 0\end{pmatrix}\begin{pmatrix}\boldsymbol{e}_s(s)\\ \boldsymbol{e}_n(s)\\ \boldsymbol{e}_b(s)\end{pmatrix} \tag{A.8}$$

と決定される．式 (A.8) は **フレネ-セレの公式** (Frenet-Serret formulate) と呼ばれ，曲線の構造を与える式である (J.F. Frenet 1816-1900, J-A. Serret 1819-1885).

ある点において曲率 $k(s)$ とねじれ率 $\tau(s)$ の同じ曲線が 2 つあった場合，それらは少なくとも局所的には回転と平行移動によってぴたりと重ね合わせることができ，重ならないならば $k(s)$ と $\tau(s)$ が同じではない．曲率 $k(s)$ とねじれ率 $\tau(s)$ が与えられれば曲線は一意に決まると言ってもよい．これを**曲線論の基本定理** (fundamental theorem of curves) と呼ぶ．

A.2　円筒座標

■基底ベクトルとその微分　座標曲線は ρ 曲線（直線），ϕ 曲線（円），そして z 曲線（直線）である（図 A.5）．3 つの基底の 3 変数による微分 9 種のうち，円筒座標ではゼロでないのは 2 つだけで，$\partial \boldsymbol{e}_\rho/\partial\phi = \boldsymbol{e}_\phi$, $\partial \boldsymbol{e}_\phi/\partial\phi = -\boldsymbol{e}_\rho$ である．ϕ 曲線に沿う微分をフレネ-セレの公式でやってみよう．ϕ 曲線は円なのでねじれ率は $\tau = 0$，曲率は $1/\rho$ である．接ベクトルは $\boldsymbol{e}_s = \boldsymbol{e}_\phi$，主法線ベクトルは $\boldsymbol{e}_n = -\boldsymbol{e}_\rho$，従法線ベクトルは $\boldsymbol{e}_b = \boldsymbol{e}_\phi \times (-\boldsymbol{e}_\rho) = \boldsymbol{e}_z$ である．弧長は $ds = \rho\, d\phi$ であるから $d/ds \to \partial/(\rho\partial\phi)$ として

$$\frac{1}{\rho}\frac{\partial}{\partial\phi}\begin{pmatrix}\boldsymbol{e}_\phi\\ -\boldsymbol{e}_\rho\\ \boldsymbol{e}_z\end{pmatrix} = \begin{pmatrix}0 & 1/\rho & 0\\ -1/\rho & 0 & 0\\ 0 & 0 & 0\end{pmatrix}\begin{pmatrix}\boldsymbol{e}_\phi\\ -\boldsymbol{e}_\rho\\ \boldsymbol{e}_z\end{pmatrix} = \frac{1}{\rho}\begin{pmatrix}-\boldsymbol{e}_\rho\\ -\boldsymbol{e}_\phi\\ 0\end{pmatrix} \tag{A.9}$$

となる．ρ, z 曲線はともに直線なのでフレネ-セレの公式の係数行列はゼロとなり基底の ρ, z 微分は全てゼロである．円筒座標の基底の微分のまとめは表 A.1 に与えておく．

■ベクトルの成分表示と微分　3 次元空間の任意のベクトルは

$$\boldsymbol{A} = A_\rho \boldsymbol{e}_\rho + A_\phi \boldsymbol{e}_\phi + A_z \boldsymbol{e}_z \tag{A.10}$$

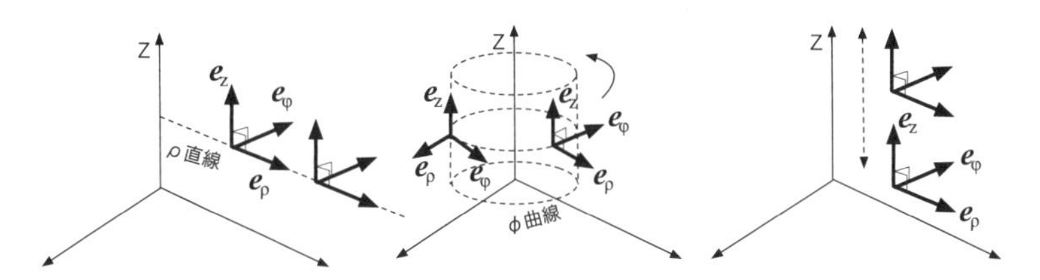

図 A.5　ρ 曲線（直線），ϕ 曲線（円），z 曲線（直線）に沿う基底の移動．ϕ 曲線に沿って ϕ を変化させたときのみ $\boldsymbol{e}_\rho$, $\boldsymbol{e}_\phi$ は向きが変化する．

表 A.1　円筒座標における基底の微分

$\dfrac{\partial \boldsymbol{e}_\rho}{\partial \rho} = 0$	$\dfrac{\partial \boldsymbol{e}_\phi}{\partial \rho} = 0$	$\dfrac{\partial \boldsymbol{e}_z}{\partial z} = 0$
$\dfrac{\partial \boldsymbol{e}_\rho}{\partial \phi} = \boldsymbol{e}_\phi$	$\dfrac{\partial \boldsymbol{e}_\phi}{\partial \phi} = -\boldsymbol{e}_\rho$	$\dfrac{\partial \boldsymbol{e}_z}{\partial \phi} = 0$
$\dfrac{\partial \boldsymbol{e}_\rho}{\partial z} = 0$	$\dfrac{\partial \boldsymbol{e}_\phi}{\partial z} = 0$	$\dfrac{\partial \boldsymbol{e}_z}{\partial z} = 0$

のように表せる．その微分は成分の微分と基底の微分 (表 A.1) を用いて

$$\begin{aligned}\frac{\partial \boldsymbol{A}}{\partial \rho} &= \frac{\partial A_\rho}{\partial \rho}\boldsymbol{e}_\rho + A_\rho\frac{\partial \boldsymbol{e}_\rho}{\partial \rho} + \frac{\partial A_\phi}{\partial \rho}\boldsymbol{e}_\rho + A_\phi\frac{\partial \boldsymbol{e}_\phi}{\partial \phi} + \frac{\partial A_z}{\partial \rho}\boldsymbol{e}_z + A_z\frac{\partial \boldsymbol{e}_z}{\partial z} \\ &= \frac{\partial A_\rho}{\partial \rho}\boldsymbol{e}_\rho + \frac{\partial A_\phi}{\partial \rho}\boldsymbol{e}_\phi + \frac{\partial A_z}{\partial \rho}\boldsymbol{e}_z,\end{aligned} \tag{A.11}$$

$$\begin{aligned}\frac{\partial \boldsymbol{A}}{\partial \phi} &= \frac{\partial A_\rho}{\partial \phi}\boldsymbol{e}_\rho + A_\rho\frac{\partial \boldsymbol{e}_\rho}{\partial \phi} + \frac{\partial A_\phi}{\partial \phi}\boldsymbol{e}_\rho + A_\phi\frac{\partial \boldsymbol{e}_\phi}{\partial \phi} + \frac{\partial A_z}{\partial \phi}\boldsymbol{e}_z + A_z\frac{\partial \boldsymbol{e}_z}{\partial \phi} \\ &= \left(\frac{\partial A_\rho}{\partial \phi} - A_\phi\right)\boldsymbol{e}_\rho + \left(A_\rho + \frac{\partial A_\phi}{\partial \phi}\right)\boldsymbol{e}_\phi + \frac{\partial A_z}{\partial \phi}\boldsymbol{e}_z,\end{aligned} \tag{A.12}$$

$$\begin{aligned}\frac{\partial \boldsymbol{A}}{\partial z} &= \frac{\partial A_\rho}{\partial z}\boldsymbol{e}_\rho + A_\rho\frac{\partial \boldsymbol{e}_\rho}{\partial z} + \frac{\partial A_\phi}{\partial z}\boldsymbol{e}_\rho + A_\phi\frac{\partial \boldsymbol{e}_\phi}{\partial z} + \frac{\partial A_z}{\partial z}\boldsymbol{e}_z + A_z\frac{\partial \boldsymbol{e}_z}{\partial z} \\ &= \frac{\partial A_\rho}{\partial z}\boldsymbol{e}_\rho + \frac{\partial A_\phi}{\partial z}\boldsymbol{e}_\phi + \frac{\partial A_z}{\partial z}\boldsymbol{e}_z\end{aligned} \tag{A.13}$$

となる．

■線素と体積要素　位置ベクトル $\boldsymbol{x}$ は

$$\boldsymbol{x} = \rho \boldsymbol{e}_\rho + z\boldsymbol{e}_z \tag{A.14}$$

で表される．位置ベクトル $\boldsymbol{x}$ を少しだけ変位させたときの $d\boldsymbol{x}$ は

$$d\boldsymbol{x} = d\rho\,\boldsymbol{e}_\rho + \rho\,d\phi\,\boldsymbol{e}_\phi + dz\,\boldsymbol{e}_z. \tag{A.15}$$

線素 (A.15) を構成する 3 本のベクトル $d\rho\,\boldsymbol{e}_\rho$, $\rho\,d\phi\,\boldsymbol{e}_\phi$, $dz\,\boldsymbol{e}_z$ に対してスカラー 3 重積で体積を求めれば

$$dV = (d\rho\,\boldsymbol{e}_\rho \times \rho\,d\phi\,\boldsymbol{e}_\phi)\cdot dz\,\boldsymbol{e}_z = \rho\,d\rho\,d\phi\,dz\,\boldsymbol{e}_z\cdot\boldsymbol{e}_z = \rho\,d\rho\,d\phi\,dz. \tag{A.16}$$

デルタ関数は

$$\delta^3(\boldsymbol{x}-\boldsymbol{x}_0) = \frac{\delta(\rho-\rho_0)\,\delta(\phi-\phi_0)\,\delta(z-z_0)}{\rho}. \tag{4.41}$$

■ナブラ演算　スカラー場の全微分 $df = f(\boldsymbol{x}+d\boldsymbol{x})-f(\boldsymbol{x}) = \frac{\partial f}{\partial\rho}d\rho+\frac{\partial f}{\partial\phi}d\phi+\frac{\partial f}{\partial z}dz$ と線素 $d\boldsymbol{x} = (d\rho,\ \rho\,d\phi,\ dz)$ より $df = \boldsymbol{\nabla} f\cdot d\boldsymbol{x}$ となるためには

$$\begin{aligned}
df = \boldsymbol{\nabla} f\cdot d\boldsymbol{x} &= \begin{pmatrix}(\boldsymbol{\nabla} f)_\rho & (\boldsymbol{\nabla} f)_\phi & (\boldsymbol{\nabla} f)_z\end{pmatrix}\begin{pmatrix}d\rho\\ \rho\,d\phi\\ dz\end{pmatrix}\\
&\equiv \frac{\partial f}{\partial\rho}d\rho + \frac{\partial f}{\partial\phi}d\phi + \frac{\partial f}{\partial z}dz,\\
(\boldsymbol{\nabla} f)_\rho = \frac{\partial f}{\partial\rho},\quad (\boldsymbol{\nabla} f)_\phi &= \frac{1}{\rho}\frac{\partial f}{\partial\phi},\quad (\boldsymbol{\nabla} f)_z = \frac{\partial f}{\partial z}.
\end{aligned}$$

したがって $\boldsymbol{\nabla}$ の円筒座標表示は

$$\boldsymbol{\nabla} \longrightarrow \boldsymbol{e}_\rho\frac{\partial}{\partial\rho} + \boldsymbol{e}_\phi\frac{1}{\rho}\frac{\partial}{\partial\phi} + \boldsymbol{e}_z\frac{\partial}{\partial z}. \tag{A.17}$$

発散は基底ベクトルの微分（表 A.1）を忘れずに行えば

$$\begin{aligned}
\boldsymbol{\nabla}\cdot\boldsymbol{A} &= \left(\boldsymbol{e}_\rho\frac{\partial}{\partial\rho} + \boldsymbol{e}_\phi\frac{1}{\rho}\frac{\partial}{\partial\phi} + \boldsymbol{e}_z\frac{\partial}{\partial z}\right)\cdot\left(A_\rho\boldsymbol{e}_\rho + A_\phi\boldsymbol{e}_\phi + A_z\boldsymbol{e}_z\right)\\
&= \frac{\partial A_\rho}{\partial\rho} + \frac{A_\rho}{\rho} + \frac{1}{\rho}\frac{\partial A_\phi}{\partial\phi} + \frac{\partial A_z}{\partial z} = \frac{1}{\rho}\frac{\partial}{\partial\rho}\left(\rho A_\rho\right) + \frac{1}{\rho}\frac{\partial A_\phi}{\partial\phi} + \frac{\partial A_z}{\partial z}.
\end{aligned} \tag{A.18}$$

回転は

$$
\begin{aligned}
\boldsymbol{\nabla}\times\boldsymbol{A} &= \left(\boldsymbol{e}_\rho\frac{\partial}{\partial\rho}+\boldsymbol{e}_\phi\frac{1}{\rho}\frac{\partial}{\partial\phi}+\boldsymbol{e}_z\frac{\partial}{\partial z}\right)\times\left(A_\rho\boldsymbol{e}_\rho+A_\phi\boldsymbol{e}_\phi+A_z\boldsymbol{e}_z\right)\\
&= \boldsymbol{e}_\rho\left(\frac{1}{\rho}\frac{\partial A_z}{\partial\phi}-\frac{\partial A_\phi}{\partial z}\right)+\boldsymbol{e}_\phi\left(\frac{\partial A_\rho}{\partial z}-\frac{\partial A_z}{\partial\rho}\right)\\
&\quad+\boldsymbol{e}_z\left(\frac{\partial A_\phi}{\partial\rho}+\frac{A_\phi}{\rho}-\frac{1}{\rho}\frac{\partial A_\rho}{\partial\phi}\right).
\end{aligned}
\tag{A.19}
$$

ラプラシアンは

$$
\begin{aligned}
\nabla^2 f = \boldsymbol{\nabla}\cdot(\boldsymbol{\nabla}f) &= \begin{pmatrix}\frac{1}{\rho}\frac{\partial}{\partial\rho}\rho & \frac{1}{\rho}\frac{\partial}{\partial\phi} & \frac{\partial}{\partial z}\end{pmatrix}\begin{pmatrix}\frac{\partial f}{\partial\rho}\\ \frac{1}{\rho}\frac{\partial f}{\partial\phi}\\ \frac{\partial f}{\partial z}\end{pmatrix}\\
&= \frac{1}{\rho}\frac{\partial}{\partial\rho}\left(\rho\frac{\partial f}{\partial\rho}\right)+\frac{1}{\rho}\frac{\partial\left(\frac{1}{\rho}\frac{\partial f}{\partial\phi}\right)}{\partial\phi}+\frac{\partial\left(\frac{\partial f}{\partial z}\right)}{\partial z}\\
&= \left(\frac{1}{\rho}\frac{\partial}{\partial\rho}\left(\rho\frac{\partial}{\partial\rho}\right)+\frac{1}{\rho^2}\frac{\partial^2}{\partial\phi^2}+\frac{\partial^2}{\partial z^2}\right)f.
\end{aligned}
\tag{A.20}
$$

ベクトル場 $\boldsymbol{A}(\boldsymbol{x})$ に ∇^2 を作用させると式 (A.9) から

$$
\begin{aligned}
\nabla^2\boldsymbol{A} &= \left(\frac{1}{\rho}\frac{\partial}{\partial\rho}\left(\rho\frac{\partial}{\partial\rho}\right)+\frac{1}{\rho^2}\frac{\partial^2}{\partial\phi^2}+\frac{\partial^2}{\partial z^2}\right)\left(A_\rho\boldsymbol{e}_\rho+A_\phi\boldsymbol{e}_\phi+A_z\boldsymbol{e}_z\right)\\
&= \boldsymbol{e}_\rho\left(\frac{1}{\rho}\frac{\partial}{\partial\rho}\left(\rho\frac{\partial A_\rho}{\partial\rho}\right)+\frac{1}{\rho^2}\frac{\partial^2 A_\rho}{\partial\phi^2}-\frac{A_\rho}{\rho^2}-\frac{2}{\rho^2}\frac{\partial A_\phi}{\partial\phi}+\frac{\partial^2 A_\rho}{\partial z^2}\right)\\
&\quad+\boldsymbol{e}_\phi\left(\frac{1}{\rho}\frac{\partial}{\partial\rho}\left(\rho\frac{\partial A_\phi}{\partial\rho}\right)+\frac{2}{\rho^2}\frac{\partial A_\rho}{\partial\phi}+\frac{1}{\rho^2}\frac{\partial^2 A_\phi}{\partial\phi^2}-\frac{A_\phi}{\rho^2}+\frac{\partial^2 A_\phi}{\partial z^2}\right)\\
&\quad+\boldsymbol{e}_z\left(\frac{1}{\rho}\frac{\partial}{\partial\rho}\left(\rho\frac{\partial A_z}{\partial\rho}\right)+\frac{1}{\rho^2}\frac{\partial^2 A_z}{\partial\phi^2}+\frac{\partial^2 A_z}{\partial z^2}\right).
\end{aligned}
\tag{A.21}
$$

A.3 球座標

■線素，基底ベクトルとその微分　ある点における $\boldsymbol{e}_r$ は，原点とその点を結ぶ直線の接ベクトルであり

$$
\boldsymbol{e}_r = \frac{\partial\boldsymbol{x}}{\partial r}. \tag{A.22}
$$

θ 曲線の接ベクトルが $\boldsymbol{e}_\theta$ である．半径 r の大円上を $d\theta$ 変化させるとその円周上の長さは $ds_\theta = r\,d\theta$ であるから，その点での接ベクトルは

$$\boldsymbol{e}_\theta = \frac{d\boldsymbol{x}}{ds_\theta} = \frac{1}{r}\frac{\partial \boldsymbol{x}}{\partial \theta} \tag{A.23}$$

である．いっぽう ϕ 曲線は半径が $r\sin\theta$ の円であるから，その接ベクトルは

$$\boldsymbol{e}_\phi = \frac{1}{r\sin\theta}\frac{\partial \boldsymbol{x}}{\partial \phi} \tag{A.24}$$

であり，球座標における線素は

$$d\boldsymbol{x} = dr\,\boldsymbol{e}_r + r\,d\theta\,\boldsymbol{e}_\theta + r\,\sin\theta\,d\phi\,\boldsymbol{e}_\phi. \tag{A.25}$$

体積要素はスカラー 3 重積により

$$dV = (dr\,\boldsymbol{e}_r \times r\,d\theta\,\boldsymbol{e}_\theta)\cdot r\,\sin\theta\,d\phi\,\boldsymbol{e}_\phi = r^2\,\sin\theta\,dr\,d\theta\,d\phi. \tag{A.26}$$

デルタ関数の表示は

$$\delta^3(\boldsymbol{x}-\boldsymbol{x}_0) = \frac{\delta(r-r_0)\,\delta(\theta-\theta_0)\,\delta(\phi-\phi_0)}{r^2\,\sin\theta} \tag{4.42}$$

となる．

基底の微分をフレネ-セレの公式から導こう．r 曲線は実際には直線なので $k=\tau=0$ であり r 微分は全てゼロである．θ 曲線に沿う微分では，接ベクトルは $\boldsymbol{e}_s=\boldsymbol{e}_\theta$，$\theta$ 曲線は大円なので主法線ベクトルは中心へ向き $\boldsymbol{e}_n=-\boldsymbol{e}_r$，従法線ベクトルは $\boldsymbol{e}_b=\boldsymbol{e}_s\times\boldsymbol{e}_n=\boldsymbol{e}_\theta\times(-\boldsymbol{e}_r)=\boldsymbol{e}_\phi$ である．曲率は $k=1/r$，また円は平面図形だから $\tau=0$ である．θ 曲線に沿う線素は $ds_\theta = rd\theta$ であるから $d/ds \to \partial/(r\partial\theta)$ として

$$\frac{1}{r}\frac{\partial}{\partial\theta}\begin{pmatrix}\boldsymbol{e}_\theta\\-\boldsymbol{e}_r\\\boldsymbol{e}_\phi\end{pmatrix} = \begin{pmatrix}0 & 1/r & 0\\-1/r & 0 & 0\\0 & 0 & 0\end{pmatrix}\begin{pmatrix}\boldsymbol{e}_\theta\\-\boldsymbol{e}_r\\\boldsymbol{e}_\phi\end{pmatrix} = \frac{1}{r}\begin{pmatrix}-\boldsymbol{e}_r\\-\boldsymbol{e}_\theta\\0\end{pmatrix} \tag{A.27}$$

である．ϕ に沿った微分では $\boldsymbol{e}_r, \boldsymbol{e}_\theta, \boldsymbol{e}_\phi$ 全てが変化する（図 A.6）．主法線ベクトルは $\boldsymbol{e}_n = -\boldsymbol{e}_r\sin\theta - \boldsymbol{e}_\theta\cos\theta$，従法線ベクトルは $\boldsymbol{e}_b = \boldsymbol{e}_s\times\boldsymbol{e}_n = -\sin\theta(\boldsymbol{e}_\phi\times\boldsymbol{e}_r) - \cos\theta(\boldsymbol{e}_\phi\times\boldsymbol{e}_\theta) = -\sin\theta\boldsymbol{e}_\theta + \cos\theta\boldsymbol{e}_r$ である．ϕ 曲線の半径は $r\sin\theta$ だから

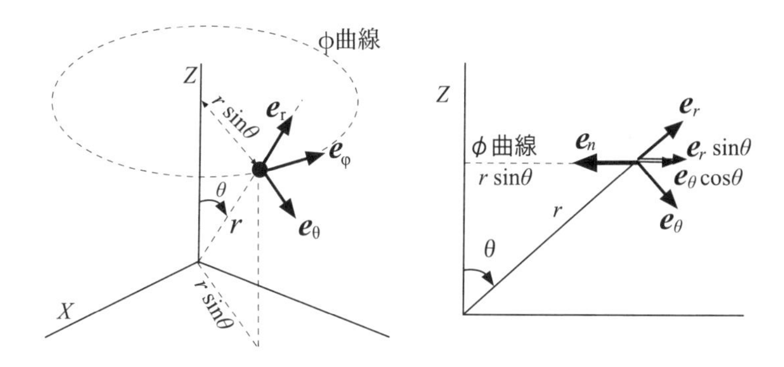

図 A.6　3 次元極座標における ϕ 曲線と基底ベクトル

曲率は $k = 1/r\sin\theta$，ϕ 曲線は円なので $\tau = 0$，線素は $ds_\phi = r\sin\theta d\phi$ であるから $d/ds_\phi \to (1/r\sin\theta)\partial/\partial\theta$ として

$$
\begin{aligned}
\frac{d}{ds_\phi}\begin{pmatrix}\boldsymbol{e}_s\\ \boldsymbol{e}_n\\ \boldsymbol{e}_b\end{pmatrix} &= \frac{1}{r\sin\theta}\frac{\partial}{\partial\phi}\begin{pmatrix}\boldsymbol{e}_\phi\\ -\boldsymbol{e}_r\sin\theta-\boldsymbol{e}_\theta\cos\theta\\ \boldsymbol{e}_r\cos\theta-\boldsymbol{e}_\theta\sin\theta\end{pmatrix}\\
&= \begin{pmatrix}0 & 1/r\sin\theta & 0\\ -1/r\sin\theta & 0 & 0\\ 0 & 0 & 0\end{pmatrix}\begin{pmatrix}\boldsymbol{e}_\phi\\ -\boldsymbol{e}_r\sin\theta-\boldsymbol{e}_\theta\cos\theta\\ \boldsymbol{e}_r\cos\theta-\boldsymbol{e}_\theta\sin\theta\end{pmatrix}\\
&= \frac{1}{r\sin\theta}\begin{pmatrix}-\boldsymbol{e}_r\sin\theta-\boldsymbol{e}_\theta\cos\theta\\ -\boldsymbol{e}_\phi\\ 0\end{pmatrix}
\end{aligned}
\tag{A.28}
$$

となり，第 1 式から $\partial\boldsymbol{e}_\phi/\partial\phi = -\boldsymbol{e}_r\sin\theta-\boldsymbol{e}_\theta\cos\theta$ が決まり，第 2，第 3 式から

$$
\frac{\partial\boldsymbol{e}_\theta}{\partial\phi} = \boldsymbol{e}_\phi\cos\theta,\quad \frac{\partial\boldsymbol{e}_r}{\partial\phi} = \boldsymbol{e}_\phi\sin\theta
$$

が得られる．式 (A.27) とあわせ，極座標における基底の微分を表 A.2 にまとめておく．

■ベクトルの成分表示と微分　3 次元空間の任意のベクトルは

$$
\boldsymbol{A} = A_r\boldsymbol{e}_r + A_\theta\boldsymbol{e}_\theta + A_\phi\boldsymbol{e}_\phi \tag{A.29}
$$

表 A.2 球座標における基底の微分

$\dfrac{\partial \boldsymbol{e}_r}{\partial r} = 0$	$\dfrac{\partial \boldsymbol{e}_\theta}{\partial r} = 0$	$\dfrac{\partial \boldsymbol{e}_\phi}{\partial r} = 0$
$\dfrac{\partial \boldsymbol{e}_r}{\partial \theta} = \boldsymbol{e}_\theta$	$\dfrac{\partial \boldsymbol{e}_\theta}{\partial \theta} = -\boldsymbol{e}_r$	$\dfrac{\partial \boldsymbol{e}_\phi}{\partial \theta} = 0$
$\dfrac{\partial \boldsymbol{e}_r}{\partial \phi} = \boldsymbol{e}_\phi \sin\theta$	$\dfrac{\partial \boldsymbol{e}_\theta}{\partial \phi} = \boldsymbol{e}_\phi \cos\theta$	$\dfrac{\partial \boldsymbol{e}_\phi}{\partial \phi} = -\boldsymbol{e}_r \sin\theta - \boldsymbol{e}_\theta \cos\theta$

のように表すことができる．その微分は表 A.2 から

$$\begin{aligned}
\frac{\partial \boldsymbol{A}}{\partial r} &= \frac{\partial A_r}{\partial r}\boldsymbol{e}_r + A_r\frac{\partial \boldsymbol{e}_r}{\partial r} + \frac{\partial A_\theta}{\partial r}\boldsymbol{e}_\theta + A_\theta\frac{\partial \boldsymbol{e}_\theta}{\partial r} + \frac{\partial A_\phi}{\partial r}\boldsymbol{e}_\phi + A_\phi\frac{\partial \boldsymbol{e}_\phi}{\partial r} \\
&= \frac{\partial A_r}{\partial r}\boldsymbol{e}_r + \frac{\partial A_\theta}{\partial r}\boldsymbol{e}_\theta + \frac{\partial A_\phi}{\partial r}\boldsymbol{e}_\phi, \qquad \text{(A.30)} \\
\frac{\partial \boldsymbol{A}}{\partial \theta} &= \frac{\partial A_r}{\partial \theta}\boldsymbol{e}_r + A_r\frac{\partial \boldsymbol{e}_r}{\partial \theta} + \frac{\partial A_\theta}{\partial \theta}\boldsymbol{e}_\theta + A_\theta\frac{\partial \boldsymbol{e}_\theta}{\partial \theta} + \frac{\partial A_\phi}{\partial \theta}\boldsymbol{e}_\phi + A_\phi\frac{\partial \boldsymbol{e}_\phi}{\partial \theta} \\
&= \left(\frac{\partial A_r}{\partial \theta} - A_\theta\right)\boldsymbol{e}_r + \left(A_r + \frac{\partial A_\theta}{\partial \theta}\right)\boldsymbol{e}_\theta + \frac{\partial A_\theta}{\partial \phi}\boldsymbol{e}_\phi, \qquad \text{(A.31)} \\
\frac{\partial \boldsymbol{A}}{\partial \phi} &= \frac{\partial A_r}{\partial \phi}\boldsymbol{e}_r + A_r\frac{\partial \boldsymbol{e}_r}{\partial \phi} + \frac{\partial A_\theta}{\partial \phi}\boldsymbol{e}_\theta + A_\theta\frac{\partial \boldsymbol{e}_\theta}{\partial \phi} + \frac{\partial A_\phi}{\partial \phi}\boldsymbol{e}_\phi + A_\phi\frac{\partial \boldsymbol{e}_\phi}{\partial \phi} \\
&= \left(\frac{\partial A_r}{\partial \phi} - A_\phi \sin\theta\right)\boldsymbol{e}_r + \left(\frac{\partial A_\theta}{\partial \phi} - A_\phi \cos\theta\right)\boldsymbol{e}_\theta \\
&\quad + \left(\frac{\partial A_\phi}{\partial \phi} + A_r \sin\theta + A_\theta \cos\theta\right)\boldsymbol{e}_\phi \qquad \text{(A.32)}
\end{aligned}$$

となる．

■**ナブラ演算**　スカラー場の全微分 $df = \frac{\partial f}{\partial r}dr + \frac{\partial f}{\partial \theta}d\theta + \frac{\partial f}{\partial \phi}d\phi$ と線素 (A.25) $d\boldsymbol{x} = dr\,\boldsymbol{e}_r + r\,d\theta\,\boldsymbol{e}_\theta + r\,\sin\theta\,d\phi\,\boldsymbol{e}_\phi$ より，$df = \boldsymbol{\nabla} f \cdot d\boldsymbol{x}$ となるためには

$$\begin{aligned}
\boldsymbol{\nabla} f &= \left(\frac{\partial f}{\partial r} \quad \frac{1}{r}\frac{\partial f}{\partial \theta} \quad \frac{1}{r\sin\theta}\frac{\partial f}{\partial \phi}\right) = \left(\boldsymbol{e}_r\frac{\partial}{\partial r} + \boldsymbol{e}_\theta\frac{1}{r}\frac{\partial}{\partial \theta} + \boldsymbol{e}_\phi\frac{1}{r\sin\theta}\frac{\partial}{\partial \phi}\right)f, \\
\boldsymbol{\nabla} &= \boldsymbol{e}_r\frac{\partial}{\partial r} + \boldsymbol{e}_\theta\frac{1}{r}\frac{\partial}{\partial \theta} + \boldsymbol{e}_\phi\frac{1}{r\sin\theta}\frac{\partial}{\partial \phi} \qquad \text{(A.33)}
\end{aligned}$$

である．発散は表 A.2 の θ, ϕ による微分に注意して

$$\begin{aligned}\nabla\cdot\boldsymbol{A} &= \left(\boldsymbol{e}_r\frac{\partial}{\partial r}+\boldsymbol{e}_\theta\frac{1}{r}\frac{\partial}{\partial\theta}+\boldsymbol{e}_\phi\frac{1}{r\sin\theta}\frac{\partial}{\partial\phi}\right)\cdot\left(A_r\boldsymbol{e}_r+A_\theta\boldsymbol{e}_\theta+A_\phi\boldsymbol{e}_\phi\right)\\ &= \frac{\partial A_r}{\partial r}+\frac{2A_r}{r}+\frac{1}{r}\frac{\partial A_\theta}{\partial\theta}+\frac{\cos\theta}{r\sin\theta}A_\theta+\frac{1}{r\sin\theta}\frac{\partial A_\phi}{\partial\phi}\\ &= \frac{1}{r^2}\frac{\partial}{\partial r}\left(r^2A_r\right)+\frac{1}{r\sin\theta}\frac{\partial}{\partial\theta}\left(\sin\theta A_\theta\right)+\frac{1}{r\sin\theta}\frac{\partial A_\phi}{\partial\phi}.\end{aligned}\tag{A.34}$$

回転は

$$\begin{aligned}\nabla\times\boldsymbol{A} &= \left(\boldsymbol{e}_r\frac{\partial}{\partial r}+\boldsymbol{e}_\theta\frac{1}{r}\frac{\partial}{\partial\theta}+\boldsymbol{e}_\phi\frac{1}{r\sin\theta}\frac{\partial}{\partial\phi}\right)\times\left(A_r\boldsymbol{e}_r+A_\theta\boldsymbol{e}_\theta+A_\phi\boldsymbol{e}_\phi\right)\\ &= \boldsymbol{e}_r\left(\frac{1}{r}\frac{\partial A_\phi}{\partial\theta}+\frac{A_\phi\cos\theta}{r\sin\theta}-\frac{1}{r\sin\theta}\frac{\partial A_\theta}{\partial\phi}\right)\\ &\quad+\boldsymbol{e}_\theta\left(\frac{1}{r\sin\theta}\frac{\partial A_r}{\partial\phi}-\frac{A_\phi}{r}-\frac{\partial A_\phi}{\partial r}\right)\\ &\quad+\boldsymbol{e}_\phi\left(\frac{\partial A_\theta}{\partial r}+\frac{A_\theta}{r}-\frac{1}{r}\frac{\partial A_r}{\partial\theta}\right).\end{aligned}\tag{A.35}$$

スカラー場 f に対するラプラシアンは，勾配 (A.33) と発散 (A.34) から

$$\begin{aligned}\nabla^2 f &= \begin{pmatrix}\frac{1}{r^2}\frac{\partial}{\partial r}r^2 & \frac{1}{r\sin\theta}\frac{\partial}{\partial\theta}\sin\theta & \frac{1}{r\sin\theta}\frac{\partial}{\partial\phi}\end{pmatrix}\begin{pmatrix}\frac{\partial f}{\partial r}\\ \frac{1}{r}\frac{\partial f}{\partial\theta}\\ \frac{1}{r\sin\theta}\frac{\partial f}{\partial\phi}\end{pmatrix}\\ &= \left(\frac{1}{r^2}\frac{\partial}{\partial r}\left(r^2\frac{\partial}{\partial r}\right)+\frac{1}{r^2\sin\theta}\frac{\partial}{\partial\theta}\left(\sin\theta\frac{\partial}{\partial\theta}\right)+\frac{1}{r^2\sin^2\theta}\frac{\partial^2}{\partial^2\phi}\right)f.\end{aligned}\tag{A.36}$$

ベクトル場 $\boldsymbol{A} = A_r \boldsymbol{e}_r + A_\theta \boldsymbol{e}_\theta + A_\phi \boldsymbol{e}_\phi$ に ∇^2 を作用させたものは

$$
\begin{aligned}
\nabla^2 \boldsymbol{A} &= \frac{1}{r^2}\frac{\partial}{\partial r}\left(r^2 \frac{\partial}{\partial r}\left(A_r \boldsymbol{e}_r + A_\theta \boldsymbol{e}_\theta + A_\phi \boldsymbol{e}_\phi\right)\right) \\
&\quad + \frac{1}{r^2 \sin\theta}\frac{\partial}{\partial \theta}\left(\sin\theta \frac{\partial}{\partial \theta}\left(A_r \boldsymbol{e}_r + A_\theta \boldsymbol{e}_\theta + A_\phi \boldsymbol{e}_\phi\right)\right) \\
&\quad + \frac{1}{r^2 \sin^2\theta}\frac{\partial^2}{\partial \phi^2}\left(A_r \boldsymbol{e}_r + A_\theta \boldsymbol{e}_\theta + A_\phi \boldsymbol{e}_\phi\right) \\
&= \boldsymbol{e}_r \left(\frac{\partial^2 A_r}{\partial r^2} + \frac{2}{r}\frac{\partial A_r}{\partial r} + \frac{1}{r^2}\frac{\partial^2 A_r}{\partial \theta^2} + \frac{\cos\theta}{r^2 \sin\theta}\frac{\partial A_r}{\partial \theta} + \frac{1}{r^2 \sin^2\theta}\frac{\partial^2 A_r}{\partial \phi^2}\right. \\
&\qquad \left. - \frac{2A_r}{r^2} - \frac{2}{r^2}\frac{\partial A_\theta}{\partial \theta} - \frac{2A_\theta \cos\theta}{r^2 \sin\theta} - \frac{2}{r^2 \sin\theta}\frac{\partial A_\phi}{\partial \phi}\right) \\
&\quad + \boldsymbol{e}_\theta \left(\frac{\partial^2 A_\theta}{\partial r^2} + \frac{2}{r}\frac{\partial A_\theta}{\partial r} + \frac{1}{r^2}\frac{\partial^2 A_\theta}{\partial \theta^2} + \frac{\cos\theta}{r^2 \sin\theta}\frac{\partial A_\theta}{\partial \theta} + \frac{1}{r^2 \sin^2\theta}\frac{\partial^2 A_\theta}{\partial \phi^2}\right. \\
&\qquad \left. - \frac{A_\theta}{r^2 \sin^2\theta} + \frac{2}{r^2}\frac{\partial A_r}{\partial \theta} - \frac{2\cos\theta}{r^2 \sin^2\theta}\frac{\partial A_\phi}{\partial \phi}\right) \\
&\quad + \boldsymbol{e}_\phi \left(\frac{\partial^2 A_r}{\partial r^2} + \frac{2}{r}\frac{\partial A_r}{\partial r} + \frac{1}{r^2}\frac{\partial^2 A_\phi}{\partial \theta^2} + \frac{\cos\theta}{r^2 \sin\theta}\frac{\partial A_\phi}{\partial \theta}\right. \\
&\qquad + \frac{1}{r^2 \sin^2\theta}\frac{\partial^2 A_\phi}{\partial \phi^2} - \frac{A_\phi}{r^2 \sin^2\theta} + \frac{2}{r^2 \sin\theta}\frac{\partial A_r}{\partial \phi} \\
&\qquad \left. + \frac{2\cos\theta}{r^2 \sin^2\theta}\frac{\partial A_\theta}{\partial \phi}\right). \qquad \text{(A.37)}
\end{aligned}
$$

付録B

グリーン関数

ポアソン方程式，ヘルムホルツ方程式，波動方程式に対する，フーリエ変換と留数定理を用いたグリーン関数の導出を示す．フーリエ変換と留数定理の解説はここでは行わず，定義を確認するにとどめる．

B.1 フーリエ変換

■定義 ある 1 変数の関数 $f(x)$ に対し

$$\tilde{F}(k) = \int_{-\infty}^{\infty} f(x) e^{-ikx}\, dx \tag{B.1}$$

を関数 $f(x)$ の**フーリエ変換**と呼ぶ (J. Fourier 1768-1830) *1．変換された $F(k)$ は新しい変数 k の関数で，k は $[1/x]$ の次元をもつ．また $\tilde{F}(k)$ は以下の変換

$$f(x) = \frac{1}{2\pi} \int_{-\infty}^{\infty} \tilde{F}(k) e^{ikx}\, dk \tag{B.2}$$

によって元の関数 $f(x)$ に戻すことができる*2．式 (B.2) はフーリエ逆変換とか**反転公式**などと呼ばれる．フーリエ変換は 2 次元，3 次元にも拡張でき，位置ベクトル $\boldsymbol{x}$ の関数（スカラー場）$f(\boldsymbol{x})$ に対し

$$\tilde{F}(\boldsymbol{k}) = \int f(\boldsymbol{x}) e^{-i\boldsymbol{k}\cdot\boldsymbol{x}}\, d^3\boldsymbol{x} \tag{B.3}$$

*1 フーリエ積分，フーリエ積分変換などと呼ばれることもある．

*2 「戻る」の意味には微妙なところもあるが，さしあたってあまり心配しなくてよい．

を $f(\boldsymbol{x})$ のフーリエ変換と呼ぶ．反転公式は

$$f(\boldsymbol{x}) = \frac{1}{(2\pi)^3} \int \tilde{F}(\boldsymbol{k}) e^{i\boldsymbol{k}\cdot\boldsymbol{x}}\, d^3\boldsymbol{k}. \tag{B.4}$$

■デルタ関数のフーリエ変換　式(4.3)を用いれば

$$\int_{-\infty}^{\infty} \delta(x) e^{-ikx}\, dx = e^{-ik\cdot 0} = 1 \tag{B.5}$$

となる．重要なのは右辺の値が1であるというよりも実定数であることである[*3]．また式(B.5)を逆変換すればデルタ関数が再現されるはずなので

$$\delta(x) = \frac{1}{2\pi} \int_{-\infty}^{\infty} 1 \cdot e^{ikx}\, dk = \frac{1}{2\pi} \int_{-\infty}^{\infty} e^{ikx}\, dk \tag{B.6}$$

となる．式(B.6)は，デルタ関数は e^{ikx} の積分でも表すことができることを意味する．デルタ関数は左右対称な偶関数 $\delta(-x) = \delta(x)$ なので

$$\delta(x) = \frac{1}{2\pi} \int_{-\infty}^{\infty} e^{-ikx}\, dk \tag{B.7}$$

とも表せる．また $x \leftrightarrow k$ とすれば

$$\delta(k) = \frac{1}{2\pi} \int_{-\infty}^{\infty} e^{\pm ikx}\, dx. \tag{B.8}$$

■3次元の場合　3変数のデルタ関数の場合もほぼ同じ結果となり

$$\int \delta^3(\boldsymbol{x}) e^{-i\boldsymbol{k}\cdot\boldsymbol{x}}\, d^3\boldsymbol{x} = e^{-i\boldsymbol{k}\cdot 0} = 1,$$
$$\delta^3(\boldsymbol{x}) = \frac{1}{(2\pi)^3} \int 1 \cdot e^{i\boldsymbol{k}\cdot\boldsymbol{x}}\, d^3\boldsymbol{k} = \frac{1}{(2\pi)^3} \int e^{i\boldsymbol{k}\cdot\boldsymbol{x}}\, d^3\boldsymbol{k} \tag{B.9}$$

である．係数が $1/2\pi$ でなく $1/(2\pi)^3$ に変わっただけである．

[*3] あらゆる波長の正弦波をある位置で位相をそろえて同じ重みで足し合わせていけば，その位置だけが育ち他の全ての点では打ち消し合ってデルタ関数になる．

■微分された関数のフーリエ変換 $f(x)$, $f'(x)$ は $x \to \pm\infty$ では十分早くゼロに近づくとする．$f'(x)$ をフーリエ変換すると部分積分により

$$\int_{-\infty}^{\infty} f'(x)e^{-ikx}\,dx = \left[f(x)e^{-ikx}\right]_{-\infty}^{\infty} - (-ik)\int f(x)e^{-ikx}dx = ik\tilde{F}(k). \quad \text{(B.10)}$$

$f''(x)$ のフーリエ変換を考えると

$$\begin{aligned}\int_{-\infty}^{\infty} f''(x)e^{-ikx}\,dx &= \left[f'(x)e^{-ikx}\right]_{-\infty}^{\infty} - (-ik)\int_{-\infty}^{\infty} f'(x)e^{-ikx}\,dx \\ &= ik\cdot(ik\tilde{F}(k)) = -k^2\tilde{F}(k). \quad \text{(B.11)}\end{aligned}$$

B.2 グリーン関数の導出

■ポアソン方程式

$$\nabla^2 f(\boldsymbol{x}) = -g(\boldsymbol{x}) \quad \text{(4.25)}$$

右辺をデルタ関数で置き換えると

$$\nabla^2 G(\boldsymbol{x};\boldsymbol{x}') = -\delta^3(\boldsymbol{x}-\boldsymbol{x}'). \quad \text{(B.12)}$$

両辺をフーリエ変換すると

$$\int \nabla^2 G(\boldsymbol{x})e^{-i\boldsymbol{k}\cdot\boldsymbol{x}}\,d^3\boldsymbol{x} = -\int \delta^3(\boldsymbol{x}-\boldsymbol{x}')e^{-i\boldsymbol{k}\cdot\boldsymbol{x}}\,d^3\boldsymbol{x} = -e^{-i\boldsymbol{k}\cdot\boldsymbol{x}'}.$$

左辺は部分積分により

$$\begin{aligned}\int \nabla^2 G e^{-i\boldsymbol{k}\cdot\boldsymbol{x}}\,d^3\boldsymbol{x} &= \left[\boldsymbol{\nabla}G(\boldsymbol{x})e^{-i\boldsymbol{k}\cdot\boldsymbol{x}}\right] - (-i\boldsymbol{k})\int \boldsymbol{\nabla}G(\boldsymbol{x})e^{-i\boldsymbol{k}\cdot\boldsymbol{x}}\,d^3\boldsymbol{x} \\ &= \left[\boldsymbol{\nabla}G(\boldsymbol{x})e^{-i\boldsymbol{k}\cdot\boldsymbol{x}}\right] + i\boldsymbol{k}\left[G(\boldsymbol{x})e^{-i\boldsymbol{k}\cdot\boldsymbol{x}}\right] - k^2\int G(\boldsymbol{k})e^{-i\boldsymbol{k}\cdot\boldsymbol{x}}\,d^3\boldsymbol{x}.\end{aligned}$$

位置 $\boldsymbol{x} = \boldsymbol{x}'$ に置かれたソースによって作られるポテンシャル $G(\boldsymbol{x};\boldsymbol{x}')$ は，$R \to \pm\infty$ では $G(\boldsymbol{x}) \to 0$, $\boldsymbol{\nabla}G(\boldsymbol{x}) \to 0$ となると考えられるので，右辺第 1 項と第 2 項は 0 としてよい．また第 3 項は $G(\boldsymbol{x})$ のフーリエ変換に $(i\boldsymbol{k})^2 = -k^2$ をか

けたものなので，式 (B.12) のフーリエ変換は $k^2\tilde{G} = e^{-i\boldsymbol{k}\cdot\boldsymbol{x}'}$ であり，解くべき方程式は

$$\tilde{G}(\boldsymbol{k}) = \frac{e^{-i\boldsymbol{k}\cdot\boldsymbol{x}'}}{k^2} \tag{B.13}$$

となる．これをフーリエ逆変換したものが求めたい解で

$$\begin{aligned} G(\boldsymbol{x};\boldsymbol{x}') &= \frac{1}{(2\pi)^3}\int \frac{e^{i\boldsymbol{k}\cdot(\boldsymbol{x}-\boldsymbol{x}')}}{k^2}\,d^3\boldsymbol{k} \\ &= \frac{1}{(2\pi)^3}\int_0^\infty k^2\,dk\int_0^\pi \sin\theta\,d\theta\int_0^{2\pi} d\varphi\frac{e^{ikR\cos\theta}}{k^2} \\ &= \frac{1}{(2\pi)^2}\int_0^\infty dk\int_{-1}^1 e^{ikR\cos\theta}d(\cos\theta) \\ &= \frac{1}{(2\pi)^2}\int_0^\infty dk\cdot\frac{1}{ikR}\left[e^{ikR\cos\theta}\right]_{-1}^1 \\ &= \frac{1}{4\pi^2}\frac{1}{iR}\int_0^\infty \frac{e^{ikR}-e^{-ikR}}{k}\,dk = \frac{1}{2\pi^2 R}\int_0^\infty \frac{\sin kR}{k}\,dk. \end{aligned} \tag{B.14}$$

ここで登場する積分 $I = \int_0^\infty \frac{\sin kR}{k}\,dk$ は以下のようにして計算できる．まず被積分関数は偶関数なので，積分区間を $[0, +\infty]$ から $[-\infty, +\infty]$ に変えれば積分値は 2 倍されて $2I = \int_{-\infty}^\infty \frac{\sin kR}{k}\,dk$．また $\cos kR/k$ は奇関数であるから，その積分を付け加えても結果は変わらない．$\sin kR/k$ の積分に虚数単位 i をかけたものに $\cos kR/k$ の積分を加えれば

$$2iI = \int_{-\infty}^\infty \frac{i\sin kR}{k}\,dk = \int_{-\infty}^\infty\left(\frac{i\sin kR}{k}+\frac{\cos kR}{k}\right)dk = \int_{-\infty}^\infty \frac{e^{ikR}}{k}\,dk.$$

e^{ikR}/k では極なので留数定理が使える．$e^{ikR} = 1 + (ikR) + (ikR)^2/2\cdots$ は正則であるから，e^{ikR}/k の留数は明らかに $c_{-1} = 1$ である．複素関数 e^{iRz}/z は複素平面上の上半分で十分早くゼロになるので，積分区間に上半分の半円を付け加えてよい．極を拾う経路（図 B.1 左）で積分すれば

$$2\pi i c_{-1} = \int_{C_1} + \left(\int_{C_2}+\int_{C_4}\right) + \int_{C_3} = 0 + 2iI + \pi i c_{-1}.$$

極を避ける経路（図 B.1 右）で積分すれば $0 = 0 + 2iI - \pi i c_{-1}$ であるのでいずれの場合も $I = \pi/2$ となり，式 (B.14) にこの積分結果を代入すれば

$$G(\boldsymbol{x};\boldsymbol{x}') = \frac{1}{4\pi R}. \tag{4.38}$$

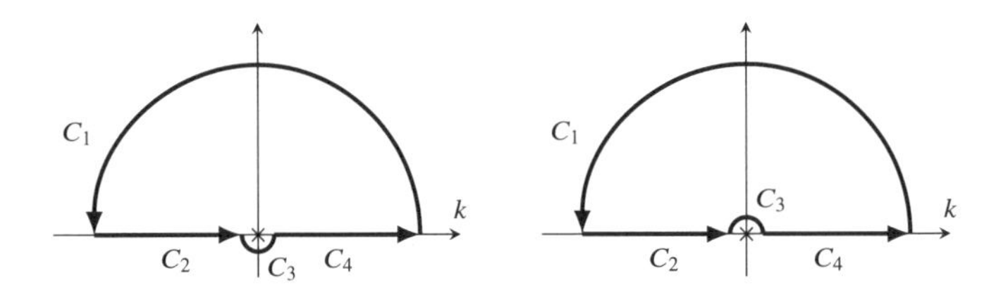

図 B.1　積分 $I=\int_0^\infty \frac{\sin kR}{k}\,dk$ を計算するための積分路

■**ヘルムホルツ方程式：ケース 1**　ポアソン方程式に $\pm\mu^2\phi(\boldsymbol{x})$ という項が加わったものを**ヘルムホルツ方程式**と呼ぶ．まず $(\nabla^2-\mu^2)f(\boldsymbol{x})=-g(\boldsymbol{x})$ を考え，まず右辺をデルタ関数で置き換えた微分方程式を解く．式 (B.13) (B.14) の代わりに

$$(\nabla^2-\mu^2)G(\boldsymbol{x})=-\delta^3(\boldsymbol{x}-\boldsymbol{x}'),\quad (k^2+\mu^2)\tilde{G}(\boldsymbol{k})=e^{-i\boldsymbol{k}\cdot\boldsymbol{x}'},\tag{B.15}$$

$$\tilde{G}(\boldsymbol{k})=\frac{e^{-i\boldsymbol{k}\cdot\boldsymbol{x}'}}{k^2+\mu^2},$$

$$G(\boldsymbol{x};\boldsymbol{x}')=\frac{1}{(2\pi)^3}\int\frac{e^{i\boldsymbol{k}\cdot(\boldsymbol{x}-\boldsymbol{x}')}}{k^2+\mu^2}\,d^3\boldsymbol{k}=\frac{1}{2\pi^2R}\int_0^\infty\frac{k\sin kR}{k^2+\mu^2}\,dk.$$

$I=\int_0^\infty\frac{k\sin kR}{k^2+\mu^2}\,dk$ とおくと，被積分関数は偶関数であるから積分区間を $(0,+\infty)\to(-\infty,+\infty)$ に変更でき $2iI=i\int_{-\infty}^\infty\frac{k\sin kR}{k^2+\mu^2}\,dk=\int_{-\infty}^\infty\frac{ke^{ikR}}{k^2+\mu^2}\,dk$ である．ここで奇関数 $k\cos kR/(k^2+\mu^2)$ の積分を加えてもよいことを用いた．極は $k=\pm i\mu$ にあり，上半分の経路を加えて $k=+i\mu$ の極を拾うと（図 B.2），そこでの留数は

$$c_{-1}(i\mu)=\lim_{k\to i\mu}(k-i\mu)\frac{ke^{ikR}}{k^2+\mu^2}=\lim_{k\to i\mu}\frac{ke^{ikR}}{k+i\mu}=\frac{(i\mu)e^{-\mu R}}{2i\mu}=\frac{e^{-\mu R}}{2}.$$

よって留数定理により $I=\frac{\pi}{2}e^{-\mu R}$ が得られ

$$G(\boldsymbol{x};\boldsymbol{x}')=\frac{e^{-\mu R}}{4\pi R}.\tag{B.16}$$

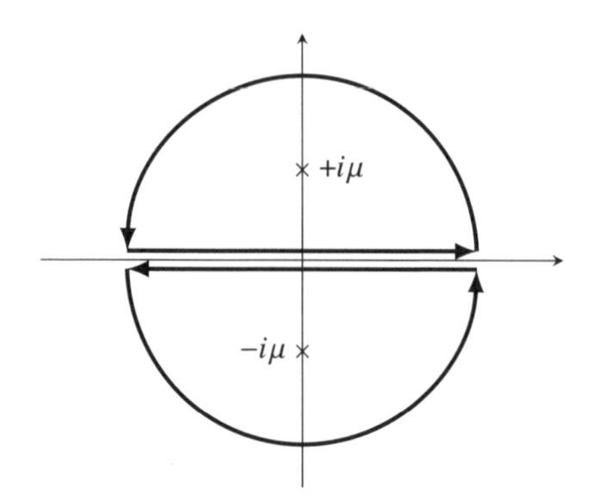

図 B.2　積分 $I = \int_0^\infty \frac{k \sin kR}{k^2+\mu^2}\, dk$ を計算するための積分路

$\mu \to 0$ とすればポアソン方程式の解に一致する．下半分の経路を加えるならば $k = -i\mu$ の極が含まれ，留数は

$$c_{-1}(-i\mu) = \lim_{k \to -i\mu} (k + i\mu) \frac{ke^{ikR}}{k^2 + \mu^2} = \lim_{k \to -i\mu} \frac{ke^{ikR}}{k - i\mu} = \frac{(-i\mu)e^{\mu R}}{-2i\mu} = \frac{e^{\mu R}}{2}$$

となって無限遠で発散する解となる．

■ヘルムホルツ方程式：ケース 2　$(\nabla^2 + \mu^2) f(\boldsymbol{x}) = -g(\boldsymbol{x})$ の場合は

$$(\nabla^2 + \mu^2) G(\boldsymbol{x}) = -\delta^3(\boldsymbol{x} - \boldsymbol{x}'), \quad (-k^2 + \mu^2)\tilde{G}(\boldsymbol{k}) = -e^{-i\boldsymbol{k}\cdot\boldsymbol{x}'}, \tag{B.17}$$

$$\tilde{G}(\boldsymbol{k}) = \frac{e^{-i\boldsymbol{k}\cdot\boldsymbol{x}'}}{k^2 - \mu^2},$$

$$G(\boldsymbol{x}; \boldsymbol{x}') = \frac{1}{(2\pi)^3} \int \frac{e^{i\boldsymbol{k}\cdot(\boldsymbol{x}-\boldsymbol{x}')}}{k^2 - \mu^2}\, d^3\boldsymbol{k} = \frac{1}{2\pi^2 R} \int_0^\infty \frac{k \sin kR}{k^2 - \mu^2}\, dk. \tag{B.18}$$

積分の計算は $I = \int_0^\infty \frac{k \sin kR}{k^2-\mu^2}\, dk$ として $2iI = i \int_{-\infty}^\infty \frac{k \sin kR}{k^2-\mu^2}\, dk = \int_{-\infty}^\infty \frac{ke^{ikR}}{k^2-\mu^2}\, dk.$ 極は $k = \pm\mu$ にあってそれぞれの留数は

$$c_{-1}(\mu) = \lim_{k \to \mu} (k - \mu) \frac{ke^{ikR}}{k^2 - \mu^2} = \lim_{k \to \mu} \frac{ke^{ikR}}{k + \mu} = \frac{e^{i\mu R}}{2},$$

$$c_{-1}(-\mu) = \lim_{k \to -\mu} (k + \mu) \frac{ke^{ikR}}{k^2 - \mu^2} = \lim_{k \to -\mu} \frac{ke^{ikR}}{k - \mu} = \frac{e^{-i\mu R}}{2}.$$

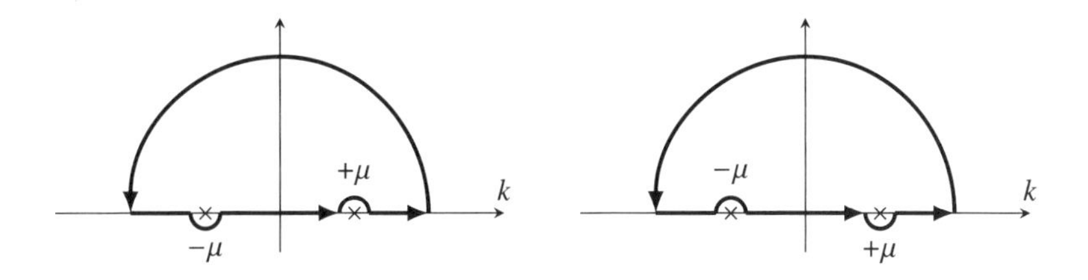

図 B.3　積分 $I = \int_0^\infty \frac{k \sin kR}{k^2 - \mu^2}\, dk$ を計算するための積分路

図 B.3 のような積分路をとってそれぞれの留数を拾えば $I_\pm = \pi e^{\pm i\mu R}/2$ であるからグリーン関数は

$$G_\pm(\boldsymbol{x};\boldsymbol{x}') = \frac{e^{\pm i\mu R}}{4\pi R} \tag{B.19}$$

となる．境界条件によって積分経路（拾うべき極）が決まる．

■**波動方程式**　ポアソン方程式に時間の 2 階微分が加わった

$$\left(\nabla^2 - \frac{1}{c^2}\frac{\partial^2}{\partial t^2}\right) f(\boldsymbol{x}, t) = -g(\boldsymbol{x}, t) \tag{7.19}$$

を**波動方程式**（非斉次波動方程式）と呼ぶ．右辺をデルタ関数で置き換えると

$$\left(\nabla^2 - \frac{1}{c^2}\frac{\partial^2}{\partial t^2}\right) G(\boldsymbol{x}, t; \boldsymbol{x}', t') = -\delta^3(\boldsymbol{x} - \boldsymbol{x}')\delta(t - t'). \tag{7.25}$$

G の時間によるフーリエ変換を $\tilde{G}(\boldsymbol{x}, \omega) = \int_t G(\boldsymbol{x}, t) e^{-i\omega t}\, dt$ とし，微分方程式 (7.25) 全体を時間でフーリエ変換する．フーリエ変換の性質により $\partial^2/\partial t^2$ の項は $-\omega^2$ となり，右辺の $\delta(t - t')$ の積分はデルタ関数の性質から $\int_t \delta(t - t') e^{-i\omega t}\, dt = e^{-i\omega t'}$ となる．したがって

$$\left(\nabla^2 + \frac{\omega^2}{c^2}\right) \tilde{G}(\boldsymbol{x}, \omega) = -\delta^3(\boldsymbol{x} - \boldsymbol{x}') e^{-i\omega t'}. \tag{B.20}$$

これを式 (B.17) と見比べると，定数 μ が $\to \omega/c$ と置き換わったのと，右辺に $e^{-i\omega t'}$ がかかっただけの違いであるから，これはヘルムホルツ方程式である．式 (B.20) を空間でフーリエ変換すると

$$\left(-k^2 + \frac{\omega^2}{c^2}\right) \tilde{G}(\boldsymbol{k}, \omega) = -e^{-i\boldsymbol{k}\cdot\boldsymbol{x}'} e^{-i\omega t'}$$

となるので式 (B.20) の解は式 (B.19) を思い出せば

$$\tilde{G}(\boldsymbol{x}, \omega; \boldsymbol{x}', t') = \frac{e^{-i\frac{\omega}{c}R}}{4\pi R} e^{\pm i\omega t'}.$$

これを ω で逆変換して t の関数に戻したものが求めたいグリーン関数で

$$\begin{aligned} G(\boldsymbol{x}, t; \boldsymbol{x}', t') &= \frac{1}{2\pi} \int_{\omega'} \tilde{G}(\boldsymbol{x}, \omega; \boldsymbol{x}', t') e^{i\omega t}\, d\omega' \\ &= \frac{1}{4\pi R} \frac{1}{2\pi} \int_{\omega'} e^{\pm i\frac{\omega}{c}R} e^{-i\omega t'} e^{i\omega t}\, d\omega \\ &= \frac{1}{4\pi R} \frac{1}{2\pi} \int_{\omega'} e^{i\left(\pm\frac{R}{c} - t' + t\right)\omega}\, d\omega = \frac{1}{4\pi R} \delta\left(t - \left(t' \mp \frac{R}{c}\right)\right). \end{aligned} \quad \text{(B.21)}$$

このうち時間 t の経過とともに R が大きくなる方，つまり外向きに進行する波は $\delta(t - (t' + R/c)) = \delta(t' - (t - R/c))$ の方であり，

$$G(\boldsymbol{x},\, t;\, \boldsymbol{x}',\, t') = \frac{\delta(t' - (t - R/c))}{4\pi R} \quad \text{(7.27)}$$

を**遅延グリーン関数** (retarded Green function) と呼ぶ.

さらに勉強するために

本書の記述は抽象的になりがちで，現実に起こっている電磁気現象との接点が見えにくいと感じた読者もいるかもしれない．諸現象の丁寧な説明や物質中の電磁場に重点を置いた書物は多く，1 冊はもっておかれるのがよい．

1. 砂川重信，『電磁気学：初めて学ぶ人のために』，培風館，1997.
2. 横山順一，『電磁気学（講談社基礎物理学シリーズ 4)』，講談社，2009.
3. 小宮山進，竹川　敦，『マクスウェル方程式から始める電磁気学』，裳華房，2015.
4. 加藤岳生，『電磁気学入門（物理学レクチャーコース)』，裳華房，2022.
5. 中山正敏，『物質の電磁気学（岩波基礎物理シリーズ 新装版)』，岩波書店，2021.
6. 加藤正昭，和田純夫，『演習 電磁気学（新訂版)』，サイエンス社，2010.

数学に寄った本としては

7. 深谷賢治，『電磁場とベクトル解析』，岩波書店，2004.
8. 北野正雄，『マクスウェル方程式：電磁気学のよりよい理解のために (SGC ブックス)』，サイエンス社，2009.
9. 吉田善章，『電磁気学とベクトル解析（数学と物理の交差点 2)』，共立出版，2019.

8，9 では微分形式によるマクスウェル方程式が展開されており，8 では本書で言及しなかった $\boldsymbol{D}, \boldsymbol{H}$ の意義についても説明されている．本書はレベルは高めだが扱った範囲は狭い．広範なテーマをカバーし本格的に電磁気学をマスター

するための標準として定評のあるものは

10. 砂川重信,『理論電磁気学 第3版』, 紀伊國屋書店, 1999 [24].
11. 太田浩一,『電磁気学の基礎 I, II』, 東京大学出版会, 2012 [27].
12. L. D. ランダウ, E. M. リフシッツ（恒藤敏彦, 広重　徹 訳）,『場の古典論 原著第6版』, 東京図書, 1978 [21]. .
13. R. P. ファインマン, R. B. レイトン, M. L. サンズ（宮島龍興 訳）,『ファインマン物理学 第3巻 電磁気学』, 岩波書店, 1986.
14. J. D. Jackson, "*Classical Electrodynamics*", 3rd edition, John Willey & Sons, 1998 [8].
15. W. K. H. Panofsky and M. Phillips, "*Classical Electricity and Magnetism*", 2nd edition, Addison-Wesley, 1962 [16].
16. D. J. Griffiths, "*Introduction to Electrodynamics*", 4th edition, Cambridge University Press, 2017.

などがあり, いずれも大著ながら本書を読了された読者ならば大丈夫だ. 電磁気学の光学への応用を学ぶには

17. 青木貞雄,『光学入門』, 共立出版, 2002.

古典論は必然的に量子論へ移行する. 古典電磁場から量子場の理論への橋渡しとなるものとして

18. 川村　清,『電磁気学（岩波基礎物理シリーズ 新装版）』, 岩波書店, 2021.
19. 高橋　康, 柏　太郎,『量子電磁力学を学ぶための電磁気学入門（KS物理専門書）』, 講談社, 2021.
20. 牟田泰三,『電磁力学（現代物理学叢書）』, 岩波書店, 2001.

を挙げておく.

参考文献

[1] G.B. Arfken and H.J. Weber, *"Mathematical methods for physicists"* (5th edition), Academic Press, 2000.

[2] CODATA2018. The NIST reference on constants, units, and uncertainty, 2019.

[3] R. Feynman, *"The Feynman Lectures on Physics", Volume II* (Online New Millennium Edition), Caltech's Division of Physics, Mathematics and Astronomy, 2010.

[4] D.J. Griffiths. "Hyperfine splitting in the ground state of hydrogen". *Am. J. Phys.*, Vol. 50, pp. 698–703, 1982.

[5] D.J. Griffiths and M.A. Heald, "Time-dependent generalizations of the Biot-Savart and Coulomb laws". *Am. J. Phys.,* Vol. 59, p. 111, 1991.

[6] O. Heaviside, *"Electromagnetic Theory Vol. II"*, "The Electrician" printing and publishing company, 1899.

[7] O. Heaviside, *"Electromagnetic Theory Vol. III"*, "The Electrician" printing and publishing company, 1912.

[8] J.D. Jackson, *"Classical Electrodynamics"* (3rd edition), John Willey & Sons, 1998.

[9] J.D. Jackson, "From Lorenz to Coulomb and other explicit gauge transformations", *Am. J. Phys*, Vol. 70, pp. 917–928, 2002.

[10] O.D. Jefimenko, *"Electricity and Magnetism : An Introduction to the Theory of Electric and Magnetic Fields"* (2nd edition), Electret Scientific Company, 1989.

[11] O.D. Jefimenko, *"Causality Electromagnetic Induction and Gravitation : A different approach to the theory of electromagnetic and gravitational fields"*, (2nd edititon), Electret Scientific Company, 2000.

[12] O.D. Jefimenko, *"Electromagnetic Retardation and the Theory of Relativity : New Chapters in the Classical Theory of Fields"*, (2nd edition), Electret Scientific Company, 2004.

[13] J. Larmor, "On the theory of the magnetic influence on spectra; and on the radiation from moving ions", *The London, Edinburgh, and Dublin Philosophical Magazine and Journal of Science*, Vol. 44, No. 271, pp. 503–512, 1897.

[14] A. Liénard, "Électrique et magnétique produit par une charge électrique concentrée en un point et animée un mouvement quelconque ", *L'Éclairage Électrique*, Vol. XVI N. 27, p. 5, 1898.

[15] A.A. Michelson and E.W. Morley, "On the relative motion of the earth and the luminiferous ether", *American Journal of Science*, Vol. 34 (203), pp. 333–345, 1887.

[16] W.K.H. Panofsky and M. Phillips, *"Classical Electricity and Magnetism"* (2nd edition), Addison-Wesley, 1962.

[17] E. Parker, "An apparent paradox concerning the field of an ideal dipole". *Eur. J. Phys.*, Vol. 38, p. 025205, 2017.

[18] J.S. Schwinger, "On Quantum electrodynamics and the magnetic moment of the electron", *Phys. Rev. Lett.*, Vol. 73, pp. 416–417, 1948.

[19] F.H. Shu, *"The Physics of Astrophysics Vol. I"*, University Science Books, 1991.

[20] P.A. Čerenkov, "Visible radiation produced by electrons moving in a medium with velocities exceeding that of light". *Physical Review*, Vol. 52, pp. 378–379, 1937.

[21] L. D. ランダウ，E. M. リフシッツ（恒藤敏彦，広重　徹 訳），『場の古典論 原書第 6 版』，東京図書，1978.

[22] 岩堀長慶，『ベクトル解析：力学の理解のために（数学選書 2)』，裳華房，1960.

[23] 今村　勤，『物理とグリーン関数』，岩波書店，1978.

[24] 砂川重信，『理論電磁気学 第 3 版』，紀伊國屋書店，1999.

[25] 糸山浩司，『波動と場の物理学入門』，京都大学学術出版会，2017.

[26] 小林昭七，『曲線と曲面の微分幾何（改訂版)』，裳華房，1995.

[27] 太田浩一，『電磁気学の基礎 I, II』，東京大学出版会，2012.

[28] 太田浩一,『ナブラのための協奏曲：ベクトル解析と微分積分』, 共立出版, 2015.

[29] 中村　哲, 須藤彰三,『電磁気学』, 朝倉書店, 2010.

[30] 田崎晴明,『数学：物理を学び楽しむために』, https://www.gakushuin.ac.jp/~881791/mathbook/

[31] 平川浩正,『電磁力学（新物理学シリーズ 2)』, 培風館, 1968.

[32] 平川浩正,『電気力学（新物理学シリーズ 12)』, 培風館, 1973.

[33] 後藤憲一, 山本邦夫, 神吉　健,『詳解 物理応用数学演習』, 共立出版, 1979.

索引

英字

W

和文

あ行

か行

さ行

た行

な行

は行

ま行

や行

ら行

わ行

Memorandum

Memorandum

Memorandum

Memorandum

Memorandum

Memorandum

著 者 紹 介

常定 芳基（つねさだ　よしき）

1974 年 愛媛県新居浜市に生まれる

2002 年 東京工業大学大学院理工学研究科基礎物理学専攻修了 博士（理学）

国立天文台研究員，東京工業大学大学院理工学研究科助教
大阪市立大学大学院理学研究科准教授を経て

2022 年より大阪公立大学大学院理学研究科教授

専　門 宇宙線物理学

共　著『基礎物理学実験』（東京教学社，2008）
『宇宙の観測 III 第 2 版（シリーズ現代の天文学）』（日本評論社，2019）

電磁気学基礎論

―ベクトル解析で再構築する
古典理論―

Fundamentals of Electromagnetism

―Classical Theory Revisited with Vector Calculus―

2024 年 4 月 1 日　初版 1 刷発行
2024 年 5 月15日　初版 2 刷発行

著　者　常定芳基　© 2024

発行者　南條光章

発行所　**共立出版株式会社**
〒 112-0006
東京都文京区小日向 4-6-19
電話番号　03-3947-2511（代表）
振替口座　00110-2-57035
共立出版㈱ホームページ
www.kyoritsu-pub.co.jp

印　刷　啓文堂

製　本　加藤製本

一般社団法人
自然科学書協会
会員

検印廃止
NDC 427
ISBN 978-4-320-03629-1

Printed in Japan